Cálculo avanzado para ingeniería

TEORÍA, PROBLEMAS RESUELTOS Y APLICACIONES

Irene Arias   Núria Parés
José M. Gesto   Francesc Pozo
José Gibergans   Gisela Pujol
Fayçal Ikhouane   Yolanda Vidal

UPC Edicions UPC

UNIVERSITAT POLITÈCNICA DE CATALUNYA

Primera edición: febrero de 2008
Segunda edición: abril de 2010

Diseño de la cubierta: Ernest Castelltort

© Los autores, 2008

© Edicions UPC, 2008
Edicions de la Universitat Politècnica de Catalunya, SL
Jordi Girona Salgado 31, Edifici Torre Girona, D-203, 08034 Barcelona
Tel.: 934 015 885   Fax: 934 054 101
Edicions Virtuals: www.edicionsupc.es
E-mail: edicions-upc@upc.edu

Producción: LIGHTNING SOURCE

Depósito legal: B-15577-2008
ISBN: 978-84-9880-414-0

Índice general

Lista parcial de notaciones matemáticas

Alfabeto griego

A	α	alfa	B	β	beta	Γ	γ	gamma	Δ	δ	delta	E	ϵ, ε	épsilon
Z	ζ	zeta	H	η	eta	Θ	θ, ϑ	theta	I	ι	iota	K	κ	kappa
Λ	λ	lambda	M	μ	mu	N	ν	nu	Ξ	ξ	xi	O	o	ómicron
Π	π, ϖ	pi	P	ρ, ϱ	ro	Σ	σ, ς	sigma	T	τ	tau	Υ	υ	ípsilon
Φ	ϕ, φ	fi	X	χ	ji	Ψ	ψ	psi	Ω	ω	omega			

Conjuntos importantes

$\emptyset$	conjunto vacío	
$\mathbb{N}$	números naturales	$\{0, 1, 2, \ldots\}$
$\mathbb{N}^*$	números naturales diferentes de cero	$\{1, 2, \ldots\}$
$\mathbb{Z}$	números enteros	$\{\ldots, -2, -1, 0, 1, 2, \ldots\}$
$\mathbb{Q}$	números racionales	$\{m/n : m \in \mathbb{Z}, n \in \mathbb{N}^+\}$
$\mathbb{R}$	números reales	$(-\infty, +\infty)$
$\mathbb{R}^+$	números reales positivos	$[0, +\infty)$
$\mathbb{C}$	números complejos	$\{x + iy : x, y \in \mathbb{R}\}$ (i verifica $i^2 = -1$)

Operadores lógicos

$\forall$	para todo	$\forall n \in \mathbb{N}, n \geq 0$
$\exists$	existe	$\exists n \in \mathbb{N}, n \geq 7$
$\exists!$	existe un solo	$\exists! n \in \mathbb{N}, n < 1$
$\wedge$	y	$(3 > 2) \wedge (2 > 1)$
$\vee$	o	$(2 > 3) \vee (2 > 1)$
$\Rightarrow$	implica	$\forall a, b \in \mathbb{R}, (a = b) \Rightarrow (a \geq b)$
$\iff$	si, y sólo si	$\forall a, b \in \mathbb{R}, (a = b) \iff (b = a)$
$\neg$	negación	$\neg(2 > 3)$
	otras notaciones para la negación	$\overline{(2 > 3)}, 2 \not> 3$

Operadores aritméticos

$\| \|$	valor absoluto	$\|x\| = x$ si $x \geq 0$; $\|x\| = -x$ si $x \leq 0$
$\sum$	suma	$\sum_{i \in \mathbb{N}^+} 2^{-i} = 1$
$\prod$	producto	$\prod_{i=1}^{n} i = n!$
$!$	factorial	$7! = 1 \cdot 2 \cdot 3 \cdot 4 \cdot 5 \cdot 6 \cdot 7 = 5040$

Operadores sobre conjuntos

$\in$	pertenece	$a \in \{a, b, c\}$
$\cup$	unión	$\{a, b, c\} \cup \{a, d\} = \{a, b, c, d\}$
	...sobre un conjunto indexado	$\bigcup_{i \in \mathbb{N}} S_i = S_0 \cup S_1 \cup S_2 \cup \cdots$
$\cap$	intersección	$\{a, b, c\} \cap \{a, d\} = \{a\}$
	...sobre un conjunto indexado	$\bigcap_{i \in \mathbb{N}} S_i = S_0 \cap S_1 \cap S_2 \cap \cdots$
$\setminus$	diferencia entre conjuntos	$\{a, b, c\} \setminus \{a, d\} = \{b, c\}$
$\supset$	contiene estrictamente	$\mathbb{Z} \supset \mathbb{N}$
$\supseteq$	contiene	$\mathbb{N} \supseteq \mathbb{N}$
$\subset$	está contenido estrictamente en	$\mathbb{N} \subset \mathbb{Z}$
$\subseteq$	está contenido en	$\mathbb{N} \subseteq \mathbb{N}$
2^A	potencia de A	si $A = \{a, b, c\}$, entonces $2^A = \{\emptyset, \{a\}, \{b\}, \{c\}, \{a, b\}, \{a, c\}, \{b, c\}, A\}$

Prólogo

Este libro es el reflejo de la experiencia docente en asignaturas de cálculo de ocho profesores de la Universitat Politècnica de Catalunya. El texto sigue el esquema básico de la asignatura troncal *Matemáticas 2* (capítulos 1, 2, 3, 4 y 5), y parte del temario de las asignaturas *Matemáticas 1* (capítulo 1) y *Matemáticas 3* (capítulos 6 y 7) que imparten los autores en la Escuela Universitaria de Ingeniería Técnica Industrial de Barcelona. No obstante, su contenido es perfectamente adaptable para cursos de cálculo en varias variables de cualquier ingeniería. El texto tiene como objetivo principal iniciar al estudiante en los conceptos básicos del cálculo de funciones de varias variables, análisis vectorial y ecuaciones diferenciales, así como en la teoría de transformadas. Para el estudio de este texto, se supone que el alumno ya ha adquirido nociones básicas de matrices, así como suponemos un amplio conocimiento de los fundamentos de funciones de una variable, diferenciación e integración.

Al ser un texto dirigido a estudiantes de Ingeniería, se han cuidado los aspectos de aplicación, justificando los conceptos introducidos mediante ejemplos prácticos y motivaciones de las ciencias físicas tales como Electricidad, Electrónica y Mecánica, en las que se aplican los conocimientos adquiridos.

El libro, que consta de siete capítulos, se puede dividir en tres partes. La primera parte trata el álgebra lineal, introduciendo los conceptos de valores y vectores propios. La segunda parte está dedicada a las funciones de varias variables: nociones básicas de límite, continuidad y derivación; cálculo de extremos libres y condicionados; integración múltiple y análisis vectorial. La tercera parte trata las ecuaciones diferenciales de primer orden y orden superior, la transformada de Laplace y la transformada de Fourier.

Para ilustrar la teoría, se presentan ejemplos aplicados a la ingeniería, así como problemas resueltos y problemas propuestos que permiten al lector verificar sus conocimientos. La experiencia en la docencia de esta materia muestra que es preferible omitir algunas demostraciones técnicas. En este sentido, hemos mantenido las que consideramos que, efectivamente, permiten una mejor comprensión de los aspectos teóricos.

Al final de cada uno de estos capítulos, junto a los listados de ejercicios, se encuentra una recopilación de problemas resueltos utilizando el programa de cálculo simbólico Maple. De esta manera, se presentan al estudiante todos los comandos y herramientas necesarios para la resolución de problemas, con especial énfasis en las capacidades gráficas y de representación de dicho programa.

Queremos mostrar nuestro agradecimiento a la Universitat Politècnica de Catalunya y a la Escuela Universitaria de Ingeniería Técnica Industrial de Barcelona por acoger nuestro trabajo de estos años, así como a José Rodellar, director del Departamento de Matemática Aplicada III, por su apoyo y confianza.

1 Álgebra lineal

En este capítulo se introducen algunos conceptos básicos del álgebra lineal. En la sección 1.2 se presentan las matrices y su operatoria. La sección 1.3 se centra en la resolución de sistemas de ecuaciones lineales, tema con un gran abanico de aplicaciones, no sólo por el hecho de que muchos problemas de interés en Ingeniería, como por ejemplo el del cálculo de circuitos de corriente alterna o continua, pueden plantearse directamente en términos de la resolución de un sistema de ecuaciones lineales con coeficientes reales o complejos, sino también porque, en el contexto de los Métodos Numéricos, las soluciones de determinados sistemas de ecuaciones lineales representan soluciones aproximadas de ecuaciones diferenciales.

En la sección 1.4 se establece la estructura de espacio vectorial y se describen algunas de sus propiedades generales. La sección 1.5 está dedicada al estudio de los espacios vectoriales de dimensión finita, y la mayor parte del esfuerzo realizado va en la dirección de desarrollar un procedimiento eficiente para el cálculo de bases de esos espacios vectoriales.

En la sección 1.6 se analizan las propiedades básicas de las aplicaciones lineales, esenciales en muchas otras ramas de las Matemáticas (diferenciación de funciones de varias variables, geometría diferencial, etc.) y de la Física (tensores de tensiones y de deformaciones, tensores de inercia, etc.). En la sección 1.7 se da la definición formal de determinante de una matriz cuadrada y se presentan algunas de sus propiedades. Por último, en la sección 1.8 se estudian los conceptos de valor propio y vector propio de un endomorfismo (un tipo de aplicación lineal), con relaciones, por ejemplo, con la resolución de ecuaciones diferenciales y los métodos numéricos.

Se ha intentado que la información presentada en este capítulo sea autocontenida, en el sentido de que no sea necesario poseer más que unos pocos conocimentos elementales previos para poder comprender la totalidad de los conceptos y razonamientos descritos. El capítulo incluye las demostraciones de práctimente todos los resultados enunciados, excepto algunas que se han dejado como ejercicio para el lector y unas pocas (la demostración de algunas propiedades de los determinantes en la sección 1.7 y de dos resultados sobre diagonalización al final de la sección 1.8) que se han omitido por requerir desarrollos demasiado extensos en relación al propósito de este texto.

Este capítulo está dedicado a Sara.

1.1. Abreviaciones

En este capítulo se utilizan las siguientes abreviaciones o contracciones para referirse a algunos términos que aparecen reiteradamente a lo largo del texto:

1. oef/s: operación/ones elemental/es de fila.

2. merf/s: matriz/ces escalonada/s reducida/s por filas.

3. $\mathbb{K}$ev/s: espacio/s vectorial/es sobre el cuerpo conmutativo $\mathbb{K}$.

4. sev/s: subespacio/s vectorial/es.

5. $\mathbb{K}$evdf/s: espacio/s vectorial/es de dimensión finita sobre el cuerpo conmutativo $\mathbb{K}$.

1.2. Matrices. Operaciones con matrices

Definición 1. Sean $n, m \in \mathbb{N}$. Una matriz de n filas y m columnas con coeficientes en un cuerpo conmutativo $\mathbb{K}$ es una función que asigna a cada par de números naturales $(i, j) \in \{1, \ldots, n\} \times \{1, \ldots, m\}$ un elemento de $\mathbb{K}$. Menos formalmente, puede definirse una matriz como una colección de elementos de $\mathbb{K}$ (típicamente $\mathbb{R}$ o $\mathbb{C}$) organizados por filas y columnas. Denotamos el conjunto de todas las matrices de n filas y m columnas con coeficientes en $\mathbb{K}$ como $M_{\mathbb{K}}(n \times m)$. Si $A \in M_{\mathbb{K}}(n \times m)$, $i \in \{1, \ldots, n\}$ y $j \in \{1, \ldots, m\}$, el elemento de $\mathbb{K}$ localizado en la i-ésima fila y la j-ésima columna de A se representa como a_{ij} o también como $[A]_{ij}$ o $(A)_{ij}$.

Ejemplo 1. $A = \begin{bmatrix} 1 & 1 & 3 \\ 2 & -1 & 0 \end{bmatrix}$ es una matriz de 2 filas y 3 columnas con coeficientes en $\mathbb{R}$, es decir, $A \in M_{\mathbb{R}}(2 \times 3)$, y, en particular, $a_{22} = [A]_{22} = (A)_{22} = -1$. También se tiene que $A \in M_{\mathbb{C}}(2 \times 3)$.

Definición 2. Sean $n, m, p \in \mathbb{N}$. Si $A, B \in M_{\mathbb{K}}(n \times m)$, se define la matriz suma de A y B, $A + B \in M_{\mathbb{K}}(n \times m)$, mediante la igualdad $[A + B]_{ij} = a_{ij} + b_{ij}$, $i = 1, \ldots, n$, $j = 1, \ldots, m$. Si $A \in M_{\mathbb{K}}(n \times m)$ y $\lambda \in \mathbb{K}$, se define la matriz producto del escalar λ y la matriz A, $\lambda \cdot A \in M_{\mathbb{K}}(n \times m)$, mediante la igualdad $[\lambda \cdot A]_{ij} = \lambda a_{ij}$, $i = 1, \ldots, n$, $j = 1, \ldots, m$. Si $A \in M_{\mathbb{K}}(n \times m)$ y $B \in M_{\mathbb{K}}(m \times p)$, se define la matriz producto de A y B, $A \cdot B \in M_{\mathbb{K}}(m \times p)$, mediante la igualdad $[A \cdot B]_{ij} = \sum_{k=1}^{m} a_{ik} b_{kj}$, $i = 1, \ldots, n$, $j = 1, \ldots, p$. Si $A \in M_{\mathbb{K}}(n \times m)$, se define la matriz traspuesta de A, $A^T \in M_{\mathbb{K}}(m \times n)$, mediante la igualdad $[A^T]_{ij} = a_{ji}$, $i = 1, \ldots, m$, $j = 1, \ldots, n$. También es habitual utilizar la notación $[A^T]_{ij} = a_{ij}^T$.

Ejemplo 2. Sean $A = \begin{bmatrix} 2 & 1 & -1 \\ 0 & -1 & 1 \end{bmatrix}$, $B = \begin{bmatrix} 0 & 1 \\ -1 & 2 \\ 1 & 1 \end{bmatrix}$, $\lambda = -2$. Entonces

$$\lambda \cdot A + B^T = (-2) \cdot \begin{bmatrix} 2 & 1 & -1 \\ 0 & -1 & 1 \end{bmatrix} + \begin{bmatrix} 0 & -1 & 1 \\ 1 & 2 & 1 \end{bmatrix} =$$

$$= \begin{bmatrix} (-2) \cdot 2 + 0 & (-2) \cdot 1 - 1 & (-2) \cdot (-1) + 1 \\ (-2) \cdot 0 + 1 & (-2) \cdot (-1) + 2 & (-2) \cdot 1 + 1 \end{bmatrix} = \begin{bmatrix} -4 & -3 & 3 \\ 1 & 4 & -1 \end{bmatrix}.$$

Por otra parte,

$$A \cdot B = \begin{bmatrix} 2 & 1 & -1 \\ 0 & -1 & 1 \end{bmatrix} \cdot \begin{bmatrix} 0 & 1 \\ -1 & 2 \\ 1 & 1 \end{bmatrix} =$$

$$= \begin{bmatrix} 2 \cdot 0 + 1 \cdot (-1) + (-1) \cdot 1 & 2 \cdot 1 + 1 \cdot 2 + (-1) \cdot 1 \\ 0 \cdot 0 + (-1) \cdot (-1) + 1 \cdot 1 & 0 \cdot 1 + (-1) \cdot 2 + 1 \cdot 1 \end{bmatrix} = \begin{bmatrix} -2 & 3 \\ 2 & -1 \end{bmatrix}$$

y

$$B \cdot A = \begin{bmatrix} 0 & 1 \\ -1 & 2 \\ 1 & 1 \end{bmatrix} \cdot \begin{bmatrix} 2 & 1 & -1 \\ 0 & -1 & 1 \end{bmatrix} =$$

$$= \begin{bmatrix} 0 \cdot 2 + 1 \cdot 0 & 0 \cdot 1 + 1 \cdot (-1) & 0 \cdot (-1) + 1 \cdot 1 \\ (-1) \cdot 2 + 2 \cdot 0 & (-1) \cdot 1 + 2 \cdot (-1) & (-1) \cdot (-1) + 2 \cdot 1 \\ 1 \cdot 2 + 1 \cdot 0 & 1 \cdot 1 + 1 \cdot (-1) & 1 \cdot (-1) + 1 \cdot 1 \end{bmatrix} = \begin{bmatrix} 0 & -1 & 1 \\ -2 & -3 & 3 \\ 2 & 0 & 0 \end{bmatrix}.$$

Proposición 1. Sean $n, m, p, q \in \mathbb{N}$. La operación suma de matrices tiene las propiedades conmutativa y asociativa, es decir, si $A, B, C \in M_{\mathbb{K}}(n \times m)$, entonces $A + B = B + A$ y $(A + B) + C = A + (B + C)$. El producto de un escalar por una matriz satisface que, si $\lambda, \mu \in \mathbb{K}$ y $A, B \in M_{\mathbb{K}}(n \times m)$, entonces $\lambda \cdot (\mu \cdot A) = \mu \cdot (\lambda \cdot A) = (\lambda \mu) \cdot A$, $(\lambda + \mu) \cdot A = \lambda \cdot A + \mu \cdot A$ y $\lambda \cdot (A + B) = \lambda \cdot A + \lambda \cdot B$. La operación producto de matrices tiene la propiedad asociativa, pero en general no es conmutativa, es decir, si $A \in M_{\mathbb{K}}(n \times m)$, $B \in M_{\mathbb{K}}(m \times p)$ y $C \in M_{\mathbb{K}}(p \times q)$, entonces $(A \cdot B) \cdot C = A \cdot (B \cdot C)$, pero no necesariamente $A \cdot B = B \cdot A$. Ambas operaciones tienen la propiedad distributiva, es decir, si $A, B \in M_{\mathbb{K}}(n \times m)$, $C \in M_{\mathbb{K}}(m \times p)$, entonces $(A + B) \cdot C = A \cdot C + B \cdot C$.

Demostración. En cuanto a la no conmutatividad del producto de matrices, basta considerar por ejemplo que si $A \in M_{\mathbb{K}}(n \times m)$, $B \in M_{\mathbb{K}}(m \times p)$, $n, m, p \in \mathbb{N}$, y $n \neq p$, entonces la matriz $B \cdot A$ ni siquiera está definida, mientras que si $n = p \neq m$, entonces $A \cdot B \in M_{\mathbb{K}}(n \times n)$ y $B \cdot A \in M_{\mathbb{K}}(m \times m)$ no tienen la misma cantidad de coeficientes. Por último, incluso en el caso $n = m = p$ es posible encontrar matrices cuyo producto no conmute. Por ejemplo, si $A = \begin{bmatrix} i & 1 \\ 0 & 0 \end{bmatrix}$ y $B = \begin{bmatrix} 1 & 1+i \\ 0 & 1 \end{bmatrix}$, entonces $A \cdot B = \begin{bmatrix} i & i \\ 0 & 0 \end{bmatrix} \neq \begin{bmatrix} i & 1 \\ 0 & 0 \end{bmatrix} = B \cdot A$. La demostración del resto de propiedades se deja como ejercicio.

Observación 1. Con el objetivo de aligerar la notación, en el resto de este capítulo omitiremos a menudo algunas formalidades. Por ejemplo, una letra mayúscula del alfabeto latino representará por defecto a una matriz. Asimismo, cuando nos refiramos a la matriz producto de dos matrices A y B, $A \cdot B$, estaremos asumiendo que las dimensiones de las matrices involucradas son tales que el producto tiene sentido, y cuando citemos el coeficiente a_{ij} de una matriz A, estaremos suponiendo que los índices i, j recorren todos los números naturales compatibles con la cantidad de filas y columnas de A. También daremos por hecho que cualquier variable que represente la cantidad de filas y columnas de una matriz es un número natural. Los casos que pudieran generar confusión serán comentados específicamente. Por otra parte, en virtud de la asociatividad del producto de matrices, utilizaremos la notación habitual $A \cdot B \cdot C = (A \cdot B) \cdot C = A \cdot (B \cdot C)$, y análogamente con más de tres matrices.

Proposición 2. $(A \cdot B)^T = B^T \cdot A^T$

Demostración. Sea m la cantidad de columnas de A. Entonces se tiene $[(A \cdot B)^T]_{ij} = [A \cdot B]_{ji} = \sum_{k=1}^{m} a_{jk} b_{ki} = \sum_{k=1}^{m} a_{kj}^T b_{ik}^T = \sum_{k=1}^{m} b_{ik}^T a_{kj}^T = [B^T \cdot A^T]_{ij}$.

Corolario 1. Si $n \in \mathbb{N}$, entonces $(A_1 \cdot A_2 \cdot \ldots \cdot A_n)^T = A_n^T \cdot A_{n-1}^T \cdot \ldots \cdot A_1^T$.

Definición 3. El símbolo δ_{ij} se denomina delta de Kronecker y se define como $\delta_{ij} = \begin{cases} 1 & \text{si } i = j \\ 0 & \text{si } i \neq j \end{cases}$. Se define la matriz identidad de orden n, $I_n \in M_{\mathbb{K}}(n \times n)$, mediante la igualdad $[I_n]_{ij} = \delta_{ij}$.

Ejemplo 3. $I_4 = \begin{bmatrix} 1 & 0 & 0 & 0 \\ 0 & 1 & 0 & 0 \\ 0 & 0 & 1 & 0 \\ 0 & 0 & 0 & 1 \end{bmatrix}$ es la matriz identidad de orden 4.

Proposición 3. Si $A \in M_{\mathbb{K}}(n \times m)$, entonces $A \cdot I_m = A$ y $I_n \cdot A = A$.

Demostración. $[A \cdot I_m]_{ij} = \sum_{k=1}^{m} a_{ik} \delta_{kj} = a_{ij}$. La segunda igualdad se demuestra análogamente.

Definición 4. Si $A \in M_{\mathbb{K}}(n \times n)$ y existe una matriz $B \in M_{\mathbb{K}}(n \times n)$ tal que $A \cdot B = B \cdot A = I_n$, entonces se dice que A es inversible y que B es su inversa, lo que se representa como $B = A^{-1}$. Nótese que para esta definición se ha exigido que A tenga la misma cantidad de filas que de columnas. Las matrices con esa propiedad se denominan matrices cuadradas.

Ejemplo 4. Sean $A = \begin{bmatrix} 1 & 1 & 1 \\ 0 & 1 & 1 \\ 0 & 0 & 1 \end{bmatrix}$ y $B = \begin{bmatrix} 1 & -1 & 0 \\ 0 & 1 & -1 \\ 0 & 0 & 1 \end{bmatrix}$. Es fácil comprobar que $A \cdot B = B \cdot A = I_3$, de manera que $B = A^{-1}$.

Proposición 4. Si A es inversible, entonces A^T y A^{-1} son inversibles, $(A^T)^{-1} = (A^{-1})^T$ y $(A^{-1})^{-1} = A$.

Demostración. Por lo que respecta a A^T es suficiente ver que $(A^{-1})^T \cdot A^T = (A \cdot A^{-1})^T = (I_n)^T = I_n$ y $A^T \cdot (A^{-1})^T = (A^{-1} \cdot A)^T = I_n$. En cuanto a A^{-1}, basta recordar la definición de inversa de una matriz.

Ejemplo 5. Puede comprobarse que si $A = \begin{bmatrix} 1 & 0 & 0 \\ 1 & 1 & 0 \\ 1 & 1 & 1 \end{bmatrix}$ y $B = \begin{bmatrix} 1 & 0 & 0 \\ -1 & 1 & 0 \\ 0 & -1 & 1 \end{bmatrix}$, entonces $B = A^{-1}$ (compárese con el ejemplo 4).

Proposición 5. Si A y B son inversibles, entonces $A \cdot B$ es inversible y $(A \cdot B)^{-1} = B^{-1} \cdot A^{-1}$.

Demostración. Basta observar que $B^{-1} \cdot A^{-1} \cdot A \cdot B = B^{-1} \cdot I_n \cdot B = B^{-1} \cdot B = I_n$ y que $A \cdot B \cdot B^{-1} \cdot A^{-1} = A \cdot I_n \cdot A^{-1} = A \cdot A^{-1} = I_n$.

Corolario 2. Si $n \in \mathbb{N}$ y $A_1, \ldots, A_n$ son matrices inversibles, entonces $A_1 \cdot A_2 \cdot \ldots \cdot A_n$ es inversible y $(A_1 \cdot A_2 \cdot \ldots \cdot A_n)^{-1} = A_n^{-1} \cdot A_{n-1}^{-1} \cdot \ldots \cdot A_1^{-1}$.

Definición 5. Denominamos operaciones elementales de fila (oefs) a las siguientes manipulaciones con las filas de una matriz:

I. Intercambiar las filas i y j. Esta operación se representa como $f_i \leftrightarrow f_j$.

II. Multiplicar la fila i por un escalar $\lambda \in \mathbb{K}$, $\lambda \neq 0$. Esta operación se representa como λf_i.

III. Sumar a la fila i la fila j multiplicada por un escalar $\lambda \in \mathbb{K}$. Esta operación se representa como $f_i + \lambda f_j$.

Llamamos $e(A)$ a la matriz que resulta después de aplicar una oef e a una matriz A.

Ejemplo 6. Sean $A = \begin{bmatrix} 1 & 1 \\ 1 & -1 \\ 1 & 2i \end{bmatrix}$, la oef tipo I $e_1 = f_1 \leftrightarrow f_3$ y la oef tipo III $e_2 = f_2 - if_1$. Entonces

$e_1(A) = \begin{bmatrix} 1 & 2i \\ 1 & -1 \\ 1 & 1 \end{bmatrix}$ y $e_2(e_1(A))) = \begin{bmatrix} 1 & 2 \\ 1-i & -1-i2i \\ 1 & 1 \end{bmatrix} = \begin{bmatrix} 1 & 2 \\ 1-i & 1 \\ 1 & 1 \end{bmatrix}$. También puede comprobarse

que $e_1(e_2(A))) = \begin{bmatrix} 1 & 2i \\ 1-i & -1-i \\ 1 & 1 \end{bmatrix}$.

Definición 6. Denominamos matriz elemental de fila a cualquier matriz que pueda obtenerse aplicando una oef a la matriz I_n. Es decir, si e es una oef, $e(I_n)$ es una matriz elemental de fila.

Ejemplo 7. Consideremos la matriz identidad de orden 2, $I_2 = \begin{bmatrix} 1 & 0 \\ 0 & 1 \end{bmatrix}$, y la oef de tipo II $e = 2f_2$. Entonces la matriz $e(I_2) = \begin{bmatrix} 1 & 0 \\ 0 & 2 \end{bmatrix}$ es una matriz elemental de fila.

Proposición 6. Si e es una oef, entonces $e(A) = e(I_n) \cdot A$.

Demostración. Es un sencillo ejercicio de comprobación para cada tipo de oef.

Ejemplo 8. Sean $A = \begin{bmatrix} 1 & 0 \\ 1 & 1 \end{bmatrix}$ y la oef $e = f_1 \leftrightarrow f_2$. Entonces se tiene que $e(A) = \begin{bmatrix} 1 & 1 \\ 0 & 1 \end{bmatrix}$, $e(I_2) = \begin{bmatrix} 0 & 1 \\ 1 & 0 \end{bmatrix}$ y $e(I_2) \cdot A = \begin{bmatrix} 0 & 1 \\ 1 & 0 \end{bmatrix} \cdot \begin{bmatrix} 1 & 0 \\ 1 & 1 \end{bmatrix} = \begin{bmatrix} 1 & 1 \\ 0 & 1 \end{bmatrix} = e(A)$.

Proposición 7. Si E es una matriz elemental de fila, entonces E es inversible y su inversa es otra matriz elemental de fila.

Demostración. Supongamos que E es una matriz elemental de fila asociada a la oef e, con lo que $E = e(I_n)$. Si e es de tipo I, $e = f_i \leftrightarrow f_j$, entonces $e(e(I_n)) = I_n$, con lo que $e(I_n) \cdot e(I_n) = I_n$ (proposición 6), o, equivalentemente, $E \cdot E = I_n$, lo que implica que E es inversible y $E^{-1} = E$. En otro caso, si e es de tipo II, $e = \lambda f_i$, podemos definir la oef $\hat{e} = \lambda^{-1} f_i$ (nótese que $\lambda \neq 0$), y entonces $e(\hat{e}(I_n)) = \hat{e}(e(I_n)) = I_n$, con lo que $E \cdot \hat{e}(I_n) = \hat{e}(I_n) \cdot E = I_n$, lo que implica que E es inversible y $E^{-1} = \hat{e}(I_n)$. Por último, si e es de tipo III, $e = f_i + \lambda f_j$, podemos definir la oef $\hat{e} = f_i - \lambda f_j$ y proceder como en el caso anterior.

Ejemplo 9. La matriz $\begin{bmatrix} 1 & 0 \\ 2i & 1 \end{bmatrix}$ es la matriz elemental de fila asociada a la oef $e = f_2 + 2if_1$. Es inmediato comprobar que la matriz $\begin{bmatrix} 1 & 0 \\ -2i & 1 \end{bmatrix}$, es decir, la matriz elemental de fila asociada a la oef $\hat{e} = f_2 - 2if_1$, es su inversa.

Definición 7. Sean $A, B \in M_{\mathbb{K}}(n \times m)$. Se dice que B es equivalente a A si es posible transformar A en B haciendo únicamente oefs. Si B es equivalente a A, escribimos $B \sim A$.

Proposición 8. Si $B \sim A$, entonces $A \sim B$.

Demostración. Si $B \sim A$ entonces existe una sucesión de oefs $e_1, e_2, \ldots, e_s$, $s \in \mathbb{N}$, tal que $B = e_s(\ldots e_2(e_1(A))\ldots)$. Utilizando reiteradamente la proposición 6 obtenemos que $B = e_s(I_n) \cdot \ldots e_2(I_n) \cdot e_1(I_n) \cdot A$. La matriz $C = e_s(I_n) \cdot \ldots e_2(I_n) \cdot e_1(I_n)$ es inversible por ser producto de matrices elementales de fila (proposición 7), y verifica que $B = C \cdot A$, con lo que tenemos $C^{-1} \cdot B = C^{-1} \cdot C \cdot A = A$. Como $C^{-1} = (e_1(I_n))^{-1} \cdot (e_2(I_n))^{-1} \cdot \ldots (e_s(I_n))^{-1}$ y cada una de las $(e_i(I_n))^{-1}$ es a su vez una matriz elemental de fila, existen s oefs $\hat{e}_i$ tales que $\hat{e}_i(I_n) = (e_i(I_n))^{-1}$. Esto implica que $A = C^{-1} \cdot B = \hat{e}_1(I_n) \cdot \ldots \hat{e}_s(I_n) \cdot B = \hat{e}_1(\ldots(\hat{e}_s(A))\ldots)$, lo que concluye la demostración.

Corolario 3. Si $A \sim B$, entonces cada una de esas matrices se obtiene de la otra multiplicándola por una matriz inversible.

Observación 2. No es difícil comprobar que si $A \sim B$ y $B \sim C$, entonces $A \sim C$. Por otra parte, es trivial demostrar que $A \sim A$, con lo que se cumplen las tres propiedades (reflexiva, simétrica y transitiva) necesarias para afirmar que la transformación mediante oefs define una relación de equivalencia en $M_{\mathbb{K}}(n \times m)$, lo que explica el haber utilizado precisamente el término *equivalente* para referirnos a una matriz que se puede obtener de otra mediante oefs.

Ejemplo 10. En la práctica, cuando se efectúa una serie de operaciones elementales de fila sobre una matriz, suele separarse cada una de las matrices obtenidas de la siguiente mediante el símbolo $\sim$, indicando también cuál es la oef que permite pasar de una a la otra. Por ejemplo, si $A = \begin{bmatrix} 1 & 0 & 0 \\ 1 & 2 & 0 \end{bmatrix}$, $e_1 = f_2 - f_1$ y $e_2 = f_2/2$, entonces $e_1(A) = \begin{bmatrix} 1 & 0 & 0 \\ 0 & 2 & 0 \end{bmatrix}$ y $e_2(e_1(A)) = \begin{bmatrix} 1 & 0 & 0 \\ 0 & 1 & 0 \end{bmatrix}$. Todo ello puede simbolizarse como

$$\begin{bmatrix} 1 & 0 & 0 \\ 1 & 2 & 0 \end{bmatrix} \overset{f_2 - f_1}{\sim} \begin{bmatrix} 1 & 0 & 0 \\ 0 & 2 & 0 \end{bmatrix} \overset{f_2/2}{\sim} \begin{bmatrix} 1 & 0 & 0 \\ 0 & 1 & 0 \end{bmatrix}.$$

En el contexto de la proposición 8, también se tiene que

$$\begin{bmatrix} 1 & 0 & 0 \\ 0 & 1 & 0 \end{bmatrix} \overset{2f_2}{\sim} \begin{bmatrix} 1 & 0 & 0 \\ 0 & 2 & 0 \end{bmatrix} \overset{f_2 + f_1}{\sim} \begin{bmatrix} 1 & 0 & 0 \\ 1 & 2 & 0 \end{bmatrix}.$$

Definición 8. Sea $A \in M_{\mathbb{K}}(n \times m)$ una matriz de n filas y m columnas. Se dice que A es una matriz escalonada reducida por filas (merf) si y sólo si verifica las siguientes propiedades:

1. Si la fila i de A es no nula y la fila j de A es nula, entonces $j > i$ (si hay filas nulas, son las últimas).

2. Si sólo las r primeras filas de A son no nulas ($r \leq n$) y $k_1, \ldots, k_r$ son los índices de columna de los primeros elementos no nulos de las filas $1, \ldots, r$, respectivamente, entonces:

   2.a Si $1 \leq i < j \leq r$, entonces $k_i < k_j$ (el primer elemento no nulo de cada fila está más a la derecha que el primer elemento no nulo de la fila inmediatamente anterior).

   2.b $a_{jk_i} = \delta_{jk_i}$ $i = 1, \ldots, r$, $j = 1, \ldots, i$ (el primer elemento no nulo de cada fila es 1 y los coeficientes de su columna con menor índice de fila que él son nulos).

Se deduce directamente de las propiedades anteriores que todos los coeficientes de cualquier columna que corresponda al primer elemento no nulo de una fila de una merf son nulos excepto éste, que es igual a 1.

Ejemplo 11. La matriz $\begin{bmatrix} 0 & 1 & 2+i & 0 & 0 & 3 \\ 0 & 0 & 0 & 1 & 0 & -i \\ 0 & 0 & 0 & 0 & 1 & 2 \\ 0 & 0 & 0 & 0 & 0 & 0 \end{bmatrix}$ es una merf.

Teorema 1. Toda matriz A es equivalente a una merf. Además, si B_1 y B_2 son merfs y $A \sim B_1$ y $A \sim B_2$, entonces $B_1 = B_2$. Por tanto, cada matriz A es equivalente a una única merf, que denotamos por $merf(A)$.

Demostración. Sea $A \in M_{\mathbb{K}}(n \times m)$. Veamos en primer lugar que A es equivalente a una merf. La demostración de este hecho es constructiva y se basa en el conocido método de eliminación de Gauss-Jordan. Empecemos observando que si todas las columnas de A son nulas, entonces A es una merf. Supongamos, por tanto, que A es no nula y localicemos la primera de sus columnas que contiene algún elemento no nulo. Si el índice de esa columna es l y $a_{1l} = 0$, apliquemos a A la oef $f_1 \leftrightarrow f_i$ para alguno de los i tales que $a_{il} \neq 0$, y a continuación la oef $a_{1l}^{-1}f_1$. Obtenemos una matriz $\hat{A}$ equivalente a A tal que todas sus columnas anteriores a la l son nulas y $[\hat{A}]_{1l} = 1$. Si inicialmente se tuviera $a_{1l} = 1$, se tomaría $\hat{A} = A$, mientras que si fuera $a_{1l} \neq 0, a_{1l} \neq 1$, $\hat{A}$ se obtendría de A haciendo simplemente la oef $a_{1l}^{-1}f_1$. En todos los casos, el procedimiento continúa realizando las oefs $f_i - [\hat{A}]_{il}f_1$, $i = 2, \ldots, n$, con lo que obtenemos una matriz equivalente a A tal que sus primeras l columnas constituyen una merf no nula. Supongamos ahora que hemos conseguido una matriz B equivalente a A tal que sus primeras k columnas, $k < m$, constituyen una merf con exactamente r filas no nulas, $r < n$, y veamos que siempre es posible obtener una matriz $\hat{B}$ equivalente a B tal que sus primeras $k + 1$ filas constituyan una merf (nótese que si fuera $k = m$ o $r = n$, la propia B sería una merf equivalente a A y el proceso habría terminado). Para obtener $\hat{B}$, examinemos los términos de la columna $k + 1$ de B con índice de fila mayor que r, es decir, los $b_{i,k+1}$, $i = r + 1, \ldots, n$. Si todos esos coeficientes fuesen nulos, entonces las primeras $k + 1$ columnas de B constituirían una merf y bastaría tomar $\hat{B} = B$. En caso contrario, supongamos que $b_{j,k+1} \neq 0, j \in \{r+1, \ldots, n\}$, y realicemos sobre B las oefs $f_{r+1} \leftrightarrow f_j$, $b_{j,k+1}^{-1}f_{r+1}$, con lo que obtendremos una matriz $\tilde{B}$ equivalente a B tal que sus primeras k columnas constituyen una merf con r filas no nulas y $[\tilde{B}]_{r+1,k+1} = 1$ (igual que antes, alguna de las dos últimas oefs podría ser innecesaria). Si ahora aplicamos a $\tilde{B}$ las oefs $f_i - [\tilde{B}]_{i,k+1}f_{r+1}$, $i = 1, \ldots, n$, $i \neq r + 1$, obtenemos la matriz $\hat{B}$ que buscábamos. Razonando por inducción, esto prueba que A es equivalente a una merf.

Para ver la unicidad, supongamos que B_1, B_2 son merfs y $A \sim B_1, A \sim B_2$. Eso implica que $B_1 \sim B_2$, con lo que, en virtud de la proposición 8, es posible transformar B_1 en B_2 mediante oefs y viceversa. Según el corolario de esa misma proposición, tenemos en particular que $B_1 = C \cdot B_2, B_2 = C^{-1}B_1$ para alguna matriz inversible C. Observemos ahora que si B_1 es nula, entonces también deben serlo A y B_2, con lo que $B_1 = B_2$. Supongamos entonces que B_1 no es nula (y, por tanto, tampoco lo son ni A ni B_2), y veamos que si la columna l_1 es la primera columna no nula de B_1 y la columna l_2 es la primera columna no nula de B_2, entonces $l_2 = l_1$. En efecto, si fuera $l_2 < l_1$ sería posible transformar una columna nula de B_1 en una columna no nula de B_2 haciendo únicamente oefs, lo cual es absurdo. El mismo razonamiento demuestra que no puede ser $l_1 < l_2$ con sólo intercambiar los papeles de B_1 y B_2, luego la primera columna no nula de B_1 ocupa la misma posición que la primera columna no nula de B_2, de manera que ambas columnas tienen un 1 en la primera fila y ceros en las siguientes, puesto que tanto B_1 como B_2 son merfs. Recordando la definición del producto de dos matrices, ello implica que tanto la primera columna de la matriz C como la primera columna de la matriz C^{-1} son iguales a la primera columna de I_n. Supongamos ahora que las primeras $k < m$ columnas de B_1 y B_2 son iguales y constituyen una merf con $r < n$ filas no nulas, y que tanto las primeras r columnas de C como las primeras r columnas de C^{-1} son iguales a las primeras r columnas de I_n (nótese que si fuese $k = m$ ya tendríamos que $B_1 = B_2$, mientras que si fuese $r = n$ sería $C = I_n$ y también $B_1 = B_2$). En ese caso deducimos que si $[B_2]_{r+1,k+1} = 0$, entonces $[B_1]_{r+1,k+1} = 0$, puesto que tenemos la igualdad $B_1 = C \cdot B_2$, sabemos que las primeras r filas de C coinciden con las de I_n y B_1 es merf. Intercambiando los papeles de B_1 y B_2 y considerando la igualdad $B_2 = C^{-1}B_1$, tenemos que $[B_1]_{r+1,k+1} = 0$ si y sólo si $[B_2]_{r+1,k+1} = 0$. En ese caso, si $[B_2]_{r+1,k+1} = 0$, entonces $[B_1]_{r+1,k+1} = 0$ y, recurriendo nuevamente a la igualdad $B_1 = C \cdot B_2$, tenemos que las primeras $k + 1$ columnas de B_1 coinciden con las primeras $k + 1$ columnas de B_2 y constituyen una merf con r filas no nulas. Si $[B_2]_{r+1,k+1} = 1$, entonces $[B_1]_{r+1,k+1} \neq 0$. Como B_1 es una merf, eso implica que $[B_1]_{r+1,k+1} = 1$, con lo que las columnas $k + 1$ de B_1 y B_2 son iguales. Así pues, tenemos por una parte que las primeras $k + 1$ columnas de B_1 coinciden con las primeras $k + 1$ columnas de B_2 y constituyen una merf con $r + 1$ filas no nulas, y, por otra, gracias una vez más a las igualdades $B_1 = C \cdot B_2, B_2 = C^{-1}B_1$, que tanto las primeras $r + 1$ columnas de C como las primeras $r + 1$ columnas de C^{-1} son iguales a las primeras $r + 1$ columnas de I_n. Razonando por inducción, esto prueba que $B_1 = B_2$.

Ejemplo 12. Consideremos la matriz $A = \begin{bmatrix} 0 & 0 & -2 & 1 & -1 \\ 0 & 1 & 1 & 0 & 1 \\ 0 & 2 & 0 & 1 & 1 \end{bmatrix}$ y apliquemos el procedimiento de eliminación de Gauss-Jordan para encontrar la merf a la que es equivalente:

$$\begin{bmatrix} 0 & 0 & -2 & 1 & -1 \\ 0 & 1 & 1 & 0 & 1 \\ 0 & 2 & 0 & 1 & 1 \end{bmatrix} \begin{array}{c} f_1 \leftrightarrow f_2 \\ \sim \end{array} \begin{bmatrix} 0 & 1 & 1 & 0 & 1 \\ 0 & 0 & -2 & 1 & -1 \\ 0 & 2 & 0 & 1 & 1 \end{bmatrix} \begin{array}{c} f_3 - 2f_1 \\ \sim \end{array} \begin{bmatrix} 0 & 1 & 1 & 0 & 1 \\ 0 & 0 & -2 & 1 & -1 \\ 0 & 0 & -2 & 1 & -1 \end{bmatrix} \begin{array}{c} -f_2/2 \\ \sim \end{array}$$

$$\begin{bmatrix} 0 & 1 & 1 & 0 & 1 \\ 0 & 0 & 1 & -\frac{1}{2} & \frac{1}{2} \\ 0 & 0 & -2 & 1 & -1 \end{bmatrix} \begin{array}{c} f_1 - f_2 \\ \sim \\ f_3 + 2f_2 \end{array} \begin{bmatrix} 0 & 1 & 0 & \frac{1}{2} & \frac{1}{2} \\ 0 & 0 & 1 & -\frac{1}{2} & \frac{1}{2} \\ 0 & 0 & 0 & 0 & 0 \end{bmatrix} = merf(A).$$

Por tanto, si $e_1 = f_1 \leftrightarrow f_2, e_2 = f_3 - 2f_1, e_3 = -f_2/2, e_4 = f_1 - f_2$ y $e_5 = f_3 + 2f_2$, entonces $merf(A) = e_5(e_4(e_3(e_2(e_1(A)))))$. Nótese que en general la sucesión de oefs que permite transformar una matriz en una merf no es única, pero, en virtud del teorema anterior, llegaremos siempre a la misma merf con independencia de la sucesión de operaciones que escojamos. En el caso de la matriz A anterior también podíamos haber hecho, por ejemplo,

$$\begin{bmatrix} 0 & 0 & -2 & 1 & -1 \\ 0 & 1 & 1 & 0 & 1 \\ 0 & 2 & 0 & 1 & 1 \end{bmatrix} \begin{array}{c} f_3 - 2f_2 \\ \sim \end{array} \begin{bmatrix} 0 & 0 & -2 & 1 & -1 \\ 0 & 1 & 1 & 0 & 1 \\ 0 & 0 & -2 & 1 & -1 \end{bmatrix} \begin{array}{c} f_1 - f_3 \\ \sim \end{array} \begin{bmatrix} 0 & 0 & 0 & 0 & 0 \\ 0 & 1 & 1 & 0 & 1 \\ 0 & 0 & -2 & 1 & -1 \end{bmatrix} \begin{array}{c} f_2 + f_3/2 \\ \sim \end{array}$$

$$\begin{bmatrix} 0 & 0 & 0 & 0 & 0 \\ 0 & 1 & 0 & \frac{1}{2} & \frac{1}{2} \\ 0 & 0 & -2 & 1 & -1 \end{bmatrix} \begin{array}{c} -f_3/2 \\ \sim \end{array} \begin{bmatrix} 0 & 0 & 0 & 0 & 0 \\ 0 & 1 & 0 & \frac{1}{2} & \frac{1}{2} \\ 0 & 0 & 1 & -\frac{1}{2} & \frac{1}{2} \end{bmatrix} \begin{array}{c} f_1 \leftrightarrow f_2 \\ \sim \end{array}$$

$$\begin{bmatrix} 0 & 1 & 0 & \frac{1}{2} & \frac{1}{2} \\ 0 & 0 & 0 & 0 & 0 \\ 0 & 0 & 1 & -\frac{1}{2} & \frac{1}{2} \end{bmatrix} \begin{array}{c} f_2 \leftrightarrow f_3 \\ \sim \end{array} \begin{bmatrix} 0 & 1 & 0 & \frac{1}{2} & \frac{1}{2} \\ 0 & 0 & 1 & -\frac{1}{2} & \frac{1}{2} \\ 0 & 0 & 0 & 0 & 0 \end{bmatrix} = merf(A),$$

de manera que si $\hat{e}_1 = f_3 - 2f_2, \hat{e}_2 = f_1 - f_3, \hat{e}_3 = f_2 + f_3/2, \hat{e}_4 = -f_3/2, \hat{e}_5 = f_1 \leftrightarrow f_2$ y $\hat{e}_6 = f_2 \leftrightarrow f_3$, entonces $merf(A) = \hat{e}_6(\hat{e}_5(\hat{e}_4(\hat{e}_3(\hat{e}_2(\hat{e}_1(A))))))$.

Definición 9. Se define el rango por filas de una matriz A, $rg_f A$, como la cantidad de filas no nulas de la única merf a la que es equivalente.

Ejemplo 13. La matriz A del ejemplo 12 tiene rango por filas 2, es decir, $rg_f A = 2$.

Proposición 9. Si $A \in M_{\mathbb{K}}(n \times m)$, entonces $rg_f A \leq \min\{n, m\}$.

Demostración. Basta con tener en cuenta la definición de $rg_f A$ y las propiedades que caracterizan las merfs.

1.3. Sistemas de ecuaciones lineales

Definición 10. Un sistema de n ecuaciones lineales con m incógnitas y coeficientes en el cuerpo conmutativo $\mathbb{K}$ es un sistema de igualdades de la forma

$$\sum_{j=1}^{m} \alpha_{ij} x_j = \beta_i, \quad i = 1, \dots, n,$$

donde $\alpha_{ij}, \beta_k \in \mathbb{K}$. Resolver el sistema de ecuaciones consiste en decidir si existe alguna colección de m elementos $x_1, \dots, x_m \in \mathbb{K}$ que satisfaga simultáneamente las n igualdades y, en caso afirmativo, encontrarlas todas. Llamamos solución del sistema a cada una de esas colecciones.

Dado un sistema de ecuaciones lineales, siempre es posible construir las matrices $A \in M_{\mathbb{K}}(n \times m)$, $X \in M_{\mathbb{K}}(m \times 1)$, $B \in M_{\mathbb{K}}(n \times 1)$ y $A|B \in M_{\mathbb{K}}(n \times (m+1))$, tales que $[A]_{ij} = \alpha_{ij}$, $[X]_{j1} = x_j$, $[B]_{j1} = \beta_j$ y $[A|B]_{ij} = \begin{cases} \alpha_{ij} & \text{si } j \leq m \\ \beta_i & \text{si } j = m+1 \end{cases}$. Esas matrices se denominan, respectivamente, matriz de coeficientes, matriz de incógnitas, matriz de términos independientes y matriz ampliada del sistema, que, teniendo en cuenta la definición del producto de matrices, puede reescribirse en la forma compacta $A \cdot X = B$. Si la matriz B es nula, se dice que el sistema es homogéneo.

Ejemplo 14. El conjunto de igualdades

$$\begin{aligned} ix_1 + 2x_3 - 2x_5 + x_2 &= 1 \\ -x_1 + (1-i)x_4 &= 2 \\ 3x_1 + 2x_2 + 5x_5 &= 2i \end{aligned}$$

constituye un sistema de ecuaciones lineales de 3 ecuaciones con las 5 incógnitas $x_1, x_2, x_3, x_4, x_5 \in \mathbb{C}$. La matriz de coeficientes del sistema es $A = \begin{bmatrix} i & 1 & 2 & 0 & -2 \\ -1 & 0 & 0 & 1-i & 0 \\ 3 & 2 & 0 & 0 & 5 \end{bmatrix}$, la matriz de incógnitas es $X = \begin{bmatrix} x_1 \\ x_2 \\ x_3 \\ x_4 \\ x_5 \end{bmatrix}$, la matriz de términos independientes es $B = \begin{bmatrix} 1 \\ 2 \\ 2i \end{bmatrix}$, y la matriz ampliada es $A|B = \begin{bmatrix} 1 & 1 & 2 & 0 & -2 & 1 \\ -1 & 0 & 0 & 1 & 0 & 2 \\ 3 & 2 & 0 & 0 & 5 & 2i \end{bmatrix}$.

Definición 11. Se dice que dos sistemas de ecuaciones lineales son equivalentes si ambos tienen las mismas soluciones.

Proposición 10. Dos sistemas de ecuaciones lineales son equivalentes si y sólo si sus matrices ampliadas son equivalentes.

Demostración. Es un sencilla comprobación que se deja como ejercicio.

Ejemplo 15. Los sistemas
$$\begin{cases} x_1 + 2x_3 - 2x_5 + x_2 = 1 \\ -x_1 + x_4 = 2 \\ 3x_1 + 2x_2 + 5x_5 = 1 \end{cases} \text{ y } \begin{cases} 4x_3 - x_1 - 9x_5 = 1 \\ x_2 + 2x_3 + x_4 - 2x_5 = 3 \\ 2x_1 + x_2 - 2x_3 + 7x_5 = 0 \end{cases} \text{ tienen las}$$

mismas soluciones porque si $e_1 = f_2 + f_1, e_2 = f_3 - f_1$ y $e_3 = f_1 - f_3$, entonces

$$\begin{bmatrix} -1 & 0 & 4 & 0 & -9 & 1 \\ 0 & 1 & 2 & 1 & -2 & 3 \\ 2 & 1 & -2 & 0 & 7 & 0 \end{bmatrix} = e_3 \left(e_2 \left(e_1 \left(\begin{bmatrix} 1 & 1 & 2 & 0 & -2 & 1 \\ -1 & 0 & 0 & 1 & 0 & 2 \\ 3 & 2 & 0 & 0 & 5 & 1 \end{bmatrix} \right) \right) \right)$$

Teorema 2. Teorema de Rouché-Frobenius: sean A y $A|B$ la matriz de coficientes y la matriz ampliada de un sistema de n ecuaciones lineales con m incógnitas, respectivamente. Si $r = rg_f A$, entonces se tiene:

1. Si $rg_f A|B \neq r$, el sistema no tiene soluciones (en ese caso se dice que el sistema es incompatible).

2. Si $rg_f A|B = r$, el sistema tiene alguna solución (sistema compatible). En este caso podemos distinguir dos situaciones:

   2.a. Si $r = m$, el sistema tiene una única solución (sistema compatible determinado).

   2.b. Si $r < m$, el sistema tiene infinitas soluciones (sistema compatible indeterminado).

Observación 3. Nótese que el caso $rg_f A|B = r > m$ queda excluido por la proposición 9.

Demostración. Sabemos que el sistema de ecuaciones cuya matriz ampliada es $merf(A|B)$ es equivalente al sistema de ecuaciones original. Puesto que la matriz ampliada de $A|B$ comparte con A las m primeras columnas, y recordando el método de eliminación de Gauss-Jordan, $merf(A|B)$ debe compartir con $merf(A)$ las m primeras columnas. Por otra parte, como $A|B$ sólo tiene una columna más que A, entonces $rg_f A|B$ sólo puede ser r o $r+1$. Por tanto, si $rg_f A|B \neq r$ debe ser $rg_f A|B = r + 1$ y $[merf(A|B)]_{r+1,m+1} = 1$, mientras que, como $rg_f A = r$, $[merf(A)]_{ri} = 0 \ \forall i \in \{1, \ldots, m\}$. Eso quiere decir que la r-ésima ecuación del sistema cuya matriz ampliada es $merf(A|B)$ se escribe $0 \cdot x_1 + \ldots + 0 \cdot x_m = 1$, es decir, $0 = 1$, con lo que el sistema original no puede tener soluciones. Si, por el contrario, $rg_f A|B = r = m$, entonces $merf(A)$ debe tener m filas no nulas. Teniendo en cuenta la estructura de una merf y las dimensiones de A, eso implica necesariamente que las primeras m filas de $merf(A)$ son las de I_m. Así pues, las m primeras ecuaciones del sistema cuya matriz ampliada es $merf(A|B)$ se escriben $x_i = [merf(A|B)]_{i,m+1}, i = 1, \ldots, m$, mientras que el resto de las ecuaciones, en caso de haberlas, sólo dicen $0 = 0$, de manera que el sistema original sólo tiene una solución. Por último, si $rg_f A|B = r < m$, entonces sean $k_1, \ldots, k_r$ los índices de columna de las posiciones de los primeros unos de cada fila no nula de $merf(A)$. Si llamamos incógnitas principales del sistema a $x_{k_j}, j = 1, \ldots, r$, y parámetros al resto de las incógnitas, entonces las r primeras ecuaciones del sistema cuya matriz ampliada es $merf(A|B)$ indican que es posible expresar cada una de las incógnitas principales en función exclusivamente de los parámetros. El resto de ecuaciones, si las hay, son trivales ($0 = 0$), de manera que no hay ninguna restricción sobre el valor que pueden tomar los parámetros y el sistema tiene infinitas soluciones.

Corolario 4. Todo sistema homogéneo es compatible.

Ejemplo 16. El sistema de ecuaciones lineales

$$(1 + i)x_2 - x_3 + x_4 = 0$$
$$x_1 - ix_2 + x_3 = 1$$
$$x_1 + x_2 + x_4 = 0$$

es incompatible. Para verlo, busquemos la merf de la matriz ampliada del sistema:

$$\begin{bmatrix} 0 & 1+i & -1 & 1 & 0 \\ 1 & -i & 1 & 0 & 1 \\ 1 & 1 & 0 & 1 & 0 \end{bmatrix} \begin{array}{c} f_1 \leftrightarrow f_3 \\ \sim \end{array} \begin{bmatrix} 1 & 1 & 0 & 1 & 0 \\ 1 & -i & 1 & 0 & 1 \\ 0 & 1+i & -1 & 1 & 0 \end{bmatrix} \begin{array}{c} f_2 - f_1 \\ \sim \end{array}$$

$$\begin{bmatrix} 1 & 1 & 0 & 1 & 0 \\ 0 & -1-i & 1 & -1 & 1 \\ 0 & 1+i & -1 & 1 & 0 \end{bmatrix} \begin{matrix} \\ f_3 + f_2 \\ \sim \\ \end{matrix} \begin{bmatrix} 1 & 1 & 0 & 1 & 0 \\ 0 & -1-i & 1 & -1 & 1 \\ 0 & 0 & 0 & 0 & 1 \end{bmatrix} = C|D$$

Llegados a este punto, ya es claro que $rg_f A = 2$ y $rg_f A|B = 3$, con lo que, según el teorema de Rouché-Frobenius, el sistema original es incompatible. Nótese que dicho sistema debe tener las mismas soluciones que el sistema cuya matriz ampliada es $C|D$, y que la tercera ecuación de ese sistema es $0\cdot x_1 + 0\cdot x_2 + 0\cdot x_3 + 0\cdot x_4 = 1$, lo cual es imposible para cualquier combinación de números complejos x_1, x_2, x_3, x_4.

Ejemplo 17. El sistema de ecuaciones lineales

$$\begin{aligned} x_1 - x_2 + x_3 &= 0 \\ x_1 - x_2 - x_3 &= 1 \\ x_1 + x_2 + x_3 &= 0 \end{aligned}$$

es compatible determinado. En efecto, tenemos

$$\begin{bmatrix} 1 & -1 & 1 & 0 \\ 1 & -1 & -1 & 1 \\ 1 & 1 & 1 & 0 \end{bmatrix} \begin{matrix} f_2 - f_1 \\ \sim \\ f_3 - f_1 \end{matrix} \begin{bmatrix} 1 & -1 & 1 & 0 \\ 0 & 0 & -2 & 1 \\ 0 & 2 & 0 & 0 \end{bmatrix},$$

de manera que $rg_f A = rg_f A|B = 3$. Como el sistema original tiene tres incógnitas, entonces podemos decir que dicho sistema es compatible determinado. Para hallar la solución del sistema continuamos con el proceso de eliminación:

$$\begin{bmatrix} 1 & -1 & 1 & 0 \\ 0 & 0 & -2 & 1 \\ 0 & 2 & 0 & 0 \end{bmatrix} \begin{matrix} -f_2/2 \\ \sim \\ f_3/2 \end{matrix} \begin{bmatrix} 1 & -1 & 1 & 0 \\ 0 & 0 & 1 & -\frac{1}{2} \\ 0 & 1 & 0 & 0 \end{bmatrix} \begin{matrix} \\ f_2 \leftrightarrow f_3 \\ \sim \\ \end{matrix} \begin{bmatrix} 1 & -1 & 1 & 0 \\ 0 & 1 & 0 & 0 \\ 0 & 0 & 1 & -\frac{1}{2} \end{bmatrix} \begin{matrix} f_1 + f_2 \\ \sim \\ \end{matrix}$$

$$\begin{bmatrix} 1 & 0 & 1 & 0 \\ 0 & 1 & 0 & 0 \\ 0 & 0 & 1 & -\frac{1}{2} \end{bmatrix} \begin{matrix} f_1 - f_3 \\ \sim \\ \end{matrix} \begin{bmatrix} 1 & 0 & 0 & \frac{1}{2} \\ 0 & 1 & 0 & 0 \\ 0 & 0 & 1 & -\frac{1}{2} \end{bmatrix} = merf(A|B) = C|D.$$

El sistema original debe tener las mismas soluciones que el sistema cuya matriz ampliada es $C|D$, lo que implica que $x_1 = \dfrac{1}{2}, x_2 = 0, x_3 = -\dfrac{1}{2}$ es la única solución del sistema original.

Ejemplo 18. El sistema de ecuaciones lineales

$$\begin{aligned} x_1 + x_2 - x_3 + 2x_4 &= i \\ (1+i)(x_1 + x_2) + 2x_4 &= 2+i \\ i(x_1 + x_2) + x_3 &= 2 \end{aligned}$$

es compatible indeterminado. Puede comprobarse que

$$\begin{bmatrix} 1 & 1 & -1 & 2 & i \\ 1+i & 1+i & 0 & 2 & 2+i \\ i & i & 1 & 0 & 2 \end{bmatrix} \begin{matrix} f_2 - (1+i)f_1 \\ \sim \\ f_3 - if_1 \end{matrix} \begin{bmatrix} 1 & 1 & -1 & 2 & i \\ 0 & 0 & 1+i & -2i & 3 \\ 0 & 0 & 1+i & -2i & 3 \end{bmatrix} \begin{matrix} f_3 - f_2 \\ \sim \\ \end{matrix}$$

$$\begin{bmatrix} 1 & 1 & -1 & 2 & i \\ 0 & 0 & 1+i & -2i & 3 \\ 0 & 0 & 0 & 0 & 0 \end{bmatrix} \begin{matrix} f_2/(1+i) \\ \sim \\ \end{matrix} \begin{bmatrix} 1 & 1 & -1 & 2 & i \\ 0 & 0 & 1 & -1-i & \frac{3}{2}(1-i) \\ 0 & 0 & 0 & 0 & 0 \end{bmatrix} \begin{matrix} f_1 + f_2 \\ \sim \\ \end{matrix}$$

$$\begin{bmatrix} 1 & 1 & 0 & 1-i & \frac{1}{2}(3-i) \\ 0 & 0 & 1 & -1-i & \frac{3}{2}(1-i) \\ 0 & 0 & 0 & 0 & 0 \end{bmatrix} = merf(A|B),$$

y, por tanto, $rg_f A = rg_f A|B = 2$. Como el sistema original tiene cuatro incógnitas, entonces podemos decir que dicho sistema es compatible indeterminado con dos incógnitas principales, x_1, x_3, y dos parámetros, x_2, x_4, que pueden tomar cualquier valor en $\mathbb{C}$, con lo que hay infinitas soluciones. Las incógnitas principales pueden expresarse en términos de los parámetros a partir de la forma reducida de $A|B$, obteniendo $x_1 = \frac{1}{2}(3-i) - x_2 - (1-i)x_4, x_3 = \frac{3}{2}(1-i) + (1+i)x_4$. Es habitual describir el conjunto de todas las soluciones del sistema de la siguiente forma: $x_1 = \frac{1}{2}(3-i) - \lambda - (1-i)\mu, x_2 = \lambda, x_3 = \frac{3}{2}(1-i) + (1+i)\mu, x_4 = \mu, \lambda, \mu \in \mathbb{C}$.

Definición 12. Una ecuación matricial con matriz de coeficientes $A \in M_{\mathbb{K}}(n \times m)$ y matriz de términos independientes $B \in M_{\mathbb{K}}(n \times p)$ es una ecuación de la forma $A \cdot X = B$, donde $X \in M_{\mathbb{K}}(m \times p)$ se denomina matriz de incógnitas. Resolver el sistema matricial consiste en decidir si existe alguna matriz X que satisfaga la igualdad y, en caso afirmativo, encontrarlas todas. Diremos que cada una de esas matrices X es una solución de la ecuación matricial. La matriz de n filas y $m + p$ columnas cuyas primeras m columnas son las columnas de A y cuyas últimas p columnas son las columnas de B se denomina matriz ampliada de la ecuación matricial. También utilizaremos el símbolo $A|B$ para representar a las matrices ampliadas de las ecuaciones matriciales.

Proposición 11. Teorema de Rouché-Frobenius para ecuaciones matriciales: si $A \in M_{\mathbb{K}}(n \times m)$ y $B \in M_{\mathbb{K}}(n \times p)$ son, respectivamente, la matriz de coficientes y la matriz de términos independientes de una ecuación matricial y $r = rg_f A$, entonces la ecuación tiene solución sólo cuando $rg_f A|B = r$. En ese caso, si $r = m$ sólo existe una matriz $X \in M_{\mathbb{K}}(m \times p)$ que satisfaga la igualdad $A \cdot X = B$, mientras que si $r < m$ pueden encontrarse infinitas soluciones para la ecuación matricial.

Demostración. Consideremos una sucesión de oefs $e_1, \ldots, e_s$, $s \in \mathbb{N}$, que transforme A en $merf(A)$, y las matrices $B_i \in M_{\mathbb{K}}(n \times 1)$, $i = 1, \ldots, p$, tales que $[B_i]_j = b_{ij}$. Esta claro que la ecuación matricial tiene soluciones si y sólo si todos y cada uno de los p sistemas de ecuaciones lineales asociados a las matrices ampliadas $A|B_i$ tienen soluciones. Si $rg_f A|B = r$, entonces debe obtenerse $merf(A|B)$ al aplicar $e_1, \ldots, e_s$ a $A|B$, con lo que también se obtendrá $merf(A|B_i)$ al aplicar $e_1, \ldots, e_s$ a cada una de las matrices $A|B_i$. En esas condiciones, si $r = m$ todos los sistemas son compatibles determinados, y por tanto, la ecuación matricial tiene una única solución, mientras que si $r < m$ todos los sistemas son compatibles indeterminados y la ecuación matricial tiene infinitas soluciones. Si, por el contrario, $rg_f A|B \neq r$, deberá ser $rg_f A|B > r$. Eso sólo puede suceder si para alguno de los sistemas no es $rg_f A|B_i = r$, en cuyo caso ese sistema es incompatible y la ecuación matricial no puede tener soluciones.

Teorema 3. Una matriz cuadrada es inversible si y sólo si su rango por filas es máximo.

Demostración. Sea $A \in M_{\mathbb{K}}(n \times n)$ y consideremos una sucesión de oefs $e_1, \ldots, e_s$, $s \in \mathbb{N}$, que transforme A en $merf(A)$. Para que A sea inversible debe existir, en particular, una matriz $B \in M_{\mathbb{K}}(n \times n)$ tal que $A \cdot B = I_n$. Eso quiere decir que el sistema $A \cdot X = I_n$ es compatible, con lo que $rg_f A = rg_f A|I_n$ y la matriz que se obtiene aplicando $e_1, \ldots, e_s$ a $A|I_n$ es una merf. Como $e_s(\ldots(e_1(I_n))\ldots)$ es equivalente a I_n, entonces su rango es n y no puede tener filas nulas, con lo que necesariamente $rg_f A = n$. Recíprocamente, si $rg_f A = n$ entonces $merf(A) = I_n$ y el sistema $A \cdot X = I_n$ es compatible determinado con solución $X = e_s(\ldots(e_1(I_n))\ldots)$. Esa solución verifica, además, $X \cdot A = e_s(\ldots(e_1(I_n))\ldots) \cdot A = e_s(I_n) \cdot \ldots e_1(I_n) \cdot A = e_s(\ldots(e_1(A))\ldots) = I_n$, con lo que A es inversible y $A^{-1} = e_s(\ldots(e_1(I_n))\ldots)$.

Corolario 5. Se deduce de la demostración del teorema anterior que si una matriz cuadrada tiene inversa, esa inversa es única. También se ha visto que una matriz es inversible si y sólo si es producto de matrices elementales de fila, con lo que podemos afirmar que dos matrices son equivalentes si y sólo si una de ellas puede obtenerse multiplicando una matriz inversible por la otra.

Ejemplo 19. Los resultados anteriores justifican el denominado método de Gauss para el cálculo de la inversa de una matriz. Consideremos, por ejemplo, la matriz

$$A = \begin{bmatrix} 1 & 1 & 0 \\ 1 & 0 & 1 \\ 1 & 1 & -1 \end{bmatrix}.$$

Si A es inversible, entonces su inversa es la única solución del sistema matricial $A \cdot X = I_3$, y se obtiene reduciendo la matriz ampliada $A|I_3$:

$$\begin{bmatrix} 1 & 1 & 0 & 1 & 0 & 0 \\ 1 & 0 & 1 & 0 & 1 & 0 \\ 1 & 1 & -1 & 0 & 0 & 1 \end{bmatrix} \begin{matrix} f_2 - f_1 \\ \sim \\ f_3 - f_1 \end{matrix} \begin{bmatrix} 1 & 1 & 0 & 1 & 0 & 0 \\ 0 & -1 & 1 & -1 & 1 & 0 \\ 0 & 0 & -1 & -1 & 0 & 1 \end{bmatrix} \begin{matrix} f_1 + f_2 \\ \sim \\ (-1)f_3 \end{matrix}$$

$$\begin{bmatrix} 1 & 0 & 1 & 0 & 1 & 0 \\ 0 & -1 & 1 & -1 & 1 & 0 \\ 0 & 0 & 1 & 1 & 0 & -1 \end{bmatrix} \begin{matrix} f_1 - f_3 \\ \sim \\ f_2 - f_3 \end{matrix} \begin{bmatrix} 1 & 0 & 0 & -1 & 1 & 1 \\ 0 & -1 & 0 & -2 & 1 & 1 \\ 0 & 0 & 1 & 1 & 0 & -1 \end{bmatrix} \begin{matrix} (-1)f_2 \\ \sim \end{matrix}$$

$$\begin{bmatrix} 1 & 0 & 0 & -1 & 1 & 1 \\ 0 & 1 & 0 & 2 & -1 & -1 \\ 0 & 0 & 1 & 1 & 0 & -1 \end{bmatrix}$$

Así pues, A es inversible y $A^{-1} = \begin{bmatrix} -1 & 1 & 1 \\ 2 & -1 & -1 \\ 1 & 0 & -1 \end{bmatrix}$, lo que puede comprobarse fácilmente.

1.4. Espacios vectoriales

Definición 13. Sean E un conjunto, $\mathbb{K}$ un cuerpo conmutativo y dos funciones $s : E \times E \longrightarrow E$, $p : \mathbb{K} \times E \longrightarrow E$. Se dice que la terna (E, s, p) es un espacio vectorial sobre $\mathbb{K}$ ($\mathbb{K}$ev) si se verifica:

1 (E, s) es un grupo conmutativo, es decir:

    1.1 $\forall \mathbf{x}, \mathbf{y} \in E \quad s(\mathbf{x}, \mathbf{y}) = s(\mathbf{y}, \mathbf{x})$

    1.2 $\forall \mathbf{x}, \mathbf{y}, \mathbf{z} \in E \quad s(s(\mathbf{x}, \mathbf{y}), \mathbf{z}) = s(\mathbf{x}, s(\mathbf{y}, \mathbf{z}))$

    1.3 $\exists \tilde{\mathbf{v}} \in E$ tal que $\forall \mathbf{x} \in E \quad s(\tilde{\mathbf{v}}, \mathbf{x}) = s(\mathbf{x}, \tilde{\mathbf{v}}) = \mathbf{x}$

    1.4 $\forall \mathbf{x} \in E, \exists \hat{\mathbf{x}} \in E$ tal que $\quad s(\mathbf{x}, \hat{\mathbf{x}}) = s(\hat{\mathbf{x}}, \mathbf{x}) = \tilde{\mathbf{v}}$

2 $\forall \lambda \in \mathbb{K}, \forall \mathbf{x}, \mathbf{y} \in E \quad p(\lambda, s(\mathbf{x}, \mathbf{y})) = s(p(\lambda, \mathbf{x}), p(\lambda, \mathbf{y}))$

3 $\forall \lambda, \mu \in \mathbb{K}, \forall \mathbf{x} \in E \quad p(\lambda + \mu, \mathbf{x}) = s(p(\lambda, \mathbf{x}), p(\mu, \mathbf{x}))$

4 $\forall \lambda, \mu \in \mathbb{K}, \forall \mathbf{x} \in E \quad p(\lambda \cdot \mu, \mathbf{x}) = p(\lambda, p(\mu, \mathbf{x}))$

5 $\forall \mathbf{x} \in E \quad p(1, \mathbf{x}) = \mathbf{x}$

La función s se denomina ley u operación de composición interna y la función p se denomina ley u operación de composición externa. Cuando se pretende dotar a un conjunto E de estructura de $\mathbb{K}$ev, es frecuente definir las leyes s, p basándose en las operaciones suma y producto $(+, \cdot)$ usuales en $\mathbb{K}$. Por esa razón es habitual abusar del lenguaje, llamar suma y producto por un escalar a s y p, respectivamente, y utilizar la notación $s(\mathbf{x}, \mathbf{y}) = \mathbf{x} + \mathbf{y}$, $p(\lambda, \mathbf{x}) = \lambda \cdot \mathbf{x}$, o bien $p(\lambda, \mathbf{x}) = \lambda \mathbf{x}$, $\tilde{\mathbf{v}} = \mathbf{0}_E$, o simplemente $\tilde{\mathbf{v}} = \mathbf{0}$, $\hat{\mathbf{x}} = -\mathbf{x}$ y $\mathbf{x} + (-\mathbf{y}) = \mathbf{x} - \mathbf{y}$. Según este convenio, las propiedades que caracterizan a un $\mathbb{K}$ev pueden reescribirse de la forma más familiar

1 $(E, +)$ es un grupo conmutativo, es decir:

    1.1 $\forall \mathbf{x}, \mathbf{y} \in E \quad \mathbf{x} + \mathbf{y} = \mathbf{y} + \mathbf{x}$ (propiedad conmutativa de la suma)

    1.2 $\forall \mathbf{x}, \mathbf{y}, \mathbf{z} \in E \quad (\mathbf{x} + \mathbf{y}) + \mathbf{z} = \mathbf{x} + (\mathbf{y} + \mathbf{z})$ (propiedad asociativa de la suma)

    1.3 $\exists \mathbf{0} \in E$ tal que $\forall \mathbf{x} \in E \quad \mathbf{0} + \mathbf{x} = \mathbf{x} + \mathbf{0} = \mathbf{x}$ (existencia de un elemento neutro para la suma)

    1.4 $\forall \mathbf{x} \in E, \exists -\mathbf{x} \in E$ tal que $\quad \mathbf{x} + (-\mathbf{x}) = (-\mathbf{x}) + \mathbf{x} = \mathbf{0}$ (existencia de un elemento opuesto para la suma)

2 $\forall \lambda \in \mathbb{K}, \forall \mathbf{x}, \mathbf{y} \in E \quad \lambda \cdot (\mathbf{x} + \mathbf{y}) = \lambda \cdot \mathbf{x} + \lambda \cdot \mathbf{y}$ (propiedad distributiva de la suma y el producto por un escalar)

3 $\forall \lambda, \mu \in \mathbb{K}, \forall \mathbf{x} \in E \quad (\lambda + \mu) \cdot \mathbf{x} = \lambda \cdot \mathbf{x} + \mu \cdot \mathbf{x}$ (propiedad distributiva de la suma de escalares y el producto por un escalar)

4 $\forall \lambda, \mu \in \mathbb{K}, \forall \mathbf{x} \in E \quad (\lambda \cdot \mu) \cdot \mathbf{x} = \lambda \cdot (\mu \cdot \mathbf{x})$

5 $\forall \mathbf{x} \in E \quad 1 \cdot \mathbf{x} = \mathbf{x}$

También es habitual obviar la estructura $(E, +, \cdot)$ y referirse simplemente al $\mathbb{K}$ev E. Si E es un $\mathbb{K}$ev y $\mathbf{x} \in E$, se dice que $\mathbf{x}$ es un vector de E.

Ejemplo 20. El conjunto $\mathbb{K}^n$, $n \in \mathbb{N}$, con las operaciones suma y producto por un escalar definidas como $\forall \lambda \in \mathbb{K}$, $\forall \mathbf{x}, \mathbf{y} \in \mathbb{K}^n$, si $\mathbf{x} = (x_1, \ldots, x_n)$ e $\mathbf{y} = (y_1, \ldots, y_n)$ entonces $\mathbf{x} + \mathbf{y} = (x_1 + y_1, \ldots, x_n + y_n)$ y $\lambda \cdot \mathbf{x} = (\lambda x_1, \ldots, \lambda x_n)$, tiene estructura de $\mathbb{K}$ev. El elemento neutro para la suma es el vector nulo, $\mathbf{0} = (0, \ldots, 0)$, y el elemento opuesto para la suma del vector $\mathbf{x} = (x_1, \ldots, x_n)$ es el vector $-\mathbf{x} = (-x_1, \ldots, -x_n)$.

Ejemplo 21. El conjunto $\mathbb{K}[x]$ de todos los polinomios con coeficientes en el cuerpo conmutativo $\mathbb{K}$, con las operaciones suma y producto por un escalar definidas como $\forall \lambda \in \mathbb{K}, \forall p, q \in \mathbb{K}[x]$, si $\forall x \in \mathbb{K} \ p(x) = a_0 + a_1 x + \ldots + a_n x^n$ y $q(x) = b_0 + b_1 x + \ldots + b_m x^m$ entonces $\forall x \in \mathbb{K} \ (p + q)(x) = (a_0 + b_0) + (a_1 + b_1)x + \ldots + (a_n + b_n)x^n + b_{n+1}x^{n+1} + \ldots + b_m x^m$ y $(\lambda \cdot p)(x) = \lambda a_0 + \lambda a_1 x + \ldots + \lambda a_n x^n$, donde, sin pérdida de generalidad, se ha supuesto que $m > n$, tiene estructura de $\mathbb{K}$ev. El elemento neutro para la suma es el polinomio nulo, es decir, la función $\mathbf{0} : \mathbb{K} \longrightarrow \mathbb{K}$, tal que $\forall x \in \mathbb{K} \ \mathbf{0}(x) = 0$, y el elemento opuesto para la suma del polinomio p tal que $\forall x \in \mathbb{K} \ p(x) = a_0 + a_1 x + \ldots + a_n x^n$ es el polinomio $-p$ tal que $\forall x \in \mathbb{K} \ (-p)(x) = -a_0 - a_1 x - \ldots - a_n x^n$.

Ejemplo 22. El conjunto $\mathbb{K}_n[x]$, $n \in \mathbb{N}$, de todos los polinomios de grado menor o igual que n con coeficientes en el cuerpo conmutativo $\mathbb{K}$, con las operaciones suma y producto por un escalar definidas de forma análoga a como se ha hecho en el ejemplo anterior, tiene estructura de $\mathbb{K}$ev.

Ejemplo 23. El conjunto $M_{\mathbb{K}}(n \times m)$ de todas las matrices de n filas y m columnas con coeficientes en el cuerpo conmutativo $\mathbb{K}$, con las operaciones suma de matrices y producto de un escalar por una matriz tal como se describieron en la definición 2, tiene estructura de $\mathbb{K}$ev. El elemento neutro para la suma es la matriz nula $0_{n \times m} \in M_{\mathbb{K}}(n \times m)$ tal que $[0_{n \times m}]_{ij} = 0$, y el elemento opuesto para la suma de la matriz $A \in M_{\mathbb{K}}(n \times m)$ es la matriz $-A \in M_{\mathbb{K}}(n \times m)$ tal que $[-A]_{ij} = -a_{ij}$.

Observación 4. Los ejemplos del 20 al 23 evidencian que los elementos de un conjunto al que se ha dotado de la estructura de espacio vectorial pueden ser de naturaleza muy diferente. Pueden ser simplemente n-uplas ordenadas de escalares (es decir, vectores, según la nomenclatura habitual en los estudios preuniversitarios y en otras disciplinas como la Física), pero también pueden ser, por ejemplo, funciones o matrices. El término vector puede aplicarse a los elementos de cualquier espacio vectorial, si bien es frecuente referirse a los elementos de los espacios vectoriales $\mathbb{K}_n[x]$ y $M_{\mathbb{K}}(n \times m)$ manteniendo los nombres de polinomios y matrices, respectivamente.

Proposición 12. Sea E un $\mathbb{K}$ev. Entonces se cumplen las siguientes propiedades:

1 $\forall \mathbf{x} \in E \quad 0 \cdot \mathbf{x} = \mathbf{0}_E$

2 $\forall \lambda \in \mathbb{K} \quad \lambda \cdot \mathbf{0}_E = \mathbf{0}_E$

3 $\forall \lambda \in \mathbb{K}, \forall \mathbf{x} \in E \quad -(\lambda \cdot x) = (-\lambda) \cdot \mathbf{x} = \lambda \cdot (-\mathbf{x})$

4 $\forall \lambda \in \mathbb{K}, \forall \mathbf{x}, \mathbf{y} \in E \quad \lambda \cdot (\mathbf{x} + (-\mathbf{y})) = \lambda \cdot \mathbf{x} + (-(\lambda \cdot \mathbf{y}))$

5 $\forall \lambda, \mu \in \mathbb{K}, \forall \mathbf{x} \in E \quad (\lambda - \mu) \cdot \mathbf{x} = \lambda \cdot \mathbf{x} + (-(\mu \cdot \mathbf{x}))$

6 $\lambda \cdot \mathbf{x} = \mathbf{0}_E \Longrightarrow \{\lambda = 0 \quad \text{ó} \quad \mathbf{x} = \mathbf{0}_E\}$

Demostración. Se deja como ejercicio para el lector.

Definición 14. Sea E un $\mathbb{K}$ev y $F \subset E$. Se dice que F es un subespacio vectorial (sev) de E cuando se verifican las siguientes condiciones:

1. $\mathbf{0}_E \in F$

2. $\lambda \in \mathbb{K}, \mathbf{x}, \mathbf{y} \in F \Longrightarrow \lambda \mathbf{x} + \mathbf{y} \in F$

Observación 5. Es fácil ver que un sev F de un $\mathbb{K}$ev E con la operación " $+$ " de E restringida a $F \times F$ y la operación " $\cdot$ " de E restringida a $\mathbb{K} \times F$ es también un $\mathbb{K}$ev.

Ejemplo 24. Consideremos el $\mathbb{R}$ev $\mathbb{R}^4$ con las operaciones definidas en el ejemplo 20. El conjunto $F = \{\mathbf{x} = (x_1, x_2, x_3, x_4) \in \mathbb{R}^4 \mid x_1 + x_3 = 0, x_2 - 2x_4 = 0\}$ es un sev de $\mathbb{R}^4$. Para demostrarlo basta ver que el elemento neutro para la suma de $\mathbb{R}^4$, $\mathbf{0} = (0, 0, 0, 0)$, pertenece a F, lo que es trivial, puesto que $0 + 0 = 0$ y $0 - 2 \cdot 0 = 0$. En segundo lugar, sean $\lambda \in \mathbb{R}$ y $\mathbf{x} = (x_1, x_2, x_3, x_4), \mathbf{y} = (y_1, y_2, y_3, y_4) \in F$. Entonces se tiene que $\lambda \mathbf{x} + \mathbf{y} = (\lambda x_1 + y_1, \lambda x_2 + y_2, \lambda x_3 + y_3, \lambda x_4 + y_4)$. Este vector pertenecerá a F si y sólo si $\lambda x_1 + y_1 + \lambda x_3 + y_3 = \lambda(x_1 + x_3) + (y_1 + y_3) = 0$ y $\lambda x_2 + y_2 - 2(\lambda x_4 + y_4) = \lambda(x_2 - 2x_4) + (y_2 - 2y_4) = 0$, lo que efectivamente se cumple, puesto que $\mathbf{x}, \mathbf{y} \in F$.

Ejemplo 25. Consideremos el $\mathbb{C}$ev $\mathbb{C}_2[x]$ con las operaciones definidas en el ejemplo 22. El conjunto $G = \{p \in \mathbb{C}_2[x] \mid \exists a, b \in \mathbb{C}$ tales que $\forall x \in \mathbb{C}\; p(x) = (a - b) + (a + ib)x + (2a - b)x^2\}$ es un sev de $\mathbb{C}_2[x]$. Podemos comprobarlo viendo que el elemento neutro para la suma de $\mathbb{C}_2[x]$, el polinomio nulo $\mathbf{0}$, pertenece a G, lo que es inmediato, puesto que $\forall x \in \mathbb{C}\; \mathbf{0}(x) = (0 - 0) + (0 + i \cdot 0)x + (2 \cdot 0 - 0)x^2$. En segundo lugar, sean $\lambda \in \mathbb{C}$ y $p, q \in G$. Entonces existen $a, b, c, d \in \mathbb{C}$ tales que $\forall x \in \mathbb{C}\; p(x) = (a - b) + (a + ib)x + (2a - b)x^2$ y $q(x) = (c - d) + (c + id)x + (2c - d)x^2$. Así pues, $(\lambda p + q)(x) = \lambda((a - b) + (a + ib)x + (2a - b)x^2) + ((c - d) + (c + id)x + (2c - d)x^2) = ((\lambda a + c) - (\lambda b + d)) + ((\lambda a + c) + i(\lambda b + d))x + (2(\lambda a + c) - (\lambda b + d))x^2$, de manera que, si definimos los escalares $\hat{a} = \lambda a + c, \hat{b} = \lambda b + d \in \mathbb{C}$, se tiene que $\forall x \in \mathbb{C}\; (\lambda p + q)(x) = (\hat{a} - \hat{b}) + (\hat{a} + i\hat{b})x + (2\hat{a} - \hat{b})x^2$, con lo que $\lambda p + q \in G$ y G es sev de $\mathbb{C}_2[x]$.

Ejemplo 26. Los conjuntos $F = \{p \in \mathbb{R}_3[x] \mid p(0) = 2p(1), p'(1) = 0, \int_0^1 p = 0\}$, donde p' representa la derivada de p, y $G = \{A \in M_{\mathbb{C}}(2 \times 2) \mid A = iA^T\}$ son sevs de $\mathbb{R}_3[x]$ y $M_{\mathbb{C}}(2 \times 2)$, respectivamente. La comprobación de este hecho se deja como ejercicio.

Definición 15. Si E es un $\mathbb{K}$ev y $\mathbf{v}, \mathbf{x}_1, \ldots, \mathbf{x}_n \in E$, se dice que $\mathbf{v}$ es combinación lineal de $\mathbf{x}_1, \ldots, \mathbf{x}_n$ cuando $\exists \lambda_1, \ldots, \lambda_n \in \mathbb{K}$ tales que $\mathbf{v} = \sum_{i=1}^{n} \lambda_i \mathbf{x}_i$.

Observación 6. Es un sencillo ejercicio comprobar que si F es un sev de un $\mathbb{K}$ev E y $\mathbf{x}_1, \ldots, \mathbf{x}_n \in F$, entonces cualquier combinación lineal de $\mathbf{x}_1, \ldots, \mathbf{x}_n$ pertenece también a F. También es inmediato comprobar que $\mathbf{0} \in E$ es siempre combinación lineal de cualquier sistema finito de vectores de E.

Ejemplo 27. Consideremos el $\mathbb{C}$ev $\mathbb{C}^4$. El vector $\mathbf{v} = (1 + i, 0, 1, 2) \in \mathbb{C}^4$ es combinación lineal de los vectores $\mathbf{x} = (-i, i, 1, -2i), \mathbf{y} = \left(\frac{i}{2}, \frac{1}{2}, \frac{1}{2} - \frac{i}{2}, 0\right)$, ya que $\mathbf{v} = (1 + i, 0, 1, 2) = i(-i, i, 1, -2i) + 2\left(\frac{i}{2}, \frac{1}{2}, \frac{1}{2} - \frac{i}{2}, 0\right) =$

$i\mathbf{x} + 2\mathbf{y}$. Sea ahora el $\mathbb{R}$ev $M_{\mathbb{R}}(2 \times 3)$. La matriz $A = \begin{bmatrix} 2 & 2 & 0 \\ 0 & 1 & 2 \end{bmatrix} \in M_{\mathbb{R}}(2 \times 3)$ es combinación lineal de las

matrices $B = \begin{bmatrix} 1 & 1 & 0 \\ 0 & 0 & 0 \end{bmatrix}, C = \begin{bmatrix} 1 & 1 & 0 \\ 0 & 1 & 2 \end{bmatrix}, D = \begin{bmatrix} 0 & 0 & 0 \\ 0 & -1 & -2 \end{bmatrix} \in M_{\mathbb{R}}(2 \times 3)$, ya que, por ejemplo,
$A = 1 \cdot B + 1 \cdot C + 0 \cdot D$ y $A = 0 \cdot B + 2 \cdot C + 1 \cdot D$.

Definición 16. Sean E un $\mathbb{K}$ev y $\mathbf{x}_1, \ldots, \mathbf{x}_n \in E$. Se dice que el sistema de vectores $\{\mathbf{x}_1, \ldots, \mathbf{x}_n\}$ es libre, o, equivalentemente, que los vectores $\mathbf{x}_1, \ldots, \mathbf{x}_n$ son linealmente independientes, cuando, si $\lambda_1, \ldots, \lambda_n \in \mathbb{K}$, entonces

$$\sum_{i=1}^{n} \lambda_i \mathbf{x}_i = \mathbf{0}_E \iff \lambda_1 = \ldots = \lambda_n = 0.$$

Si un sistema no es libre, se dice que es ligado.

Ejemplo 28. Consideremos el $\mathbb{R}$ev $\mathbb{R}_2[x]$. El sistema formado por los polinomios $p, q \in \mathbb{R}_2[x]$ tales que $\forall x \in \mathbb{R}$ $p(x) = 1 + x + x^2$ y $q(x) = 1 - x$ es libre, porque si uno considera la igualdad $\lambda p + \mu q = \mathbf{0}_{\mathbb{R}_2[x]}$, donde $\lambda, \mu \in \mathbb{R}$, encuentra que ésta sólo puede satisfacerse cuando $\forall x \in \mathbb{R}$ $\lambda(1 + x + x^2) + \mu(1 - x) = (\lambda + \mu) + (\lambda - \mu)x + \lambda x^2 = 0$, es decir, cuando $\lambda + \mu = \lambda - \mu = \lambda = 0$, o, equivalentemente, $\lambda = \mu = 0$.

Proposición 13. En las mismas condiciones que en la definición anterior, si el sistema $\{\mathbf{x}_1, \ldots, \mathbf{x}_n\}$ es libre, se cumple:

1. $\mathbf{x}_i \neq \mathbf{0}$ $\forall i \in \{1, \ldots, n\}$

2. $\mathbf{x}_i \neq \mathbf{x}_j$ $\forall i, j \in \{1, \ldots, n\}, i \neq j$

3. Ninguno de los elementos del sistema es combinación lineal del resto.

Demostración. Para el primer punto basta observar que si $\mathbf{x}_i = \mathbf{0}_E$, $\lambda \in \mathbb{K}$ y tomamos $\lambda_j = 0$ $\forall j \in \{1, \ldots, n\}$, $j \neq i$, $\lambda_i = \lambda$, entonces $\sum_{i=1}^{n} \lambda_i \mathbf{x}_i = \mathbf{0}_E$. Por lo que respecta al segundo punto, si $\mathbf{x}_i = \mathbf{x}_j$, $i \neq j$, entonces tomando $\lambda_k = 0$ $\forall k \in \{1, \ldots, n\}$, $k \neq i$, $k \neq j$, $\lambda_i = 1$, $\lambda_j = -1$, se tiene $\sum_{i=1}^{n} \lambda_i \mathbf{x}_i = \mathbf{0}_E$. Por último, supongamos sin pérdida de generalidad que $\mathbf{x}_1$ es combinación lineal de $\mathbf{x}_2, \ldots, \mathbf{x}_n$. Entonces $\exists \alpha_i \in \mathbb{K}$, $i = 2, \ldots, n$, tales que $\mathbf{x}_1 = \sum_{i=2}^{n} \alpha_i \mathbf{x}_i$, y, tomando $\lambda_i = -\alpha_i$ $\forall i \in \{2, \ldots, n\}$, $\lambda_1 = 1$, resulta $\sum_{i=1}^{n} \lambda_i \mathbf{x}_i = \mathbf{0}_E$.

Corolario 6. Si un sistema de vectores es ligado hay al menos uno de ellos que es combinación lineal del resto.

Definición 17. Sea E un $\mathbb{K}$ev y $\mathbf{x}_1, \ldots, \mathbf{x}_n \in E$. Es inmediato comprobar que el conjunto $F = \{\mathbf{v} \in E | \mathbf{v}$ es combinación lineal de $\mathbf{x}_1, \ldots, \mathbf{x}_n\}$ es sev de E. A este subespacio vectorial se le denomina subespacio generado por el sistema $\{\mathbf{x}_1, \ldots, \mathbf{x}_n\}$ y se le representa como $\langle \mathbf{x}_1, \ldots, \mathbf{x}_n \rangle_{\mathbb{K}}$. También se dice que $\mathbf{x}_1, \ldots, \mathbf{x}_n$ generan $\langle \mathbf{x}_1, \ldots, \mathbf{x}_n \rangle_{\mathbb{K}}$ o que constituyen un sistema generador de ese sev.

Ejemplo 29. Consideremos el $\mathbb{K}$ev $\mathbb{K}^n$ con las operaciones anteriormente definidas y sea $\mathbf{x} \in \mathbb{K}^n$. Entonces $\exists x_1, \ldots, x_n \in \mathbb{K}$ tales que $\mathbf{x} = (x_1, \ldots, x_n) = x_1(1, 0, \ldots, 0) + x_2(0, 1, 0, \ldots, 0) + \ldots + x_n(0, \ldots, 0, 1)$. Así pues, si llamamos $\mathbf{e}_1, \ldots, \mathbf{e}_n$ a los vectores $(1, 0, \ldots, 0), (0, 1, 0, \ldots, 0), \ldots, (0, \ldots, 0, 1)$, respectivamente, tenemos que $\mathbb{K}^n = \langle \mathbf{e}_1, \ldots, \mathbf{e}_n \rangle_{\mathbb{K}}$.

Ejemplo 30. Consideremos el $\mathbb{K}$ev $\mathbb{K}_n[x]$ con las operaciones anteriormente definidas y sea $p \in \mathbb{K}_n[x]$. Entonces $\exists a_0, \ldots, a_n \in \mathbb{K}$ tales que $\forall x \in \mathbb{K}$ $p(x) = a_0 + a_1 x + \ldots + a_n x^2$. Así pues, si llamamos $p_0, \ldots, p_n$ a los polinomios tales que $\forall x \in \mathbb{K}$ $p_0(x) = 1, p_1(x) = x, \ldots, p_n(x) = x^n$, respectivamente, tenemos que $\mathbb{K}_n[x] = \langle p_0, \ldots, p_n \rangle_{\mathbb{K}}$.

Ejemplo 31. Consideremos el $\mathbb{K}$ev $M_{\mathbb{K}}(n \times m)$ con las operaciones anteriormentes definidas y sea $A \in M_{\mathbb{K}}(n \times m)$. Si definimos las $n \cdot m$ matrices $M_{ij} \in M_{\mathbb{K}}(n \times m)$ tales que M_{ij} tiene un 1 en la posición correspondiente a la i-ésima fila, j-ésima columna, y ceros en el resto de posiciones, es decir, $(M_{ij})_{ks} = \delta_{ik}\delta_{js}$, entonces $A = a_{11} \cdot M_{11} + a_{12} \cdot M_{12} + \ldots + a_{nm} \cdot M_{nm}$, con lo que $M_{\mathbb{K}}(n \times m) = \langle M_{11}, \ldots, M_{nm} \rangle_{\mathbb{K}}$. Por ejemplo, si $A \in M_{\mathbb{R}}(2 \times 2)$, entonces $A = \begin{bmatrix} a_{11} & a_{12} \\ a_{21} & a_{22} \end{bmatrix} = a_{11} \cdot \begin{bmatrix} 1 & 0 \\ 0 & 0 \end{bmatrix} + a_{12} \cdot \begin{bmatrix} 0 & 1 \\ 0 & 0 \end{bmatrix} + a_{21} \cdot \begin{bmatrix} 0 & 0 \\ 1 & 0 \end{bmatrix} + a_{22} \cdot \begin{bmatrix} 0 & 0 \\ 0 & 1 \end{bmatrix}$,

de manera que $M_{\mathbb{R}}(2 \times 2) = \left\langle \begin{bmatrix} 1 & 0 \\ 0 & 0 \end{bmatrix}, \begin{bmatrix} 0 & 1 \\ 0 & 0 \end{bmatrix}, \begin{bmatrix} 0 & 0 \\ 1 & 0 \end{bmatrix}, \begin{bmatrix} 0 & 0 \\ 0 & 1 \end{bmatrix} \right\rangle_{\mathbb{K}}$.

Ejemplo 32. El sev $F \subset \mathbb{R}^4$ presentado en el ejemplo 24 es el subespacio generado por los vectores $\mathbf{v} = (-1, 0, 1, 0)$, $\mathbf{w} = (0, 2, 0, 1) \in \mathbb{R}^4$. Para comprobarlo, observemos que $\mathbf{x} = (x_1, x_2, x_3, x_4) \in F$ si y sólo si $x_1 + x_3 = 0$, $x_2 - 2x_4 = 0$. Resolviendo este sistema de dos ecuaciones lineales con cuatro incógnitas se obtiene que $\mathbf{x} = (x_1, x_2, x_3, x_4) \in F$ si y sólo si existen dos escalares $\lambda, \mu \in \mathbb{R}$ tales que $x_1 = -\lambda, x_2 = 2\mu, x_3 = \lambda, x_4 = \mu$. Así pues, $\mathbf{x} \in F$ si y sólo si $\exists \lambda, \mu \in \mathbb{R}$ tales que $\mathbf{x} = (-\lambda, 2\mu, \lambda, \mu) = \lambda(-1, 0, 1, 0) + \mu(0, 2, 0, 1)$, es decir, si y sólo si $\mathbf{x}$ es combinación lineal de $\mathbf{v}, \mathbf{w}$.

Ejemplo 33. El sev $G \subset \mathbb{C}_2[x]$ presentado en el ejemplo 25 es el subespacio generado por los polinomios $r, s \in \mathbb{C}_2[x]$ tales que $\forall x \in \mathbb{C} \ r(x) = 1 + x + 2x^2$ y $s(x) = -1 + ix - x^2$. Basta observar que $G = \{p \in \mathbb{C}_2[x] \mid \exists a, b \in \mathbb{C}$ tales que $\forall x \in \mathbb{C} \ p(x) = (a - b) + (a + ib)x + (2a - b)x^2\} = \{p \in \mathbb{C}_2[x] \mid \exists a, b \in \mathbb{C}$ tales que $\forall x \in \mathbb{C} \ p(x) = a(1 + x + 2x^2) + b(-1 + ix - x^2)\} = \{p \in \mathbb{C}_2[x] \mid p$ es combinación lineal de $r, s\} = \langle r, s \rangle_{\mathbb{C}}$.

Proposición 14. Sea E un $\mathbb{K}$ev. Los vectores $\mathbf{v}_1, \ldots, \mathbf{v}_m \in E$ son combinación lineal de los vectores $\mathbf{x}_1, \ldots, \mathbf{x}_n \in E$ si y sólo si $\langle \mathbf{v}_1, \ldots, \mathbf{v}_m \rangle_{\mathbb{K}} \subset \langle \mathbf{x}_1, \ldots, \mathbf{x}_n \rangle_{\mathbb{K}}$.

Demostración. Veamos en primer lugar que si $\mathbf{w}$ es combinación lineal de $\mathbf{v}_1, \ldots, \mathbf{v}_m$, entonces también es combinación lineal de $\mathbf{x}_1, \ldots, \mathbf{x}_n$. Supongamos, por tanto, que $\exists \lambda_1, \ldots, \lambda_m \in \mathbb{K}$ tales que $\mathbf{w} = \sum_{i=1}^{m} \lambda_i \mathbf{v}_i$. Sabemos que $\forall i \in \{1, \ldots, m\} \ \exists \alpha_{i1}, \ldots, \alpha_{in} \in \mathbb{K}$ tales que $\mathbf{v}_i = \sum_{j=1}^{n} \alpha_{ij} \mathbf{x}_j$. Eso implica que $\mathbf{w} = \sum_{i=1}^{m} \lambda_i \left(\sum_{j=1}^{n} \alpha_{ij} \mathbf{x}_j \right)$, y, reordenando y agrupando términos, que $\mathbf{w} = \sum_{j=1}^{n} \left(\sum_{i=1}^{m} \lambda_i \alpha_{ij} \right) \mathbf{x}_j$, con lo que $\mathbf{w} \in \langle \mathbf{x}_1, \ldots, \mathbf{x}_n \rangle_{\mathbb{K}}$. Recíprocamente, si $\langle \mathbf{v}_1, \ldots, \mathbf{v}_m \rangle_{\mathbb{K}} \subset \langle \mathbf{x}_1, \ldots, \mathbf{x}_n \rangle_{\mathbb{K}}$, entonces cada uno de los $\mathbf{v}_i \in \langle \mathbf{x}_1, \ldots, \mathbf{x}_n \rangle_{\mathbb{K}}$, lo que concluye la demostración.

Proposición 15. Sean E un $\mathbb{K}$ev, $\mathbf{x}_1, \ldots, \mathbf{x}_n \in E$ y $F = \langle \mathbf{x}_1, \ldots, \mathbf{x}_n \rangle_{\mathbb{K}}$. Si el sistema de vectores $\{\mathbf{x}_1, \ldots, \mathbf{x}_n\}$ es ligado, entonces es posible obtener un nuevo sistema generador de F con $n - 1$ vectores.

Demostración. Si el sistema $\{\mathbf{x}_1, \ldots, \mathbf{x}_n\}$ es ligado, entonces alguno de sus vectores es combinación lineal del resto (corolario 6). Supongamos, sin pérdida de generalidad, que $\mathbf{x}_1$ es combinación lineal de $\mathbf{x}_2, \ldots, \mathbf{x}_n$. Entonces basta con observar que todos los vectores del sistema $\mathbf{x}_1, \ldots, \mathbf{x}_n$ son combinación lineal de los $n - 1$ vectores $\mathbf{x}_2, \ldots, \mathbf{x}_n$ y con recordar la proposición 14, puesto que es obvio que $\langle \mathbf{x}_2, \ldots, \mathbf{x}_n \rangle_{\mathbb{K}} \subset \langle \mathbf{x}_1, \ldots, \mathbf{x}_n \rangle_{\mathbb{K}}$.

1.5. Espacios vectoriales de dimensión finita

Definición 18. Sea E un $\mathbb{K}$ev. Si $\exists \mathbf{x}_1, \ldots, \mathbf{x}_n \in E$ tales que $E = \langle \mathbf{x}_1, \ldots, \mathbf{x}_n \rangle_{\mathbb{K}}$, entonces decimos que E es un $\mathbb{K}$ev de dimensión finita ($\mathbb{K}$evdf). Es decir, E es un $\mathbb{K}$evdf si es el subespacio generado por una cantidad finita de vectores.

Ejemplo 34. En virtud de lo que se ha visto en los ejemplos 29, 30 y 31, los $\mathbb{K}$evs $\mathbb{K}^n$, $\mathbb{K}_n[x]$ y $M_{\mathbb{K}}(n \times m)$, dotados de sus respectivas operaciones habituales, son $\mathbb{K}$evdfs.

Definición 19. Sea E un $\mathbb{K}$evdf y $B = \{\mathbf{x}_1, \ldots, \mathbf{x}_n\}$ un sistema libre de n vectores de E. Si $E = \langle \mathbf{x}_1, \ldots, \mathbf{x}_n \rangle_{\mathbb{K}}$, entonces decimos que B es una base de E.

Ejemplo 35. Es sencillo comprobar que los sistemas $\{\mathbf{e}_1, \ldots, \mathbf{e}_n\}$, $\{p_0, \ldots, p_n\}$ y $\{M_{11}, \ldots, M_{nm}\}$, presentados en los ejemplos 29, 30 y 31, son libres, con lo que constituyen bases de los $\mathbb{K}$evdfs $\mathbb{K}^n$, $\mathbb{K}_n[x]$ y $M_{\mathbb{K}}(n \times m)$, respectivamente. Estas bases se denominan bases canónicas de cada uno de esos espacios vectoriales.

Teorema 4. Si E es un $\mathbb{K}$evdf, $E \neq \{\mathbf{0}\}$, entonces E tiene alguna base.

Demostración. Por definición, si E es un $\mathbb{K}$ev, entonces $\exists \mathbf{x}_1, \ldots, \mathbf{x}_n \in E$ tales que $E = \langle \mathbf{x}_1, \ldots, \mathbf{x}_n \rangle_{\mathbb{K}}$. Si el sistema $\{\mathbf{x}_1, \ldots, \mathbf{x}_n\}$ es libre, entonces es una base de E. Si, por el contrario, el sistema es ligado, entonces uno de sus vectores debe ser combinación lineal del resto y se puede obtener un nuevo sistema generador de E con $n-1$ vectores (proposición 15). Repitiendo este procedimiento recursivamente encontraríamos una base de E, salvo que tuviéramos que eliminar $n-1$ de los vectores originales $\mathbf{x}_1, \ldots, \mathbf{x}_n$ y el último que nos quedase fuese $\mathbf{0}$. Sin embargo, eso no es posible en las condiciones que establece el enunciado de este teorema. En efecto, si $\mathbf{0}$ fuese el único superviviente después del proceso de eliminación, entonces el último vector que habríamos retirado sería una combinación lineal de él, es decir, también sería $\mathbf{0}$, el penúltimo vector que habríamos retirado habría sido combinación lineal de los vectores del sistema $\mathbf{0}, \mathbf{0}$, con lo que también sería $\mathbf{0}$, y, razonando por inducción, los n vectores del sistema generador original serían $\mathbf{0}$, con lo que tendríamos $E = \{\mathbf{0}\}$.

Ejemplo 36. Consideremos el $\mathbb{R}$ev $\mathbb{R}^3$ y el sev generado por los vectores $\mathbf{x}_1 = (1,1,1), \mathbf{x}_2 = (2,1,2), \mathbf{x}_3 = (1,0,1)$, esto es, el sev $F = \langle \mathbf{x}_1, \mathbf{x}_2, \mathbf{x}_3 \rangle_{\mathbb{R}}$. Los vectores $\mathbf{x}_1, \mathbf{x}_2, \mathbf{x}_3$ constituyen un sistema generador de F, pero no son base porque, en particular, $\mathbf{x}_2 = \mathbf{x}_1 + \mathbf{x}_3$. Como $\mathbf{x}_2$ es combinación lineal del resto de los vectores del sistema generador, podemos eliminarlo y seguimos teniendo un sistema generador, de manera que $F = \langle \mathbf{x}_1, \mathbf{x}_3 \rangle_{\mathbb{R}}$. Supongamos ahora que $\lambda\mathbf{x}_1 + \mu\mathbf{x}_3 = \mathbf{0} \in \mathbb{R}^3, \lambda, \mu \in \mathbb{R}$. Entonces $(\lambda+\mu, \lambda, \lambda+\mu) = (0,0,0)$, de forma que $\lambda + \mu = \lambda = 0$, con lo que $\lambda = \mu = 0$ y los vectores $\mathbf{x}_1, \mathbf{x}_3$ forman un sistema libre, constituyendo, por tanto, una base de F. Este procedimiento de obtención de una base a partir de un sistema generador es perfectamente correcto, pero en la práctica suele resultar tedioso. Intente el lector, por ejemplo, encontrar mediante esta técnica una base del sev $G = \langle (1,0,1,0,-1,1), (2,1,2,1,0,2), (1,1,1,1,1,1), (3,1,3,1,-1,3), (0,1,0,1,2,0) \rangle_{\mathbb{R}} \subset \mathbb{R}^6$. Uno de los principales objetivos del resto de esta sección es desarrollar un procedimiento alternativo más ágil para calcular bases de sevs.

Proposición 16. Sea E un $\mathbb{K}$evdf y $B = \{\mathbf{x}_1, \ldots, \mathbf{x}_n\}$ una de sus bases. Entonces cualquier vector $\mathbf{v} \in E$ puede ponerse como combinación lineal de $\mathbf{x}_1, \ldots, \mathbf{x}_n$ de forma única.

Demostración. Sea $\mathbf{v} \in E$ y supongamos que existen dos colecciones de escalares $\lambda_1, \ldots, \lambda_n \in \mathbb{K}, \hat{\lambda}_1, \ldots, \hat{\lambda}_n \in \mathbb{K}$ tales que $\mathbf{v} = \sum_{i=1}^n \lambda_i\mathbf{x}_i = \sum_{i=1}^n \hat{\lambda}_i\mathbf{x}_i$. Entonces será $\sum_{i=1}^n (\lambda_i - \hat{\lambda}_i)\mathbf{x}_i = \mathbf{0}_E$, pero como el sistema $\{\mathbf{x}_1, \ldots, \mathbf{x}_n\}$ es libre, eso implica que $\lambda_1 - \hat{\lambda}_1 = \ldots = \lambda_n - \hat{\lambda}_n = 0$, y, por tanto, que $\lambda_1 = \hat{\lambda}_1, \ldots, \lambda_n = \hat{\lambda}_n$.

Definición 20. Sea E un $\mathbb{K}$evdf, $B = \{\mathbf{x}_1, \ldots, \mathbf{x}_n\}$ una de sus bases, $\mathbf{v} \in \mathbb{K}$ y $\lambda_1, \ldots, \lambda_n \in \mathbb{K}$ los únicos escalares que satisfacen la igualdad $\mathbf{v} = \sum_{i=1}^n \lambda_i\mathbf{x}_i$. Entonces se dice que $\lambda_1, \ldots, \lambda_n$ son las coordenadas de $\mathbf{v}$ en la base B. El vector de $\mathbb{K}^n$ que contiene esas coordenadas, $(\lambda_1, \ldots, \lambda_n)$, se denota por $\mathbf{v}_B$.

Ejemplo 37. En el contexto del ejemplo 36, puesto que $B = \{\mathbf{x}_1, \mathbf{x}_3\}$ es una base del sev F y sabemos que $\mathbf{x}_2 = \mathbf{x}_1 + \mathbf{x}_3$, entonces es $(\mathbf{x}_2)_B = (1,1) \in \mathbb{R}^2$. Para comprobar que no hay ningún otro par de escalares $\lambda, \mu \in \mathbb{R}$ que satisfagan la igualdad $(2,1,2) = \mathbf{x}_2 = \lambda\mathbf{x}_1 + \mu\mathbf{x}_3 = \lambda(1,1,1) + \mu(1,0,1) = (\lambda+\mu, \lambda, \lambda+\mu)$ basta observar que el sistema de ecuaciones lineales $\lambda + \mu = 2, \lambda = 1$ es compatible determinado con solución única $\lambda = \mu = 1$.

Lema 1. Sean E un $\mathbb{K}$evdf, $B = \{\mathbf{x}_1, \ldots, \mathbf{x}_n\}$ una base de E y $\mathbf{v}, \mathbf{w}_1, \ldots, \mathbf{w}_m \in \mathbb{K}$. Entonces se tiene que $\mathbf{v}$ es combinación lineal de $\mathbf{w}_1, \ldots, \mathbf{w}_m$ si y sólo si $\mathbf{v}_B$ es combinación lineal de $(\mathbf{w}_1)_B, \ldots, (\mathbf{w}_m)_B$.

Demostración. Supongamos que $\mathbf{v}_B = (v_1, \ldots, v_n)$, $(\mathbf{w}_i)_B = (w_{i1}, \ldots, w_{in})$, $i = 1, \ldots, m$, y $\exists \lambda_1, \ldots, \lambda_m \in \mathbb{K}$ tales que $\mathbf{v} = \sum_{i=1}^{m} \lambda_i \mathbf{w}_i$. Entonces se tiene que $\sum_{j=1}^{n} v_j \mathbf{x}_j = \sum_{i=1}^{m} \lambda_i \left(\sum_{j=1}^{n} w_{ij} \mathbf{x}_j \right)$, con lo que, reordenando y reagrupando términos, $\sum_{j=1}^{n} \left(v_j - \sum_{i=1}^{m} \lambda_i w_{ij} \right) \mathbf{x}_j = \mathbf{0}_E$. Dado que $\mathbf{x}_1, \ldots, \mathbf{x}_n$ son linealmente independientes, eso implica que $\forall j \in \{1, \ldots, n\}$ es $v_j = \sum_{i=1}^{m} \lambda_i w_{ij}$, y, en consecuencia, que el vector $\mathbf{v}_B$ es combinación lineal de los vectores $(\mathbf{w}_1)_B, \ldots, (\mathbf{w}_m)_B$. Recíprocamente, supongamos que $\exists \lambda_1, \ldots, \lambda_m \in \mathbb{K}$ tales que $\mathbf{v}_B = \sum_{i=1}^{m} \lambda_i \mathbf{w}_B$. Entonces $\forall j \in \{1, \ldots, n\}$ tenemos que $v_j = \sum_{i=1}^{m} \lambda_i w_{ij}$, de manera que $\mathbf{v} = \sum_{j=1}^{n} v_j \mathbf{x}_j = \sum_{j=1}^{n} \left(\sum_{i=1}^{m} \lambda_i w_{ij} \right) \mathbf{x}_i = \sum_{i=1}^{m} \lambda_i \left(\sum_{j=1}^{n} w_{ij} \mathbf{x}_j \right) = \sum_{i=1}^{m} \lambda_i \mathbf{w}_i$ y, por tanto, $\mathbf{v}$ es combinación lineal de $\mathbf{w}_1, \ldots, \mathbf{w}_m$.

Ejemplo 38. Consideremos el $\mathbb{C}$evdf $F = \langle p, q \rangle_{\mathbb{C}} \subset \mathbb{C}_3[x]$, donde $\forall x \in \mathbb{C}$ $p(x) = i - x^2$ y $q(x) = ix - x^3$. Es sencillo comprobar que p, q forman un sistema libre, con lo que constituyen una base de F a la que llamaremos B. El polinomio $r \in \mathbb{C}_3[x]$ tal que $\forall x \in \mathbb{C}$ $r(x) = i + 2ix - x^2 - 2x^3$ pertenece a F, ya que $r = p + 2q$. En consecuencia, también se cumple que $(r)_B = (1, 2) = (1, 0) + 2(0, 1) = (p)_B + 2(q)_B \in \mathbb{C}^2$ y, si llamamos C a la base canónica de $\mathbb{C}_3[x]$, que $(r)_C = (i, 2i, -1, -2) = (i, 0, -1, 0) + 2(0, i, 0, -1) = (p)_C + 2(q)_C \in \mathbb{C}^4$.

Definición 21. Consideremos una matriz $A \in M_{\mathbb{K}}(n \times m)$. Con los coeficientes de cada fila de A podemos construir un vector de $\mathbb{K}^m$. De la misma manera, con los coeficientes de cada columna de A podemos construir un vector de $\mathbb{K}^n$. Llamamos vector fila y vector columna de A, respectivamente, a cada uno de esos vectores.

Ejemplo 39. Sea $A = \begin{bmatrix} 2 & 2 & 0 \\ 0 & 1 & 2 \end{bmatrix} \in M_{\mathbb{R}}(2 \times 3)$. Entonces el segundo vector fila de A es $(0, 1, 2) \in \mathbb{R}^3$ y el primer vector columna de A es $(2, 0) \in \mathbb{R}^2$.

Proposición 17. Sea E un $\mathbb{K}$evdf, B una de sus bases, $\mathbf{v}_1, \ldots, \mathbf{v}_m \in E$, y construyamos la matriz $A \in M_{\mathbb{K}}(n \times m)$ tal que $[A]_{ij} = v_{ji}$, donde v_{kl} representa la l-ésima coordenada de $\mathbf{v}_k$ en la base B. Entonces $\{\mathbf{v}_1, \ldots, \mathbf{v}_m\}$ es un sistema libre si y sólo si $rg_f A = m$. Nótese que los vectores columna de A contienen las coordenadas de los vectores $\mathbf{v}_1, \ldots, \mathbf{v}_m$ en la base B, es decir, son los vectores $(\mathbf{v}_1)_B, \ldots, (\mathbf{v}_m)_B$.

Demostración. El sistema $\{\mathbf{v}_1, \ldots, \mathbf{v}_m\}$ es libre si y sólo si la única forma de conseguir que sea cierta la igualdad $\sum_{i=1}^{m} \lambda_i \mathbf{v}_i = \mathbf{0}_E$ con $\lambda_1, \ldots, \lambda_m \in \mathbb{K}$ es tomando $\lambda_1 = \ldots = \lambda_m = 0$. Es inmediato ver que todas las coordenadas de $\mathbf{0}_E$ son nulas en cualquier base de E, de manera que, en virtud del lema anterior, el sistema $\{\mathbf{v}_1, \ldots, \mathbf{v}_m\}$ es libre si y sólo si los únicos escalares $\lambda_1, \ldots, \lambda_m \in \mathbb{K}$ que satisfacen $\sum_{i=1}^{m} \lambda_i (v_{i1}, \ldots, v_{in}) = \left(\sum_{i=1}^{m} \lambda_i v_{i1}, \ldots, \sum_{i=1}^{m} \lambda_i v_{in} \right) = (0, \ldots, 0)$ son $\lambda_1 = \ldots = \lambda_m = 0$, o, equivalentemente, si y sólo si el sistema de n ecuaciones lineales con m incógnitas $\sum_{i=1}^{m} v_{ji} \lambda_j = 0$, $j = 1, \ldots, n$, es compatible determinado, y, por tanto, recordando el teorema de Rouché-Frobenius, $rg_f A = m$.

Ejemplo 40. Sea C la base canónica del $\mathbb{R}$evdf $\mathbb{R}_3[x]$. Los polinomios $p, q, r \in \mathbb{R}_3[x]$ tales que $\forall x \in \mathbb{R}$ $p(x) = 1 + x + x^3$, $q(x) = x + x^2$ y $r(x) = x^3$ forman un sistema libre porque $(p)_C = (1, 1, 0, 1)$, $(q)_C = (0, 1, 1, 0)$, $(r)_C = (0, 0, 0, 1)$,

$$\begin{bmatrix} 1 & 0 & 0 \\ 1 & 1 & 0 \\ 0 & 1 & 0 \\ 1 & 0 & 1 \end{bmatrix} \begin{matrix} \\ f_2 - f_1 \\ \sim \\ f_4 - f_1 \end{matrix} \begin{bmatrix} 1 & 0 & 0 \\ 0 & 1 & 0 \\ 0 & 1 & 0 \\ 0 & 0 & 1 \end{bmatrix} \begin{matrix} \\ f_3 - f_2 \\ \sim \\ \\ \end{matrix} \begin{bmatrix} 1 & 0 & 0 \\ 0 & 1 & 0 \\ 0 & 0 & 0 \\ 0 & 0 & 1 \end{bmatrix},$$

y es claro que el rango por filas de la última matriz es 3.

Ejemplo 41. La proposición anterior resulta útil cuando se pretende encontrar qué condiciones deben cumplir las coordendas de un vector en una determinada base de un $\mathbb{K}$evdf E para pertenecer a un sev $F \subset E$. Recordemos una vez más los sevs $F = \{\mathbf{x} = (x_1, x_2, x_3, x_4) \in \mathbb{R}^4 \mid x_1 + x_3 = 0, x_2 - 2x_4 = 0\}$ y $G = \{p \in \mathbb{C}_2[x] \mid \exists a, b \in \mathbb{C}$ tales que $\forall x \in \mathbb{C}, p(x) = (a-b)+(a+ib)x+(2a-b)x^2\}$ presentados en los ejemplos 24 y 25, respectivamente. Si llamamos C_1 a la base canónica de $\mathbb{R}^4$, tenemos que un vector $\mathbf{x} \in \mathbb{R}^4$ pertenece a F si y sólo si sus coordenadas en la base C_1 son solución del sistema homogéneo $x_1 + x_3 = 0, x_2 - 2x_4 = 0$. Estas ecuaciones se denominan ecuaciones implícitas del sev F en la base C_1. Por otra parte, si C_2 es la base canónica de $\mathbb{C}_2[x]$, entonces tenemos que $G = \{p \in \mathbb{C}_2[x] \mid \exists a, b \in \mathbb{C}$ tales que $, (p)_{C_2} = (a - b, a + ib, 2a - b)\}$. Es decir, si $\alpha_1, \alpha_2, \alpha_3 \in \mathbb{C}$ son las coordenadas en la base C_2 de un polinomio genérico $p \in \mathbb{C}_2[x]$, entonces $p \in G$ si y sólo si $\exists a, b \in \mathbb{C}$ tales que $\alpha_1 = a+b, \alpha_2 = a+ib, \alpha_3 = 2a-b$. Estas ecuaciones se denominan ecuaciones paramétricas del sev G en la base C_2. En el ejemplo 32 obtuvimos unas ecuaciones paramétricas para el sev F en la base C_1 resolviendo el sistema formado por sus ecuaciones implícitas en esa base. En efecto, vimos que $\mathbf{x} = (x_1, x_2, x_3, x_4) \in F$ si y sólo si $\exists \lambda, \mu \in \mathbb{R}$ tales que $x_1 = -\lambda, x_2 = 2\mu, x_3 = \lambda, x_4 = \mu$. Este procedimiento es general, y permite obtener unas ecuaciones paramétricas para un sev a partir de unas ecuaciones implícitas del mismo. Veamos ahora cómo obtener unas ecuaciones implícitas para un sev si se conocen unas ecuaciones paramétricas del mismo. Observemos que $G = \{p \in \mathbb{C}_2[x] \mid \exists a, b \in \mathbb{C}$ tales que $, (p)_{C_2} = a(1, 1, 2) + b(-1, i, -1) = a(r)_{C_2} + (s)_{C_2}\}$, donde $\forall x \in \mathbb{C}$ $r(x) = 1 + x + 2x^2$ y $s(x) = -1 + ix - x^2$, con lo que $\{r, s\}$ es un sistema generador de G, como ya habíamos visto en el ejemplo 33. En virtud de la proposición 17, podemos afirmar que r, s son linealmente independientes (lo cual, por otra parte, resulta obvio en este caso), ya que

$$\begin{bmatrix} 1 & -1 \\ 1 & i \\ 2 & -1 \end{bmatrix} \begin{matrix} f_2 - f_1 \\ \sim \\ f_3 - 2f_1 \end{matrix} \begin{bmatrix} 1 & -1 \\ 0 & 1+i \\ 0 & 1 \end{bmatrix} \begin{matrix} f_3 - (1+i)f_2 \\ \sim \end{matrix} \begin{bmatrix} 1 & -1 \\ 0 & 1+i \\ 0 & 0 \end{bmatrix}$$

y el rango por filas de la última matriz es 2, de manera que r, s constituyen una base de G. Supongamos ahora que $p \in G$. Entonces p debe ser combinación lineal de r, s, con lo que el sistema de vectores $\{r, s, p\}$ debe ser ligado, y, por tanto, si $(p)_{C_2} = (\alpha_1, \alpha_2, \alpha_3)$, entonces la matriz $\begin{bmatrix} 1 & -1 & \alpha_1 \\ 1 & i & \alpha_2 \\ 2 & -1 & \alpha_3 \end{bmatrix}$ no puede tener rango por filas igual a 3 (aquí estamos volviendo a aplicar la proposición 17). Ahora bien, si hacemos

$$\begin{bmatrix} 1 & -1 & \alpha_1 \\ 1 & i & \alpha_2 \\ 2 & -1 & \alpha_3 \end{bmatrix} \begin{matrix} f_2 - f_1 \\ \sim \\ f_3 - 2f_1 \end{matrix} \begin{bmatrix} 1 & -1 & \alpha_1 \\ 0 & 1+i & \alpha_2 - \alpha_1 \\ 0 & 1 & \alpha_3 - 2\alpha_1 \end{bmatrix} \begin{matrix} f_3 - (1+i)f_2 \\ \sim \end{matrix}$$

$$\begin{bmatrix} 1 & -1 & \alpha_1 \\ 0 & 1+i & \alpha_2 - \alpha_1 \\ 0 & 0 & (i-1)\alpha_1 - (1+i)\alpha_2 + \alpha_3 \end{bmatrix},$$

tenemos que la única forma de que el rango de la última matriz no sea 3 es que $(i - 1)\alpha_1 - (1 + i)\alpha_2 + \alpha_3 = 0$, lo que proporciona un sistema de ecuaciones implícitas (en este caso con una sola ecuación) para G en la base C_2. Terminemos con otro ejemplo de aplicación de esta técnica. Si $H = \langle (0, 1, 0, 1, 2, 0), (2, 0, 2, 1, 0, 2) \rangle_{\mathbb{R}} \subset \mathbb{R}^6$ y llamamos $x_1, x_2, x_3, x_4, x_5, x_6$ a las coordenadas de un vector genérico $\mathbf{x} \in \mathbb{R}^6$ en la base canónica de $\mathbb{R}^6$, C_3, entonces haciendo

$$\begin{bmatrix} 0 & 2 & x_1 \\ 1 & 0 & x_2 \\ 0 & 2 & x_3 \\ 1 & 1 & x_4 \\ 2 & 0 & x_5 \\ 0 & 2 & x_6 \end{bmatrix} \begin{matrix} f_4 - f_2 \\ \sim \\ f_5 - 2f_1 \end{matrix} \begin{bmatrix} 0 & 2 & x_1 \\ 1 & 0 & x_2 \\ 0 & 2 & x_3 \\ 0 & 1 & x_4 - x_2 \\ 0 & 0 & x_5 - 2x_2 \\ 0 & 2 & x_6 \end{bmatrix} \begin{matrix} f_1 - 2f_4 \\ f_3 - 2f_4 \\ \sim \\ f_6 - 2f_4 \end{matrix} \begin{bmatrix} 0 & 0 & x_1 + 2x_2 - 2x_4 \\ 1 & 0 & x_2 \\ 0 & 0 & 2x_2 + x_3 - 2x_4 \\ 0 & 1 & x_4 - x_2 \\ 0 & 0 & x_5 - 2x_2 \\ 0 & 0 & 2x_2 - 2x_4 + x_6 \end{bmatrix}$$

comprobamos que los vectores $(0, 1, 0, 1, 2, 0), (2, 0, 2, 1, 0, 2)$ son linealmente independientes y, por tanto, base de H, y obtenemos las siguientes ecuaciones implícitas para H en la base C_3 :

$$x_1 + 2x_2 - 2x_4 = 0, 2x_2 + x_3 - 2x_4 = 0, 2x_2 - 2x_4 + x_6 = 0.$$

Teorema 5. Sean E un $\mathbb{K}$evdf y $B_1 = \{\mathbf{v}_1, \ldots, \mathbf{v}_n\}$, $B_2 = \{\mathbf{w}_1, \ldots, \mathbf{w}_m\}$ dos bases de E. Entonces $n = m$ (es decir, todas las bases de un mismo $\mathbb{K}$evdf tienen la misma cantidad de elementos).

Demostración. Consideremos las matrices $A_1 \in M_\mathbb{K}(n \times m)$, $A_2 \in M_\mathbb{K}(m \times n)$, donde los vectores columna de A_1 son los vectores $(\mathbf{v}_1)_{B_2}, \ldots, (\mathbf{v}_n)_{B_2}$ y los vectores columna de A_2 son los vectores $(\mathbf{w}_1)_{B_1}, \ldots, (\mathbf{w}_m)_{B_1}$. Como el sistema $\{\mathbf{v}_1, \ldots, \mathbf{v}_n\}$ es libre, se deduce de la proposición anterior que $rg_f A_1 = n$, con lo que $m \geq n$ (corolario 9). Por otra parte, como el sistema $\{\mathbf{w}_1, \ldots, \mathbf{w}_m\}$ también es libre, tenemos que $rg_f A_2 = m$ y $n \geq m$, lo que concluye la demostración.

Definición 22. Sea E un $\mathbb{K}$evdf. Si $E = \{\mathbf{0}\}$, se dice que E tiene dimensión nula, lo que representamos como $dim_\mathbb{K} E = 0$. Si $E \neq \{\mathbf{0}\}$, llamamos dimensión de E en $\mathbb{K}$, $dim_\mathbb{K} E$, a la cantidad de elementos de una cualquiera de sus bases. Además, si $\mathbf{x}_1, \ldots, \mathbf{x}_m \in E$, se llama rango en $\mathbb{K}$ del sistema de vectores $\{\mathbf{x}_1, \ldots, \mathbf{x}_m\}$, $rg_\mathbb{K}\{\mathbf{x}_1, \ldots, \mathbf{x}_m\}$, a la dimensión del subespacio que generan, es decir, $rg_\mathbb{K}\{\mathbf{x}_1, \ldots, \mathbf{x}_m\} = dim_\mathbb{K}\langle\mathbf{x}_1, \ldots, \mathbf{x}_m\rangle_\mathbb{K}$.

Ejemplo 42. Se tiene que $dim_\mathbb{K}\mathbb{K}^n = n$, $dim_\mathbb{K}\mathbb{K}_n[x] = n + 1$ y $dim_\mathbb{K} M_\mathbb{K}(n \times m) = n \cdot m$.

Lema 2. Si A, B, C son matrices con coeficientes en $\mathbb{K}$ y $A = B \cdot C$, entonces los vectores fila de A son combinación lineal de los vectores fila de C y los vectores columna de A son combinación lineal de los vectores columna de B.

Demostración. Basta con recordar cómo se define el producto de matrices.

Ejemplo 43. Si $A = \begin{bmatrix} 2 & 3 \\ 1 & 1 \\ 1 & 0 \end{bmatrix}$, $B = \begin{bmatrix} 1 & 2 \\ 0 & 1 \\ -1 & 1 \end{bmatrix}$ y $C = \begin{bmatrix} 0 & 1 \\ 1 & 1 \end{bmatrix}$, entonces $A = B \cdot C$ y se tiene, en particular, que el primer vector fila de A es combinación lineal de los dos vectores fila de C, ya que $(2, 3) = 1(0, 1) + 2(1, 1)$, y que el segundo vector columna de A es combinación lineal de los dos vectores columna de B, ya que $(3, 1, 0) = 1(1, 0, -1) + 1(2, 1, 1)$.

Proposición 18. Sean E un $\mathbb{K}$evdf, B una base de E y $\{\mathbf{v}_1, \ldots, \mathbf{v}_m\}$, $\{\mathbf{w}_1, \ldots, \mathbf{w}_m\}$ dos sistemas de vectores de E con la misma cantidad de elementos. Construyamos las matrices $A_1, A_2 \in M_\mathbb{K}(m \times n)$ tales que los vectores fila de A_1 son $(\mathbf{v}_1)_B, \ldots, (\mathbf{v}_m)_B$ y los vectores fila de A_2 son $(\mathbf{w}_1)_B, \ldots, (\mathbf{w}_m)_B$. Entonces $\langle\mathbf{v}_1, \ldots, \mathbf{v}_m\rangle_\mathbb{K} = \langle\mathbf{w}_1, \ldots, \mathbf{w}_m\rangle_\mathbb{K}$ si y sólo si $A_1 \sim A_2$.

Demostración. Es consecuencia directa de las proposiciones 8 y 14 y de los lemas 1 y 2.

Teorema 6. Sean E un $\mathbb{K}$evdf, $n = dim_\mathbb{K} E$, B una base de E, $\{\mathbf{v}_1, \ldots, \mathbf{v}_m\}$ un sistema de vectores de E y $A \in M_\mathbb{K}(m \times n)$ la matriz cuyos vectores fila son $(\mathbf{v}_1)_B, \ldots, (\mathbf{v}_m)_B$. Entonces se verifica que $rg_\mathbb{K}\{\mathbf{v}_1, \ldots, \mathbf{v}_m\} = rg_f A$.

Demostración. Consideremos los m vectores $\mathbf{w}_1, \ldots, \mathbf{w}_m \in E$ tales que $(\mathbf{w}_1)_B, \ldots, (\mathbf{w}_m)_B$ son los vectores fila de $merf(A)$, y llamemos w_{ij} a la coordenada j-ésima de $\mathbf{w}_i$ en la base B, es decir, a $[merf(A)]_{ij}$. Por la proposición anterior, $\langle\mathbf{v}_1, \ldots, \mathbf{v}_m\rangle_\mathbb{K} = \langle\mathbf{w}_1, \ldots, \mathbf{w}_m\rangle_\mathbb{K}$. Si $r = rgA$, entonces las últimas $m - r$ filas de $merf(A)$ son nulas, con lo que $\langle\mathbf{w}_1, \ldots, \mathbf{w}_m\rangle_\mathbb{K} = \langle\mathbf{w}_1, \ldots, \mathbf{w}_r\rangle_\mathbb{K}$. Por otra parte, en el contexto de la proposición 17, los vectores $\mathbf{w}_1, \ldots, \mathbf{w}_r$ son linealmente independientes si y sólo si el sistema de n ecuaciones lineales con r incógnitas $\sum_{i=1}^{r} w_{ji}\lambda_j = 0$, $j = 1, \ldots, n$, es compatible determinado. Ahora bien, por la estructura de $merf(A)$, hay r ecuaciones de ese sistema homogéneo de las que se deduce directamente que $\lambda_1 = \ldots = \lambda_r = 0$, con lo que obtenemos el resultado deseado.

Ejemplo 44. Las dos proposiciones anteriores proporcionan un método útil en la práctica para obtener bases de espacios vectoriales de dimensión finita. Consideremos, por ejemplo, el sev $G \subset \mathbb{R}^6$ presentado en el ejemplo 36 y sea C la base canónica de $\mathbb{R}^6$. Entonces tenemos

$$
\begin{bmatrix}
1 & 0 & 1 & 0 & -1 & 1 \\
2 & 1 & 2 & 1 & 0 & 2 \\
1 & 1 & 1 & 1 & 1 & 1 \\
3 & 1 & 3 & 1 & -1 & 3 \\
0 & 1 & 0 & 1 & 2 & 0
\end{bmatrix}
\begin{array}{c} f_2 - 2f_1 \\ f_3 - f_1 \\ \sim \\ f_4 - 3f_1 \end{array}
\begin{bmatrix}
1 & 0 & 1 & 0 & -1 & 1 \\
0 & 1 & 0 & 1 & 2 & 0 \\
0 & 1 & 0 & 1 & 2 & 0 \\
0 & 1 & 0 & 1 & 2 & 0 \\
0 & 1 & 0 & 1 & 2 & 0
\end{bmatrix}
\begin{array}{c} f_3 - f_2 \\ f_4 - f_2 \\ \sim \\ f_5 - f_2 \end{array}
\begin{bmatrix}
1 & 0 & 1 & 0 & -1 & 1 \\
0 & 1 & 0 & 1 & 2 & 0 \\
0 & 0 & 0 & 0 & 0 & 0 \\
0 & 0 & 0 & 0 & 0 & 0 \\
0 & 0 & 0 & 0 & 0 & 0
\end{bmatrix},
$$

con lo que $H = \langle (1,0,1,0,-1,1), (0,1,0,1,2,0) \rangle_{\mathbb{R}}$ y $dim_{\mathbb{R}} H = 2$, puesto que $\begin{bmatrix} 1 & 0 & 1 & 0 & -1 & 1 \\ 0 & 1 & 0 & 1 & 2 & 0 \end{bmatrix}$ es una merf.

Definición 23. Si A es una matriz de coeficientes en $\mathbb{K}$, se define su rango por columnas, $rg_c A$, como $rg_c A = rg_f A^T$.

Proposición 19. Sea $A \in M_{\mathbb{K}}(n \times m)$. Entonces $rg_c A = rg_f A$.

Demostración. Sean $r = rg_f A$ y $s = rg_c A$. Por el teorema 6, r es el rango del sistema de vectores formado por los n vectores fila de A, y s es el rango del sistema de vectores formado por los m vectores columna de A. Sabemos que existe una matriz inversible $B \in M_{\mathbb{K}}(n \times n)$ tal que $A = B \cdot merf(A)$ (corolario 5). Consideremos ahora la matriz $\hat{B} \in M_{\mathbb{K}}(n \times r)$ obtenida eliminando las últimas $n - r$ columnas de B y la matriz $\hat{C} \in M_{\mathbb{K}}(r \times m)$ obtenida eliminando las últimas $n - r$ filas de $merf(A)$. Como las últimas $n - r$ filas de $merf(A)$ son nulas, podemos afirmar que $A = \hat{B} \cdot \hat{C}$, de manera que los m vectores columna de A son combinación lineal de los r vectores columna de $\hat{B}$ (lema 2) y $s \leq r$ (proposición 14). De la misma manera, existe una matriz inversible $D \in M_{\mathbb{K}}(m \times m)$ tal que $A^T = D \cdot merf(A^T)$ y podemos razonar que $r \leq s$.

Corolario 7. En la proposición 17 la matriz $A \in M_{\mathbb{K}}(n \times m)$ tal que $[A]_{ij} = v_{ji}$ puede reemplazarse por la matriz $A \in M_{\mathbb{K}}(m \times n)$ tal que $[A]_{ij} = v_{ij}$, análoga a las que se han utilizado en las proposiciones posteriores, y, en general, por lo que respecta a la determinación de rangos, puede trabajarse indistintamente con una matriz y con su traspuesta.

Observación 7. En lo que sigue escribiremos simplemente $rg A$ para referirnos tanto a $rg_f A$ como a $rg_c A$.

Ejemplo 45. Se tiene que

$$
A = \begin{bmatrix}
1 & 0 & 1 & 0 \\
0 & 1 & 0 & 1 \\
1 & 1 & 1 & 1
\end{bmatrix}
\begin{array}{c} f_3 - f_1 \\ \sim \end{array}
\begin{bmatrix}
1 & 0 & 1 & 0 \\
0 & 1 & 0 & 1 \\
0 & 1 & 0 & 1
\end{bmatrix}
\begin{array}{c} f_3 - f_2 \\ \sim \end{array}
\begin{bmatrix}
1 & 0 & 1 & 0 \\
0 & 1 & 0 & 1 \\
0 & 0 & 0 & 0
\end{bmatrix},
$$

de manera que $rg_f A = 2$. Por otra parte,

$$
A^T = \begin{bmatrix}
1 & 0 & 1 \\
0 & 1 & 1 \\
1 & 0 & 1 \\
0 & 1 & 1
\end{bmatrix}
\begin{array}{c} f_3 - f_1 \\ \sim \end{array}
\begin{bmatrix}
1 & 0 & 1 \\
0 & 1 & 1 \\
0 & 0 & 0 \\
0 & 1 & 1
\end{bmatrix}
\begin{array}{c} f_4 - f_2 \\ \sim \end{array}
\begin{bmatrix}
1 & 0 & 1 \\
0 & 1 & 1 \\
0 & 0 & 0 \\
0 & 0 & 0
\end{bmatrix},
$$

de manera que $rg_c A = 2$. Según la proposición 19 este resultado es general, y decimos simplemente $rg A = 2$. Finalmente, en el contexto del ejemplo 40, para ver que los polinomios p, q, r son linealmente independientes basta ver que la matriz

$$
\begin{bmatrix}
1 & 1 & 0 & 1 \\
0 & 1 & 1 & 0 \\
0 & 0 & 0 & 1
\end{bmatrix}
$$

tiene rango 3, lo que resulta inmediato.

Teorema 7. Sea E un $\mathbb{K}$evdf, $n = dim_{\mathbb{K}}E$ y $F \subset E$ un sev de E. Entonces F es un $\mathbb{K}$evdf y $dim_{\mathbb{K}}F \leq n$.

Demostración. Si $F = \{0_E\}$, entonces $F = \langle 0_E \rangle_{\mathbb{K}}$ y $dim_{\mathbb{K}}F = 0 \leq n$. En caso contrario, F contiene algún vector $\mathbf{x} \neq 0_E$ y, por tanto, algún sistema libre. Consideremos ahora todos los sistemas libres de F y llamemos $p \in \mathbb{N}$ a la cantidad de vectores de uno de los sistemas libres de F con mayor cantidad de vectores. Entonces es posible encontrar un sistema libre $\{\mathbf{x}_1, \ldots, \mathbf{x}_p\}$ formado por p vectores de F. Para ver que F es un $\mathbb{K}$evdf basta con demostrar que $F = \langle \mathbf{x}_1, \ldots, \mathbf{x}_p \rangle_{\mathbb{K}}$. Supongamos en primer lugar que $\mathbf{v} \in \langle \mathbf{x}_1, \ldots, \mathbf{x}_p \rangle_{\mathbb{K}}$. Como todos los $\mathbf{x}_i$ pertenecen a F y F es sev, entonces $\mathbf{v} \in F$ (definición 14 y observación 6). Por otra parte, debemos ver que si $\mathbf{v} \in F$ entonces $\mathbf{v} \in \langle \mathbf{x}_1, \ldots, \mathbf{x}_p \rangle_{\mathbb{K}}$. Consideremos el sistema de vectores de F $\{\mathbf{x}_1, \ldots, \mathbf{x}_p, \mathbf{v}\}$ y la ecuación $\lambda_1 \mathbf{x}_1 + \ldots + \lambda_p \mathbf{x}_p + \lambda \mathbf{v} = \mathbf{0}$. Si todas las colecciones de escalares $\lambda_1, \ldots, \lambda_p, \lambda \in \mathbb{K}$ que satisfacen la ecuación cumplieran $\lambda = 0$, entonces la ecuación sólo tendría solución si $\lambda_1 = \ldots = \lambda_p = \lambda = 0$, puesto que el sistema $\{\mathbf{x}_1, \ldots, \mathbf{x}_p\}$ es libre. Pero eso implicaría que el sistema $\{\mathbf{x}_1, \ldots, \mathbf{x}_p, \mathbf{v}\}$ es libre y p no sería la cantidad de vectores de uno de los mayores sistemas libres de F. Por tanto, hay alguna solución con $\lambda \neq 0$ y $\mathbf{v}$ es combinación lineal de $\mathbf{x}_1, \ldots, \mathbf{x}_p$. Entonces es claro que $dim_{\mathbb{K}}F = p$. Finalmente, comprobemos que $p \leq n$. Para ello basta ver que si B es una base de E y A es la matriz cuyos vectores fila contienen las coordenadas de los vectores $\mathbf{x}_1, \ldots, \mathbf{x}_p$ en la base B, entonces $A \in M_{\mathbb{K}}(p \times n)$ y $rgA = p$ (proposición 6), de manera que $n \geq p$.

Proposición 20. Sea E un $\mathbb{K}$evdf, $n = dim_{\mathbb{K}}E$ y $\{\mathbf{x}_1, \ldots, \mathbf{x}_r\}$ un sistema libre de vectores de E. Entonces es posible encontrar $n - r$ vectores $\mathbf{v}_1, \ldots, \mathbf{v}_{n-r} \in E$ de forma que el sistema $\{\mathbf{x}_1, \ldots, \mathbf{x}_r, \mathbf{v}_1, \ldots, \mathbf{v}_{n-r}\}$ sea una base de E.

Demostración. Sean $B = \{\mathbf{a}_1, \ldots, \mathbf{a}_n\}$ una base de E, $A \in M_{\mathbb{K}}(r \times n)$ la matriz cuyos vectores fila son $(\mathbf{x}_1)_B, \ldots, (\mathbf{x}_r)_B$, y los r vectores $\mathbf{w}_1, \ldots, \mathbf{w}_r \in E$ tales que $(\mathbf{w}_1)_B, \ldots, (\mathbf{w}_r)_B$ son los vectores fila de $merf(A)$. Como el sistema $\{\mathbf{x}_1, \ldots, \mathbf{x}_r\}$ es libre, $merf(A)$ no tiene filas nulas (teorema 6) y el sistema $\{\mathbf{w}_1, \ldots, \mathbf{w}_r\}$ es libre. Además, debido a la especial estructura de $merf(A)$, resulta sencillo (ver ejemplo 46) encontrar las coordenadas en la base B de $n - r$ vectores $\mathbf{v}_1, \ldots, \mathbf{v}_{n-r} \in E$ de manera que el sistema $\{\mathbf{w}_1, \ldots, \mathbf{w}_r, \mathbf{v}_1, \ldots, \mathbf{v}_{n-r}\}$ sea libre y, por tanto, base de E. Ahora bien, como $\langle \mathbf{x}_1, \ldots, \mathbf{x}_r \rangle_{\mathbb{K}} = \langle \mathbf{w}_1, \ldots, \mathbf{w}_r \rangle_{\mathbb{K}}$, entonces cada uno de los vectores $\mathbf{x}_i$ es combinación lineal de $\mathbf{w}_1, \ldots, \mathbf{w}_r$ y cada uno de los vectores $\mathbf{w}_j$ es combinación lineal de los vectores $\mathbf{x}_1, \ldots, \mathbf{x}_k$. Entonces es claro que cada uno de los vectores del sistema $\mathbf{x}_1, \ldots, \mathbf{x}_r, \mathbf{v}_1, \ldots, \mathbf{v}_{n-r}$ es combinación lineal de los vectores del sistema $\mathbf{w}_1, \ldots, \mathbf{w}_r, \mathbf{v}_1, \ldots, \mathbf{v}_{n-r}$ (y viceversa), con lo que $\{\mathbf{x}_1, \ldots, \mathbf{x}_r, \mathbf{v}_1, \ldots, \mathbf{v}_{n-r}\}$ es base de E (proposición 14).

Corolario 8. Dada una base B de un $\mathbb{K}$evdf E y un sistema libre S de r vectores de E, siempre será posible sustituir r vectores de la base B por los r vectores del sistema libre de forma que el sistema resultante sea también base de E. Este resultado se conoce como teorema de sustitución o teorema de Steinitz.

Ejemplo 46. Consideremos el $\mathbb{R}$ev $\mathbb{R}^5$, $C = \{\mathbf{e}_1, \ldots, \mathbf{e}_5\}$ la base canónica de este espacio y los vectores $\mathbf{x}_1 = (1,1,1,0,1), \mathbf{x}_2 = (1,1,-1,0,1), \mathbf{x}_3 = (1,1,0,0,2)$, que forman un sistema libre. Para encontrar dos vectores $\mathbf{v}_1, \mathbf{v}_2 \in \mathbb{R}^5$ de manera que el sistema $\{\mathbf{x}_1, \mathbf{x}_2, \mathbf{x}_3, \mathbf{v}_1, \mathbf{v}_2\}$ sea base de $\mathbb{R}^5$, procedemos como sigue:

$$\begin{bmatrix} 1 & 1 & 1 & 0 & 1 \\ 1 & 1 & -1 & 0 & 1 \\ 1 & 1 & 0 & 0 & 2 \end{bmatrix} \begin{matrix} f_2 - f_1 \\ \sim \\ f_3 - f_1 \end{matrix} \begin{bmatrix} 1 & 1 & 1 & 0 & 1 \\ 0 & 0 & -2 & 0 & 0 \\ 0 & 0 & -1 & 0 & 1 \end{bmatrix} \begin{matrix} f_3 - f_2/2 \\ \sim \end{matrix} \begin{bmatrix} 1 & 1 & 1 & 0 & 1 \\ 0 & 0 & -2 & 0 & 0 \\ 0 & 0 & 0 & 0 & 1 \end{bmatrix}.$$

Aunque esta matriz todavía no es una merf, ya resulta sencillo ampliarla con dos filas adicionales de manera que la matriz resultante tenga rango 5. Basta con tomar la matriz

$$\begin{bmatrix} 1 & 1 & 1 & 0 & 1 \\ 0 & 0 & -2 & 0 & 0 \\ 0 & 0 & 0 & 0 & 1 \\ 0 & 1 & 0 & 0 & 0 \\ 0 & 0 & 0 & 1 & 0 \end{bmatrix}.$$

Entonces podemos asegurar que los vectores cuyas coordenadas en la base C son $(0,1,0,0,0), (0,0,0,1,0)$, es decir, los vectores $\mathbf{e}_2, \mathbf{e}_4$ forman con $\mathbf{x}_1, \mathbf{x}_2, \mathbf{x}_3$ una base de $\mathbb{R}^5$. Nótese que, por tanto, es posible sustituir tres vectores de la base C por los vectores $\mathbf{x}_1, \mathbf{x}_2, \mathbf{x}_3$ y seguir teniendo una base de $\mathbb{R}^5$. Obviamente, la elección que hemos hecho de los vectores $\mathbf{v}_1, \mathbf{v}_2$ no es única. También podíamos haber tomado, por ejemplo, $\mathbf{v}_1 = (0,1,1,1,1), \mathbf{v}_2 = (0,0,0,1,1)$ (se deja como ejercicio razonar por qué).

1.6. Aplicaciones lineales

Definición 24. Sean E, F dos $\mathbb{K}$evs y $f : E \longrightarrow F$ una función. Se dice que f es una aplicación lineal cuando satisface que $\forall \lambda \in \mathbb{K}, \forall \mathbf{x}, \mathbf{y} \in E, f(\lambda \mathbf{x} + \mathbf{y}) = \lambda f(\mathbf{x}) + f(\mathbf{y})$. Si f es una aplicación lineal y $E = F$, se dice que f es un endomorfismo.

Ejemplo 47. La función $f : \mathbb{R}^3 \longrightarrow \mathbb{R}^2$ tal que $\forall \mathbf{x} = (x_1, x_2, x_3) \in \mathbb{R}, f(\mathbf{x}) = (x_1 + 3x_2, 2x_2 - x_3)$ es una aplicación lineal. Para comprobarlo, sean $\lambda \in \mathbb{R}, \mathbf{x} = (x_1, x_2, x_3), \mathbf{y} \in (y_1, y_2, y_3) \in \mathbb{R}^3$. Entonces $\lambda \mathbf{x} + \mathbf{y} = (\lambda x_1 + y_1, \lambda x_2 + y_2, \lambda x_3 + y_3)$ y $f(\lambda \mathbf{x} + \mathbf{y}) = (\lambda x_1 + y_1 + 3(\lambda x_3 + y_3), 2(\lambda x_2 + y_2) - (\lambda x_3 + y_3)) = \lambda(x_1 + 3x_2, 2x_2 - x_3) + (y_1 + 3y_2, 2y_2 - y_3) = \lambda f(\mathbf{x}) + f(\mathbf{y})$.

Ejemplo 48. La función $f : \mathbb{C}_2[x] \longrightarrow M_{\mathbb{C}}(2 \times 2)$ tal que $\forall p \in \mathbb{C}_2[x]\ f(p) = \begin{bmatrix} a_0 & 0 \\ a_1 + a_2 & a_0 - 2a_2 \end{bmatrix}$, donde $\forall x \in \mathbb{C}\ p(x) = a_0 + a_1 x + a_2 x^2$, es una aplicación lineal. Para comprobarlo, sean $\lambda \in \mathbb{R}, p, q \in \mathbb{R}^3$ tales que $\forall x \in \mathbb{C}\ p(x) = a_0 + a_1 x + a_2 x^2$ y $q(x) = b_0 + b_1 x + b_2 x^2$. Entonces $\forall x \in \mathbb{C}\ (\lambda p + q)(x) = (\lambda a_0 + b_0) + (\lambda a_1 + b_1)x + (\lambda a_2 + b_2)x^2$ y $f(\lambda p + q) = \begin{bmatrix} \lambda a_0 + b_0 & 0 \\ \lambda a_1 + b_1 + \lambda a_2 + b_2 & \lambda a_0 + b_0 - 2(\lambda a_2 + b_2) \end{bmatrix} = \lambda \begin{bmatrix} a_0 & 0 \\ a_1 + a_2 & a_0 - 2a_2 \end{bmatrix} + \begin{bmatrix} b_0 & 0 \\ b_1 + b_2 & b_0 - 2b_2 \end{bmatrix} = \lambda f(p) + f(q)$.

Ejemplo 49. La función $f : \mathbb{C}_2[x] \longrightarrow M_{\mathbb{C}}(2 \times 2)$ tal que $\forall p \in \mathbb{C}_2[x]\ f(p) = \begin{bmatrix} \int_1^2 p & p(2) \\ p'(1) & 3p(0) - p(1) \end{bmatrix}$ es una aplicación lineal. La comprobación se deja como ejercicio.

Definición 25. Sean E, F dos $\mathbb{K}$evs y $f : E \longrightarrow F$ una aplicación lineal. Se define el núcleo de f, $\mathrm{Ker}f$, como el conjunto de todos los elementos de E cuya imagen es el elemento neutro para la suma de F, $\mathbf{0}_F$, es decir, $\mathrm{Ker}f = \{\mathbf{x} \in E \mid f(\mathbf{x}) = \mathbf{0}_F\}$. La imagen de F, $\mathrm{Im}f$, es el conjunto de todos los elementos de F que son imagen por f de algún elemento de E, es decir, $\mathrm{Im}f = \{\mathbf{y} \in F \mid \exists \mathbf{x} \in E$ tal que $f(\mathbf{x}) = \mathbf{y}\}$.

Proposición 21. En las condiciones de la definición anterior, $\mathrm{Ker}f$ es un subespacio vectorial de E y $\mathrm{Im}f$ es un espacio vectorial de F.

Demostración. Empecemos observando que, siendo f una aplicación lineal, $f(\mathbf{0}_E) = f(0 \cdot \mathbf{0}_E) = 0 \cdot f(\mathbf{0}_E) = \mathbf{0}_F$, con lo que $\mathbf{0}_E \in \mathrm{Ker}f$ y $\mathbf{0}_F \in \mathrm{Im}f$. Por otra parte, si $\lambda \in \mathbb{K}$ y $\mathbf{x}, \mathbf{y} \in \mathrm{Ker}f$, entonces $f(\lambda \mathbf{x} + \mathbf{y}) = \lambda f(\mathbf{x}) + f(\mathbf{y}) = \lambda \mathbf{0}_F + \mathbf{0}_F = \mathbf{0}_F$, de manera que $\lambda \mathbf{x} + \mathbf{y} \in \mathrm{Ker}f$. Finalmente, si $\lambda \in \mathbb{K}$ e $\mathbf{y}_1, \mathbf{y}_2 \in \mathrm{Im}f$, entonces $\exists \mathbf{x}_1, \mathbf{x}_2 \in E$ tales que $f(\mathbf{x}_1) = \mathbf{y}_1$ y $f(\mathbf{x}_2) = \mathbf{y}_2$. Como f es lineal, eso implica que el vector $\lambda \mathbf{x}_1 + \mathbf{x}_2 \in E$ cumple que $f(\lambda \mathbf{x}_1 + \mathbf{x}_2) = \lambda \mathbf{y}_1 + \mathbf{y}_2$, con lo que $\lambda \mathbf{y}_1 + \mathbf{y}_2 \in \mathrm{Im}f$.

Proposición 22. Sean E, F dos $\mathbb{K}$evs y $f : E \longrightarrow F$ una aplicación lineal. Entonces f es inyectiva si y sólo si $\mathrm{Ker}f = \{\mathbf{0}_E\}$.

Demostración. Supongamos en primer lugar que f es inyectiva y sea $\mathbf{x} \in \mathrm{Ker}f$. Entonces, por definición de inyectividad, puesto que $f(\mathbf{x}) = \mathbf{0}_F$ y $f(\mathbf{0}_E) = \mathbf{0}_F$, se tiene que $\mathbf{x} = \mathbf{0}_E$ y $\mathrm{Ker}f \subset \{\mathbf{0}_E\}$. Es claro que $\{\mathbf{0}_E\} \subset \mathrm{Ker}f$, con lo que $\mathrm{Ker}f = \{\mathbf{0}_E\}$. Recíprocamente, supongamos que $\mathrm{Ker}f = \{\mathbf{0}_E\}$ y que $\mathbf{x}, \mathbf{y}$ son dos elementos de E que cumplen $f(\mathbf{x}) = f(\mathbf{y})$. Como f es lineal, eso implica que $f(\mathbf{x} - \mathbf{y}) = \mathbf{0}_F$, y que, por tanto, $\mathbf{x} - \mathbf{y} \in \mathrm{Ker}f$, de manera que $\mathbf{x} = \mathbf{y}$ y f es inyectiva.

Proposición 23. Sean E un $\mathbb{K}$evdf, $n = dim_{\mathbb{K}}E$, $B = \{\mathbf{v}_1, \ldots, \mathbf{v}_n\}$ una base de E, F un $\mathbb{K}$ev y $f : E \longrightarrow F$ una aplicación lineal. Entonces $\text{Im} f = \langle f(\mathbf{v}_1), \ldots, f(\mathbf{v}_n) \rangle_{\mathbb{K}}$.

Demostración. Si $\mathbf{y} \in \text{Im} f$, entonces $\exists \mathbf{x} \in E$ tal que $f(\mathbf{x}) = \mathbf{y}$. Como $\mathbf{x} \in E$, existen $\lambda_1, \ldots, \lambda_n \in \mathbb{K}$ tales que $\mathbf{x} = \lambda_1 \mathbf{v}_1 + \ldots + \lambda_n \mathbf{v}_n$. Dado que f es lineal, eso implica que $\mathbf{y} = f(\mathbf{x}) = \lambda_1 f(\mathbf{v}_1) + \ldots + \lambda_n f(\mathbf{v}_n)$, con lo que $\mathbf{y}$ es combinación lineal de $f(\mathbf{v}_1), \ldots, f(\mathbf{v}_n)$. Por otra parte, como $\text{Im} f$ es subespacio vectorial de F y $f(\mathbf{v}_1), \ldots, f(\mathbf{v}_n) \in \text{Im} f$, entonces cualquier combinación lineal de $f(\mathbf{v}_1), \ldots, f(\mathbf{v}_n)$ pertenecerá también a $\text{Im} f$, de manera que $\langle f(\mathbf{v}_1), \ldots, f(\mathbf{v}_n) \rangle_{\mathbb{K}} \subset \text{Im} f$, lo que concluye la demostración.

Teorema 8. En las condiciones de la proposición anterior, $dim_{\mathbb{K}}\text{Ker} f + dim_{\mathbb{K}}\text{Im} f = n$.

Demostración. Supongamos en primer lugar que $\text{Ker} f = \{\mathbf{0}_E\}$. Si $\lambda_1, \ldots, \lambda_n \in \mathbb{K}$ satisfacen la igualdad $\lambda_1 f(\mathbf{v}_1) + \ldots + \lambda_n f(\mathbf{v}_n) = \mathbf{0}_F$, entonces $f(\lambda_1 \mathbf{v}_1 + \ldots + \lambda_n \mathbf{v}_n) = \mathbf{0}_F$ y $\lambda_1 \mathbf{v}_1 + \ldots + \lambda_n \mathbf{v}_n = \mathbf{0}_E$, con lo que $\lambda_1 = \ldots = \lambda_n = 0$ y $f(\mathbf{v}_1), \ldots, f(\mathbf{v}_n)$ es base de $\text{Im} f$. Supongamos ahora que $dim_{\mathbb{K}}\text{Ker} f = n$. Entonces $\text{Ker} f = E$, de manera que $f(\mathbf{v}_1) = \ldots = f(\mathbf{v}_n) = \mathbf{0}_F$ y $\text{Im} f = \{\mathbf{0}_F\}$. Por último, supongamos que $dim_{\mathbb{K}}\text{Ker} f = p$, $0 < p < n$, y que los vectores $\mathbf{w}_1, \ldots, \mathbf{w}_p$ forman una base de $\text{Ker} f$. Entonces podemos encontrar $n - p$ vectores $\mathbf{x}_1, \ldots, \mathbf{x}_{n-p} \in E$ de manera que $\mathbf{w}_1, \ldots, \mathbf{w}_p, \mathbf{x}_1, \ldots, \mathbf{x}_{n-p}$ formen una base de E (proposición 20), con lo que $\text{Im} f = \langle f(\mathbf{w}_1), \ldots, f(\mathbf{w}_p), f(\mathbf{x}_1), \ldots, f(\mathbf{x}_{n-p}) \rangle_{\mathbb{K}}$. Como $f(\mathbf{w}_1) = \ldots = f(\mathbf{w}_p) = \mathbf{0}_F$, entonces se tiene que $\text{Im} f = \langle f(\mathbf{x}_1), \ldots, f(\mathbf{x}_{n-p}) \rangle_{\mathbb{K}}$. Finalmente, si $\lambda_1, \ldots, \lambda_{n-p} \in \mathbb{K}$ satisfacen la igualdad $\lambda_1 f(\mathbf{x}_1) + \ldots + \lambda_{n-p} f(\mathbf{x}_{n-p}) = \mathbf{0}_F$, entonces $f(\lambda_1 \mathbf{x}_1 + \ldots + \lambda_{n-p} \mathbf{x}_{n-p}) = \mathbf{0}_F$ y $\lambda_1 \mathbf{x}_1 + \ldots + \lambda_{n-p} \mathbf{x}_{n-p} \in \text{Ker} f$, de manera que existen p escalares $\mu_1, \ldots, \mu_p \in \mathbb{K}$ tales que $\lambda_1 \mathbf{x}_1 + \lambda_{n-p} \mathbf{x}_{n-p} = \mu_1 \mathbf{w}_1 + \ldots + \mu_p \mathbf{w}_p$. Como los vectores $\mathbf{w}_1, \ldots, \mathbf{w}_p, \mathbf{x}_1, \ldots, \mathbf{x}_{n-p}$ son linealmente independientes, la última igualdad implica, en particular, que $\lambda_1 = \ldots = \lambda_{n-p} = 0$, con lo que $f(\mathbf{x}_1), \ldots, f(\mathbf{x}_{n-p})$ son linealmente independientes y $dim_{\mathbb{K}}\text{Im} f = n - p$.

Definición 26. Sean E un $\mathbb{K}$evdf, $n = dim_{\mathbb{K}}E$, $B = \{\mathbf{v}_1, \ldots, \mathbf{v}_n\}$ una base de E y $\mathbf{x} \in E$ un vector de E tal que $\mathbf{x}_B = (x_1, \ldots, x_n)$. Definimos la matriz de coordenadas del vector $\mathbf{x}$ en la base B, $[\mathbf{x}]_B$, como la matriz que verifica $[\mathbf{x}]_B \in M_{\mathbb{K}}(n \times 1)$, $([\mathbf{x}]_B)_{i1} = x_i$. Sea ahora F otro $\mathbb{K}$evdf, $m = dim_{\mathbb{K}}F$, $V = \{\mathbf{w}_1, \ldots, \mathbf{w}_n\}$ una base de F y $f : E \longrightarrow F$ una aplicación lineal. Como $\mathbf{x} = x_1 \mathbf{v}_1 + \ldots + x_n \mathbf{v}_n$, entonces $f(\mathbf{x}) = x_1 f(\mathbf{v}_1) + \ldots + x_n f(\mathbf{v}_n)$. Los vectores $f(\mathbf{x}), f(\mathbf{v}_1), \ldots, f(\mathbf{v}_n)$ están en F, luego tienen unas coordenadas en la base V y podemos considerar las matrices $[f(\mathbf{x})]_V, [f(\mathbf{v}_1)]_V, \ldots, [f(\mathbf{v}_n)]_V$. Recordando el lema 1 y la forma como se definen las operaciones matriciales, tenemos que $[f(\mathbf{x})]_V = x_1 \cdot [f(\mathbf{v}_1)]_V + \ldots + x_n \cdot [f(\mathbf{v}_n)]_V = [f]_{BV} \cdot [\mathbf{x}]_B$, donde los vectores columna de la matriz $[f]_{BV} \in M_{\mathbb{K}}(m \times n)$ contienen las coordenadas en la base V de las imágenes por f de todos los vectores de la base B. La matriz $[f]_{BV}$ se denomina matriz asociada a f en las bases B y V.

Ejemplo 50. Consideremos la aplicación lineal $f : \mathbb{R}^3 \longrightarrow \mathbb{R}^2$ del ejemplo 47 y recordemos que $\forall \mathbf{x} = (x_1, x_2, x_3) \in \mathbb{R}$, $f(\mathbf{x}) = (x_1 + 3x_2, 2x_2 - x_3)$. Sean $C_1 = \{\mathbf{e}_1, \mathbf{e}_2, \mathbf{e}_3\}$ y $C_2 = \{\hat{\mathbf{e}}_1, \hat{\mathbf{e}}_2\}$ las bases canónicas de $\mathbb{R}^3$ y $\mathbb{R}^2$, respectivamente. Entonces $f(\mathbf{e}_1) = f((1,0,0)) = (1,0)$, $f(\mathbf{e}_2) = f((0,1,0)) = (3,2)$, $f(\mathbf{e}_3) = f((0,0,1)) = (0,-1)$, de manera que $(f(\mathbf{e}_1))_{C_2} = (1,0)$, $(f(\mathbf{e}_2))_{C_2} = (3,2)$, $(f(\mathbf{e}_3))_{C_2} = (0,-1)$ y $[f]_{C_1 C_2} = \begin{bmatrix} 1 & 3 & 0 \\ 0 & 2 & -1 \end{bmatrix}$.

Nótese que si llamamos x_1, x_2, x_3 a las coordenadas de un vector genérico $\mathbf{x} \in \mathbb{R}^3$ en la base C_1, entonces

$$[f(\mathbf{x})]_{C_2} = \begin{bmatrix} x_1 + 3x_2 \\ 2x_2 - x_3 \end{bmatrix} = \begin{bmatrix} 1 & 3 & 0 \\ 0 & 2 & -1 \end{bmatrix} \cdot \begin{bmatrix} x_1 \\ x_2 \\ x_3 \end{bmatrix} = [f]_{C_1 C_2} \cdot [\mathbf{x}]_{C_1}.$$ Veamos ahora que $\text{Ker} f = \{\mathbf{x} \in$

$$\mathbb{R}^3 \mid f(\mathbf{x}) = (0,0)\} = \left\{ \mathbf{x} \in \mathbb{R}^3 \mid (\mathbf{x})_{C_1} = (x_1, x_2, x_3) \text{ y } \begin{bmatrix} 1 & 3 & 0 \\ 0 & 2 & -1 \end{bmatrix} \cdot \begin{bmatrix} x_1 \\ x_2 \\ x_3 \end{bmatrix} = \begin{bmatrix} 0 \\ 0 \end{bmatrix} \right\}.$$ Por tanto, conocemos unas ecuaciones implícitas del sev $\text{Ker} f$ y podemos hallar una base obteniendo previamente unas ecuaciones paramétricas. Haciendo

$$\begin{bmatrix} 1 & 3 & 0 & 0 \\ 0 & 2 & -1 & 0 \end{bmatrix} \overset{f_2/2}{\sim} \begin{bmatrix} 1 & 3 & 0 & 0 \\ 0 & 1 & -\frac{1}{2} & 0 \end{bmatrix} \overset{f_1 - 3f_3}{\sim} \begin{bmatrix} 1 & 0 & -\frac{3}{2} & 0 \\ 0 & 1 & -\frac{1}{2} & 0 \end{bmatrix},$$

obtenemos que $\mathrm{Ker}f = \left\{ \mathbf{x} \in \mathbb{R}^3 \mid \exists \lambda \in \mathbb{R} \text{ tal que } (\mathbf{x})_{C_1} = \lambda \left(-\frac{3}{2}, \frac{1}{2}, 1 \right) \right\} = \left\langle \left(-\frac{3}{2}, \frac{1}{2}, 1 \right) \right\rangle_{\mathbb{R}} = \langle (-3, 1, 2) \rangle_{\mathbb{R}}$
y $dim_{\mathbb{R}}\mathrm{Ker}f = 1$. Nótese que, dado que las ecuaciones que definen $\mathrm{Ker}f$ corresponden a un sistema homogéneo, no hubiera sido necesario reducir la matriz ampliada del sistema, sino que se podría haber suprimido la última columna de ceros y haber reducido simplemente la matriz de coeficientes. Por otra parte, como $\mathrm{Im}f = \langle f(\mathbf{e}_1), f(\mathbf{e}_2), f(\mathbf{e}_n) \rangle_{\mathbb{R}}$, podemos obtener una base de ese sev de $\mathbb{R}^2$ haciendo

$$\begin{bmatrix} 1 & 0 \\ 3 & 2 \\ 0 & -1 \end{bmatrix} \overset{f_2 - 3f_1}{\sim} \begin{bmatrix} 1 & 0 \\ 0 & 2 \\ 0 & -1 \end{bmatrix} \overset{f_2 + 2f_1}{\sim} \begin{bmatrix} 1 & 0 \\ 0 & 0 \\ 0 & -1 \end{bmatrix},$$

con lo que los vectores linealmente independientes de $\mathbb{R}^2$ cuyas coordenadas en la base C_2 son $1, 0$ y $0, -1$, respectivamente, constituyen una base de $\mathrm{Im}f$, es decir, $\mathrm{Im}f = \langle (1,0), (0,-1) \rangle_{\mathbb{R}}$ y $dim_{\mathbb{R}}\mathrm{Im}f = 2$. Tal como garantiza el teorema 8, $dim_{\mathbb{R}}\mathrm{Ker}f + dim_{\mathbb{R}}\mathrm{Im}f = 3 = dim_{\mathbb{R}}\mathbb{R}^3$. También se podía haber utilizado ese teorema para deducir directamente que $\mathrm{Im}f = \mathbb{R}^2$ justo después de comprobar que $dim_{\mathbb{R}}\mathrm{Ker}f = 1$.

Ejemplo 51. Consideremos la aplicación lineal $f : \mathbb{C}_2[x] \longrightarrow M_{\mathbb{C}}(2 \times 2)$ del ejemplo 48 tal que $\forall p \in \mathbb{C}_2[x]$
$f(p) = \begin{bmatrix} a_0 & 0 \\ a_1 + a_2 & a_0 - 2a_2 \end{bmatrix}$, donde $\forall x \in \mathbb{C}$ $p(x) = a_0 + a_1 x + a_2 x^2$. Sean $C_1 = \{p_0, p_1, p_2\}$ y $C_2 = \{M_{11}, M_{12}, M_{21}, M_{22}\}$ las bases canónicas de $\mathbb{C}_2[x]$ y $M_{\mathbb{C}}(2 \times 2)$, respectivamente. Entonces, puesto que $\forall x \in \mathbb{C}$ es $p_0(x) = 1, p_1(x) = x$ y $p_2(x) = x^2$, se tiene que $f(p_0) = \begin{bmatrix} 1 & 0 \\ 0 & 1 \end{bmatrix}$, $f(p_1) = \begin{bmatrix} 0 & 0 \\ 1 & 0 \end{bmatrix}$, $f(p_2) = \begin{bmatrix} 0 & 0 \\ 1 & -2 \end{bmatrix}$, de manera que $(f(p_0))_{C_2} = (1,0,0,1)$, $(f(p_1))_{C_2} = (0,0,1,0)$, $(f(p_2))_{C_2} = (0,0,1,-2)$,

$[f]_{C_1 C_2} = \begin{bmatrix} 1 & 0 & 0 \\ 0 & 0 & 0 \\ 0 & 1 & 1 \\ 1 & 0 & -2 \end{bmatrix}$, y si llamamos a_0, a_1, a_2 a las coordenadas de un polinomio genérico $p \in \mathbb{C}_2[x]$

en la base C_1, entonces $[f(p)]_{C_2} = \begin{bmatrix} a_0 \\ 0 \\ a_1 + a_2 \\ a_0 - 2a_2 \end{bmatrix} = \begin{bmatrix} 1 & 0 & 0 \\ 0 & 0 & 0 \\ 0 & 1 & 1 \\ 1 & 0 & -2 \end{bmatrix} \cdot \begin{bmatrix} a_0 \\ a_1 \\ a_2 \end{bmatrix} = [f]_{C_1 C_2} \cdot [p]_{C_1}$. Por tanto, tenemos que $\mathrm{Ker}f = \left\{ p \in \mathbb{C}_2[x] \mid (p)_{C_1} = (a_0, a_1, a_2) \text{ y } \begin{bmatrix} 1 & 0 & 0 \\ 0 & 0 & 0 \\ 0 & 1 & 1 \\ 1 & 0 & -2 \end{bmatrix} \cdot \begin{bmatrix} a_0 \\ a_1 \\ a_2 \end{bmatrix} = \begin{bmatrix} 0 \\ 0 \\ 0 \\ 0 \end{bmatrix} \right\}$. En estas

condiciones, para obtener una base de $\mathrm{Ker}f$ podemos hacer

$$\begin{bmatrix} 1 & 0 & 0 \\ 0 & 0 & 0 \\ 0 & 1 & 1 \\ 1 & 0 & -2 \end{bmatrix} \overset{f_4 - f_1}{\sim} \begin{bmatrix} 1 & 0 & 0 \\ 0 & 0 & 0 \\ 0 & 1 & 1 \\ 0 & 0 & -2 \end{bmatrix} \overset{-f_4/2}{\sim}$$

$$\begin{bmatrix} 1 & 0 & 0 \\ 0 & 0 & 0 \\ 0 & 1 & 1 \\ 0 & 0 & 1 \end{bmatrix} \overset{f_3 - f_4}{\sim} \begin{bmatrix} 1 & 0 & 0 \\ 0 & 0 & 0 \\ 0 & 1 & 0 \\ 0 & 0 & 1 \end{bmatrix},$$

con lo que $\mathrm{Ker}f = \{\mathbf{0}_{\mathbb{C}_2[x]}\}$, $dim_{\mathbb{C}}\mathrm{Ker}f = 0$ y f es inyectiva. Como $\mathrm{Im}f = \langle f(p_0), f(p_1), f(p_2) \rangle_{\mathbb{R}}$, se obtiene una base de $\mathrm{Im}f$ de la siguiente forma:

$$\begin{bmatrix} 1 & 0 & 0 & 1 \\ 0 & 0 & 1 & 0 \\ 0 & 0 & 1 & -2 \end{bmatrix} \overset{f_3 - f_2}{\sim} \begin{bmatrix} 1 & 0 & 0 & 1 \\ 0 & 0 & 1 & 0 \\ 0 & 0 & 0 & -2 \end{bmatrix}.$$

Así pues, $\text{Im} f = \left\langle \begin{bmatrix} 1 & 0 \\ 0 & 1 \end{bmatrix}, \begin{bmatrix} 0 & 0 \\ 1 & 0 \end{bmatrix}, \begin{bmatrix} 0 & 0 \\ 0 & -2 \end{bmatrix} \right\rangle_{\mathbb{C}}$ y $dim_{\mathbb{C}} \text{Im} f = 3$. Las matrices $\begin{bmatrix} 1 & 0 \\ 0 & 1 \end{bmatrix}, \begin{bmatrix} 0 & 0 \\ 1 & 0 \end{bmatrix},$

$\begin{bmatrix} 0 & 0 \\ 1 & -2 \end{bmatrix}$ constituyen también una base de $\text{Im} f$.

Proposición 24. Sean E, F dos $\mathbb{K}$evs, $f, g : E \longrightarrow F$ dos aplicaciones lineales y $\lambda \in \mathbb{K}$. Entonces la función $\lambda f + g : E \longrightarrow F$ es una aplicación lineal. Si, además, E, F son dos $\mathbb{K}$evdfs, $n = dim_{\mathbb{K}} E$, $m = dim_{\mathbb{K}} F$ y B, V son bases de E y F, respectivamente, entonces $[\lambda f + g]_{BV} = \lambda \cdot [f]_{BV} + [g]_{BV}$.

Demostración. Se deja como ejercicio.

Proposición 25. Sean E, F, G tres $\mathbb{K}$evs y $f : E \longrightarrow F$, $g : F \longrightarrow G$ dos aplicaciones lineales. Entonces la función $g \circ f : E \longrightarrow G$ es una aplicación lineal. Si, además, E, F, G son $\mathbb{K}$evdfs de dimensión finita, $n = dim_{\mathbb{K}} E$, $m = dim_{\mathbb{K}} F$, $p = dim_{\mathbb{K}} G$, y B, V, W son bases de E, F y G, respectivamente, entonces $[g \circ f]_{BW} = [g]_{VW} \cdot [f]_{BV}$.

Demostración. Sean $\lambda \in \mathbb{K}$, $\mathbf{x}, \mathbf{y} \in E$. Entonces $(g \circ f)(\lambda \mathbf{x} + \mathbf{y}) = g(f(\lambda \mathbf{x} + \mathbf{y})) = g(\lambda f(\mathbf{x}) + f(\mathbf{y})) = \lambda g(f(\mathbf{x})) + g(f(\mathbf{y})) = \lambda (g \circ f)(\mathbf{x}) + (g \circ f)(\mathbf{y})$, de manera que $g \circ f$ es lineal. Ahora, de acuerdo con la definición de matriz asociada a una aplicación lineal en unas bases, tenemos por una parte que $[(g \circ f)(\mathbf{x})]_W = [g \circ f]_{BW}[\mathbf{x}]_B$ y por otra que $[(g \circ f)(\mathbf{x})]_W = [g(f(\mathbf{x}))]_W = [g]_{VW} \cdot [f(\mathbf{x})]_V = [g]_{VW} \cdot [f]_{BW} \cdot [\mathbf{x}]_B$. Se deja como ejercicio demostrar que la validez de las dos últimas igualdades para cualquier $\mathbf{x} \in E$ implica que $[g \circ f]_{BW} = [g]_{VW} \cdot [f]_{BV}$.

Ejemplo 52. Sean C_1, C_2, C_3 las bases canónicas de los $\mathbb{R}$evdfs $\mathbb{R}^3, \mathbb{R}^4$ y $\mathbb{R}^2$, respectivamente. Consideremos las funciones $f : \mathbb{R}^3 \longrightarrow \mathbb{R}^4$ y $g : \mathbb{R}^4 \longrightarrow \mathbb{R}^2$ tales que, si $\forall \mathbf{x} = (x_1, x_2, x_3) \in \mathbb{R}^3$, $\forall \mathbf{y} = (y_1, y_2, y_3, y_4) \in \mathbb{R}^4$, $f(\mathbf{x}) = (x_1 + x_2, x_1, x_2 + x_3, x_2)$ y $g(\mathbf{y}) = (y_1 + y_2, y_3 + y_4)$. Es fácil ver que f, g son dos aplicaciones lineales y que $[f]_{C_1 C_2} = \begin{bmatrix} 1 & 1 & 0 \\ 1 & 0 & 0 \\ 0 & 1 & 1 \\ 0 & 1 & 0 \end{bmatrix}$, $[g]_{C_2 C_3} = \begin{bmatrix} 1 & 1 & 0 & 0 \\ 0 & 0 & 1 & 1 \end{bmatrix}$. Por otra parte, si $\mathbf{x} \in \mathbb{R}^4$, entonces

$(g \circ f)(\mathbf{x}) = g(f(\mathbf{x})) = g((x_1 + x_2, x_1, x_2 + x_3, x_2)) = (x_1 + x_2 + x_1, x_2 + x_3 + x_2) = (2x_1 + x_2, 2x_2 + x_3)$, con

lo que $[g \circ f]_{C_1 C_3} = \begin{bmatrix} 2 & 1 & 0 \\ 0 & 2 & 1 \end{bmatrix}$. Puede comprobarse que $\begin{bmatrix} 2 & 1 & 0 \\ 0 & 2 & 1 \end{bmatrix} = \begin{bmatrix} 1 & 1 & 0 & 0 \\ 0 & 0 & 1 & 1 \end{bmatrix} \cdot \begin{bmatrix} 1 & 1 & 0 \\ 1 & 0 & 0 \\ 0 & 1 & 1 \\ 0 & 1 & 0 \end{bmatrix}$.

Definición 27. Sea E un $\mathbb{K}$ev. Es inmediato comprobar que la función identidad $id : E \longrightarrow E$ tal que $\forall \mathbf{x} \in E$ $id(\mathbf{x}) = \mathbf{x}$ es una aplicación lineal. Si E es un $\mathbb{K}$evdf, $n = dim_{\mathbb{K}} E$ y $B = \{\mathbf{v}_1, \ldots, \mathbf{v}_n\}$, $V = \{\mathbf{w}_1, \ldots, \mathbf{w}_n\}$ son dos bases de E, entonces la matriz asociada a esa aplicación lineal en las bases B y V, $[id]_{BV}$, se denomina matriz de cambio de base de la base B a la base V y satisface la igualdad $[\mathbf{x}]_V = [id(\mathbf{x})]_V = [id]_{BV} \cdot [\mathbf{x}]_B$. Los vectores columna de esta matriz contienen las coordenadas en la base V de cada uno de los vectores de la base B, de manera que, en particular, $[id]_{BB} = I_n$.

Proposición 26. Sean E y F dos $\mathbb{K}$evs y $f : E \longrightarrow F$ una aplicación lineal. Si f es una función inversible, entonces f^{-1} es también una aplicación lineal. Además, si E y F son dos $\mathbb{K}$evdfs, $n = dim_{\mathbb{K}} E = dim_{\mathbb{K}} F$ y B, V son dos bases de E y F, respectivamente, entonces $[f]_{BV}$ es inversible y $[f^{-1}]_{VB} = ([f]_{BV})^{-1}$.

Demostración. Si f es inversible, entonces $\forall \mathbf{y}_1, \mathbf{y}_2 \in F$ $\exists! \mathbf{x}_1, \mathbf{x}_2 \in E$ tales que $f(\mathbf{x}_1) = \mathbf{y}_1, f(\mathbf{x}_2) = \mathbf{y}_2$ y $f^{-1}(\mathbf{y}_1) = \mathbf{x}_1, f^{-1}(\mathbf{y}_2) = \mathbf{x}_2$. Por tanto, $\forall \lambda \in \mathbb{K}$ se tiene que $f^{-1}(\lambda \mathbf{y}_1 + \mathbf{y}_2) = f^{-1}(\lambda f(\mathbf{x}_1) + f(\mathbf{x}_2)) = f^{-1}(f(\lambda \mathbf{x}_1 + \mathbf{x}_2)) = \lambda \mathbf{x}_1 + \mathbf{x}_2 = \lambda f^{-1}(\mathbf{y}_1) + f^{-1}(\mathbf{y}_2)$, donde se ha tenido en cuenta que $f \circ f^{-1} = f^{-1} \circ f = id$. Estas últimas igualdades, combinadas con la proposición 25, implican también que $[f]_{BV} \cdot [f^{-1}]_{VB} = [id]_{VV} = I_n$ y $[f^{-1}]_{VB} \circ [f]_{BV} = [id]_{BB} = I_n$, lo que completa la demostración.

Corolario 9. Si E es un $\mathbb{K}$evdf y B, V son dos bases de E, entonces $[id]_{VB} = ([id]_{BV})^{-1}$ (basta observar que la aplicación lineal id es inversible y que $id^{-1} = id$).

Ejemplo 53. Supongamos que los sistemas $B = \{\mathbf{v}_1, \mathbf{v}_2, \mathbf{v}_3\}$ y $V = \{\mathbf{w}_1, \mathbf{w}_2, \mathbf{w}_3\}$ son dos bases de un $\mathbb{R}$evdf E, $dim_{\mathbb{R}} E = 3$, y que se cumple que $\mathbf{v}_1 = \mathbf{w}_1 + \mathbf{w}_2 + \mathbf{w}_3$, $\mathbf{v}_2 = \mathbf{w}_1 - \mathbf{w}_2 - \mathbf{w}_3$, $\mathbf{v}_3 = \mathbf{w}_1 + \mathbf{w}_2 + 2\mathbf{w}_3$, con

lo que $(\mathbf{v}_1)_V = (1,1,1)$, $(\mathbf{v}_2)_V = (1,-1,-1)$, $(\mathbf{v}_3)_V = (1,1,2)$ y $[id]_{BV} = \begin{bmatrix} 1 & 1 & 1 \\ 1 & -1 & 1 \\ 1 & -1 & 2 \end{bmatrix}$. Entonces, por

ejemplo, si $\mathbf{x} = 2\mathbf{v}_1 - \mathbf{v}_3$ y, por tanto, $(\mathbf{x}_2)_B = (2,0,-1)$, tenemos que $[\mathbf{x}]_V = [id]_{BV} \cdot [\mathbf{x}]_B = \begin{bmatrix} 1 & 1 & 1 \\ 1 & -1 & 1 \\ 1 & -1 & 2 \end{bmatrix} \cdot$

$\begin{bmatrix} 2 \\ 0 \\ -1 \end{bmatrix} = \begin{bmatrix} 1 \\ 1 \\ 0 \end{bmatrix}$ y $(\mathbf{x})_V = (1,1,0)$, de manera que $\mathbf{x} = \mathbf{w}_1 + \mathbf{w}_2$. Podemos comprobar que esta última

igualdad es cierta sólo con observar que $\mathbf{x} = 2\mathbf{v}_1 - \mathbf{v}_3 = 2(\mathbf{w}_1 + \mathbf{w}_2 + \mathbf{w}_3) - (\mathbf{w}_1 + \mathbf{w}_2 + 2\mathbf{w}_3) = \mathbf{w}_1 + \mathbf{w}_2$.

Por otra parte, se tiene que $[id]_{VB} = \begin{bmatrix} \frac{1}{2} & \frac{3}{2} & -1 \\ \frac{1}{2} & -\frac{1}{2} & 0 \\ 0 & -1 & 1 \end{bmatrix} = ([id]_{BV})^{-1}$, con lo que, por ejemplo, sabemos que

$\mathbf{w}_2 = \frac{3}{2}\mathbf{v}_1 - \frac{1}{2}\mathbf{v}_2 - \mathbf{v}_3$. Esta última igualdad también puede comprobarse haciendo $\frac{3}{2}\mathbf{v}_1 - \frac{1}{2}\mathbf{v}_2 - \mathbf{v}_3 = \frac{3}{2}(\mathbf{w}_1 +$

$\mathbf{w}_2 + \mathbf{w}_3) - \frac{1}{2}(\mathbf{w}_1 - \mathbf{w}_2 - \mathbf{w}_3) - (\mathbf{w}_1 + \mathbf{w}_2 + 2\mathbf{w}_3) = \mathbf{w}_2$.

Ejemplo 54. En el contexto del ejemplo 51, los sistemas de matrices $B = \left\{ \begin{bmatrix} 1 & 0 \\ 0 & 1 \end{bmatrix}, \begin{bmatrix} 0 & 0 \\ 1 & 0 \end{bmatrix}, \begin{bmatrix} 0 & 0 \\ 0 & -2 \end{bmatrix} \right\}$

y $V = \left\{ \begin{bmatrix} 1 & 0 \\ 0 & 1 \end{bmatrix}, \begin{bmatrix} 0 & 0 \\ 1 & 0 \end{bmatrix}, \begin{bmatrix} 0 & 0 \\ 1 & -2 \end{bmatrix} \right\}$ son dos bases del $\mathbb{C}$evdf $\text{Im} f$. Es sencillo comprobar que $[id]_{VB} =$

$\begin{bmatrix} 1 & 0 & 0 \\ 0 & 1 & 1 \\ 0 & 0 & 1 \end{bmatrix}$ y que $[id]_{BV} = \begin{bmatrix} 1 & 0 & 0 \\ 0 & 1 & -1 \\ 0 & 0 & 1 \end{bmatrix} = ([id]_{VB})^{-1}$. Por otra parte, también está claro que el sistema

$W = \left\{ \begin{bmatrix} 0 & 0 \\ 1 & 0 \end{bmatrix}, \begin{bmatrix} 0 & 0 \\ 1 & -2 \end{bmatrix}, \begin{bmatrix} 1 & 0 \\ 0 & 1 \end{bmatrix} \right\}$ es base de $\text{Im} f$, y tenemos que $[id]_{WV} = \begin{bmatrix} 0 & 0 & 1 \\ 1 & 0 & 0 \\ 0 & 1 & 0 \end{bmatrix}$.

Teorema 9. Sean E y F dos $\mathbb{K}$evdfs, $n = dim_{\mathbb{K}} E$, $m = dim_{\mathbb{K}} F$ B_1 y B_2 dos bases de E, V_1 y V_2 dos bases de F, y $f : E \longrightarrow F$ una aplicación lineal. Entonces $[f]_{B_2 V_2} = [id]_{V_1 V_2} \cdot [f]_{B_1 V_1} \cdot [id]_{B_2 B_1}$.

Demostración. Sea $\mathbf{x} \in E$. Entonces $[f(\mathbf{x})]_{V_2} = [f]_{B_2 V_2} \cdot [\mathbf{x}]_{B_2}$. Por otra parte, $[f(\mathbf{x})]_{V_2} = [id]_{V_1 V_2} \cdot [f(\mathbf{x})]_{V_1} = [id]_{V_1 V_2} \cdot [f]_{B_1 V_1} \cdot [\mathbf{x}]_{B_1} = [id]_{V_1 V_2}[f]_{B_1 V_1}[id]_{B_2 B_1}[\mathbf{x}]_{B_2}$. Se deja como ejercicio demostrar que la validez de las dos últimas igualdades para cualquier $\mathbf{x} \in E$ implica que $[f]_{B_2 V_2} = [id]_{V_1 V_2} \cdot [f]_{B_1 V_1} \cdot [id]_{B_2 B_1}$.

Corolario 10. En las condiciones del teorema anterior se satisfacen también las igualdades $[f]_{B_2 V_1} = [f]_{B_1 V_1} \cdot [id]_{B_2 B_1}$ y $[f]_{B_1 V_2} = [id]_{V_1 V_2} \cdot [f]_{B_1 V_1}$. Además, si E es un $\mathbb{K}$evdf, B_1 y B_2 son dos bases de E y $f : E \longrightarrow E$ es un endomorfismo, se cumple que $[f]_{B_2 B_2} = ([id]_{B_2 B_1})^{-1} \cdot [f]_{B_1 B_1} \cdot [id]_{B_2 B_1} = [id]_{B_1 B_2} \cdot [f]_{B_1 B_1} \cdot ([id]_{B_1 B_2})^{-1}$. En este último caso la matriz $[f]_{B_1 B_1}$ suele denotarse simplemente por $[f]_{B_1}$.

Ejemplo 55. Sean $C_1 = \{\mathbf{e}_1, \mathbf{e}_2\}$, $C_2 = \{\hat{\mathbf{e}}_1, \hat{\mathbf{e}}_2, \hat{\mathbf{e}}_3\}$ las bases canónicas de los $\mathbb{C}$evdfs $\mathbb{C}^2$ y $\mathbb{C}^3$, respectivamente, y sea $f : \mathbb{R}^2 \longrightarrow \mathbb{R}^3$ la función tal que si $\mathbf{x} = (x_1, x_2) \in \mathbb{R}^2$, entonces $f(\mathbf{x}) = (x_1, ix_2, x_1 - 2x_2)$. Consideremos también los sistemas de vectores $B_1 = \{\mathbf{e}_1 + i\mathbf{e}_2, \mathbf{e}_1 - \mathbf{e}_2\}$, $B_2 = \{\hat{\mathbf{e}}_1 + \hat{\mathbf{e}}_2 + i\hat{\mathbf{e}}_3, \hat{\mathbf{e}}_2 + i\hat{\mathbf{e}}_3, \hat{\mathbf{e}}_3\}$. Puede comprobarse

que f es una aplicación lineal, $[f]_{C_1 C_2} = \begin{bmatrix} 1 & 0 \\ 0 & i \\ 1 & -2 \end{bmatrix}$ que B_1, B_2 son bases de $\mathbb{C}^2, \mathbb{C}^3$, respectivamente. Además,

$$[id]_{B_1C_1} = \begin{bmatrix} 1 & 1 \\ i & -1 \end{bmatrix} \text{ y } [id]_{B_2C_2} = \begin{bmatrix} 1 & 0 & 0 \\ 1 & 1 & 0 \\ i & i & 1 \end{bmatrix}, \text{ con lo que } [id]_{C_2B_2} = ([id]_{B_2C_2})^{-1} = \begin{bmatrix} 1 & 0 & 0 \\ -1 & 1 & 0 \\ 0 & -i & 1 \end{bmatrix}.$$

Así pues, también tendremos que $[f]_{B_1B_2} = [id]_{C_2B_2} \cdot [f]_{C_1C_2} \cdot [id]_{B_1C_1} = \begin{bmatrix} 1 & 0 & 0 \\ -1 & 1 & 0 \\ 0 & -i & 1 \end{bmatrix} \cdot \begin{bmatrix} 1 & 0 \\ 0 & i \\ 1 & -2 \end{bmatrix} \cdot$

$\begin{bmatrix} 1 & 1 \\ i & -1 \end{bmatrix} = \begin{bmatrix} 1 & 1 \\ -2 & -1-i \\ 1-i & 2 \end{bmatrix}$. En estas condiciones, si, por ejemplo, $(\mathbf{x})_{B_1} = (1,i)$, entonces $[f(\mathbf{x})]_{B_2} =$

$\begin{bmatrix} 1 & 1 \\ -2 & -1-i \\ 1-i & 2 \end{bmatrix} \cdot \begin{bmatrix} 1 \\ i \end{bmatrix} = \begin{bmatrix} 1+i \\ -1-i \\ 1+i \end{bmatrix}$, de manera que, en particular, $f(\mathbf{x}) = (1+i)(\hat{\mathbf{e}}_1 + \hat{\mathbf{e}}_2 + i\hat{\mathbf{e}}_3) -$

$(1+i)(\hat{\mathbf{e}}_2 + i\hat{\mathbf{e}}_3) + (1+i)\hat{\mathbf{e}}_3 = (1+i)\hat{\mathbf{e}}_1 + (1+i)\hat{\mathbf{e}}_3$, es decir, $(f(\mathbf{x}))_{C_2} = (1+i,0,i+1)$. Esto concuerda con el hecho de que $\mathbf{x} = (\mathbf{e}_1 + i\mathbf{e}_2) + i(\mathbf{e}_1 - \mathbf{e}_2) = (1+i)\mathbf{e}_1$, con lo que $(\mathbf{x})_{C_1} = (1+i,0)$ y $[f(\mathbf{x})]_{C_2} =$

$\begin{bmatrix} 1 & 0 \\ 0 & i \\ 1 & -2 \end{bmatrix} \cdot \begin{bmatrix} 1+i \\ 0 \end{bmatrix} = \begin{bmatrix} 1+i \\ 0 \\ 1+i \end{bmatrix}$.

Ejemplo 56. En el contexto del ejemplo 53, consideremos el endomorfismo $f : E \longrightarrow E$ tal que $[f]_{BB} = [f]_B =$

$\begin{bmatrix} 0 & 0 & 1 \\ 1 & 1 & -1 \\ 0 & 1 & 0 \end{bmatrix}$. Entonces tenemos que $[f]_V = [id]_{BV} \cdot [f]_B \cdot ([id]_{BV})^{-1} = \begin{bmatrix} 1 & 1 & 1 \\ 1 & -1 & 1 \\ 1 & -1 & 2 \end{bmatrix} \cdot \begin{bmatrix} 0 & 0 & 1 \\ 1 & 1 & -1 \\ 0 & 1 & 0 \end{bmatrix} \cdot$

$\begin{bmatrix} \frac{1}{2} & \frac{3}{2} & -1 \\ \frac{1}{2} & -\frac{1}{2} & 0 \\ 0 & -1 & 1 \end{bmatrix} = \begin{bmatrix} \frac{3}{2} & \frac{1}{2} & -1 \\ -\frac{1}{2} & -\frac{7}{2} & 3 \\ 0 & -4 & 3 \end{bmatrix}$.

1.7. Determinantes

Definición 28. Llamamos permutación de orden n a cualquier función $\sigma : \{1, \ldots, n\} \longrightarrow \{1, \ldots, n\}$ que sea biyectiva. Utilizaremos la notación $\sigma = \{\sigma(1) \ldots \sigma(n)\}$ para representar a la permutación σ. El conjunto de todas las permutaciones de orden n se denota por P_n. Nótese que cada permutación de orden n puede entenderse como una forma de reordenar los n elementos del conjunto $\{1, \ldots, n\}$ y que P_n contiene $n!$ elementos.

Ejemplo 57. La función $\sigma : \{1,2,3,4\} \longrightarrow \{1,2,3,4\}$ tal que $\sigma(1) = 2, \sigma(2) = 1, \sigma(3) = 4, \sigma(4) = 3$ es una permutación de orden 4, es decir, un elemento de P_4 que representamos por $\sigma = \{2\ 1\ 4\ 3\}$. Sin embargo, la función $\rho : \{1,2,3,4\} \longrightarrow \{1,2,3,4\}$ tal que $\rho(1) = 2, \rho(2) = 2, \rho(3) = 4, \rho(4) = 3$ no es una permutación porque no es biyectiva. Nótese, por ejemplo, que $1 \neq 2$, pero $\rho(1) = \rho(2)$, con lo que ρ no es inyectiva, y que no existe ningún elemento del conjunto $\{1,2,3,4\}$ tal que su imagen por ρ sea 1, de manera que ρ tampoco es exhaustiva.

Definición 29. Si $\sigma \in P_n$, $j > i$ y $\sigma(j) < \sigma(i)$, se dice que σ presenta una inversión en las posiciones i, j. Llamamos índice de σ, $I(\sigma)$, al número de inversiones que presenta la permutación σ, y decimos que el número $\epsilon(\sigma) = (-1)^{I(\sigma)}$ es la paridad de σ. Si $\epsilon(\sigma) = 1$ (σ presenta una cantidad par de inversiones), decimos que σ es una permutación par, mientras que si $\epsilon(\sigma) = -1$ (σ presenta una cantidad impar de inversiones), decimos que σ es una permutación impar.

Ejemplo 58. La permutación de orden 4 $\sigma = \{2\ 1\ 4\ 3\} \in P_4$, es par. Tenemos que $1 < 2$, pero $\sigma(1) = 2 > 1 = \sigma(2)$, y que $3 < 4$, pero $\sigma(3) = 4 > 3 = \sigma(4)$. Como σ no presenta más inversiones, tenemos $I(\sigma) = 2$ y $\epsilon(\sigma) = 1$.

Definición 30. Sea $A \in M_{\mathbb{K}}(n \times n)$ una matriz cuadrada. Entonces se define el determinante de A como el escalar $det_n A = \sum_{\sigma \in P_n} \epsilon(\sigma) a_{1\sigma(1)} a_{2\sigma(2)} \ldots a_{n\sigma(n)} \in \mathbb{K}$. Es habitual utilizar la notación $|A| = det_n A$.

Ejemplo 59. Sea $A = \begin{bmatrix} a_{11} & a_{12} \\ a_{21} & a_{22} \end{bmatrix} \in M_\mathbb{K}(2 \times 2)$. Observemos que el conjunto P_2 sólo tiene 2 elementos, $P_2 = \{\sigma_1, \sigma_2\}$, tales que $\sigma_1 = \{1\ 2\}$ y $\sigma_2 = \{2\ 1\}$. Es fácil ver que $\epsilon(\sigma_1) = 1$ y $\epsilon(\sigma_2) = -1$, con lo que $det_2 A = |A| = \begin{vmatrix} a_{11} & a_{12} \\ a_{21} & a_{22} \end{vmatrix} = \sum_{\sigma \in P_2} \epsilon(\sigma) a_{1\sigma(1)} a_{2\sigma(2)} = \epsilon(\sigma_1) a_{1\sigma_1(1)} a_{2\sigma_1(2)} + \epsilon(\sigma_2) a_{1\sigma_2(1)} a_{2\sigma_2(2)} = a_{11}a_{22} - a_{12}a_{21}$.

Por ejemplo, $\begin{vmatrix} 1 & -2 \\ 3 & 4 \end{vmatrix} = 1 \cdot 4 - (-2) \cdot 3 = 10$ y $\begin{vmatrix} i & i \\ -3 & 1+i \end{vmatrix} = i \cdot (1+i) - i \cdot (-3) = 4i - 1$.

Ejemplo 60. Sea $A = \begin{bmatrix} a_{11} & a_{12} & a_{13} \\ a_{21} & a_{22} & a_{23} \\ a_{31} & a_{32} & a_{33} \end{bmatrix} \in M_\mathbb{K}(3 \times 3)$. En este caso resulta que el conjunto P_3 tiene 6 elementos, $P_6 = \{\sigma_1, \sigma_2, \sigma_3, \sigma_4, \sigma_5, \sigma_6\}$, tales que $\sigma_1 = \{1\ 2\ 3\}$, $\sigma_2 = \{2\ 3\ 1\}$, $\sigma_3 = \{3\ 1\ 2\}$, $\sigma_4 = \{3\ 2\ 1\}$, $\sigma_5 = \{1\ 3\ 2\}$, $\sigma_6 = \{2\ 1\ 3\}$. Puede comprobarse que $\epsilon(\sigma_1) = \epsilon(\sigma_2) = \epsilon(\sigma_3) = 1$ y $\epsilon(\sigma_4) = \epsilon(\sigma_5) = \epsilon(\sigma_6) = -1$, con lo que $det_3 A = |A| = \begin{vmatrix} a_{11} & a_{12} & a_{13} \\ a_{21} & a_{22} & a_{23} \\ a_{31} & a_{32} & a_{33} \end{vmatrix} = \sum_{\sigma \in P_3} \epsilon(\sigma) a_{1\sigma(1)} a_{2\sigma(2)} a_{3\sigma(3)} = a_{11}a_{22}a_{33} + a_{12}a_{23}a_{31} + a_{13}a_{21}a_{32} - a_{13}a_{22}a_{31} - a_{11}a_{23}a_{32} - a_{12}a_{21}a_{33}$. Esta fórmula para el cálculo del determinante de una matriz 3×3 se conoce como regla de Sarrus. Por ejemplo, $\begin{vmatrix} 1 & 1 & 2 \\ 0 & 1 & -i \\ i & 1 & 0 \end{vmatrix} = 1 \cdot 1 \cdot 0 + 1 \cdot (-i) \cdot i + 2 \cdot 0 \cdot 1 - 2 \cdot 1 \cdot i - 1 \cdot 0 \cdot 0 - 1 \cdot (-i) \cdot 1 = 1 - i$.

Definición 31. Sea $A \in M_\mathbb{K}(n \times n)$. Se dice que A es triangular superior si $a_{ij} = 0$ cuando $i > j$, y que es triangular inferior si $a_{ij} = 0$ cuando $j > i$. Se dice que una matriz es triangular cuando es triangular superior o triangular inferior.

Ejemplo 61. La matriz $A = \begin{bmatrix} 1 & 2 & 3 \\ 0 & 0 & 0 \\ 0 & 0 & -2 \end{bmatrix}$ es triangular superior. La matriz A^T es triangular inferior.

Proposición 27. Sea $A \in M_\mathbb{K}(n \times n)$ una matriz cuadrada. Entonces se verifican las siguientes propiedades:

1. Si uno de los vectores fila de A es nulo, entonces $|A| = 0$.

2. Si para un cierto $i \in \{1, \ldots, n\}$ se cumple que $(a_{i1}, \ldots, a_{in}) = \lambda(b_1, \ldots, b_n) + (c_1, \ldots, c_n)$, $\lambda, b_j, c_j \in \mathbb{K}$, y llamamos B, C a las matrices que se obtienen sustituyendo el i-ésimo vector fila de A por los vectores $(b_1, \ldots, b_n), (c_1, \ldots, c_n)$, respectivamente, entonces $|A| = \lambda|B| + |C|$. Esta propiedad se conoce como la multilinealidad del determinante.

3. Si dos vectores fila de la matriz A son iguales, entonces $|A| = 0$. Esta propiedad se conoce como la alternancia del determinante.

4. Si A es triangular, entonces $|A| = a_{11}a_{22} \ldots, a_{nn}$.

5. Si e es una oef del tipo I, $e = f_i \leftrightarrow f_j$, entonces $|e(A)| = -|A|$.

6. Si e es una oef del tipo II, $e = \lambda f_i, \lambda \in \mathbb{K}, \lambda \neq 0$, entonces $|e(A)| = \lambda|A|$.

7. Si e es una oef del tipo III, $e = f_i + \lambda f_j$, $\lambda \in \mathbb{K}$, entonces $|e(A)| = |A|$.

8. Si $\lambda \in \mathbb{K}$, entonces $|\lambda \cdot A| = \lambda^n |A|$.

9. $rgA = n \iff |A| \neq 0$

10. $|A| = |A^T|$

11. Si $A = B \cdot C$, $B, C \in M_{\mathbb{K}}(n \times n)$, entonces $|A| = |B||C|$.

12. Si A es inversible, entonces $|A^{-1}| = \dfrac{1}{|A|}$.

Demostración. La primera propiedad se demuestra con sólo tener en cuenta que cada sumando de $|A|$ contiene como factor un elemento de cada fila de $|A|$. La segunda propiedad es también consecuencia directa de la definición de determinante, puesto que

$$|A| = \sum_{\sigma \in P_n} \epsilon(\sigma) a_{1\sigma(1)} \cdots a_{(i-1)\sigma(i-1)} a_{i\sigma(i)} a_{(i+1)\sigma(i+1)} \cdots a_{n\sigma(n)} =$$

$$= \sum_{\sigma \in P_n} \epsilon(\sigma) a_{1\sigma(1)} \cdots a_{(i-1)\sigma(i-1)} (\lambda b_{\sigma(i)} + c_{\sigma(i)}) a_{(i+1)\sigma(i+1)} \cdots a_{n\sigma(n)} =$$

$$= \lambda \sum_{\sigma \in P_n} \epsilon(\sigma) a_{1\sigma(1)} \cdots a_{(i-1)\sigma(i-1)} b_{\sigma(i)} a_{(i+1)\sigma(i+1)} \cdots a_{n\sigma(n)} +$$

$$+ \sum_{\sigma \in P_n} \epsilon(\sigma) a_{1\sigma(1)} \cdots a_{(i-1)\sigma(i-1)} c_{\sigma(i)} a_{(i+1)\sigma(i+1)} \cdots a_{n\sigma(n)} = \lambda|B| + |C|.$$

Las propiedades sexta y octava se deducen directamente de la primera y la segunda. La cuarta propiedad se basa en que la única permutación de orden n tal que, o bien $\forall i \in \{1, \ldots, n\}$, $\sigma(i) \geq i$, o bien $\forall i \in \{1, \ldots, n\}$, $\sigma(i) \leq i$, es la permutación identidad, es decir, $\sigma = \{1 \ldots n\}$. La tercera propiedad se deduce directamente de la quinta, y la séptima de la segunda y la tercera (comprobarlo se deja como ejercicio). Para demostrar la novena propiedad, observemos que si $rgA = n$, entonces, como A es cuadrada, $merf(A) = I_n$. Como la merf de A puede obtenerse aplicando oefs a la matriz A, basta tener en cuenta las propiedades quinta, sexta y séptima y que $|I_n| = 1$ (cuarta propiedad) para deducir que $|A| \neq 0$. Recíprocamente, si $rgA \neq n$, entonces $merf(A)$ tiene alguna fila nula, con lo que en virtud de la primera propiedad será $|merf(A)| = 0$, y $|A| = 0$, puesto que $merf(A) \sim A$. La duodécima propiedad se obtiene teniendo en cuenta que, al ser A inversible y $A \cdot A^{-1} = I_n$, entonces por la propiedad undécima es $|A||A^{-1}| = |I_n| = 1$. Como A es inversible, entonces $rgA = n$ (teorema 3), con lo que $|A| \neq 0$ (novena propiedad) y podemos escribir $|A^{-1}| = \dfrac{1}{|A|}$. En cuanto a las propiedades quinta, décima y undécima, su demostración requeriría la introducción de conceptos que exceden el propósito de este libro.

Ejemplo 62. Sea $A = \begin{bmatrix} 3 & 2 \\ 1 & -1 \end{bmatrix}$. Como ilustracción de la segunda propiedad, veamos por ejemplo que

$$-5 = \begin{vmatrix} 3 & 2 \\ 1 & -1 \end{vmatrix} = \begin{vmatrix} 2 \cdot 1 + 1 & 2 \cdot \frac{1}{2} + 1 \\ 1 & -1 \end{vmatrix} = 2 \begin{vmatrix} 1 & \frac{1}{2} \\ 1 & -1 \end{vmatrix} + \begin{vmatrix} 1 & 1 \\ 1 & -1 \end{vmatrix} = 2 \cdot \left(-\frac{3}{2}\right) + (-2) = -5.$$

Como $|A| \neq 0$, entonces A es inversible (novena propiedad) y $|A^{-1}| = \begin{vmatrix} \frac{1}{5} & \frac{2}{5} \\ \frac{1}{5} & -\frac{3}{5} \end{vmatrix} = -\dfrac{3}{25} - \dfrac{2}{25} = -\dfrac{1}{5} = \dfrac{1}{|A|}$, como establece la duodécima propiedad. Por otra parte, de acuerdo con la propiedad diez, $-5 = |A| = |A^T| = \begin{vmatrix} 3 & 1 \\ 2 & -1 \end{vmatrix} = -5$, y, puesto que $\begin{bmatrix} 5 & 1 \\ 0 & 2 \end{bmatrix} = \begin{bmatrix} 3 & 2 \\ 1 & -1 \end{bmatrix} \cdot \begin{bmatrix} 1 & 1 \\ 1 & -1 \end{bmatrix}$, se cumple, en virtud de la propiedad once, que $10 = \begin{vmatrix} 5 & 1 \\ 0 & 2 \end{vmatrix} = \begin{vmatrix} 3 & 2 \\ 1 & -1 \end{vmatrix} \cdot \begin{vmatrix} 1 & 1 \\ 1 & -1 \end{vmatrix} = (-5) \cdot (-2) = 10$. Consideremos ahora la matriz $B = \begin{bmatrix} 2 & 1 & 1 \\ 1 & -1 & 1 \\ 1 & 0 & -1 \end{bmatrix}$. Se puede comprobar que $|B| = 5$. Ahora bien, si definimos las oefs $e_1 = f_1 \leftrightarrow f_2$, $e_2 = f_2 - 2f_1$, $e_3 = f_3 - f_1$, $e_4 = 3f_3$, $e_5 = f_3 - f_2$, entonces $e_5(e_4(e_3(e_2(e_1(B))))) = \begin{bmatrix} 1 & -1 & 1 \\ 0 & 3 & -1 \\ 0 & 0 & -5 \end{bmatrix}$, con lo que, recordando las propiedades cuatro, cinco, seis y siete, tenemos $|e_5(e_4(e_3(e_2(e_1(B)))))| = |e_4(e_3(e_2(e_1(B))))| =$

$3|e_3(e_2(e_1(B)))| = 3|e_2(e_1(B))| = 3|e_1(B)| = -3|B| = \begin{vmatrix} 1 & -1 & 1 \\ 0 & 3 & -1 \\ 0 & 0 & -5 \end{vmatrix} = 1 \cdot 3 \cdot (-5) = -15$ y, despejando,

recuperamos el resultado $|B| = 5$. En la práctica, es usual describir este procedimiento como sigue:

$$\begin{vmatrix} 2 & 1 & 1 \\ 1 & -1 & 1 \\ 1 & 0 & -1 \end{vmatrix} \begin{matrix} f_1 \leftrightarrow f_2 \\ = \end{matrix} - \begin{vmatrix} 1 & -1 & 1 \\ 2 & 1 & 1 \\ 1 & 0 & -1 \end{vmatrix} \begin{matrix} f_2 - 2f_1 \\ = \\ f_3 - f_1 \end{matrix} - \begin{vmatrix} 1 & -1 & 1 \\ 0 & 3 & -1 \\ 0 & 1 & -2 \end{vmatrix} \begin{matrix} 3f_2 \\ = \end{matrix}$$

$$-\frac{1}{3} \begin{vmatrix} 1 & -1 & 1 \\ 0 & 3 & -1 \\ 0 & 3 & -6 \end{vmatrix} \begin{matrix} f_3 - f_2 \\ = \end{matrix} - \frac{1}{3} \begin{vmatrix} 1 & -1 & 1 \\ 0 & 3 & -1 \\ 0 & 0 & -5 \end{vmatrix} = -\frac{1}{3} \cdot 1 \cdot 3 \cdot (-5) = 5.$$

En cuanto a las propiedades primera y tercera, el lector comprobará fácilmente que, por ejemplo, $\begin{vmatrix} 2 & 1 & 1 \\ 0 & 0 & 0 \\ 1 & 0 & -1 \end{vmatrix} =$

0 y que $\begin{vmatrix} 2 & 1 & 1 \\ 1 & 2 & -1 \\ 2 & 1 & 1 \end{vmatrix} = 0.$

Definición 32. Sea $A \in M_{\mathbb{K}}(n \times n)$, $n \geq 2$, una matriz cuadrada. Se define el menor del coeficiente a_{ij}, $\Delta_{ij}A$, como el determinante de la matriz de $n-1$ filas y $n-1$ columnas que resulta de eliminar la fila i-ésima y la columna j-ésima de la matriz A. El cofactor o adjunto del elemento a_{ij} se define como $cof_{ij}A = (-1)^{i+j}\Delta_{ij}A$. La matriz de cofactores o matriz adjunta de A, $cof A \in M_{\mathbb{K}}(n \times n)$, se define como $(cof A)_{ij} = cof_{ij}A$, es decir, $cof A$ es la matriz que se obtiene de A sustituyendo cada uno de sus elementos por su correspondiente adjunto.

Ejemplo 63. Si $A = \begin{bmatrix} 1 & 1 & 2 \\ 0 & 1 & -i \\ i & 1 & 0 \end{bmatrix}$, entonces, en particular, $\Delta_{12}A = \begin{vmatrix} 0 & -i \\ i & 0 \end{vmatrix} = -1, \Delta_{31}A = \begin{vmatrix} 1 & 2 \\ 1 & -i \end{vmatrix} =$

$-2-i$, $cof_{12}A = (-1)^{1+2}\Delta_{12}A = (-1) \cdot (-1) = 1$, $cof_{31}A = (-1)^{3+1}\Delta_{31} = 1 \cdot (-2-i) = -2-i$, y

$$cof A = \begin{bmatrix} cof_{11}A & cof_{12}A & cof_{13}A \\ cof_{21}A & cof_{22}A & cof_{23}A \\ cof_{31}A & cof_{32}A & cof_{33}A \end{bmatrix} =$$

$$= \begin{bmatrix} (-1)^{1+1}\begin{vmatrix} 1 & -i \\ 1 & 0 \end{vmatrix} & (-1)^{1+2}\begin{vmatrix} 0 & -i \\ i & 0 \end{vmatrix} & (-1)^{1+3}\begin{vmatrix} 0 & 1 \\ i & 1 \end{vmatrix} \\ (-1)^{2+1}\begin{vmatrix} 1 & 2 \\ 1 & 0 \end{vmatrix} & (-1)^{2+2}\begin{vmatrix} 1 & 2 \\ i & 0 \end{vmatrix} & (-1)^{2+3}\begin{vmatrix} 1 & 1 \\ i & 1 \end{vmatrix} \\ (-1)^{3+1}\begin{vmatrix} 1 & 2 \\ 1 & -i \end{vmatrix} & (-1)^{3+2}\begin{vmatrix} 1 & 2 \\ 0 & -i \end{vmatrix} & (-1)^{3+3}\begin{vmatrix} 1 & 1 \\ 0 & 1 \end{vmatrix} \end{bmatrix} = \begin{bmatrix} i & 1 & -i \\ 2 & -2i & i-1 \\ -2-i & i & 1 \end{bmatrix}.$$

Proposición 28. Sea $A \in M_{\mathbb{K}}(n \times n)$ una matriz cuadrada. Entonces se verifican las siguientes propiedades:

13. Para cualesquiera $i, j \in \{1, \ldots, n\}$, $|A| = \sum_{k=1}^{n} a_{ik}cof_{ik}A = \sum_{k=1}^{n} a_{kj}cof_{kj}A$. Esta propiedad se conoce como desarrollo de un determinante por los coeficientes de una fila o de una columna.

14. Si A es inversible, entonces $A^{-1} = \dfrac{1}{|A|}(cof A)^T$.

Ejemplo 64. Si $A = \begin{bmatrix} 1 & 1 & 2 \\ 0 & 1 & -i \\ i & 1 & 0 \end{bmatrix}$ sabemos que $|A| = 1-i$ y $cof A = \begin{bmatrix} i & 1 & -i \\ 2 & -2i & i-1 \\ -2-i & i & 1 \end{bmatrix}$ (ejemplos 60

y 63). El desarrollo del determinante por la segunda fila de A da $|A| = a_{21}cof_{21}A + a_{22}cof_{22}A + a_{23}cof_{23}A = 0 \cdot 2 + 1 \cdot (-2i) + (-i) \cdot (i-1) = 1 - i$, mientras que el desarrollo por la tercera columna de A da $|A| = a_{13}cof_{13}A + a_{23}cof_{23}A + a_{33}cof_{33}A = 2 \cdot (-i) + (-i) \cdot (i-1) + 0 \cdot 1 = 1 - i$. Puede comprobarse que el desarrollo del determinante por el resto de filas y columnas produce el mismo resultado, así como que

$$A^{-1} = \frac{1}{1-i} \begin{bmatrix} i & 1 & -i \\ 2 & -2i & i-1 \\ -2-i & i & 1 \end{bmatrix}^T = \frac{1}{2} \begin{bmatrix} i-1 & 2+2i & -1-3i \\ 1+i & 2-2i & i-1 \\ 1-i & -2 & 1+i \end{bmatrix}.$$

La combinación de las propiedades cuarta a la séptima con la trece proporciona, en particular, un método eficiente para el cálculo del determinante de una matriz cuadrada con más de tres filas (ver los problemas resueltos al final de este capítulo).

1.8. Valores propios y vectores propios. Diagonalización

Definición 33. Sean E un $\mathbb{K}$ev, $f : E \longrightarrow E$ un endomorfismo y $\lambda \in \mathbb{K}$ un escalar. Si existe algún elemento $\mathbf{x} \in E$, $\mathbf{x} \neq \mathbf{0}$, tal que $f(\mathbf{x}) = \lambda\mathbf{x}$, se dice que λ es un valor propio (vap) de f. Si $\lambda \in \mathbb{K}$ es un vap de f, se denomina vector propio (vep) de f asociado al vap λ a cada uno de los vectores $\mathbf{x} \in E$ tales que $f(\mathbf{x}) = \lambda\mathbf{x}$. El conjunto de todos los veps asociados a un vap λ se denomina subespacio propio asociado a λ y se denota por V_λ^f.

Ejemplo 65. Recordemos el endomorfismo $f : E \longrightarrow E$ del ejemplo 56 tal que $[f]_B = \begin{bmatrix} 0 & 0 & 1 \\ 1 & 1 & -1 \\ 0 & 1 & 0 \end{bmatrix}$, donde

$B = \{\mathbf{v}_1, \mathbf{v}_2, \mathbf{v}_3\}$ es una base de un $\mathbb{R}$evdf E, $dim_{\mathbb{R}}E = 3$. Entonces $\lambda = 1$ es un vap de f, ya que si consideramos,

por ejemplo, el vector $\mathbf{x} = \mathbf{v}_1 + \mathbf{v}_2 + \mathbf{v}_3 \neq \mathbf{0}$, entonces $(\mathbf{x})_B = (1,1,1)$ y $[f(\mathbf{x})]_B = \begin{bmatrix} 0 & 0 & 1 \\ 1 & 1 & -1 \\ 0 & 1 & 0 \end{bmatrix} \cdot \begin{bmatrix} 1 \\ 1 \\ 1 \end{bmatrix} = $

$\begin{bmatrix} 1 \\ 1 \\ 1 \end{bmatrix}$, con lo que $f(\mathbf{x}) = \mathbf{v}_1 + \mathbf{v}_2 + \mathbf{v}_3 = \lambda\mathbf{x}$.

Proposición 29. En las condiciones de la definición anterior, si λ es un vap asociado a f, entonces V_λ^f es un subespacio vectorial de E.

Demostración. Basta observar que $V_\lambda^f = Ker\{f - \lambda id\}$ (recuérdese la proposición 24).

Definición 34. Sean E un $\mathbb{K}$evdf, $f : E \longrightarrow E$ un endomorfismo y $\lambda \in \mathbb{K}$ un vap de f. En este caso V_λ^f es un $\mathbb{K}$evdf. Se denomina multiplicidad geométrica del vap λ, m_λ, a la dimensión de su correspondiente subespacio propio, es decir, $m_\lambda = dim_{\mathbb{K}}V_\lambda^f$.

Ejemplo 66. Volviendo al endomorfismo f del ejemplo 12, como $\lambda = 1$ es un vep de f, tenemos que

$$V_1^f = \{\mathbf{x} \in E \mid f(\mathbf{x}) = \mathbf{x}\} = \{\mathbf{x} \in E \mid (f - id)(\mathbf{x}) = \mathbf{0}_E\} = \text{Ker}\{f - id\} = $$

$$= \left\{\mathbf{x} \in E \mid (\mathbf{x})_B = (x_1, x_2, x_3) \text{ y } \begin{bmatrix} -1 & 0 & 1 \\ 1 & 0 & -1 \\ 0 & 1 & -1 \end{bmatrix} \cdot \begin{bmatrix} x_1 \\ x_2 \\ x_3 \end{bmatrix} = \begin{bmatrix} 0 \\ 0 \\ 0 \end{bmatrix}\right\}.$$

Por tanto, podemos hallar unas ecuaciones paramétricas de V_1^f en la base B haciendo

$$\begin{bmatrix} -1 & 0 & 1 \\ 1 & 0 & -1 \\ 0 & 1 & -1 \end{bmatrix} \begin{matrix} f_1 + f_2 \\ \sim \end{matrix} \begin{bmatrix} 0 & 0 & 0 \\ 1 & 0 & -1 \\ 0 & 1 & -1 \end{bmatrix},$$

de manera que $V_1^f = \{\mathbf{x} \in E \mid \exists \mu \in \mathbb{R} \text{ tal que } (\mathbf{x})_B = \mu(1,1,1)\} = \langle \mathbf{v}_1 + \mathbf{v}_2 + \mathbf{v}_3 \rangle_\mathbb{R}$ y $m_1 = 1$.

Definición 35. Sean E un $\mathbb{K}$evdf, $n = dim_\mathbb{K} E$, B una base de E y $f : E \longrightarrow E$ un endomorfismo. Podemos considerar la función $p_f : \mathbb{C} \longrightarrow \mathbb{C}$ tal que $\forall \mathbf{x} \in \mathbb{C}$, $p_f(x) = |[f]_B - x \cdot I_n|$. Por la forma como se define el determinante de una matriz, la función p_f será un polinomio de grado a lo sumo n. Denominamos polinomio característico de f a p_f.

Proposición 30. En las condiciones de la proposición anterior, el polinomio característico de un endomorfismo no depende de la base escogida para calcular la matriz asociada, siempre que se tome la misma base en el espacio de salida y en el de llegada.

Demostración. Sea B, V dos bases de E. Si utilizamos la notación $P = [id]_{VB}$, tenemos que $[f]_V = P^{-1} \cdot [f]_B \cdot P$ (corolario 12). Entonces, recordando las propiedades de los determinantes enunciadas en la sección anterior, se tiene que $|[f]_V - x \cdot I_n| = |P^{-1} \cdot [f]_B \cdot P - x \cdot P^{-1} \cdot I_n \cdot P| = |P^{-1} \cdot ([f]_B - x \cdot I_n) \cdot P| = |P^{-1}||[f]_B - x \cdot I_n||P| = |[f]_B - x \cdot I_n|$.

Ejemplo 67. Consideremos una vez más el endomorfismo f del ejemplo 12. Como $[f]_B = \begin{bmatrix} 0 & 0 & 1 \\ 1 & 1 & -1 \\ 0 & 1 & 0 \end{bmatrix}$, entonces $\forall x \in \mathbb{C}$ el polinomio característico de f vale

$$p_f(x) = \left| \begin{bmatrix} 0 & 0 & 1 \\ 1 & 1 & -1 \\ 0 & 1 & 0 \end{bmatrix} - x \begin{bmatrix} 1 & 0 & 0 \\ 0 & 1 & 0 \\ 0 & 0 & 1 \end{bmatrix} \right| = \begin{vmatrix} -x & 0 & 1 \\ 1 & 1-x & -1 \\ 0 & 1 & -x \end{vmatrix} = -x^3 + x^2 - x + 1.$$

Se vio en el ejemplo 56 que, si V es la base de E presentada en el ejemplo 53, entonces $[f]_V = \begin{bmatrix} \frac{3}{2} & \frac{1}{2} & -1 \\ -\frac{1}{2} & -\frac{7}{2} & 3 \\ 0 & -4 & 3 \end{bmatrix}$.

El lector podrá comprobar que $\begin{vmatrix} \frac{3}{2}-x & \frac{1}{2} & -1 \\ -\frac{1}{2} & -\frac{7}{2}-x & 3 \\ 0 & -4 & 3-x \end{vmatrix} = -x^3 + x^2 - x + 1$.

Proposición 31. Sean E un $\mathbb{K}$evdf y $f : E \longrightarrow E$ un endomorfismo. Entonces los vaps de f son las raíces de su polinomio característico que pertenezcan a $\mathbb{K}$.

Demostración. Puesto que, por definición, si $\lambda \in \mathbb{K}$ es vap, entonces tiene asociado algún vep no nulo, deberá ser $V_\lambda^f = \text{Ker}\{f - \lambda id\} \neq \{\mathbf{0}_E\}$. Ahora bien, si B es una base cualquiera de E, la anterior desigualdad implica que el sistema de ecuaciones homogéneo cuya matriz de coeficientes es $[f - \lambda id]_B = [f]_B - \lambda[id]_B = [f]_B - \lambda I_n$ no puede ser compatible determinado, luego su rango no puede ser máximo, con lo que, como se ha visto en la sección anterior, $|[f]_B - \lambda I_n| = 0$, es decir, λ es una raíz del polinomio característico de f.

Definición 36. Se llama multiplicidad algebraica del vap λ, ν_λ, al número de veces que λ se repite como raíz del polinomio característico de un endomorfismo.

Ejemplo 68. Si B es una base del $\mathbb{R}$evdf E y $f : E \longrightarrow E$ es el endomorfismo tal que $[f]_B = \begin{bmatrix} 0 & 0 & 1 \\ 1 & 1 & -1 \\ 0 & 1 & 0 \end{bmatrix}$, entonces $\lambda = 1$ es su único vap. Además, $\nu_1 = 1$. Para comprobarlo es suficiente observar que $-x^3 + x^2 - x + 1 =$

$-(x-1)(x-i)(x+i)$ y recordar el ejemplo anterior. Sin embargo, si B es una base del $\mathbb{C}$evdf E y $f : E \longrightarrow E$ es el endomorfismo tal que $[f]_B = \begin{bmatrix} 0 & 0 & 1 \\ 1 & 1 & -1 \\ 0 & 1 & 0 \end{bmatrix}$, entonces $\lambda_1 = 1, \lambda_2 = i, \lambda_3 = -i$ son los tres vaps de f, y $\nu_1 = \nu_i = \nu_{-i} = 1$.

Definición 37. Sean E un $\mathbb{K}$evdf, $n = dim_{\mathbb{K}}E$, B una base de E, $f : E \longrightarrow E$ un endomorfismo y $A = [f]_B$. Se dice que f diagonaliza en la base B si la matriz A es diagonal, es decir, si $a_{ij} = 0$ cuando $i \neq j$.

Proposición 32. Un endomorfismo $f : E \longrightarrow E$, donde E es un $\mathbb{K}$evdf y $n = dim_{\mathbb{K}}E$, diagonaliza si y sólo si es posible construir una base de E formada por veps.

Demostración. Teniendo en cuenta como se definen los veps, tenemos que si $B = \{\mathbf{v}_1, \ldots, \mathbf{v}_n\}$ es una base de E formada por veps, entonces $\forall i \in \{1, \ldots, n\}$ se tiene que $\exists \alpha_i \in \mathbb{K}$ tal que $f(\mathbf{v}_i) = \alpha_i \mathbf{v}_i$ (los α_j podrían tomar valores repetidos). Entonces $(f(\mathbf{v}_1))_B = (\alpha_1, 0, \ldots, 0), (f(\mathbf{v}_2))_B = (0, \alpha_2, 0, \ldots, 0), \ldots, (f(\mathbf{v}_n))_B = (0, \ldots, 0, \alpha_n)$, con lo que $[f]_B$ es diagonal. Recíprocamente, si existe una base $V = \{\mathbf{w}_1, \ldots, \mathbf{w}_n\}$ de E tal que $[f]_V = A$ es diagonal, entonces $\forall i \in \{1, \ldots, n\}, (f(\mathbf{w}_i))_V = (0, \ldots, 0, a_{ii}, 0, \ldots, 0), a_{ii} \in \mathbb{K}$, de manera que $f(\mathbf{w}_i) = a_{ii}\mathbf{w}_i$ y la base V está formada por veps.

Proposición 33. Un endomorfismo diagonaliza en alguna base si y sólo si todos sus vaps pertenecen a $\mathbb{K}$ y todas sus multiplicidades geométricas coinciden con las correspondientes multiplicidades algebraicas.

Ejemplo 69. Si $f : E \longrightarrow E$ es un endormorfismo definido en un $\mathbb{R}$evdf E, B es una base de E y $[f]_B = \begin{bmatrix} 0 & 0 & 1 \\ 1 & 1 & -1 \\ 0 & 1 & 0 \end{bmatrix}$, entonces f no diagonaliza en ninguna base porque $\lambda = 1$ es su único vap y $m_1 = dim_{\mathbb{R}}V_1^f = 1$, con lo que es imposible construir una base de E formada exclusivamente por vectores propios. Sin embargo, si E es un $\mathbb{C}$evdf , $B = \{\mathbf{v}_1, \mathbf{v}_2, \mathbf{v}_3\}$ es una base de E y $f : E \longrightarrow E$ es el endomorfismo tal que $[f]_B = \begin{bmatrix} 0 & 0 & 1 \\ 1 & 1 & -1 \\ 0 & 1 & 0 \end{bmatrix}$, entonces f diagonaliza. Para comprobarlo, recordemos que en este caso $\lambda_1 = 1, \lambda_2 = i, \lambda_3 = -i$ son los tres vaps de f y $\nu_1 = \nu_i = \nu_{-i} = 1$. Sabemos que $V_1^f = \langle \mathbf{v}_1 + \mathbf{v}_2 + \mathbf{v}_3 \rangle_{\mathbb{C}}$, como se vio en el ejemplo 66, con lo que $m_1 = 1 = \nu_1$. Procediendo como en ese ejemplo, tendremos que

$$V_i^f = \left\{ \mathbf{x} \in E \mid (\mathbf{x})_B = (x_1, x_2, x_3) \ \text{y} \ \begin{bmatrix} -i & 0 & 1 \\ 1 & 1-i & -1 \\ 0 & 1 & -i \end{bmatrix} \cdot \begin{bmatrix} x_1 \\ x_2 \\ x_3 \end{bmatrix} = \begin{bmatrix} 0 \\ 0 \\ 0 \end{bmatrix} \right\},$$

con lo que, haciendo

$$\begin{bmatrix} -i & 0 & 1 \\ 1 & 1-i & -1 \\ 0 & 1 & -i \end{bmatrix} \overset{f_1 + if_2}{\sim} \begin{bmatrix} 0 & 1+i & 1-i \\ 1 & 1-i & -1 \\ 0 & 1 & -i \end{bmatrix} \overset{f_1 - (1+i)f_3}{\underset{f_2 - (1-i)f_3}{\sim}} \begin{bmatrix} 0 & 0 & 0 \\ 1 & 0 & i \\ 0 & 1 & -i \end{bmatrix},$$

obtenemos $V_i^f = \{\mathbf{x} \in E \mid \exists \mu \in \mathbb{C} \ \text{tal que} \ (\mathbf{x})_B = \mu(-i, i, 1)\} = \langle -i\mathbf{v}_1 + i\mathbf{v}_2 + \mathbf{v}_3 \rangle_{\mathbb{C}}$ y $m_i = 1 = \nu_i$. Análogamente,

$$V_{-i}^f = \left\{ \mathbf{x} \in E \mid (\mathbf{x})_B = (x_1, x_2, x_3) \ \text{y} \ \begin{bmatrix} i & 0 & 1 \\ 1 & 1+i & -1 \\ 0 & 1 & i \end{bmatrix} \cdot \begin{bmatrix} x_1 \\ x_2 \\ x_3 \end{bmatrix} = \begin{bmatrix} 0 \\ 0 \\ 0 \end{bmatrix} \right\},$$

de manera que

$$\begin{bmatrix} i & 0 & 1 \\ 1 & 1+i & -1 \\ 0 & 1 & i \end{bmatrix} \overset{f_1 - if_2}{\sim} \begin{bmatrix} 0 & 1-i & 1+i \\ 1 & 1+i & -1 \\ 0 & 1 & i \end{bmatrix} \overset{f_1 - (1-i)f_3}{\underset{f_2 - (1+i)f_3}{\sim}} \begin{bmatrix} 0 & 0 & 0 \\ 1 & 0 & -i \\ 0 & 1 & i \end{bmatrix},$$

$V_{-i}^{f} = \{\mathbf{x} \in E \mid \exists \mu \in \mathbb{C} \text{ tal que } (\mathbf{x})_B = \mu(i, -i, 1)\} = \langle i\mathbf{v_1} - i\mathbf{v_2} + \mathbf{v_3} \rangle_{\mathbb{C}}$ y $m_{-i} = 1 = \nu_{-i}$. Como todos los vaps de f están en $\mathbb{C}$ y la multiplicidad geométrica de cada uno de ellos coincide con su multiplicidad algebraica, entonces las proposiciones 32 y 33 garantizan que existe una base V de E formada por veps de f donde $[f]_V$ es diagonal. Para construir dicha base, consideremos por ejemplo los vectores $\mathbf{w_1} = \mathbf{v_1} + \mathbf{v_2} + \mathbf{v_3} \in V_1^{f}, \mathbf{w_2} = -i\mathbf{v_1} + i\mathbf{v_2} + \mathbf{v_3} \in V_i^{f}, \mathbf{w_3} = i\mathbf{v_1} - i\mathbf{v_2} + \mathbf{v_3} \in V_{-i}^{f}$. Es sencillo ver que el sistema $V = \{\mathbf{w_1}, \mathbf{w_2}, \mathbf{w_3}\}$ es libre, con lo que V es una base de E formada por veps. Ahora, teniendo en cuenta que $[id]_{VB} = \begin{bmatrix} 1 & -i & i \\ 1 & i & -i \\ 1 & 1 & 1 \end{bmatrix}$

y que $[id]_{BV} = ([id]_{BV})^{-1} = \dfrac{1}{4} \begin{bmatrix} 2 & 2 & 0 \\ -1+i & -1-i & 2 \\ -1-i & -1+i & 2 \end{bmatrix}$, obtenemos que $[f]_V = ([id]_{BV})^{-1}[f]_B[id]_{BV} = $

$\begin{bmatrix} 1 & 0 & 0 \\ 0 & i & 0 \\ 0 & 0 & -i \end{bmatrix}$, o sea que f diagonaliza en la base V. Nótese que los elementos de la diagonal de f son los vaps de f y aparecen en el mismo orden que se ha asignado a los veps. Por ejemplo, $W = \{\mathbf{w_3}, \mathbf{w_1}, \mathbf{w_2}\}$ es también una base de E formada por veps, y puede comprobarse que $[f]_W = \begin{bmatrix} -i & 0 & 0 \\ 0 & 1 & 0 \\ 0 & 0 & i \end{bmatrix}$.

Definición 38. Sea $A \in M_{\mathbb{K}}(n \times n)$ una matriz cuadrada. Se dice que A es simétrica si $A = A^T$.

Ejemplo 70. La matriz $\begin{bmatrix} i & 1 & 0 & -1 \\ 1 & 1 & 1+i & 2 \\ 0 & 1+i & i & 0 \\ -1 & 2 & 0 & 0 \end{bmatrix}$ es simétrica.

Teorema 10. Teorema espectral para endomorfismos reales (forma débil): Sea E un $\mathbb{R}$evdf y $f : E \longrightarrow E$ un endomorfirmo tal que existe alguna base B de E tal que $[f]_B$ es una matriz simétrica. Entonces f diagonaliza en alguna base.

Corolario 11. Todas las raíces del polinomio característico de un endomorfismo que cumpla las condiciones del teorema anterior son reales.

Corolario 12. Si $A \in M_{\mathbb{R}}(n \times n)$ es simétrica, entonces $\exists P \in M_{\mathbb{R}}(n \times n)$, P inversible, tal que $B = P^{-1}AP$ es una matriz diagonal.

Ejemplo 71. Sean E_1, E_2 dos $\mathbb{R}$evdfs, $dim_{\mathbb{R}} E_1 = 3, dim_{\mathbb{R}} E_2 = 4$, B, V dos bases de E_1, W una base de E_2, y $f, g : E_1 \longrightarrow E_1, h : E_2 \longrightarrow E_2$ los endomorfismos tales que $[f]_B = \begin{bmatrix} 0 & 1 & 0 \\ 1 & 1 & -1 \\ 0 & -1 & 0 \end{bmatrix}, [g]_V = \begin{bmatrix} 1 & 0 & 1 \\ 0 & 1 & 1 \\ 1 & 1 & 0 \end{bmatrix}$

y $[h]_W = \begin{bmatrix} 0 & 1 & 0 & 0 \\ 1 & 1 & -1 & -1 \\ 0 & -1 & 0 & 0 \\ 0 & -1 & 0 & 0 \end{bmatrix}$. Entonces, $\forall x \in \mathbb{C}, p_f(x) = -x^3 + x^2 + 2x = -x(x-1)(x+2), g_f(x) = $

$-x^3 + 2x^2 + x - 2 = -(x+1)(x-1)(x-2)$ y $p_h(x) = x^4 - x^3 - 3x^2 = x^2 \left(x - \left(\frac{1+\sqrt{13}}{2}\right)\right)\left(x - \left(\frac{1-\sqrt{13}}{2}\right)\right)$ (el último polinomio puede calcularse, por ejemplo, desarrollando el determinante por los coeficientes de la primera columna). Puede observarse que todas las raíces de esos polinomios son reales. Además, sabemos que existen dos bases $\widehat{B}, \widehat{V}$ de E_1 y una base $\widehat{W}$ de E_2 tales que $[f]_{\widehat{B}} = \begin{bmatrix} 0 & 0 & 0 \\ 0 & 1 & 0 \\ 0 & 0 & -2 \end{bmatrix}, [g]_{\widehat{V}} = \begin{bmatrix} -1 & 0 & 0 \\ 0 & 1 & 0 \\ 0 & 0 & 2 \end{bmatrix}$ y $[h]_{\widehat{W}} = $

$$\begin{bmatrix} 0 & 0 & 0 & 0 \\ 0 & 0 & 0 & 0 \\ 0 & 0 & \frac{1+\sqrt{13}}{2} & 0 \\ 0 & 0 & 0 & \frac{1-\sqrt{13}}{2} \end{bmatrix}. \text{ Calculemos, por ejemplo, una posible base } \widehat{W}:$$

$$V_0^h = \left\{ \mathbf{x} \in E_2 \mid (\mathbf{x})_W = (x_1, x_2, x_3, x_4) \text{ y } \begin{bmatrix} 0 & 1 & 0 & 0 \\ 1 & 1 & -1 & -1 \\ 0 & -1 & 0 & 0 \\ 0 & -1 & 0 & 0 \end{bmatrix} \cdot \begin{bmatrix} x_1 \\ x_2 \\ x_3 \\ x_4 \end{bmatrix} = \begin{bmatrix} 0 \\ 0 \\ 0 \\ 0 \end{bmatrix} \right\},$$

con lo que, haciendo

$$\begin{bmatrix} 0 & 1 & 0 & 0 \\ 1 & 1 & -1 & -1 \\ 0 & -1 & 0 & 0 \\ 0 & -1 & 0 & 0 \end{bmatrix} \begin{matrix} f_2 - f_1 \\ f_3 + f_1 \\ \sim \\ f_4 + f_1 \end{matrix} \begin{bmatrix} 0 & 1 & 0 & 0 \\ 1 & 0 & -1 & -1 \\ 0 & 0 & 0 & 0 \\ 0 & 0 & 0 & 0 \end{bmatrix},$$

se obtiene que $V_0^h = \{ \mathbf{x} \in E_2 \mid \exists \lambda, \mu \in \mathbb{R} \text{ tal que } (\mathbf{x})_W = \lambda(1,0,1,0) + \mu(1,0,0,1) \}$, y los vectores $\mathbf{v}_1, \mathbf{v}_2$ tales que $(\mathbf{v}_1)_W = (1,0,1,0), (\mathbf{v}_2)_W = (1,0,0,1)$ forman una base de V_0^h. Por otra parte, se puede comprobar que

$$\begin{bmatrix} -\frac{1+\sqrt{13}}{2} & 1 & 0 & 0 \\ 1 & \frac{1-\sqrt{13}}{2} & -1 & -1 \\ 0 & -1 & -\frac{1+\sqrt{13}}{2} & 0 \\ 0 & -1 & 0 & -\frac{1+\sqrt{13}}{2} \end{bmatrix} \sim \begin{bmatrix} 1 & 0 & 0 & 1 \\ 0 & 1 & 0 & \frac{1+\sqrt{13}}{2} \\ 0 & 0 & 1 & -1 \\ 0 & 0 & 0 & 0 \end{bmatrix},$$

o sea que, en particular, el vector $\mathbf{v}_3$ tal que $(\mathbf{v}_3)_W = (2, 1+\sqrt{13}, -2, -2)$ es base de $V_{\frac{1+\sqrt{13}}{2}}^h$. Finalmente, también es cierto que

$$\begin{bmatrix} \frac{\sqrt{13}-1}{2} & 1 & 0 & 0 \\ 1 & \frac{1+\sqrt{13}}{2} & -1 & -1 \\ 0 & -1 & \frac{\sqrt{13}-1}{2} & 0 \\ 0 & -1 & 0 & \frac{\sqrt{13}-1}{2} \end{bmatrix} \sim \begin{bmatrix} 1 & 0 & 0 & 1 \\ 0 & 1 & 0 & \frac{1-\sqrt{13}}{2} \\ 0 & 0 & 1 & -1 \\ 0 & 0 & 0 & 0 \end{bmatrix},$$

con lo que, en particular, el vector $\mathbf{v}_4$ tal que $(\mathbf{v}_4)_W = (2, 1-\sqrt{13}, -2, -2)$ es base de $V_{\frac{1-\sqrt{13}}{2}}^h$. Puede comprobarse que el sistema $\widehat{W} = \{\mathbf{v}_1, \mathbf{v}_2, \mathbf{v}_3, \mathbf{v}_4\}$ es libre, de manera que $\widehat{W}$ es una base de E_2 tal que $[id]_{\widehat{W}W} =$

$$\begin{bmatrix} 1 & 1 & 2 & 2 \\ 0 & 0 & 1+\sqrt{13} & 1-\sqrt{13} \\ 1 & 0 & -2 & -2 \\ 0 & 1 & -2 & -2 \end{bmatrix} \text{ y } [h]_{\widehat{W}} = ([id]_{\widehat{W}W})^{-1}[h]_W[id]_{\widehat{W}W} = \begin{bmatrix} 0 & 0 & 0 & 0 \\ 0 & 0 & 0 & 0 \\ 0 & 0 & \frac{1+\sqrt{13}}{2} & 0 \\ 0 & 0 & 0 & \frac{1-\sqrt{13}}{2} \end{bmatrix}. \text{ Realizar}$$

manualmente algunos de los cálculos de este ejemplo puede resultar tedioso, por lo que se recomienda hacer uso de algún manipulador algebraico para comprobarlos (ver la colección de problemas resueltos a continuación).

1.9.   Problemas resueltos

PR 1.1. Calcular el determinante de la matriz

$$A = \begin{bmatrix} 1 & 1 & 2 & 1 \\ 2 & 1 & 2 & 1 \\ 1 & 2 & 1 & 2 \\ 2 & 2 & 1 & 1 \end{bmatrix},$$

decidir si A es inversible y, en caso afirmativo, calcular su inversa.

Resolución

Para el cálculo del determinante, podemos hacer

$$
\begin{vmatrix} 1 & 1 & 2 & 1 \\ 2 & 1 & 2 & 1 \\ 1 & 2 & 1 & 2 \\ 2 & 2 & 1 & 1 \end{vmatrix}
\begin{matrix} f_2 - 2f_1 \\ f_3 - f_1 \\ = \\ f_4 - 2f_1 \end{matrix}
\begin{vmatrix} 1 & 1 & 2 & 1 \\ 0 & -1 & -2 & -1 \\ 0 & 1 & -1 & 1 \\ 0 & 0 & -3 & -1 \end{vmatrix},
$$

y a continuación realizar el desarrollo del último determinante por los coeficientes de la primera columna, obteniendo $|A| = 1 \cdot (-1)^{1+1} \begin{vmatrix} -1 & -2 & -1 \\ 1 & -1 & 1 \\ 0 & -3 & -1 \end{vmatrix} + 0 \cdot (-1)^{1+2} \begin{vmatrix} 1 & 2 & 1 \\ 1 & -1 & 1 \\ 0 & -3 & -1 \end{vmatrix} + \ldots = (-1) \cdot (-1) \cdot (-1) + (-2) \cdot 1 \cdot 0 + \ldots =$

$-3 \neq 0$, de manera que A es inversible. Para calcular A^{-1}, podemos utilizar, por ejemplo, el método de Gauss. El lector podrá comprobar que si realizamos las oefs $e_1 = f_2 - 2f_1, e_2 = f_3 - f_1, e_3 = f_4 - 2f_1, e_4 = f_2 \leftrightarrow f_3, e_5 = f_1 - f_2, e_6 = f_3 + f_2, e_7 = -f_3/3, e_8 = f_1 - 3f_3, e_9 = f_2 + f_3, e_{10} = f_4 + 3f_3, e_{11} = f_2 + f_4, e_{12} = -f_4$ sobre la matriz ampliada

$$
\begin{bmatrix}
1 & 1 & 2 & 1 & 1 & 0 & 0 & 0 \\
2 & 1 & 2 & 1 & 0 & 1 & 0 & 0 \\
1 & 2 & 1 & 2 & 0 & 0 & 1 & 0 \\
2 & 2 & 1 & 1 & 0 & 0 & 0 & 1
\end{bmatrix},
$$

ésta se transforma en

$$
\begin{bmatrix}
1 & 0 & 0 & 0 & -1 & 1 & 0 & 0 \\
0 & 1 & 0 & 0 & 1 & -\frac{4}{3} & -\frac{1}{3} & 1 \\
0 & 0 & 1 & 0 & 1 & -\frac{1}{3} & -\frac{1}{3} & 0 \\
0 & 0 & 0 & 1 & -1 & 1 & 1 & -1
\end{bmatrix},
$$

lo que implica que $A^{-1} = \begin{bmatrix} -1 & 1 & 0 & 0 \\ 1 & -\frac{4}{3} & -\frac{1}{3} & 1 \\ 1 & -\frac{1}{3} & -\frac{1}{3} & 0 \\ -1 & 1 & 1 & -1 \end{bmatrix}$. También es posible calcular la inversa a través de la matriz

de cofactores. Tenemos que $cof_{11} A = (-1)^{1+1} \begin{vmatrix} 1 & 2 & 1 \\ 2 & 1 & 2 \\ 2 & 1 & 1 \end{vmatrix} = 3, cof_{12} A = (-1)^{1+2} \begin{vmatrix} 2 & 2 & 1 \\ 1 & 1 & 2 \\ 2 & 1 & 1 \end{vmatrix} = -3, \ldots,$ y

finalmente que $cof A = \begin{bmatrix} 3 & -3 & 0 & 0 \\ -3 & 4 & 1 & -3 \\ -3 & 1 & 1 & 0 \\ 3 & -3 & -3 & 3 \end{bmatrix}$. Trasponiendo esta última matriz y dividiéndola por $|A| = -3$,

se obtiene A^{-1}.

```
>   # Comencemos activando el "package" de álgebra lineal e introduciendo
    # la matriz A:
>   with(LinearAlgebra):A:=< <1,2,1,2>|<1,1,2,2>|<2,2,1,1>|<1,1,2,1> >:
>   # La forma más directa de resolver este problema con Maple es
    # utilizando los comandos Determinant e MatrixInverse, que calculan,
    # respectivamente, el determinante y la inversa de una matriz.
>   Determinant(A);
```

$$-3$$

```
>   # Ahora ya sabemos que A es inversible y podemos hacer
>   MatrixInverse(A);
```

$$\begin{bmatrix} -1 & 1 & 0 & 0 \\ 1 & \frac{-4}{3} & \frac{-1}{3} & 1 \\ 1 & \frac{-1}{3} & \frac{-1}{3} & 0 \\ -1 & 1 & 1 & -1 \end{bmatrix}$$

```
>   # El comando Adjoint calcula la matriz de cofactores o matriz
    # adjunta de una matriz:
>   Adjoint(A);
```

$$\begin{bmatrix} 3 & -3 & 0 & 0 \\ -3 & 4 & 1 & -3 \\ -3 & 1 & 1 & 0 \\ 3 & -3 & -3 & 3 \end{bmatrix}$$

```
>   # Si sólo nos interesa, por ejemplo, el cofactor del elemento
    # de A situado en la segunda fila, tercera columna, podemos hacer:
>   Adjoint(A)[2,3];
```

$$1$$

```
>   # El comando Transpose calcula la matriz traspuesta de otra,
    # de manera que, en particular, el siguiente comando también da como
    # resultado la inversa de A
>   Transpose(Adjoint(A))/Determinant(A):
>   # Si deseamos calcular la inversa de A realizando oefs
    # con Maple, debe recordarse que el comando RowOperation(M,[i,j]) intercambia
    # las filas i y j de la matriz M, el comando RowOperation(M,i,a) multiplica
    # la fila i de M por el escalar a, y el comando RowOperation(M,[i,j],a) suma
    # a la fila i la fila j multiplicada por el escalar a. A continuación se
    # introduce la matriz ampliada B y se realizan las primeras oefs para
    # calcular la inversa de A por el método de Gauss:
>   B:=< <1,2,1,2>|<1,1,2,2>|<2,2,1,1>|<1,1,2,1>|<1,0,0,0>|<0,1,0,0>|
    <0,0,1,0>|<0,0,0,1> >;
```

$$B := \begin{bmatrix} 1 & 1 & 2 & 1 & 1 & 0 & 0 & 0 \\ 2 & 1 & 2 & 1 & 0 & 1 & 0 & 0 \\ 1 & 2 & 1 & 2 & 0 & 0 & 1 & 0 \\ 2 & 2 & 1 & 1 & 0 & 0 & 0 & 1 \end{bmatrix}$$

```
>   C:=RowOperation(B,[2,1],-2);
```

$$C := \begin{bmatrix} 1 & 1 & 2 & 1 & 1 & 0 & 0 & 0 \\ 0 & -1 & -2 & -1 & -2 & 1 & 0 & 0 \\ 1 & 2 & 1 & 2 & 0 & 0 & 1 & 0 \\ 2 & 2 & 1 & 1 & 0 & 0 & 0 & 1 \end{bmatrix}$$

```
>   RowOperation(C,[3,1],-1);
```

$$\begin{bmatrix} 1 & 1 & 2 & 1 & 1 & 0 & 0 & 0 \\ 0 & -1 & -2 & -1 & -2 & 1 & 0 & 0 \\ 0 & 1 & -1 & 1 & -1 & 0 & 1 & 0 \\ 2 & 2 & 1 & 1 & 0 & 0 & 0 & 1 \end{bmatrix}$$

```
>   # Finalmente, el comando ReducedRowEchelonForm calcula la merf de una matriz.
    # Por ejemplo,
>   ReducedRowEchelonForm(B);
```

$$\begin{bmatrix} 1 & 0 & 0 & 0 & -1 & 1 & 0 & 0 \\ 0 & 1 & 0 & 0 & 1 & \frac{-4}{3} & \frac{-1}{3} & 1 \\ 0 & 0 & 1 & 0 & 1 & \frac{-1}{3} & \frac{-1}{3} & 0 \\ 0 & 0 & 0 & 1 & -1 & 1 & 1 & -1 \end{bmatrix}$$

PR 1.2. Obtener, utilizando Maple como auxiliar en los cálculos, bases de los sevs $F \subset \mathbb{R}_3[x], G \subset M_\mathbb{C}(2 \times 2)$ presentados en el ejemplo 26.

Resolución

Recordemos que

$$F = \left\{ p \in \mathbb{R}_3[x] \mid p(0) = 2p(1), p'(1) = 0, \int_0^1 p = 0 \right\}.$$

Sea C la base canónica de $\mathbb{R}_3[x]$ y consideremos un polinomio $p \in \mathbb{R}_3[x]$. Entonces existen $a_0, a_1, a_2, a_3 \in \mathbb{R}$ tales que $\forall x \in \mathbb{R}$ $p(x) = a_0 + a_1 x + a_2 x^2 + a_3 x^3$. Por tanto, $p'(x) = a_1 + 2a_2 x + 3a_3 x^2$ y $\int p = a_0 x + \frac{a_1}{2} x^2 + \frac{a_2}{3} x^3 + \frac{a_3}{4} x^4$, con lo que las condiciones $p(0) = 2p(1)$, $p'(1) = 0$ y $\int_0^1 p = 0$ son equivalentes a las condiciones $a_0 = 2(a_0 + a_1 + a_2 + a_3)$, $a_1 + 2a_2 + 3a_3 = 0$ y $a_0 + \frac{a_1}{2} + \frac{a_2}{3} + \frac{a_3}{4} = 0$, respectivamente. Así pues, tenemos que

$$F = \left\{ p \in \mathbb{R}_3[x] \mid (p)_C = (a_0, a_1, a_2, a_3) \text{ y } \begin{array}{rcl} a_0 + 2(a_1 + a_2 + a_3) &=& 0 \\ a_1 + 2a_2 + 3a_3 &=& 0 \\ 12a_0 + 6a_1 + 4a_2 + 3a_3 &=& 0 \end{array} \right\}.$$

```
>   # Para resolver el sistema podemos hacer:
>   with(LinearAlgebra):A:=< <1|2|2|2>,<0|1|2|3>,<12|6|4|3> >:
>   ReducedRowEchelonForm(A);
```

$$\begin{bmatrix} 1 & 0 & 0 & \frac{1}{8} \\ 0 & 1 & 0 & -\frac{9}{8} \\ 0 & 0 & 1 & \frac{33}{16} \end{bmatrix}$$

Por tanto, tenemos que $F = \langle -2 + 18x - 33x^2 + 16x^3 \rangle_\mathbb{R}$.

Por otra parte,

$$G = \{ A \in M_\mathbb{C}(2 \times 2) \mid A = iA^T \}.$$

Si llamamos B a la base canónica de $M_\mathbb{C}(2 \times 2)$ y $A = \begin{bmatrix} a_{11} & a_{12} \\ a_{21} & a_{22} \end{bmatrix} \in M_\mathbb{C}(2 \times 2)$, entonces $A \in G$ si y sólo si $\begin{bmatrix} a_{11} & a_{12} \\ a_{21} & a_{22} \end{bmatrix} = i \begin{bmatrix} a_{11} & a_{21} \\ a_{12} & a_{22} \end{bmatrix}$, o, equivalentemente, $(1-i)a_{11} = 0, a_{12} - ia_{21} = 0, ia_{12} - a_{21} = 0, (1-i)a_{22} = 0$. La primera y última ecuaciones indican que $a_{11} = a_{22} = 0$.

```
>   # Recordando que para Maple la unidad imaginaria es I, el
>   # sistema formado por las otras dos ecuaciones se resuelve
>   # haciendo, por ejemplo,
>   with(LinearAlgebra):A:=< <1|-I>,<I|-1> >:
```

```
>   ReducedRowEchelonForm(A);
```

$$\begin{bmatrix} 1 & 0 \\ 0 & 1 \end{bmatrix}$$

Finalmente, resulta que $G = \left\langle \begin{bmatrix} 0 & 0 \\ 0 & 0 \end{bmatrix} \right\rangle_{\mathbb{C}}$.

PR 1.3. Sean C_1, C_2, C_3 tres bases de los $\mathbb{R}$evdfs E_1, E_2, E_3, respectivamente, $dim_{\mathbb{R}} E_1 = 4, dim_{\mathbb{R}} E_2 = 3, dim_{\mathbb{R}} E_3 = 5$. Consideremos las aplicaciones lineales $f : E_1 \longrightarrow E_2$ y $g : E_2 \longrightarrow E_3$ tales que

$$[f]_{C_1 C_2} = \begin{bmatrix} 2 & -7 & 3 & 2 \\ -2 & 0 & 2 & 8 \\ 3 & 0 & 1 & -2 \end{bmatrix}, [g]_{C_2 C_3} = \begin{bmatrix} 1 & 2 & 3 \\ 2 & 3 & 2 \\ 3 & 1 & 1 \\ -1 & 2 & 3 \\ -2 & -3 & 1 \end{bmatrix}.$$

Sean también B_1, B_3 dos bases de E_1, E_3, respectivamente, tales que

$$[id]_{B_1 C_1} = \begin{bmatrix} 1 & 1 & 1 & 1 \\ 1 & 0 & 1 & -1 \\ -1 & 1 & -1 & 1 \\ -1 & 1 & 1 & -1 \end{bmatrix}, [id]_{B_3 C_3} = \begin{bmatrix} 1 & 2 & 3 & -1 & -2 \\ 0 & 1 & 2 & 3 & 4 \\ 2 & 3 & 2 & 2 & -3 \\ 3 & 1 & 1 & 3 & 1 \\ 1 & 2 & 3 & 4 & 0 \end{bmatrix}.$$

Calcular, utilizando Maple, $[g \circ f]_{C_1 C_3}$, $[g \circ f]_{B_1 B_3}$, una base de $\mathrm{Ker}(g \circ f)$ y una base de $\mathrm{Im}(g \circ f)$.

Resolución
Sabemos que $[g \circ f]_{C_1 C_3} = [g]_{C_2 C_3} \cdot [f]_{C_1 C_2}$ y que $[g \circ f]_{B_1 B_3} = [id]_{C_3 B_3} \cdot [g \circ f]_{C_1 C_3} \cdot [id]_{B_1 C_1} = ([id]_{B_3 C_3})^{-1} \cdot [g \circ f]_{C_1 C_3} \cdot [id]_{B_1 C_1}$.

```
>   # Es necesario recordar que en Maple la operación
    # producto de matrices debe realizarse utilizando el comando ., mientras que
    # el símbolo * se reserva para el producto de un escalar por una matriz.
>   with(LinearAlgebra):fmat:=< <2|-7|3|2>,<-2|0|2|8>,<3|0|1|-2> >:
>   gmat:=< <1|2|3>,<2|3|2>,<3|1|1>,<-1|2|3>,<-2|-3|1> >:
>   id1mat:=< <1|1|1|1>,<1|0|1|-1>,<-1|1|-1|1>,<-1|1|1|-1> >:
>   id3mat:=< <1|2|3|-1|-2>,<0|1|2|3|4>,<2|3|2|2|-3>,<3|1|1|3|1>,<1|2|3|4|0> >:
>   gfmat:=gmat.fmat;
```

$$gfmat := \begin{bmatrix} 7 & -7 & 10 & 12 \\ 4 & -14 & 14 & 24 \\ 7 & -21 & 12 & 12 \\ 3 & 7 & 4 & 8 \\ 5 & 14 & -11 & -30 \end{bmatrix}$$

```
>   MatrixInverse(id3mat).gfmat.id1mat;
```

$$
\begin{bmatrix}
\dfrac{-315}{104} & \dfrac{1519}{208} & \dfrac{757}{104} & \dfrac{-85}{13} \\[2mm]
\dfrac{-4743}{52} & \dfrac{6523}{104} & \dfrac{-743}{52} & \dfrac{252}{13} \\[2mm]
\dfrac{4429}{104} & \dfrac{-5337}{208} & \dfrac{797}{104} & \dfrac{-83}{13} \\[2mm]
\dfrac{765}{26} & \dfrac{-1193}{52} & \dfrac{-11}{26} & \dfrac{-10}{13} \\[2mm]
\dfrac{-1693}{52} & \dfrac{2585}{104} & \dfrac{3}{52} & \dfrac{12}{13}
\end{bmatrix}
$$

```
>   # Para el cálculo del núcleo y la imagen podemos hacer:
>   ReducedRowEchelonForm(gfmat);
```

$$
\begin{bmatrix}
1 & 0 & 0 & \frac{-3}{2} \\[1mm]
0 & 1 & 0 & \frac{5}{14} \\[1mm]
0 & 0 & 1 & \frac{5}{2} \\[1mm]
0 & 0 & 0 & 0 \\[1mm]
0 & 0 & 0 & 0
\end{bmatrix}
$$

```
>   ReducedRowEchelonForm(Transpose(gfmat));
```

$$
\begin{bmatrix}
1 & 0 & 0 & \frac{7}{6} & \frac{7}{4} \\[1mm]
0 & 1 & 0 & \frac{1}{6} & \frac{-9}{4} \\[1mm]
0 & 0 & 1 & \frac{-5}{6} & \frac{1}{4} \\[1mm]
0 & 0 & 0 & 0 & 0
\end{bmatrix}
$$

Por tanto, tenemos que $\text{Ker}(g \circ f) = \langle \mathbf{v} \rangle_{\mathbb{R}}$ y que $\text{Im}(g \circ f) = \langle \mathbf{w}_1, \mathbf{w}_2, \mathbf{w}_3 \rangle_{\mathbb{R}}$, donde $(\mathbf{v})_{C_1} = (21, -5, -35, 14)$, $(\mathbf{w}_1)_{C_3} = (24, 0, 0, 28, 42)$, $(\mathbf{w}_2)_{C_3} = (0, 24, 0, 7, -54)$ y $(\mathbf{w}_3)_{C_3} = (0, 0, 24, -20, 6)$. Por supuesto, $dim_{\mathbb{R}}\text{Ker}f + dim_{\mathbb{R}}\text{Im}f = 1 + 3 = 4 = dim_{\mathbb{R}}E_1$.

PR 1.4. Comprobar con Maple los cálculos realizados sobre el endomorfismo h en el ejemplo 71.

Resolución

```
>   # Introduzcamos la matriz asociada a h en la base W:
>   with(LinearAlgebra):A:=< <0|1|0|0>,<1|1|-1|-1>,<0|-1|0|0>,<0|-1|0|0> >:
>   # La forma más sencilla de calcular los vaps y veps de h con
    # Maple es mediante los comandos Eigenvalues, que calcula los vaps de
    # la matriz asociada a un endomorfismo, y Eigenvectors, que calcula
    # una base del subespacio propio asociado a cada uno de los veps:
>   Eigenvalues(A);
```

$$
\begin{bmatrix}
0 \\
0 \\
\frac{1}{2} + \frac{1}{2}\sqrt{13} \\
\frac{1}{2} - \frac{1}{2}\sqrt{13}
\end{bmatrix}
$$

```
>   Eigenvectors(A);
```

$$\begin{bmatrix} 0 \\ 0 \\ \frac{1}{2} + \frac{1}{2}\sqrt{13} \\ \frac{1}{2} - \frac{1}{2}\sqrt{13} \end{bmatrix}, \begin{bmatrix} 1 & 1 & -\dfrac{3}{(-\frac{1}{2}+\frac{1}{2}\sqrt{13})(\frac{1}{2}+\frac{1}{2}\sqrt{13})} & -\dfrac{3}{(-\frac{1}{2}-\frac{1}{2}\sqrt{13})(\frac{1}{2}-\frac{1}{2}\sqrt{13})} \\ 0 & 0 & -\dfrac{3}{-\frac{1}{2}+\frac{1}{2}\sqrt{13}} & -\dfrac{3}{-\frac{1}{2}-\frac{1}{2}\sqrt{13}} \\ 0 & 1 & 1 & 1 \\ 1 & 0 & 1 & 1 \end{bmatrix}$$

```
> # El comando Eigenvalues nos proporciona una matriz de una
  # columna con la lista de vaps, cada uno de ellos repetido tantas veces
  # como indica su multiplicidad algebraica, y el comando Eigenvectors nos
  # da también la lista de vaps, esta vez repitiendo cada vap según su
  # multiplicidad geométrica, además de una matriz que contiene las
  # coordenadas de vectores que forman una base de cada subespacio propio
  # (nótese que dichas coordenadas no están expresadas de forma simplificada).
  # El comando CharacteristicPolynomial calcula el polinomio característico
  # de una matriz:
> CharacteristicPolynomial(A,x);
```

$$-x^3 + x^4 - 3x^2$$

```
> # Puesto que para Maple la matriz identidad de orden
  # n viene representada por IdentityMatrix(n), también podemos
  # calcular el polinomio característico de h mediante el comando
> Determinant(A-x*IdentityMatrix(4));
```

$$-x^3 + x^4 - 3x^2$$

```
> # El comando solve calcula las soluciones de una
  # ecuación, con lo que los vaps pueden obtenerse haciendo
> solve(-x^3+x^4-3x^2=0,x);
```

$$0, 0, \frac{1}{2} + \frac{1}{2}\sqrt{13}, \frac{1}{2} - \frac{1}{2}\sqrt{13}$$

```
> # Una forma de obtener les ecuaciones paramétricas
  # de, por ejemplo, el subespacio propio asociado al vap
  # (1+sqrt(13))/2, consiste en calcular la matriz
> ReducedRowEchelonForm(A-(1/2+1/2*sqrt(13))*IdentityMatrix(4));
```

$$\begin{bmatrix} 1 & 0 & 0 & 1 \\ 0 & 1 & 0 & \frac{1}{2} + \frac{1}{2}\sqrt{13} \\ 0 & 0 & 1 & -1 \\ 0 & 0 & 0 & 0 \end{bmatrix}$$

```
> # Según todo lo anterior, si definimos la matriz de
  # cambio de base
> B:=< <1|1|2|2>,<0|0|1+sqrt(13)|
  1-sqrt(13)>,<1|0|-2|-2>,<0|1|-2|-2> >:
> # en la que sólo hemos multiplicado por -2 los veps
  # proporcionados por Maple para los vaps no nulos y hemos simplificado sus
  # expresiones, podemos confirmar que
> simplify(MatrixInverse(B).A.B);
```

$$\begin{bmatrix} 0 & 0 & 0 & 0 \\ 0 & 0 & 0 & 0 \\ 0 & 0 & \frac{7+\sqrt{13}}{1+\sqrt{13}} & 0 \\ 0 & 0 & 0 & \frac{1-\sqrt{13}}{2} \end{bmatrix}$$

```
>   # El comando simplify es conveniente para que Maple
    # simplifique razonablemente las operaciones con fracciones (puede
    # comprobarse que (7+sqrt(13))/(1+sqrt(13))=(1+sqrt(13))/2)).
```

1.10. Problemas propuestos

PP 1.1. Sea $A = \begin{bmatrix} 0 & i & 1 \\ i & 1 & 1 \\ 2 & 1 & i \end{bmatrix}$. Comprobar que A es inversible y obtener su inversa de dos formas distintas.

Solución: $A^{-1} = \dfrac{1}{10} \begin{bmatrix} 3+i & -2-4i & 3+i \\ -3-6i & 2+4i & 2-i \\ 4+3i & 4-2i & -1-2i \end{bmatrix}$

PP 1.2. Si $\lambda \in \mathbb{R}$, considérese el siguiente sistema de 3 ecuaciones lineales con las incógnitas x, y, z :

$$(\lambda-1)x + (\lambda-2)y - 3z = 2(\lambda-1)$$
$$2(1-\lambda)x + (\lambda-2)y + z = 3(\lambda-1)$$
$$(\lambda-1)x + 2(\lambda-2)y + z = 1-\lambda$$

Averiguar para qué valores de λ el sistema es compatible y hallar todas sus soluciones cuando lo sea.

Solución: El sistema es compatible si $\lambda \neq 2$. Cuando $\lambda = 1$, el sistema es compatible indeterminado y sus soluciones son $x = 0, y = \mu, z = 0, \mu \in \mathbb{R}$, mientras que si $\lambda \neq 1, \lambda \neq 2$, entonces el sistema es compatible determinado y su solución es $x = 0, y = 1, z = \dfrac{\lambda-1}{\lambda-2}$.

PP 1.3. Calcular el determinante de la matriz $A = \begin{bmatrix} 2 & 1 & 2 & 1 & 2 \\ 2 & 2 & 1 & 1 & 2 \\ 1 & 2 & 2 & 2 & 1 \\ 1 & 1 & 1 & 1 & 1 \\ 2 & 1 & 2 & 1 & 1 \end{bmatrix}$.

Solución: $|A| = -1$.

PP 1.4. Consideremos el $\mathbb{R}$ev $M_\mathbb{R}(3 \times 3)$ y el conjunto $F = \{A \in M_\mathbb{R}(3 \times 3) \mid A^T = -A\}$. Si $A \in F$, se dice que A es una matriz antisimétrica.

(a) Demostrar que F es un sev de $M_\mathbb{R}(3 \times 3)$.

(b) Encontrar una base B de F y calcular $dim_\mathbb{R}F$.

Solución: $B = \left\{ \begin{bmatrix} 0 & -1 & 0 \\ 1 & 0 & 0 \\ 0 & 0 & 0 \end{bmatrix}, \begin{bmatrix} 0 & 0 & -1 \\ 0 & 0 & 0 \\ 1 & 0 & 0 \end{bmatrix}, \begin{bmatrix} 0 & 0 & 0 \\ 0 & 0 & -1 \\ 0 & 1 & 0 \end{bmatrix} \right\}$ y $dim_\mathbb{R}F = 3$.

PP 1.5. Consideremos la función $f : \mathbb{R}_2[x] \longrightarrow M_\mathbb{R}(2\times 3)$ tal que $\forall p \in \mathbb{R}_2[x]\ f(p) = \begin{bmatrix} p(1) & 0 & p(-1) \\ 0 & \int_{-1}^1 p & 0 \end{bmatrix}$.

(a) Demostrar que f es una aplicación lineal.

(b) Comprobar que $\text{Ker}f = \{\mathbf{0}_{\mathbb{R}_2[x]}\}$ y obtener una base de $\text{Im}f$.

(c) Si $B = \{1, 1+x, 1-x-x^2\}$, demostrar que B es base de $\mathbb{R}_2[x]$ y encontrar $[f]_{BC}$, donde C representa la base canónica de $M_\mathbb{R}(2 \times 3)$.

Solución: $\operatorname{Im} f = \left\langle \begin{bmatrix} 1 & 0 & 0 \\ 0 & 0 & 0 \end{bmatrix}, \begin{bmatrix} 0 & 0 & 1 \\ 0 & 0 & 0 \end{bmatrix}, \begin{bmatrix} 0 & 0 & 0 \\ 0 & 1 & 0 \end{bmatrix} \right\rangle_{\mathbb{R}}$, $[f]_{BC} = \begin{bmatrix} 1 & 2 & -1 \\ 0 & 0 & 0 \\ 1 & 0 & 1 \\ 0 & 0 & 0 \\ 2 & 2 & \frac{4}{3} \\ 0 & 0 & 0 \end{bmatrix}$.

PP 1.6. Si $A = \begin{bmatrix} 1 & 2 & 1 \\ 1 & 1 & 1 \\ 0 & 1 & 0 \end{bmatrix}$, demostrar que existe una matriz inversible $P \in M_{\mathbb{R}}(3 \times 3)$ tal que $P^{-1}AP = \begin{bmatrix} 0 & 0 & 0 \\ 0 & 1+\sqrt{3} & 0 \\ 0 & 0 & 1-\sqrt{3} \end{bmatrix}$ y hallar una de las posibles matrices P que satisfacen esa propiedad.

Solución: $P = \begin{bmatrix} 1 & 2+\sqrt{3} & 2-\sqrt{3} \\ 0 & 1+\sqrt{3} & 1-\sqrt{3} \\ -1 & 1 & 1 \end{bmatrix}$.

PP 1.7. Demostrar que el producto de dos matrices triangulares superiores es una matriz triangular superior, y que la inversa de una matriz triangular superior es una matriz triangular superior.

PP 1.8. Sea A una matriz inversible y $B = \dfrac{1}{|A|}(cof A)^T$. Utilizar la propiedad trece de los determinantes para demostrar que $\forall i \in \{1, \ldots, n\}$ $[A \cdot B]_{ii} = [B \cdot A]_{ii} = 1$. Comparar este resultado con la propiedad catorce.

2 Funciones vectoriales de varias variables reales

En la primera parte de este primer capítulo (Secciones 2.1 y 2.2) se presentan las nociones básicas que permiten definir el concepto de límite. Estos conceptos son los de producto escalar, norma y distancia. El límite de una función vectorial en un punto es un concepto fundamental, al igual que en el caso de funciones reales de variable real, ya que nos permitirá definir las derivadas direccionales y la diferenciabilidad. Se presenta asimismo un método práctico para determinar límites de funciones. La continuidad de funciones vectoriales de varias variables también se define a partir de un límite.

En la segunda parte (Secciones 2.3 a 2.6) se definen las derivadas direccionales –que en la dirección de los ejes dan lugar a las derivadas parciales– y el concepto de diferenciabilidad, con algunas diferencias destacables con respecto a las funciones reales de variable real. Finalmente, se presenta el polinomio de Taylor para funciones de varias variables reales, que permitirá obtener aproximaciones locales polinómicas de funciones alrededor de un punto.

2.1. Introducción y primeras definiciones: funciones vectoriales y funciones escalares

2.1.1. Funciones escalares de varias variables reales

Considérese un sistema masa-resorte. La energía total del sistema viene dada por la expresión

$$E_1 = \frac{1}{2}mv^2 + \frac{1}{2}kx^2$$

donde m representa a la masa, v la velocidad, k la constante del resorte y x su elongación.

En un circuito RLC, la energía almacenada es

$$E_2 = \frac{1}{2}Cu^2 + \frac{1}{2}Li^2$$

donde C representa la constante del condensador, L la inductancia de la bobina, i la corriente eléctrica y u el voltaje a nivel del condensador.

En ambos caso, E_1 y E_2 pueden considerarse como funciones de 2 variables: (v, x) en el primer caso y (u, i) en el segundo caso. De forma más precisa, se puede escribir

$$E_j : \mathbb{R} \times \mathbb{R} \to \mathbb{R}$$

donde $j = 1, 2$.

Más generalmente se pueden definir funciones escalares de varias variables reales, es decir, definidas de $\mathbb{R}^n \to \mathbb{R}$, y funciones vectoriales de varias variables reales de $\mathbb{R}^n \to \mathbb{R}^m$.

2.2. Topología, límites y continuidad

Para definir los conceptos de límite y establecer la continuidad de funciones de varias variables, es necesario establecer algunas nociones acerca de la topología del espacio $\mathbb{R}^n$, como son el producto escalar, norma y distancia.

De esta manera, podremos hablar de $\mathbb{R}^n$ como espacio euclídeo, en el que podremos calcular la distancia entre sus elementos, que llamaremos vectores.

Definición 39 (Conjunto $\mathbb{R}^n$)**.** Se define el conjunto $\mathbb{R}^n$ donde $n \in \mathbb{N}$ como

$$\mathbb{R}^n = \{ \mathbf{x} = (x_1, x_2, \dots, x_n) \mid x_i \in \mathbb{R}, \; i = 1, 2, \dots, n \}$$

Los elementos de $\mathbb{R}^n$ se denotan por $\mathbf{x}$ para diferenciarlos de x, que generalmente representa un número real.

Propiedad 1. El conjunto $\mathbb{R}^n$, junto con las operaciones de suma de vectores $+ : \mathbb{R}^n \times \mathbb{R}^n \to \mathbb{R}^n$ y producto por escalar $\cdot : \mathbb{R} \times \mathbb{R}^n \to \mathbb{R}^n$ definidas como

(i) $(x_1, x_2, \dots, x_n) + (y_1, y_2, \dots, y_n) = (x_1 + y_1, x_2 + y_2, \dots, x_n + y_n)$

(ii) $\lambda \cdot (x_1, x_2, \dots, x_n) = (\lambda x_1, \lambda x_2, \dots, \lambda x_n), \quad \lambda \in \mathbb{R}$

es un espacio vectorial sobre $\mathbb{R}$ de dimensión n.

Para poder dotar al espacio $\mathbb{R}^n$ de una estructura geométrica, es necesario introducir los conceptos de producto escalar, norma y distancia.

Definición 40 (Producto escalar)**.** Un producto escalar en $\mathbb{R}^n$ es una aplicación

$$\langle \cdot, \cdot \rangle : \mathbb{R}^n \times \mathbb{R}^n \to \mathbb{R}$$
$$(\mathbf{x}, \mathbf{y}) \to \langle \mathbf{x}, \mathbf{y} \rangle$$

que a cada par de vectores $(\mathbf{x}, \mathbf{y}) \in \mathbb{R}^n \times \mathbb{R}^n$ les asocia un número real $\langle \mathbf{x}, \mathbf{y} \rangle \in \mathbb{R}$. Además, esta aplicación ha de satisfacer las siguientes propiedades:

(i) $\langle \mathbf{x}, \mathbf{x} \rangle = 0 \Leftrightarrow \mathbf{x} = \mathbf{0}$

(ii) $\langle \mathbf{x}, \mathbf{y} \rangle = \langle \mathbf{y}, \mathbf{x} \rangle$ (simetría del producto escalar)

(iii) $\langle \lambda \cdot \mathbf{x}, \mathbf{y} \rangle = \lambda \langle \mathbf{x}, \mathbf{y} \rangle, \; \lambda \in \mathbb{R}$

(iv) $\langle \mathbf{x} + \mathbf{y}, \mathbf{z} \rangle = \langle \mathbf{x}, \mathbf{z} \rangle + \langle \mathbf{y}, \mathbf{z} \rangle$

Ejemplo 72. Un primer ejemplo de producto escalar es el que corresponde a la aplicación

$$\langle \mathbf{x}, \mathbf{y} \rangle = \sum_{i=1}^{n} x_i y_i$$

Puede comprobarse fácilmente que esta aplicación es, en efecto, un producto escalar.

(i) $\langle \mathbf{x}, \mathbf{x} \rangle = 0 \Leftrightarrow \sum_{i=1}^{n} x_i x_i = 0 \Leftrightarrow \sum_{i=1}^{n} x_i^2 = 0 \Leftrightarrow x_i^2 = 0, \; \forall i \Leftrightarrow \mathbf{x} = \mathbf{0}$

(ii) $\langle \mathbf{x}, \mathbf{y} \rangle = \sum_{i=1}^{n} x_i y_i = \sum_{i=1}^{n} y_i x_i = \langle \mathbf{y}, \mathbf{x} \rangle$

(iii) $\langle \lambda \cdot \mathbf{x}, \mathbf{y} \rangle = \sum_{i=1}^{n} (\lambda x_i) y_i = \sum_{i=1}^{n} \lambda x_i y_i = \lambda \sum_{i=1}^{n} x_i y_i = \lambda \langle \mathbf{x}, \mathbf{y} \rangle, \; \lambda \in \mathbb{R}$

(iv) $\langle \mathbf{x} + \mathbf{y}, \mathbf{z} \rangle = \sum_{i=1}^{n} (x_i + y_i) z_i = \sum_{i=1}^{n} (x_i z_i + y_i z_i) = \sum_{i=1}^{n} x_i z_i + \sum_{i=1}^{n} y_i z_i = \langle \mathbf{x}, \mathbf{z} \rangle + \langle \mathbf{y}, \mathbf{z} \rangle$

Definición 41 (Norma)**.** Una norma en $\mathbb{R}^n$ es una aplicación

$$\| \cdot \| : \mathbb{R}^n \to \mathbb{R}^+$$
$$\mathbf{x} \to \| \mathbf{x} \|$$

que a cada vector $\mathbf{x} \in \mathbb{R}^n$ le asocia un número real no negativo $\| \mathbf{x} \| \in \mathbb{R}^+$. Además, esta aplicación ha de satisfacer las siguientes propiedades:

(i) $\|\mathbf{x}\| = 0 \Leftrightarrow \mathbf{x} = \mathbf{0}$

(ii) $\|\lambda \cdot \mathbf{x}\| = |\lambda| \cdot \|\mathbf{x}\|, \ \lambda \in \mathbb{R}$

(iii) $\|\mathbf{x} + \mathbf{y}\| \leq \|\mathbf{x}\| + \|\mathbf{y}\|$ (desigualdad triangular)

Definición 42 (Norma euclídea). Se define la norma euclídea (o norma 2) de $\mathbf{x} \in \mathbb{R}^n$ como

$$\|\mathbf{x}\|_2 = \sqrt{x_1^2 + x_2^2 + \cdots + x_n^2}$$

La norma euclídea de un vector $\mathbf{x} \in \mathbb{R}^n$ no es más que la longitud del segmento que une el origen de coordenadas ($\mathbf{0}$) de $\mathbb{R}^n$ con el punto $\mathbf{x} = (x_1, x_2, \ldots, x_n)$.

Ejemplo 73. Veamos la norma euclídea de algunos vectores:

(i) $\|(3,4)\|_2 = \sqrt{3^2 + 4^2} = \sqrt{25} = 5$

(ii) $\|(2,-1,3)\|_2 = \sqrt{2^2 + (-1)^2 + 3^2} = \sqrt{14}$

Nota 1. Pueden definirse muchas otras normas. Entre ellas, las más conocidas son la norma 1 y la norma infinito, definidas como

$$\|\mathbf{x}\|_1 = \sum_{i=1}^{n} |x_i|$$

$$\|\mathbf{x}\|_\infty = \max_{i=1,\ldots,n} |x_i|$$

Nota 2. De forma más general, dado un producto escalar cualquiera, se puede definir una norma como sigue:

$$\|\mathbf{x}\| = \sqrt{\langle \mathbf{x}, \mathbf{x} \rangle}$$

Definición 43 (Distancia). Una distancia en $\mathbb{R}^n$ es una aplicación

$$d : \mathbb{R}^n \times \mathbb{R}^n \to \mathbb{R}^+$$
$$(\mathbf{x}, \mathbf{y}) \to d(\mathbf{x}, \mathbf{y})$$

que a cada par de vectores $(\mathbf{x}, \mathbf{y}) \in \mathbb{R}^n$ les asocia un número real no negativo $d(\mathbf{x}, \mathbf{y}) \in \mathbb{R}^+$. Además, esta aplicación ha de satisfacer las siguientes propiedades:

(i) $d(\mathbf{x}, \mathbf{y}) = 0 \Leftrightarrow \mathbf{x} = \mathbf{y}$

(ii) $d(\mathbf{x}, \mathbf{y}) = d(\mathbf{y}, \mathbf{x})$ (simetría de la distancia)

(iii) $d(\mathbf{x}, \mathbf{z}) \leq d(\mathbf{x}, \mathbf{y}) + d(\mathbf{y}, \mathbf{z})$ (desigualdad triangular)

Definición 44 (Distancia euclídea). Se define la distancia euclídea $d_2(\mathbf{x}, \mathbf{y})$ entre los vectores $\mathbf{x}, \mathbf{y} \in \mathbb{R}^n$, como

$$d_2(\mathbf{x}, \mathbf{y}) = \sqrt{(x_1 - y_1)^2 + \cdots + (x_n - y_n)^2}$$

La distancia euclídea de entre dos vectores $\mathbf{x}$ e $\mathbf{y}$ no es más que la norma euclídea (o longitud) $\|\mathbf{x} - \mathbf{y}\|_2$ del vector diferencia $\mathbf{x} - \mathbf{y}$.

Ejemplo 74. Veamos la distancia euclídea entre algunos pares de vectores:

(i) $d_2((2,1),(4,2)) = \sqrt{(2-4)^2 + (1-2)^2} = \sqrt{4+1} = \sqrt{5}$

(ii) $d_2((-1,1,4),(2,-1,3)) = \sqrt{(-1-2)^2 + (1-(-1))^2 + (4-3)^2} = \sqrt{9+4+1} = \sqrt{14}$

Nota 3. De forma más general, dada una norma cualquiera, se puede definir una distancia como sigue:

$$d(\mathbf{x}, \mathbf{y}) = \|\mathbf{x} - \mathbf{y}\|.$$

De esta manera, a parte de la distancia euclídea, se podría considerar la distancia 1 y la distancia infinito.

Definición 45 (Espacio métrico). Al par $(\mathbb{R}^n, d)$ se le llama espacio métrico. De forma más precisa, si la distancia utilizada es la distancia euclídea, al par $(\mathbb{R}^n, d_2)$ se le llama espacio euclídeo de dimensión n.

2.2.1. Entornos

Definición 46 (Bola). Sea $(\mathbb{R}^n, d)$ un espacio métrico. Dado un vector $\mathbf{x} \in \mathbb{R}^n$ y un número real $r > 0$, se define la bola abierta de centro $\mathbf{x}$ y radio r al conjunto

$$B(\mathbf{x}, r) = \{\mathbf{y} \in \mathbb{R}^n \mid d(\mathbf{x}, \mathbf{y}) < r\}$$

De la misma manera, se define la bola cerrada de centro $\mathbf{x}$ y radio r al conjunto

$$\overline{B}(\mathbf{x}, r) = \{\mathbf{y} \in \mathbb{R}^n \mid d(\mathbf{x}, \mathbf{y}) \leq r\}$$

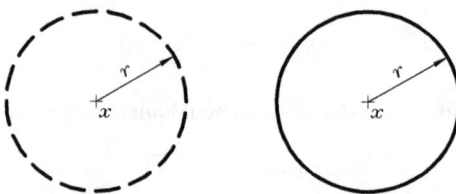

Figura 2.1. *Bola abierta de centro* $\mathbf{x}$ *y radio* r *(izquierda) y bola cerrada de centro* $\mathbf{x}$ *y radio* r *(derecha)*

Ejemplo 75. Si consideramos la distancia euclídea d_2, las bolas abiertas en los espacios de 1, 2 y 3 dimensiones son:

(i) En $(\mathbb{R}, d_2)$, la bola abierta de centro $\mathbf{x} = x_1$ y radio r es el intervalo real $B(\mathbf{x}, r) = (x_1 - r, x_1 + r)$.

(ii) En $(\mathbb{R}^2, d_2)$, la bola abierta de centro $\mathbf{x} = (x_1, x_2)$ y radio r es un disco centrado en el punto $\mathbf{x} = (x_1, x_2)$ y de radio r:

$$B(\mathbf{x}, r) = \{(y_1, y_2) \mid \sqrt{(x_1 - y_1)^2 + (x_2 - y_2)^2} < r\}$$

(iii) En $(\mathbb{R}^3, d_2)$, la bola abierta de centro $\mathbf{x} = (x_1, x_2, x_3)$ y radio r es una esfera centrada en el punto $\mathbf{x}$ y de radio r:

$$B(\mathbf{x}, r) = \{(y_1, y_2, y_3) \mid \sqrt{(x_1 - y_1)^2 + (x_2 - y_2)^2 + (x_3 - y_3)^2} < r\}$$

Definición 47 (Entorno). Un entorno de un punto $\mathbf{x}$ es un conjunto que contiene una bola abierta centrada en $\mathbf{x}$.

Definición 48 (Conjunto abierto). Un conjunto es abierto si es un entorno de cada uno de sus elementos.

2.2.2. Límite de funciones vectoriales

Definición 49 (Límite). Sea $f : A \subset \mathbb{R}^n \to B \subset \mathbb{R}$ una función real de varias variables reales. Se supone que la función f está definida en una bola $B(\mathbf{x}_0, r)$ para algún $r > 0$, excepto posiblemente en $\mathbf{x}_0$.

Se dice que $f(\mathbf{x})$ tiende a L cuando $\mathbf{x}$ tiende a $\mathbf{x}_0$ si para cualquier $\varepsilon > 0$, existe un número real $\delta > 0$ de tal manera que, si $\mathbf{x} \in B(\mathbf{x}_0, \delta)$, entonces se cumple que $f(\mathbf{x}) \in B(L, \varepsilon)$.

Una definición alternativa en términos de distancias diría que: $f(\mathbf{x})$ tiende a L cuando $\mathbf{x}$ tiende a $\mathbf{x}_0$ si para cualquier $\varepsilon > 0$, existe un número real $\delta > 0$, de tal manera que si $d(\mathbf{x}, \mathbf{x}_0) < \delta$, entonces se cumple que $d(f(\mathbf{x}), L) < \varepsilon$.

Y una última definición en términos de normas: $f(\mathbf{x})$ tiende a L cuando $\mathbf{x}$ tiende a $\mathbf{x}_0$ si para cualquier $\varepsilon > 0$, existe un número real $\delta > 0$, de tal manera que si $\|\mathbf{x} - \mathbf{x}_0\| < \delta$, entonces se cumple que $\|f(\mathbf{x}) - L\| < \varepsilon$.

En cualquier caso, si el límite existe se nota:

$$\lim_{\mathbf{x} \to \mathbf{x}_0} f(\mathbf{x}) = L$$

Nota 4. La definición anterior implica que la elección del número real δ que satisface la condición de límite depende de ε.

Nota 5. El límite de $f(\mathbf{x})$ cuando $\mathbf{x}$ tiende a $\mathbf{x}_0$ es L si cuando $\mathbf{x}$ toma valores cercanos a $\mathbf{x}_0$, entonces las imágenes de $\mathbf{x}$ a través de f serán también cercanas a L.

Aunque dicha definición puede ser complicada, permitirá calcular algunos límites.

Ejemplo 76. Se quiere ver que el límite de la función $f(x, y) = x^2 + y^2$, cuando $\mathbf{x} = (x, y)$ tiende a $\mathbf{x}_0 = (0, 0)$, es $L = 0$.

Dado un $\varepsilon > 0$ cualquiera, hay que encontrar un número real positivo δ (que dependerá de ε), tal que si $\|\mathbf{x} - \mathbf{x}_0\|_2 < \delta$, esto implique que $\|f(\mathbf{x}) - L\|_2 < \varepsilon$.

Se empieza por la segunda desigualdad, y se intentan relacionar. En efecto,

$$\|f(\mathbf{x}) - L\|_2 = |x^2 + y^2 - 0| = x^2 + y^2$$
$$\|\mathbf{x} - \mathbf{x}_0\|_2 = \|(x, y) - (0, 0)\|_2 = \|(x, y)\|_2 = \sqrt{x^2 + y^2} < \delta$$

Si se elige un valor de $\delta = \sqrt{\varepsilon}$, se satisface la condición de límite, ya que si $\|\mathbf{x} - \mathbf{x}_0\|_2 < \delta = \sqrt{\varepsilon}$, esto implica que $\|f(\mathbf{x}) - L\|_2 < \delta^2 = \varepsilon$. Por lo tanto,

$$\lim_{(x, y) \to (0, 0)} x^2 + y^2 = 0$$

Ejemplo 77. Se quiere ver visualmente la existencia del límite de la función $f(x, y) = 1 + \frac{3}{1 + x^2 + y^2}$ cuando $\mathbf{x} = (x, y)$ tiende a $\mathbf{x}_0 = (0, 0)$. En efecto, observando la figura 2.2 se puede intuir que las trayectorias acaban confluyendo en el mismo punto, que es el límite.

Propiedad 2 (Unicidad del límite). El límite de una función en un punto, si existe, es único.

Demostración. Se supone que una función tiene dos límites, es decir, existen dos valores $L_1 \neq L_2$ tal que

$$\lim_{\mathbf{x} \to \mathbf{x}_0} f(\mathbf{x}) = L_1, \qquad \lim_{\mathbf{x} \to \mathbf{x}_0} f(\mathbf{x}) = L_2$$

Dado un $\epsilon > 0$, esto implica la existencia de dos números reales $\delta_1, \delta_2 > 0$ tal que

$$\|\mathbf{x} - \mathbf{x}_0\| < \delta_1 \ \Rightarrow \ \|f(\mathbf{x}) - L_1\| < \varepsilon$$
$$\|\mathbf{x} - \mathbf{x}_0\| < \delta_2 \ \Rightarrow \ \|f(\mathbf{x}) - L_2\| < \varepsilon$$

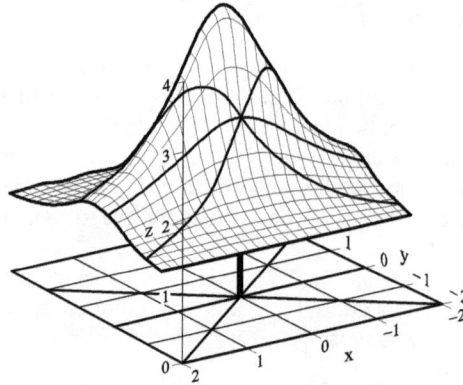

Figura 2.2. *Representación gráfica de la función* $f(x,y) = 1 + \frac{3}{1+x^2+y^2}$

Si se considera ahora $\delta = \min\{\delta_1, \delta_2\}$, tenemos que si $\|\mathbf{x} - \mathbf{x}_0\| < \delta$, entonces

$$\|f(\mathbf{x}) - L_1\| < \varepsilon \quad \text{y} \quad \|f(\mathbf{x}) - L_2\| < \varepsilon$$

De estas dos últimas desigualdades se puede concluir que

$$\|L_1 - L_2\| \leq \|L_1 - f(\mathbf{x})\| + \|f(\mathbf{x}) - L_2\| = 2\varepsilon$$

lo que implica que los dos límites son iguales, contradiciendo la hipótesis inicial.   □

Nota 6. Cuando se calcula el límite de una función real de variable real, se consideran las dos únicas direcciones posibles para acercarse al punto (por la izquierda y por la derecha). En el caso, por ejemplo, de considerar una función real de dos variables reales, existen infinitas maneras de aproximarse a un punto. Si el valor al cual se tiende no es el mismo en todos los caminos, entonces el límite no puede existir.

Ejemplo 78. El objetivo es demostrar analíticamente que

$$\lim_{(x,y)\to(0,0)} \frac{xy}{x^2+y^2}$$

no existe.

Para ello, se aproxima al origen de coordenada por dos caminos distintos: por el eje de abcisas (recta $y=0$) y por la recta $y=x$. En el primer caso,

$$\lim_{\substack{(x,y)\to(0,0)\\ y=0}} \frac{xy}{x^2+y^2} = \lim_{x\to 0}\frac{0}{x^2} = \lim_{x\to 0} 0 = 0$$

En el segundo caso,

$$\lim_{\substack{(x,y)\to(0,0)\\ y=x}} \frac{xy}{x^2+y^2} = \lim_{x\to 0}\frac{x^2}{x^2+x^2} = \lim_{x\to 0}\frac{x^2}{2x^2} = \lim_{x\to 0}\frac{1}{2} = \frac{1}{2}$$

Como el valor del límite no es el mismo por todos los caminos, se deduce que el límite no existe.

2.2.3. Método práctico para determinar límites de funciones

Sea $f : A \subset \mathbb{R}^2 \to B \subset \mathbb{R}$ una función real de dos variables reales. Se supone también que f está definida en un disco D centrado en $\mathbf{0} = (0,0)$, excepto posiblemente en $\mathbf{0}$.

Objetivo: saber si existe o no $\lim\limits_{\mathbf{x}\to\mathbf{0}} f(\mathbf{x})$.

Algoritmo. Se considera la trayectoria recta $y = mx$, $m \in \mathbb{R}$. Se define $g(x) = f(x, mx)$ y se calcula $\lim\limits_{x\to 0} g(x)$. Hay 3 casos:

(a) $\lim\limits_{x\to 0} g(x)$ no existe para algún m. Entonces, $\lim\limits_{\mathbf{x}\to\mathbf{0}} f(\mathbf{x})$ no existe.

(b) $\lim\limits_{x\to 0} g(x)$ existe para todos los m, pero depende de m. Entonces, $\lim\limits_{\mathbf{x}\to\mathbf{0}} f(\mathbf{x})$ no existe.

(c) Para todos los valores de m, $\lim\limits_{x\to 0} g(x)$ existe y tiene el mismo valor L. En este caso, no se sabe con certeza si existe $\lim\limits_{\mathbf{x}\to\mathbf{0}} f(\mathbf{x})$, pero si existe tiene que ser igual a L. En este caso hay dos posibilidades:

(i) Se puede hallar una función $y = h(x)$ con $h(x) \to 0$ si $x \to 0$, y definir $k(x) = f(x, h(x))$. Si $\lim\limits_{x\to 0} k(x)$ no existe, entonces $\lim\limits_{\mathbf{x}\to\mathbf{0}} f(\mathbf{x})$ no existe. Si $\lim\limits_{x\to 0} k(x) \neq L$, entonces $\lim\limits_{\mathbf{x}\to\mathbf{0}} f(\mathbf{x})$ no existe.

(ii) Se puede hallar una función $l(\mathbf{x})$ definida en $D - \{\mathbf{0}\}$ que verifique

- $|f(\mathbf{x}) - L| \leq l(\mathbf{x})$, $\forall \mathbf{x} \in D - \{\mathbf{0}\}$
- $\lim\limits_{\mathbf{x}\to\mathbf{0}} l(\mathbf{x}) = 0$

Entonces $\lim\limits_{\mathbf{x}\to\mathbf{0}} f(\mathbf{x})$ existe, y es igual a L.

Ejemplo 79. Si se retoma el ejemplo 78, ya se ha visto que el límite no existía. Se comprueba esto mediante el algoritmo anterior. Para ello, se considera la trayectoria recta $y = mx$, $m \in \mathbb{R}$ y se define la función

$$g(x) = f(x, mx) = \frac{xy}{x^2 + y^2} = \frac{x(mx)}{x^2 + (mx)^2} = \frac{mx^2}{(1 + m^2)x^2} = \frac{m}{1 + m^2}$$

Entonces $\lim\limits_{x\to 0} g(x) = \frac{m}{1+m^2}$ depende de m, lo que implica que $\lim\limits_{(x,y)\to(0,0)} f(x,y)$ no existe.

Ejemplo 80. Se estudia la existencia de $\lim\limits_{(x,y)\to(0,0)} f(x,y)$, con $f(x,y) = \frac{x^3}{x^2+y^2}$.

Se define en primer lugar la función $g(x) = f(x, mx) = \frac{x^3}{x^2+(mx)^2} = \frac{x}{1+m^2}$, $x \neq 0$. Entonces,

$$\lim\limits_{x\to 0} g(x) = \lim\limits_{x\to 0} \frac{x}{1 + m^2} = 0$$

No se sabe si $\lim\limits_{(x,y)\to(0,0)} f(x,y)$ existe, pero si existe, es igual a $L = 0$.

Se busca ahora una función $l(x,y)$ que sirva de cota superior de la expresión $|f(x,y) - L|$. Se sabe que

$$x^2 \leq x^2 + y^2 \ \Rightarrow \ \frac{x^2}{x^2 + y^2} \leq 1, \ (x,y) \neq (0,0)$$

Entonces,

$$|f(x,y) - L| = \left| x \cdot \frac{x^2}{x^2 + y^2} \right| = |x| \cdot \frac{x^2}{x^2 + y^2} \leq |x| = l(x,y)$$

Dado que $\lim\limits_{(x,y)\to(0,0)} l(x,y) = 0$, entonces puede afirmar que $\lim\limits_{(x,y)\to(0,0)} f(x,y) = 0$.

Ejemplo 81. Se estudia la existencia de $\displaystyle\lim_{(x,y)\to(0,0)} f(x,y)$, con $f(x,y) = \frac{x^3}{y}$, $y \neq 0$ y $f(x,y) = 0$ para $y = 0$.

Se define en primer lugar la función $g(x) = f(x, mx) = \frac{x^3}{mx} = \frac{x^2}{m}$, $x, m \neq 0$. Entonces,

$$\lim_{x\to 0} g(x) = \lim_{x\to 0} \frac{x^2}{m} = 0$$

No se sabe si $\displaystyle\lim_{(x,y)\to(0,0)} f(x,y)$ existe, pero si existe, es igual a $L = 0$.

Se escoge ahora $y = h(x) = x^3$. Entonces $k(x) = f(x, h(x)) = \frac{x^3}{x^3} = 1$, $x \neq 0$. Por lo tanto,

$$\lim_{x\to 0} k(x) = \lim_{x\to 0} 1 = 1 \neq L$$

lo que implica que $\displaystyle\lim_{(x,y)\to(0,0)} f(x,y)$ no existe.

Nota 7. Si el punto $\mathbf{x}_0 = (x_0, y_0)$ al cual se tiende al hacer el límite no es el origen de coordenadas $\mathbf{0} = (0,0)$, se puede hacer un cambio de coordenadas $\tilde{x} = x - x_0$, $\tilde{y} = y - y_0$ de tal manera que

$$\lim_{(x,y)\to(x_0,y_0)} f(x,y) = \lim_{(\tilde{x},\tilde{y})\to(0,0)} f(\tilde{x}+x_0, \tilde{y}+y_0) = \lim_{(\tilde{x},\tilde{y})\to(0,0)} \tilde{f}(\tilde{x},\tilde{y})$$

y se aplican las mismas estrategias que en los casos anteriores.

Teorema 11 (Álgebra de límites). Sean $f, g : A \subset \mathbb{R}^n \to \mathbb{R}$ dos funciones reales de varias variables reales. Se supone que existen los límites

$$\lim_{\mathbf{x}\to\mathbf{x}_0} f(\mathbf{x}) \quad \text{y} \quad \lim_{\mathbf{x}\to\mathbf{x}_0} g(\mathbf{x})$$

entonces

(i) $\displaystyle\lim_{\mathbf{x}\to\mathbf{x}_0} (f \pm g)(\mathbf{x})$ existe y vale

$$\lim_{\mathbf{x}\to\mathbf{x}_0} f(\mathbf{x}) \pm \lim_{\mathbf{x}\to\mathbf{x}_0} g(\mathbf{x})$$

(ii) $\displaystyle\lim_{\mathbf{x}\to\mathbf{x}_0} (f \cdot g)(\mathbf{x})$ existe y vale

$$\lim_{\mathbf{x}\to\mathbf{x}_0} f(\mathbf{x}) \cdot \lim_{\mathbf{x}\to\mathbf{x}_0} g(\mathbf{x})$$

(iii) Si además $\displaystyle\lim_{\mathbf{x}\to\mathbf{x}_0} g(\mathbf{x}) \neq 0$, entonces $\displaystyle\lim_{\mathbf{x}\to\mathbf{x}_0} (f/g)(x)$ existe y vale

$$\frac{\displaystyle\lim_{\mathbf{x}\to\mathbf{x}_0} f(\mathbf{x})}{\displaystyle\lim_{\mathbf{x}\to\mathbf{x}_0} g(\mathbf{x})}$$

2.2.4. Continuidad de funciones de varias variables

Definición 50 (Continuidad). Sea $f : A \subset \mathbb{R}^n \to B \subset \mathbb{R}$ una función real de varias variables reales. Se supone que la función está definida en una bola $B(\mathbf{x}_0, r)$ centrada en $\mathbf{x}_0$. Se dice que $f(\mathbf{x})$ es continua en $\mathbf{x}_0$ si

$$\lim_{\mathbf{x}\to\mathbf{x}_0} f(\mathbf{x}) = f(\mathbf{x}_0)$$

Si f no es continua en $\mathbf{x}_0$, se dice que f es discontinua en $\mathbf{x}_0$. Se dice también que f es continua en $A \subset \mathbb{R}^n$ si f es continua en todos los puntos de A.

Nota 8. La definición anterior es equivalente a la siguiente: Diremos que $f(\mathbf{x})$ es continua en $\mathbf{x}_0$ si

$$\forall \varepsilon > 0 \quad \exists \delta(\varepsilon) > 0 \text{ tal que } \|\mathbf{x} - \mathbf{x}_0\| < \delta \implies |f(\mathbf{x}) - f(\mathbf{x}_0)| < \varepsilon$$

Ejemplo 82. Se considera la función $f : \mathbb{R}^2 \to \mathbb{R}$, $f(x, y) = x^2 + y^3$. Esta función es continua en el punto $(x_0, y_0) = (0, 0)$, ya que

$$\lim_{(x,y) \to (x_0, y_0)} f(x, y) = 0 = f(0, 0)$$

Ejemplo 83. Consideremos la función $f : \mathbb{R}^2 \to \mathbb{R}$, $f(x, y) = \frac{x^3}{x^2 + y^2}$, $(x, y) \neq (0, 0)$ y $f(0, 0) = 1$. Esta función no es continua en el punto $(x_0, y_0) = (0, 0)$ ya que

$$\lim_{(x,y) \to (x_0, y_0)} f(x, y) = 0 \neq f(0, 0)$$

Teorema 12 (Continuidad de combinaciones de funciones). Sean $f, g : \mathbb{R}^n \to \mathbb{R}$ dos funciones reales de varias variables reales. Si f y g son continuas en $\mathbf{x}_0 \in \mathbb{R}^n$, entonces las siguientes funciones también son continuas en $\mathbf{x}_0$:

(i) $(f \pm g)(\mathbf{x}) = f(\mathbf{x}) \pm g(\mathbf{x})$

(ii) $(f \cdot g)(\mathbf{x}) = f(\mathbf{x}) \cdot g(\mathbf{x})$

(iii) $(f/g)(\mathbf{x}) = f(\mathbf{x})/g(\mathbf{x})$, siempre que $g(\mathbf{x}_0) \neq 0$.

Teorema 13 (Continuidad de la compuesta). Sea $f : \mathbb{R}^n \to \mathbb{R}$ una función real de varias variables reales continua en $\mathbf{x}_0$. Sea también $h : \mathbb{R} \to \mathbb{R}$ una función continua en $f(\mathbf{x}_0)$. Entonces, la función compuesta $h \circ f : \mathbb{R}^n \to \mathbb{R}$ es continua en $\mathbf{x}_0$.

2.2.5. Funciones vectoriales de varias variables reales

Definición 51 (Función vectorial). Una función vectorial de varias variables reales, $f : A \subset \mathbb{R}^n \to \mathbb{R}^m$, es una aplicación que a cada vector de $A \subset \mathbb{R}^n$ le asocia un único vector de $\mathbb{R}^m$.

Nota 9. Una función $f : A \subset \mathbb{R}^n \to \mathbb{R}^m$ puede verse como un vector de m funciones, es decir,

$$f : \mathbb{R}^n \to \mathbb{R}^m$$
$$(x_1, \ldots, x_n) \to (f_1(x_1, \ldots, x_n), \ldots, f_m(x_1, \ldots, x_n))$$

donde $f_1, \ldots, f_m : A \subset \mathbb{R}^n \to \mathbb{R}$ son funciones reales de varias variables reales.

Nota 10. El espacio de todas las funciones de $\mathbb{R}^n$ a $\mathbb{R}^m$ (notado generalmente como $\mathcal{F}(\mathbb{R}^n, \mathbb{R}^m)$) tiene una estructura de espacio vectorial sobre $\mathbb{R}$. Esto significa que dadas dos funciones $f, g : \mathbb{R}^n \to \mathbb{R}^m$, entonces:

(i) $f \pm g$ es una función vectorial de varias variables reales;

(ii) $\lambda \cdot f$ es una función vectorial de varias variables reales, para cualquier $\lambda \in \mathbb{R}$.

Ejemplo 84. $f : \mathbb{R}^3 \to \mathbb{R}^2$, $f(x, y, z) = (x^2 + y^3, z - y)$ es una función vectorial de varias variables reales. En particular, se puede considerar

$$f(x, y, z) = (x^2 + y^3, z - y) = (f_1(x, y, z), f_2(x, y, z))$$

donde

$$f_1 : \mathbb{R}^3 \to \mathbb{R}, \, f_1(x, y, z) = x^2 + y^3$$
$$f_2 : \mathbb{R}^3 \to \mathbb{R}, \, f_2(x, y, z) = z - y$$

son funciones escalares (reales) de varias variables reales.

Los conceptos de límite y continuidad para funciones vectoriales de varias variables son una extensión inmediata del caso de funciones escalares de varias variables. Se sustituye $B \subset \mathbb{R}$ por $B \subset \mathbb{R}^m$, $m \in \mathbb{N}$ en la definición 49 de los límites y en la definición 50 de la continuidad.

Teorema 14 (Límites de funciones vectoriales). Sea

$$f : A \subset \mathbb{R}^n \to B \subset \mathbb{R}^m$$
$$(x_1, \ldots, x_n) \to (f_1(x_1, \ldots, x_n), \ldots, f_m(x_1, \ldots, x_n))$$

una función vectorial de varias variables reales, donde $f_i : A \subset \mathbb{R}^n \to \mathbb{R}$, $i = 1, \ldots, m$ son funciones reales de varias variables reales.

Se supone que para algún punto $\mathbf{x}_0 \in A$, las funciones f_i, $i = 1, \ldots, m$ están definidas en una bola abierta centrada en $\mathbf{x}_0$, excepto posiblemente en $\mathbf{x}_0$. Entonces

$$\lim_{\mathbf{x} \to \mathbf{x}_0} f_1(\mathbf{x}) = l_1 \in \mathbb{R}$$

$$\lim_{\mathbf{x} \to \mathbf{x}_0} f_2(\mathbf{x}) = l_2 \in \mathbb{R}$$

$$\vdots$$

$$\lim_{\mathbf{x} \to \mathbf{x}_0} f_m(\mathbf{x}) = l_m \in \mathbb{R}$$

equivale a

$$\lim_{\mathbf{x} \to \mathbf{x}_0} f(\mathbf{x}) = (l_1, l_2, \ldots, l_m) \in \mathbb{R}^m$$

Ejemplo 85. Sea $f : \mathbb{R}^3 \to \mathbb{R}^2$, $f(x, y, z) = (x^2 + y^3, z - y) = (f_1(x, y, z), f_2(x, y, z))$ una función vectorial de varias variables reales, donde

$$f_1 : \mathbb{R}^3 \to \mathbb{R}, \ f_1(x, y, z) = x^2 + y^3$$
$$f_2 : \mathbb{R}^3 \to \mathbb{R}, \ f_2(x, y, z) = z - y$$

Sea $\mathbf{x}_0 = (1, -3, 0)$. Entonces

$$\lim_{\mathbf{x} \to \mathbf{x}_0} f_1(\mathbf{x}) = -26$$

$$\lim_{\mathbf{x} \to \mathbf{x}_0} f_2(\mathbf{x}) = 3$$

con lo que

$$\lim_{\mathbf{x} \to \mathbf{x}_0} f(\mathbf{x}) = (-26, 3)$$

2.3. Derivadas parciales, diferencial total y matriz jacobiana

Definición 52 (Vector unitario). Se dice que $\mathbf{v} \in \mathbb{R}^n$ es un vector unitario si $\|\mathbf{v}\| = 1$.

Definición 53 (Derivada direccional). Sea $\mathbf{v}$ un vector unitario de $\mathbb{R}^n$ y sea $f : A \subset \mathbb{R}^n \to \mathbb{R}$ una función real de varias variables reales. Se define la derivada direccional de f en el punto $\mathbf{x}_0$ y en la dirección del vector $\mathbf{v}$, $D_{\mathbf{v}} f(\mathbf{x}_0)$, como

$$D_{\mathbf{v}} f(\mathbf{x}_0) = \lim_{t \to 0} \frac{f(\mathbf{x}_0 + t\mathbf{v}) - f(\mathbf{x}_0)}{t}$$

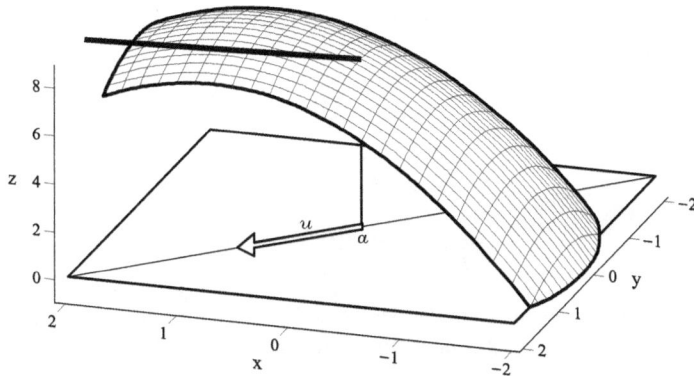

Figura 2.3. *Interpretación gráfica de la derivada direccional de una función en el punto* **a** *y en la dirección del vector* **u**

Ejemplo 86. Se considera la función $f(x,y) = x^2 + y^2$, el punto $\mathbf{x}_0 = (1,1)$ y el vector $\mathbf{v} = (1,0)$ (unitario según la norma euclídea). Entonces

$$D_{\mathbf{v}}f(\mathbf{x}_0) = \lim_{t\to 0} \frac{f((1,1) + t(1,0)) - f(1,1)}{t} = \lim_{t\to 0} \frac{f(1+t,1) - f(1,1)}{t}$$

$$= \lim_{t\to 0} \frac{(1+t)^2 + 1^2 - (1^2 + 1^2)}{t} = \lim_{t\to 0} \frac{1^2 + t^2 + 2t + 1^2 - 1^2 - 1^2}{t}$$

$$= \lim_{t\to 0} \frac{t(t+2)}{t} = \lim_{t\to 0} t + 2 = 2$$

Son de especial interés las derivadas direccionales en la direcciones dadas por los ejes de coordenadas. Es decir, en las direcciones dadas por los vectores del tipo

$$\mathbf{e}_i = (0, \ldots, 0, \underbrace{1}_{i}, 0, \ldots, 0)$$

Definición 54 (Derivada parcial). Las derivadas direccionales en las direcciones dadas por los vectores de la base canónica $\{\mathbf{e}_i\}$ se llaman *derivadas parciales* y se denotan como

$$D_{\mathbf{e}_i}f(\mathbf{x}_0) = D_i f(\mathbf{x}_0) = \frac{\partial f}{\partial x_i}(\mathbf{x}_0) = \lim_{t\to 0} \frac{f(\mathbf{x}_0 + t\mathbf{e}_i) - f(\mathbf{x}_0)}{t}$$

Definición 55. Dada una función $f : A \subset \mathbb{R}^n \to \mathbb{R}$, la función

$$\frac{\partial f}{\partial x_i} : \mathbb{R}^n \to \mathbb{R}$$

$$\mathbf{x}_0 \to \frac{\partial f}{\partial x_i}(\mathbf{x}_0)$$

se denomina *derivada parcial i-ésima*.

Nota 11. Utilizando la definición de derivada direccional, las derivadas parciales vienen dadas por

$$\frac{\partial f}{\partial x_i}(\mathbf{x}_0) = \lim_{t\to 0} \frac{f(\mathbf{x}_0 + t\mathbf{e}_i) - f(\mathbf{x}_0)}{t}$$

$$= \lim_{t\to 0} \frac{f(x_1, \ldots, x_{i-1}, x_i + t, x_{i+1}, \ldots, x_n) - f(x_1, \ldots, x_{i-1}, x_i, x_{i+1}, \ldots, x_n)}{t}$$

Esto indica que para calcular la derivada parcial i-ésima se considera la derivada respecto a la variable x_i y se considera el resto de variables como constantes.

Ejemplo 87. Se considera la función $f : \mathbb{R}^2 \to \mathbb{R}$, $f(x,y) = 5x - x^2 y^2 + 3xy^3$. Se tiene entonces que

$$\frac{\partial f}{\partial x}(x,y) = 5 - 2xy^2 + 3y^3$$
$$\frac{\partial f}{\partial y}(x,y) = -2x^2 y + 9xy^2$$

Nota 12. Si $f : \mathbb{R}^n \to \mathbb{R}^m, m > 1$ es una función vectorial de varias variables reales, calcular la derivada parcial de f respecto de la variable k-ésima, x_k, es equivalente a calcular la derivada parcial k-ésima de cada componente de f y expresarlo como un vector:

$$\frac{\partial f}{\partial x_k}(x_1, \ldots, x_n) = \begin{pmatrix} \frac{\partial f_1}{\partial x_k}(x_1, \ldots, x_n) \\ \vdots \\ \frac{\partial f_m}{\partial x_k}(x_1, \ldots, x_n) \end{pmatrix}$$

Ejemplo 88. Se considera la funcion $f : \mathbb{R}^2 \to \mathbb{R}^3$, $f(x,y) = \left(6xy, 7x^2 - 8y^2, \frac{x}{y} \right)$. La derivada parcial de f respecto de x en un punto (x,y) es

$$\frac{\partial f}{\partial x}(x,y) = \begin{pmatrix} 6y \\ 14x \\ \frac{1}{y} \end{pmatrix}$$

De forma similar, la derivada parcial de f respecto de y en el punto (x,y) es

$$\frac{\partial f}{\partial y}(x,y) = \begin{pmatrix} 6x \\ -16y \\ -\frac{x}{y^2} \end{pmatrix}$$

Definición 56 (Gradiente). Dada una función $f : \mathbb{R}^n \to \mathbb{R}$, se define el vector gradiente $\nabla f(x_1, \ldots, x_n) \in \mathbb{R}^n$ de f en el punto $(x_1, \ldots, x_n)$ como

$$\nabla f(x_1, \ldots, x_n) = \left(\frac{\partial f}{\partial x_1}(x_1, \ldots, x_n), \ldots, \frac{\partial f}{\partial x_n}(x_1, \ldots, x_n) \right)$$

Propiedad 3. Dada una función $f : \mathbb{R}^n \to \mathbb{R}$, si $\nabla f \neq 0$, se cumple:

(i) El vector gradiente de f, $\nabla f(\mathbf{x})$, es perpendicular a las curvas de nivel de f[1].

(ii) El vector gradiente de f, $\nabla f(\mathbf{x})$, apunta en la dirección de máximo crecimiento de la función f.

(iii) El vector gradiente de f, $\nabla f(\mathbf{x})$, puede ser utilizado para calcular las derivadas direccionales de f, a través de la fórmula

$$D_{\mathbf{v}} f(\mathbf{x}) = \nabla f(\mathbf{x}) \cdot \mathbf{v} = \langle \nabla f(\mathbf{x}), \mathbf{v} \rangle$$

---

[1] Una curva de nivel es un conjunto en que la función f tiene un valor constante.

Ejemplo 89. Se considera la función $f : \mathbb{R}^2 \to \mathbb{R}$, $f(x,y) = x^2 + y^2$, el punto $\mathbf{x}_0 = (1,1)$ y el vector $\mathbf{v} = \left(\frac{1}{\sqrt{2}}, -\frac{1}{\sqrt{2}} \right)$. Se quiere calcular la derivada direccional de f en el punto $\mathbf{x}_0$ y en la dirección del vector $\mathbf{v}$. Para ello se utiliza la fórmula

$$D_{\mathbf{v}} f(\mathbf{x}_0) = \langle \nabla f(\mathbf{x}_0), \mathbf{v} \rangle$$

El gradiente de f en el punto $\mathbf{x}_0$ es:

$$\left. \begin{array}{l} \dfrac{\partial f}{\partial x}(\mathbf{x}_0) = 2x|_{(1,1)} = 2 \\[2mm] \dfrac{\partial f}{\partial y}(\mathbf{x}_0) = 2y|_{(1,1)} = 2 \end{array} \right\} \implies \nabla f(\mathbf{x}_0) = (2,2)$$

Entonces,

$$D_{\mathbf{v}} f(\mathbf{x}_0) = \langle \nabla f(\mathbf{x}_0), \mathbf{v} \rangle = \left\langle (2,2), \left(\frac{1}{\sqrt{2}}, -\frac{1}{\sqrt{2}} \right) \right\rangle = 2\frac{1}{\sqrt{2}} - 2\frac{1}{\sqrt{2}} = 0$$

2.4. Funciones diferenciables

En esta sección se empieza viendo que, para funciones reales de varias variables reales, las derivadas direccionales no son una extensión satisfactoria de la derivada de funciones reales de variable real. En efecto, se recuerda el siguiente teorema:

Teorema 15 (Diferenciabilidad implica continuidad). *Sea $f : \mathbb{R} \to \mathbb{R}$ una función real de variable real . Si f es derivable en $x_0 \in \mathbb{R}$, entonces f es continua en x_0.*

El siguiente ejemplo demostrará que la existencia de las derivadas direccionales en todas las direcciones no garantiza la continuidad de la función.

Ejemplo 90. Se considera la función $f : \mathbb{R}^2 \to \mathbb{R}$,

$$f(x,y) = \begin{cases} \frac{xy^2}{x^2+y^4}, & x \neq 0 \\ 0, & x = 0 \end{cases}$$

Se demuestra en primer lugar que existe la derivada direccional de f en el punto $(0,0)$ para cualquier dirección. Dado $\mathbf{v} = (v_1, v_2) \in \mathbb{R}^2$, $\|\mathbf{v}\| = 1$, se tiene que

$$D_{\mathbf{v}} f(0,0) = \lim_{h \to 0} \frac{f((0,0) + h(v_1, v_2)) - f(0,0)}{h} = \lim_{h \to 0} \frac{f(hv_1, hv_2)}{h}$$

Se tienen que discutir dos casos: (1) $v_1 = 0$ y (2) $v_1 \neq 0$. En el primer caso, $f(hv_1, hv_2) = f(0, hv_2) = 0$, con lo cual $D_{\mathbf{v}} f(0,0) = 0$. En el segundo caso se tiene

$$D_{\mathbf{v}} f(0,0) = \lim_{h \to 0} \frac{\frac{h^3 v_1 v_2^2}{h^2 v_1^2 + h^4 v_2^4}}{h} = \lim_{h \to 0} \frac{v_1 v_2^2}{v_1^2 + h^2 v_2^4} = \frac{v_2^2}{v_1}$$

De este modo se deduce que existe la derivada direccional de f en el origen de coordenadas para cualquier vector unitario de $\mathbb{R}^2$. No obstante, se verá ahora que la función no es continua en este punto.

Se recuerda que f es continua en el origen si, y sólo si,

$$\lim_{(x,y) \to (0,0)} f(x,y) = f(0,0)$$

Se sabe que $f(0,0) = 0$. No obstante, se tiene

$$\lim_{\substack{y \to 0 \\ x = y^2}} f(y^2, y) = \lim_{y \to 0} \frac{y^4}{y^4 + y^4} = \lim_{y \to 0} \frac{1}{2} = \frac{1}{2}$$

Por lo tanto, si $\lim_{(x,y) \to (0,0)} f(x, y)$ existe, tiene que ser igual a $1/2$. Por lo tanto, la función no es continua en el origen.

Como se acaba de ver, las derivadas direccionales no son una extensión satisfactoria de la derivada de funciones de una variable al caso de varias variables. A continuación se presenta una generalización que sí implicará la continuidad.

Una función real de variable real es derivable en x si existe el siguiente límite:

$$\lim_{h \to 0} \frac{f(x + h) - f(x)}{h} = f'(x)$$

o de forma equivalente

$$\lim_{h \to 0} \frac{f(x + h) - f(x) - f'(x)h}{h} = 0$$

Definición 57 (Diferenciabilidad de una función vectorial). Sea $f : A \subset \mathbb{R}^n \to \mathbb{R}^m$ una función vectorial de varias variables reales. Se dice que f es diferenciable en el punto $\mathbf{x}$ si existe una aplicación df llamada diferencial de f

$$df : \mathbb{R}^n \times \mathbb{R}^n \to \mathbb{R}$$
$$(\mathbf{x}, \mathbf{h}) \to df(\mathbf{x}, \mathbf{h})$$

lineal en $\mathbf{h}$ tal que

$$\lim_{\|\mathbf{h}\| \to 0} \frac{\|f(\mathbf{x} + \mathbf{h}) - f(\mathbf{x}) - df(\mathbf{x}, \mathbf{h})\|}{\|\mathbf{h}\|} = 0$$

Propiedad 4. Sea $f : A \subset \mathbb{R}^n \to \mathbb{R}^m$ una función vectorial de varias variables reales. f es diferenciable en $\mathbf{x}$ si, y sólo si, cada componente $f_1, \ldots, f_m$ de f es diferenciable en $\mathbf{x}$.

Propiedad 5 (Matriz jacobiana y jacobiano). Si $f : A \subset \mathbb{R}^n \to \mathbb{R}^m$ es diferenciable en $\mathbf{x}$, entonces la aplicación diferencial df existe y viene dada por la matriz jacobiana

$$f'(\mathbf{x}) = \begin{pmatrix} \frac{\partial f_1}{\partial x_1}(\mathbf{x}) & \cdots & \frac{\partial f_1}{\partial x_n}(\mathbf{x}) \\ \vdots & \ddots & \vdots \\ \frac{\partial f_m}{\partial x_1}(\mathbf{x}) & \cdots & \frac{\partial f_m}{\partial x_n}(\mathbf{x}) \end{pmatrix}$$

de tal manera que

$$df(\mathbf{x}, \mathbf{h}) = f'(\mathbf{x}) \cdot \mathbf{h}$$

Si $n = m$, el determinante de la matriz $f'(\mathbf{x})$ se llama jacobiano y se nota $J_f(\mathbf{x})$.

Propiedad 6. Si $f : A \subset \mathbb{R}^n \to \mathbb{R}^m$ es diferenciable en $\mathbf{x} \in A$, entonces f es continua en $\mathbf{x}$.

Nota 13. Hay que tener en cuenta que:

(i) Una función diferenciable en un punto implica que es continua en ese punto.

(ii) La existencia de derivadas direccionales en un punto no implica la continuidad en ese punto.

(iii) La existencia de derivadas direccionales en un punto no implica la diferenciabilidad en ese punto.

(iv) La existencia de derivadas parciales en un punto no implica la diferenciabilidad en ese punto.

(v) Una función diferenciable en un punto implica la existencia de derivadas direccionales y parciales en ese punto.

Se considera ahora, por ejemplo, una función con derivadas parciales en un punto, pero que no es diferenciable.

Ejemplo 91. Se considera la función $f : \mathbb{R}^2 \to \mathbb{R}$,

$$f(x,y) = \begin{cases} 1, & x, y > 0 \\ 0, & x \leq 0 \text{ o } y \leq 0 \end{cases}$$

Se verá que las derivadas parciales en el origen existen, pero que f no es diferenciable en este punto.

$$\frac{\partial f}{\partial x}(0,0) = \lim_{h \to 0} \frac{f((0,0) + h(1,0)) - f(0,0)}{h} = \lim_{h \to 0} \frac{f(h,0) - f(0,0)}{h} = \lim_{h \to 0} \frac{0 - 0}{h} = 0$$

$$\frac{\partial f}{\partial y}(0,0) = \lim_{h \to 0} \frac{f((0,0) + h(0,1)) - f(0,0)}{h} = \lim_{h \to 0} \frac{f(0,h) - f(0,0)}{h} = \lim_{h \to 0} \frac{0 - 0}{h} = 0$$

Ahora bien,

$$\lim_{\substack{(x,y) \to (0,0) \\ y = x, x > 0}} f(x,y) = \lim_{x \to 0^+} f(x,x) = \lim_{x \to 0^+} 1 = 1$$

Esto significa que si $\lim_{(x,y) \to (0,0)} f(x,y)$ existe, tiene que ser 1. No obstante, $f(0,0) = 0$. Esto implica que la función no es continua en el origen y, por lo tanto, que la función no es diferenciable.

Teorema 16 (Relación entre diferenciabilidad y derivadas parciales). Sea $f : A \subset \mathbb{R}^n \to \mathbb{R}^m$ una función vectorial de varias variables reales. Si f tiene derivadas parciales continuas en un punto $\mathbf{x}_0 \in A$, entonces f es diferenciable en $\mathbf{x}_0$.

Ejemplo 92. Se considera la función $f : \mathbb{R}^2 \to \mathbb{R}$, $f(x,y) = x^2 y + xy^3$. Se estudia la diferenciabilidad de esta función en todo $(x,y) \in \mathbb{R}^2$.

Si se calculan las derivadas parciales,

$$\frac{\partial f}{\partial x}(x,y) = 2xy + y^3, \quad \frac{\partial f}{\partial y}(x,y) = x^2 + 3xy^2$$

se puede observar que son funciones continuas en todo punto $(x,y) \in \mathbb{R}^2$ (al ser funciones polinómicas). Entonces se puede concluir que f es diferenciable en $(x,y) \in \mathbb{R}^2$.

Nota 14. Hay que tener en cuenta que:

(i) Una función con derivadas parciales continuas implica que es diferenciable.

(ii) Una función con derivadas parciales no continuas no implica que la función no sea diferenciable.

Teorema 17 (Combinaciones de funciones diferenciables). Sean $f, g : A \subset \mathbb{R}^n \to \mathbb{R}$ funciones vectoriales de varias variables reales. Si f y g son diferenciables, también lo serán las funciones:

(i) $f \pm g$

(ii) $f \cdot g$

(iii) f/g, siempre que $g \neq 0$.

2.5. Derivadas de funciones compuestas: regla de la cadena

Teorema 18 (Derivada de la compuesta). Sean $f : A \subset \mathbb{R}^n \to \mathbb{R}^m$ y $g : B \subset \mathbb{R}^m \to \mathbb{R}^p$ dos funciones vectoriales de varias variables reales y sea $\mathbf{x}_0 \in V \subset A$, donde V es un entorno de $\mathbf{x}_0$. Se supone que $f(\mathbf{x}_0) \in W \subset B$, donde W es un entorno de $f(\mathbf{x}_0)$ que contiene $f(V)$. Se supone que f es diferenciable en $\mathbf{x}_0$ y que g es diferenciable en $f(\mathbf{x}_0)$. Entonces, la función compuesta

$$g \circ f : A \subset \mathbb{R}^n \to \mathbb{R}^p$$

también es diferenciable en el punto $\mathbf{x}_0 \in A$ y

$$(g \circ f)'(\mathbf{x}_0) = g'(f(\mathbf{x}_0)) \cdot f'(\mathbf{x}_0)$$

Es decir, se tiene que

$$(g \circ f)'(\mathbf{x}_0) = \begin{pmatrix} \frac{\partial g_1}{\partial y_1}(f(\mathbf{x}_0)) & \cdots & \frac{\partial g_1}{\partial y_m}(f(\mathbf{x}_0)) \\ \vdots & \ddots & \vdots \\ \frac{\partial g_p}{\partial y_1}(f(\mathbf{x}_0)) & \cdots & \frac{\partial g_p}{\partial y_m}(f(\mathbf{x}_0)) \end{pmatrix} \begin{pmatrix} \frac{\partial f_1}{\partial x_1}(\mathbf{x}_0) & \cdots & \frac{\partial f_1}{\partial x_n}(\mathbf{x}_0) \\ \vdots & \ddots & \vdots \\ \frac{\partial f_m}{\partial x_1}(\mathbf{x}_0) & \cdots & \frac{\partial f_m}{\partial x_n}(\mathbf{x}_0) \end{pmatrix}$$

Ejemplo 93. Se consideran las funciones $f : \mathbb{R}^2 \to \mathbb{R}^2$, $g : \mathbb{R}^2 \to \mathbb{R}$,

$$f(x,y) = (xy, x - y)$$
$$g(u,v) = uv + u - v$$

Se quiere calcular la matriz jacobiana $(g \circ f)'(1,0)$ de la función $(g \circ f)(x,y)$ en el punto $(1,0)$. Se hará de dos maneras diferentes:

(i) En primer lugar, componiendo ambas funciones y calculando la matriz jacobiana en el punto $(1,0)$. De esta manera:

$$(g \circ f)(x,y) = g(f(x,y)) = g(xy, x - y) = xy(x - y) + xy - (x - y)$$
$$= x^2 y - xy^2 + xy - x + y$$

por lo que

$$(g \circ f)'(x,y) = \left(\frac{\partial(g \circ f)}{\partial x}(x,y), \frac{\partial(g \circ f)}{\partial y}(x,y) \right) = \left(2xy - y^2 + y - 1, x^2 - 2xy + x + 1 \right)$$

y finalmente

$$(g \circ f)'(1,0) = \left. \left(2xy - y^2 + y - 1, x^2 - 2xy + x + 1 \right) \right|_{(1,0)} = (-1, 3)$$

(ii) La segunda opción es aplicando la regla de la cadena.

$$f'(x,y) = \begin{pmatrix} y & x \\ 1 & -1 \end{pmatrix} \Rightarrow f'(1,0) = \left. \begin{pmatrix} y & x \\ 1 & -1 \end{pmatrix} \right|_{(1,0)} = \begin{pmatrix} 0 & 1 \\ 1 & -1 \end{pmatrix}$$

$$g'(u,v) = (v + 1, u - 1) \Rightarrow g'(f(1,0)) = \left. (v + 1, u - 1) \right|_{f(1,0)=(0,1)} = (2, -1)$$

Por lo tanto, finalmente se tiene que

$$(g \circ f)'(1,0) = (2, -1) \begin{pmatrix} 0 & 1 \\ 1 & -1 \end{pmatrix} = (-1, 3)$$

2.5.1. Derivadas parciales de orden superior

Sea $f : A \subset \mathbb{R}^n \to \mathbb{R}$ una función real de varias variables reales que tiene una derivada parcial con respecto a la variable x_i en todo punto de A. En este caso, se puede definir la función escalar de varias variables reales

$$\frac{\partial f}{\partial x_i} : A \subset \mathbb{R}^n \to \mathbb{R}$$

Si esta función tiene una derivada parcial con respecto a la variable x_j en el punto $\mathbf{x}_0$, esta derivada parcial se nota

$$\frac{\partial}{\partial x_j}\left(\frac{\partial f}{\partial x_i}\right)(\mathbf{x}_0) = \begin{cases} \frac{\partial^2 f}{\partial x_j \partial x_i}(\mathbf{x}_0) & \text{si } i \neq j \\ \frac{\partial^2 f}{\partial x_i^2}(\mathbf{x}_0) & \text{si } i = j \end{cases}$$

y se llama *derivada parcial de orden 2*.

Definición 58 (Clases $\mathcal{C}^1$ y $\mathcal{C}^2$)**.** Sea $f : A \subset \mathbb{R}^n \to \mathbb{R}$ una función real de varias variables reales. Se dice que f es de clase $\mathcal{C}^1$ sobre A (y se nota $f \in \mathcal{C}^1(A)$) si existen las derivadas parciales en A y son continuas. De esta manera, si $f \in \mathcal{C}^1(A)$ entonces es diferenciable en A. Se dice que f es de clase $\mathcal{C}^2$ sobre A (y se nota $f \in \mathcal{C}^2(A)$) si existen las derivadas parciales en A de orden 2 y si son continuas.

Teorema 19 (Igualdad de las derivadas cruzadas)**.** Sea $f : A \subset \mathbb{R}^n \to \mathbb{R}$ una función real de varias variables reales y sea $\mathbf{x}_0 \in A$. Si $f \in \mathcal{C}^2(A)$, entonces para cada par $i, j = 1, \ldots, n$ se tiene que

$$\frac{\partial}{\partial x_j}\left(\frac{\partial f}{\partial x_i}\right)(\mathbf{x}_0) = \frac{\partial}{\partial x_i}\left(\frac{\partial f}{\partial x_j}\right)(\mathbf{x}_0)$$

Ejemplo 94. Sea la función $f : \mathbb{R}^2 \to \mathbb{R}$, $f(x,y) = x^3 y - xy^2$. Las derivadas parciales de segundo orden de esta función son:

$$\frac{\partial f}{\partial x}(x,y) = 3x^2 y - y^2 \implies \begin{cases} \frac{\partial^2 f}{\partial y \partial x}(x,y) = 3x^2 - 2y \\ \frac{\partial^2 f}{\partial x^2}(x,y) = 6xy \end{cases}$$

$$\frac{\partial f}{\partial y}(x,y) = x^3 - 2xy \implies \begin{cases} \frac{\partial^2 f}{\partial x \partial y}(x,y) = 3x^2 - 2y \\ \frac{\partial^2 f}{\partial y^2}(x,y) = -2x \end{cases}$$

Nota 15. Si $f : A \subset \mathbb{R}^n \to \mathbb{R}$ es una función real de variable real, las derivada parciales de tercer orden se definen de forma análoga. Por ejemplo,

$$\frac{\partial}{\partial x}\left(\frac{\partial}{\partial y}\left(\frac{\partial f}{\partial z}\right)\right) = \frac{\partial^3 f}{\partial x \partial y \partial z}$$

2.6. Desarrollo en serie de Taylor de una función de varias variables

Para funciones reales de una variable real $f : \mathbb{R} \to \mathbb{R}$, la fórmula de Taylor se presenta como la posibilidad de una aproximación local a la función a través de un polinomio. El objetivo de esta sección es el de generalizar la fórmula de Taylor para funciones reales de varias variables reales.

Definición 59 (Desarrollo de Taylor para funciones escalares)**.** La fórmula de Taylor de orden n para una función real de variable real que sea n veces derivable en un entorno del punto $a \in \mathbb{R}$ es

$$f(x) = f(a) + f'(a)(x-a) + \frac{f''(a)}{2}(x-a)^2 + \cdots + \frac{f^{(n)}(a)}{n!}(x-a)^n + R_n(x,a)$$

donde $R_n(x,a)$ es el error que se comete al aproximar la función por el polinomio. Este término recibe el nombre de *resto* y en el caso que la función f sea de clase $n+1$, se puede expresar como

$$R_{n,a}(x-a) = \frac{f^{(n+1)}(q)(x-a)^{n+1}}{(n+1)!}, \text{ para algún } q \in (a,x)$$

Propiedad 7. El resto de Taylor verifica la siguiente propiedad:

$$\lim_{x \to a} \frac{R_n(x,a)}{(x-a)^n} = 0$$

2.6.1. Fórmula de Taylor para funciones de varias variables

Definición 60 (Diferencial). Sea $f : A \subset \mathbb{R}^n \to \mathbb{R}$ una función real de varias variables reales y sea $\mathbf{x} \in A$ un punto en que f tiene derivadas parciales de segundo orden. La diferencial de segundo orden d^2f es una función de $\mathbb{R}^n \times \mathbb{R}^n \to \mathbb{R}$ definida como

$$d^2f(\mathbf{x},\mathbf{h}) = \sum_{i=1}^n \sum_{j=1}^n \frac{\partial^2 f}{\partial x_i \partial x_j}(\mathbf{x})h_i h_j, \text{ donde } \mathbf{h} = (h_1,\ldots,h_n)$$

La diferencial de tercer orden d^3f se define como sigue

$$d^3f(\mathbf{x},\mathbf{h}) = \sum_{i=1}^n \sum_{j=1}^n \sum_{k=1}^n \frac{\partial^3 f}{\partial x_i \partial x_j \partial x_k}(\mathbf{x})h_i h_j h_k$$

y la diferencial m-ésima d^mf se define en forma parecida cuando existan todas las derivadas parciales de orden m.

Teorema 20 (Desarrollo de Taylor para funciones vectoriales). Sea $f : A \subset \mathbb{R}^n \to \mathbb{R}$ una función que tenga derivadas parciales continuas de orden $m+1$ en cada punto de una bola abierta $B \subset A$ (es decir, que $f \in \mathcal{C}^{m+1}(B)$). Sean $\mathbf{x}$ y $\mathbf{a}$ dos puntos de B, entonces existe un punto $\mathbf{q}$ en el segmento rectilíneo que une $\mathbf{x}$ y $\mathbf{a}$ tal que

$$f(\mathbf{x}) = f(\mathbf{a}) + \sum_{k=1}^m \frac{1}{k!}d^kf(\mathbf{a},\mathbf{x}-\mathbf{a}) + R_m(\mathbf{x},\mathbf{a})$$

donde

$$R_m(\mathbf{x},\mathbf{a}) = \frac{1}{(m+1)!}d^{m+1}f(\mathbf{q},\mathbf{x}-\mathbf{a})$$

Propiedad 8. El resto de Taylor verifica la siguiente propiedad:

$$\lim_{\mathbf{x} \to \mathbf{a}} \frac{R_m(\mathbf{x},\mathbf{a})}{\|\mathbf{x}-\mathbf{a}\|^m} = 0$$

Propiedad 9 (Matriz hessiana). La secunda diferencial de f está dada por una matriz simétrica que se llama matriz hessiana definida como

$$H_f(\mathbf{x}) = \begin{pmatrix} \frac{\partial^2 f}{\partial x_1^2}(\mathbf{x}) & \cdots & \frac{\partial^2 f}{\partial x_1 \partial x_n}(\mathbf{x}) \\ \vdots & \ddots & \vdots \\ \frac{\partial^2 f}{\partial x_1 \partial x_n}(\mathbf{x}) & \cdots & \frac{\partial^2 f}{\partial x_n^2}(\mathbf{x}) \end{pmatrix}$$

de tal manera que

$$d^2f(\mathbf{x},\mathbf{h}) = \mathbf{h}^T \cdot H_f(\mathbf{x}) \cdot \mathbf{h}$$

2.6.2. Fórmula de Taylor de primer orden

Teorema 21. Sea $f : A \subset \mathbb{R}^n \to \mathbb{R}$ una función real de varias variables reales. Si $f \in \mathcal{C}^2(A)$, entonces

$$f(\mathbf{x}) = f(\mathbf{a}) + \sum_{i=1}^{n} \frac{\partial f}{\partial x_i}(\mathbf{a})(x_i - a_i) + R_1(\mathbf{x}, \mathbf{a})$$

donde

$$\lim_{\mathbf{x} \to \mathbf{a}} \frac{R_1(\mathbf{x}, \mathbf{a})}{\|\mathbf{x} - \mathbf{a}\|} = 0$$

2.6.3. Fórmula de Taylor de segundo orden

Teorema 22. Sea $f : A \subset \mathbb{R}^n \to \mathbb{R}$ una función real de varias variables reales. Si $f \in \mathcal{C}^3(A)$, entonces

$$f(\mathbf{x}) = f(\mathbf{a}) + \sum_{i=1}^{n} \frac{\partial f}{\partial x_i}(\mathbf{a})(x_i - a_i) + \frac{1}{2} \sum_{i=1}^{n} \sum_{j=1}^{n} \frac{\partial^2 f}{\partial x_i \partial x_j}(\mathbf{a})(x_i - a_i)(x_j - a_j) + R_2(\mathbf{x}, \mathbf{a})$$

donde

$$\lim_{\mathbf{x} \to \mathbf{a}} \frac{R_2(\mathbf{x} - \mathbf{a})}{\|\mathbf{x} - \mathbf{a}\|^2} = 0$$

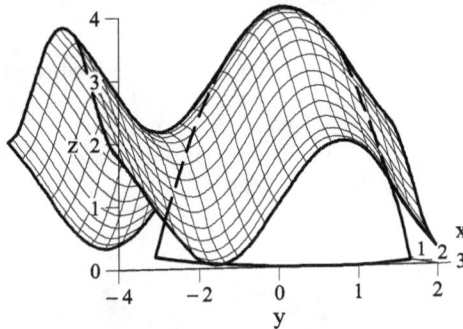

Figura 2.4. *La fórmula de Taylor de segundo orden permite aproximar una función (superficie tramada) por un paraboloide (superficie blanca)*

2.7. Problemas resueltos

PR 2.1. Determinar el dominio de las siguientes funciones:

(a) $f(x, y) = \sqrt{1 - x + y}$

(b) $f(x, y) = \sqrt{\frac{x}{y}}$

(c) $f(x, y) = e^{\frac{x+1}{y-2}}$

Resolución

(a) La función $f(x,y)$ es una raíz cuadrada de la expresión polinómica $p(x,y) = 1 - x + y$. El dominio de este tipo de funciones son todos los puntos del plano $\mathbb{R}^2$, salvo los que hacen estrictamente negativa la expresión $1 - x + y$. Es decir,

$$\begin{aligned} \text{Dom}(f) &= \mathbb{R}^2 - \{(x,y) \in \mathbb{R}^2 \mid 1 - x + y < 0\} \\ &= \mathbb{R}^2 - \{(x,y) \in \mathbb{R}^2 \mid y < x - 1\} \\ &= \{(x,y) \in \mathbb{R}^2 \mid y \geq x - 1\} \end{aligned}$$

El $\text{Dom}(f)$ es, en efecto, uno de los semiplanos en que la recta $y = x - 1$ divide a $\mathbb{R}^2$.

(b) En este caso, no serán del dominio ni los puntos que hagan negativa la expresión racional $q(x,y) = \frac{x}{y}$ ni aquellos que anulen el denominador de dicha expresión. Es decir,

$$Dom(f) = \mathbb{R}^2 - \left(\left\{ (x,y) \in \mathbb{R}^2 \mid \frac{x}{y} < 0 \right\} \cup \left\{ (x,y) \in \mathbb{R}^2 \mid y = 0 \right\} \right)$$

El conjunto $C = \left\{ (x,y) \in \mathbb{R}^2 \mid \frac{x}{y} < 0 \right\}$ es equivalente a la unión de los conjuntos

$$C_1 = \{(x,y) \in \mathbb{R}^2 \mid x < 0, y > 0\} \text{ y } C_2 = \{(x,y) \in \mathbb{R}^2 \mid x > 0, y < 0\}$$

que corresponden exactamente al segundo cuadrante (C_1) y al cuatro cuadrante (C_2), en ambos casos sin incluir los ejes de coordenadas.

De esta manera, el $\text{Dom}(f)$ es la unión del primer y tercer cuadrantes, excluyendo el eje de abcisas ($y = 0$), pero incluyendo el de ordenadas ($x = 0$).

(c) En este caso, sabemos que la función exponencial no presenta ningún problema. No obstante, la función racional $q(x,y) = \frac{x+1}{y-2}$ hará que excluyamos del dominio aquellos puntos que anulen el denominador. Por lo tanto,

$$\begin{aligned} Dom(f) &= \mathbb{R}^2 - \{(x,y) \in \mathbb{R}^2 \mid y - 2 = 0\} \\ &= \mathbb{R}^2 - \{(x,y) \in \mathbb{R}^2 \mid y = 2\} \\ &= \{(x,y) \in \mathbb{R}^2 \mid y \neq 2\} \end{aligned}$$

```
>   # Maple no tiene una función interna que calcule el dominio de una función
    # Es recomendable seguir los siguientes pasos para hallar el dominio
    # de una función:
    #    1.- representar la función y mirar los puntos (x,y) que no tienen imagen,
    #        estos puntos no van a pertenecer al dominio de la función
    #    2.- determinar las condiciones que deben verificar los puntos del dominio
    #    3.- encontrar estos puntos con el comando solve (resolver)
    #    4.- dibujar los puntos que estan en el dominio en el plano XY
>   # a)
>   # Definimos la función y la representamos
>   f:=(x,y)->sqrt(1-x+y):
>   plot3d(f(x,y),x=-10..10,y=-10..10,
        style=patchnogrid,axes=normal,orientation=[15,70],grid=[100,100]);
```

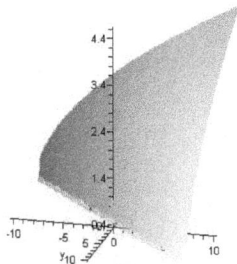

```
>   # Vemos que el plano XY está dividido por una recta
    # esta recta delimita los puntos que estan en el dominio y los que no
>   # Los puntos del dominio deben verificar que 1-x+y>=0
>   solve(1-x+y>=0);
```

$$\{x = x, -1 + x \le y\}$$

```
>   # Los puntos del dominio verifican que y>=x-1
>   with(plots):
>   implicitplot(y>=x-1,x=-10..10,y=-10..10,filled=true);
```

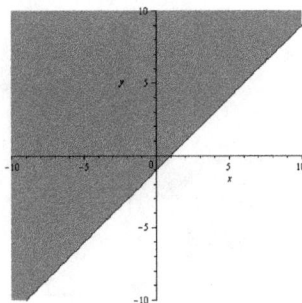

```
>   # Dibujamos el dominio y la función a la vez
>   display(
        plot3d([x,y,0],x=-10..10,y=x-1..10,color=red,style=patchnogrid),
        plot3d(f(x,y),x=-10..10,y=x-1..10,
            style=patchnogrid,axes=normal,grid=[30,30],orientation=[15,70])
    );
```

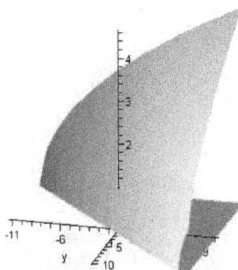

```
>   # b)
>   # Definimos la función y la representamos
```

```
>    f:=(x,y)->sqrt(x/y):
>    plot3d(f(x,y),x=-10..10,y=-10..10,
         style=patchnogrid,axes=normal,orientation=[15,70],grid=[200,200]);
```

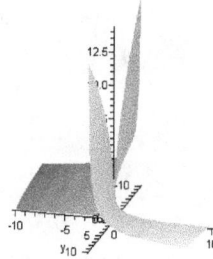

```
>    # Vemos que el plano XY, los cuadrantes donde x*y<0 no tienen imagen
     # a su vez sobre la recta y=0 parece haber una asíntota
>    dominio:=solve(x/y>=0 and y<>0);
```

$$dominio := \{-signum\,(x)\,y < 0\}$$

```
>    implicitplot(dominio[1],x=-10..10,y=-10..10,filled=true,numpoints=20000,
         axes=boxed);
```

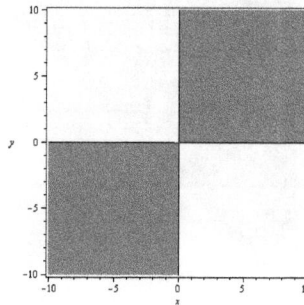

```
>    display(
         plot3d([x,y,0],x=0..10,y=0..10,color=red,style=patchnogrid),
         plot3d([x,y,0],x=-10..0,y=-10..0,color=red,style=patchnogrid),
         plot3d(f(x,y),x=-10..10,y=-10..10,
             style=patchnogrid,axes=normal,grid=[200,200],orientation=[15,70])
     );
```

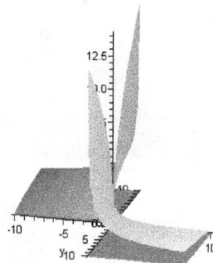

```
>    # c)
>    # Definimos la función y la representamos
```

```
>    f:=(x,y)->exp((x+1)/(y-2)):
>    plot3d(f(x,y),x=-5..5,y=-5..5,view=[-5..5,-5..5,-1..10],
        style=patchnogrid,axes=normal,orientation=[15,70],grid=[50,50]);
```

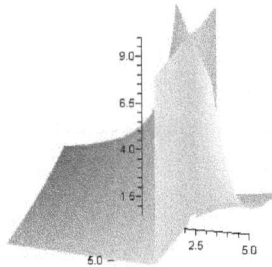

```
>    # Sabemos que el dominio de la función exponencial es R^2
     # por lo tanto el único conflicto está en y=2
>    dominio:=solve((x+1)/(y-2)>=0 and (x+1)/(y-2)<0);
```

$$dominio := \{x = x, y < 2\}, \{x = x, 2 < y\}$$

```
>    display(
        implicitplot(dominio[1][2],x=-5..5,y=-5..5,filled=true),
        implicitplot(dominio[2][2],x=-5..5,y=-5..5,filled=true)
     );
```

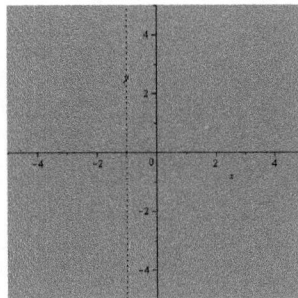

```
>    display(
        implicitplot3d(y=2,x=-5..5,y=-5..5,z=-1..100,
           color=black,transparency=0.7,style=patchnogrid),
        plot3d(f(x,y),x=-5..5,y=-5..1.99,
           style=patchnogrid,axes=normal,grid=[100,100],orientation=[15,70]),
        plot3d(f(x,y),x=-5..5,y=2.01..5,
           style=patchnogrid,axes=normal,grid=[100,100],orientation=[15,70]),
        view=[-5..5,-5..5,-1..100]
     );
```

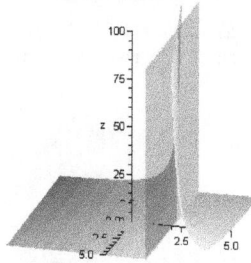

PR 2.2. Dado un producto escalar $\langle \cdot, \cdot \rangle$ en $\mathbb{R}^n$, demuestra la identidad de polarización

$$\langle x, y \rangle = \frac{1}{4} \left(\|x + y\|^2 - \|x - y\|^2 \right)$$

Resolución

Recordemos que $\|x\|^2 = \langle x, x \rangle$, con lo que partiendo de la parte derecha de la igualdad, y utilizando las propiedades del producto escalar, tenemos que:

$$\frac{1}{4} \left(\|x + y\|^2 - \|x - y\|^2 \right) = \frac{1}{4} \left(\langle x + y, x + y \rangle - \langle x - y, x - y \rangle \right)$$
$$= \frac{1}{4} \left(\langle x, x \rangle + \langle x, y \rangle + \langle y, x \rangle + \langle y, y \rangle - \langle x, x \rangle - \langle x, -y \rangle - \langle -y, x \rangle - \langle -y, -y \rangle \right)$$
$$= \frac{1}{4} \left(\langle x, x \rangle + \langle x, y \rangle + \langle x, y \rangle + \langle y, y \rangle - \langle x, x \rangle + \langle x, y \rangle + \langle x, y \rangle - \langle y, y \rangle \right)$$
$$= \frac{1}{4} \left(4 \langle x, y \rangle \right) = \langle x, y \rangle$$

PR 2.3. Estudiar la existencia del límite de las siguientes funciones cuando tendemos al origen de coordenadas $(0,0)$.

(a) $f(x, y) = \frac{xy^2}{x^2 + y^4}$

(b) $f(x, y) = \frac{x^2 y^2}{x^2 y^2 + (x - y)^2}$

(c) $f(x, y) = \frac{x^2 y}{x^2 + y^2} \operatorname{sen}(x + y)$

(d) $f(x, y) = \frac{3xy^2}{x^2 + y^2}$

Resolución

(a) Consideremos la trayectoria recta $y = mx$, $m \in \mathbb{R}$. Calculemos ahora el límite

$$\lim_{x \to 0} f(x, mx) = \lim_{x \to 0} \frac{x^3 m^2}{x^2 + m^4 x^4} = \lim_{x \to 0} \frac{x m^2}{1 + m^4 x^2} = 0$$

Esto quiere decir que, si el límite existe, el valor será 0. No obstante, consideremos ahora la trayectoria parabólica $x = y^2$. En este caso tenemos que

$$\lim_{y \to 0} f(y^2, y) = \lim_{y \to 0} \frac{1}{2} = \frac{1}{2}$$

lo que implica que el límite no existe, ya que depende de la trayectoria de aproximación.

(b) Consideremos la trayectoria recta $y = mx$, $m \in \mathbb{R}$. Calculemos ahora el límite

$$\lim_{x \to 0} f(x, mx) = \lim_{x \to 0} \frac{x^4 m^2}{x^4 m^2 + (x - mx)^2} = \lim_{x \to 0} \frac{x^2 m^2}{m^2 x^2 + 1 - 2m + m^2} = 0, \; m \neq 1$$

Esto quiere decir que, si el límite existe, el valor será 0. No obstante, consideremos la recta $y = x$ (es decir, $m = 1$). En este caso tenemos que

$$\lim_{x \to 0} f(x, x) = \lim_{x \to 0} 1 = 1$$

lo que implica que el límite no existe, ya que depende de la trayectoria de aproximación.

(c) Consideremos la trayectoria recta $y = mx$, $m \in \mathbb{R}$. Calculemos ahora el límite

$$\lim_{x \to 0} f(x, mx) = \lim_{x \to 0} \frac{x^3 m}{x^2 + m^2 x^2} \operatorname{sen}(x + mx) = \lim_{x \to 0} \frac{xm}{1 + m^2} \operatorname{sen}(x + mx) = 0$$

Esto quiere decir que, si el límite existe, el valor será 0. Para demostrar formalmente la existencia de este límite, necesitamos encontrar una función $l(x, y)$ tal que

$$|f(x, y) - 0| \leq l(x, y) \quad \text{y} \quad \lim_{(x,y) \to (0,0)} l(x, y) = 0$$

Para ello, consideremos la función $f(x, y)$ y las siguientes desigualdades:

$$|f(x) - 0| = \left| \frac{x^2 y}{x^2 + y^2} \operatorname{sen}(x + y) \right| = \left| y \cdot \frac{x^2}{x^2 + y^2} \cdot \operatorname{sen}(x + y) \right| \leq |y| = l(x, y)$$

La función $l(x, y) = |y|$ tiene límite 0 cuando $(x, y) \to (0, 0)$, con lo que podemos asegurar que

$$\lim_{(x,y) \to (0,0)} \frac{x^2 y}{x^2 + y^2} \operatorname{sen}(x + y) = 0$$

(d) Consideremos la trayectoria recta $y = mx$, $m \in \mathbb{R}$. Calculemos ahora el límite

$$\lim_{x \to 0} f(x, mx) = \lim_{x \to 0} \frac{3x^3 m^2}{x^2 + m^2 x^2} = \lim_{x \to 0} \frac{3xm^2}{1 + m^2} = 0$$

Esto quiere decir que, si el límite existe, el valor será 0. Para demostrar formalmente la existencia de este límite, necesitamos encontrar una función $l(x, y)$ tal que

$$|f(x, y) - 0| \leq l(x, y) \quad \text{y} \quad \lim_{(x,y) \to (0,0)} l(x, y) = 0$$

Para ello, consideremos la función $f(x, y)$ y las siguientes desigualdades:

$$|f(x) - 0| = \left| \frac{3xy^2}{x^2 + y^2} \right| = \left| 3x \cdot \frac{y^2}{x^2 + y^2} \right| \leq |3x| = l(x, y)$$

La función $l(x, y) = |3x|$ tiene límite 0 cuando $(x, y) \to (0, 0)$, con lo que podemos asegurar que

$$\lim_{(x,y) \to (0,0)} \frac{3xy^2}{x^2 + y^2} = 0$$

```
>   # Maple puede calcular algunos límites de funciones de más de una variable
    #    sin embargo, en los casos más complejos no es capaz de determinarlos
    #    y se tienen que usar otras técnicas
>   # a) en este caso maple no es capaz de calcular el límite directamente
>   f:=(x,y)->x*y^2/(x^2+y^4):
    'f(x,y)'=f(x,y);
```

$$f(x,y) = \frac{xy^2}{x^2 + y^4}$$

```
>   limit( f(x,y), {x=0,y=0} );
```

$$\lim_{\{y=0,x=0\}} \frac{xy^2}{x^2 + y^4}$$

```
>   # vamos a ver si considerando trayectorias rectas (y=mx) el límite existe
>   limit(subs(y=m*x,f(x,y)),x=0);
```

$$0$$

```
>   # vamos a ver si considerando trayectorias parabólicas (y=mx^2)
    # el límite existe y también vale 0
>   limit(subs(y=m*x^2,f(x,y)),x=0);
```

$$0$$

```
>   # vamos a ver si considerando trayectorias parabólicas (x=my^2)
    # el límite existe y también vale 0
>   limit(subs(x=m*y^2,f(x,y)),y=0);
```

$$\frac{m}{m^2+1}$$

```
>   # deducimos de esto que el límite no existe
    # Para visualizar el concepto de límite,
    # utilizaremos la función LimiteVisual definida a continuación
>   with(plots):with(plottools):
>   LimiteVisual:=proc(f,x0,y0,f0,c,xrange,yrange,zrange,orient,numnp)
        local numc,surf,drop,base,lift,point1;

        numc:=nops(curvas):
        surf:=plot3d(f,xrange,yrange,style=patchnogrid,shading=ZHUE,numpoints=numnp):
        drop:=plot3d(0,xrange,yrange,color=green,grid=[5,6],transparency=0.8):
        base:=spacecurve({[c[k][1],c[k][2],.01] $k=1..numc},t=xrange,color=blue,
            thickness=2):
        lift:=spacecurve({[c[k][1],c[k][2],f(c[k][1],c[k][2])] $k=1..numc},t=xrange,
            color=magenta,thickness=2):
        point1:=sphere([x0,y0,f0],0.05):

        display({surf,drop,base,lift,point1},labels=[x,y,z],orientation=orient,
            view=[xrange,yrange,zrange]);
    end:
>   # Empezamos dibujando la función y dos trayectorias (y=x,y=x^2)
    # En ambos casos las imágenes de las trayectorias (curvas rosas) tienden a 0
>   curvas:=[[t,t],[t,2*t]]:
>   LimiteVisual(f,0,0,0,curvas,-2..2,-5..5,-0.5...0.7,[-160,70],10000);
```

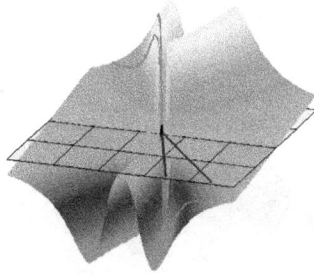

```
>    # Es aconsejable mover el dibujo con el mouse
     #    para ver las trayectorias (en azul) y sus imagenes (en rosa)
     #    al mover el mouse se ve que las imagenes tienden a cero
>    # Vamos a ver ahora qué pasa si consideramos la trayectoria (x=y^2)
>    curvas:=[[t^2,t]]:
>    LimiteVisual(f,0,0,0,curvas,-1..2,-5..5,-0.5...0.7,[-10,60],50000);
```

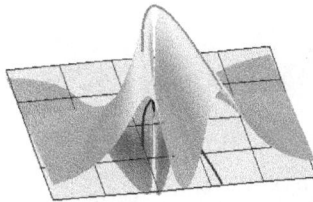

```
>    # En este caso se puede ver que las imágenes no tienden a cero
     # Por lo tanto el límite no existe
>    # b) en este caso maple tampoco es capaz de calcular el límite directamente
>    f:=(x,y)->x^2*y^2/(x^2*y^2+(x-y)^2):
     `f(x,y)`=f(x,y);
```

$$\mathrm{f}(x,y) = \frac{x^2 y^2}{x^2 y^2 + (x-y)^2}$$

```
>    limit( f(x,y), {x=0,y=0} );
```

$$\lim_{\{y=0,x=0\}} \frac{x^2 y^2}{x^2 y^2 + (x-y)^2}$$

```
>    # trayectoria recta y=x
>    limit(subs(y=x,f(x,y)),x=0);
```

$$1$$

```
>    # trayectoria recta y=2*x
>    limit(subs(y=2*x,f(x,y)),x=0);
```

$$0$$

```
>    # Dibujo
>    curvas:=[[t,t],[t,2*t]]:
>    LimiteVisual(f,0,0,0,curvas,-2..2,-5..5,0..1,[-100,80],100000);
```

```
>   # c) en este caso maple tampoco es capaz de calcular el límite directamente
>   f:=(x,y)->x^2*y/(x^2+y^2)*sin(x+y):
    'f(x,y)'=f(x,y);
```

$$f(x,y) = \frac{x^2 y \sin{(x+y)}}{x^2+y^2}$$

```
>   limit( f(x,y), {x=0,y=0} );
```

$$\lim_{\{y=0,x=0\}} \frac{x^2 y \sin{(x+y)}}{x^2+y^2}$$

```
>   # trayectorias recta y=x
>   limit(subs(y=m*x,f(x,y)),x=0);
```

$$0$$

```
>   # vamos a ver que la función x^2/(x^2+y^2)*sin(x+y) es acotada
>   maximize(x^2/(x^2+y^2)*sin(x+y));
```

$$1$$

```
>   minimize(x^2/(x^2+y^2)*sin(x+y));
```

$$-1$$

```
>   plot3d(x^2/(x^2+y^2)*sin(x+y),x=-10..10,y=-10..10,
        style=patchnogrid,numpoints=5000,axes=normal);
```

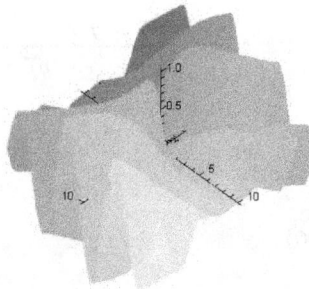

```
>   # Por lo tanto tenemos que f(x,y) = y * funcion_acotada
    #   como el límite de la función f(x,y)=y para (x,y)->(0,0) es cero
    #   podemos aplicar que el límite de 0 por acotado es 0
>   # Dibujo - en este caso todas las trayectorias tienden a cero
>   curvas:=[[t,t],[t,2*t],[t,t^2],[t^2,t]]:
>   LimiteVisual(f,0,0,0,curvas,-2..2,-5..5,-1..1,[100,50],5000);
```

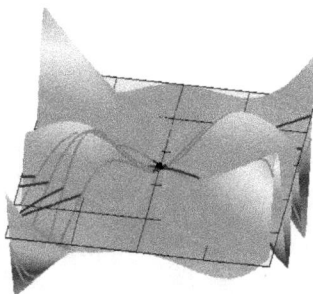

```
>   # d) en este caso maple tampoco es capaz de calcular el límite directamente
>   f:=(x,y)->3*x*y^2/(x^2+y^2):
    'f(x,y)'=f(x,y);
```

$$f(x,y) = 3\,\frac{xy^2}{x^2+y^2}$$

```
>   limit( f(x,y), {x=0,y=0} );
```

$$\lim_{\{x=0,y=0\}} 3\,\frac{xy^2}{x^2+y^2}$$

```
>   # trayectorias recta y=x
>   limit(subs(y=m*x,f(x,y)),x=0);
```

$$0$$

```
>   # vamos a ver que la función y^2/(x^2+y^2) es acotada
>   maximize(y^2/(x^2+y^2));
```

$$1$$

```
>   minimize(y^2/(x^2+y^2));
```

$$0$$

```
>   plot3d(y^2/(x^2+y^2),x=-10..10,y=-10..10,style=patchnogrid,
        numpoints=5000,axes=normal);
```

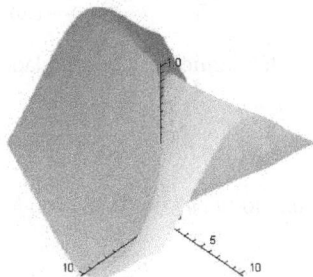

```
>   # Por lo tanto tenemos que f(x,y) = 3 * x * funcion_acotada
    #    como el límite de la función f(x,y)=3*x para (x,y)->(0,0) es cero
    #    podemos aplicar que el límite de 0 por acotado es 0
>   # Dibujo - en este caso todas las trayectorias tienden a cero
>   curvas:=[[t,t],[t,2*t],[t,t^2],[t^2,t]]:
>   LimiteVisual(f,0,0,0,curvas,-2..2,-5..5,-1..1,[-150,60],5000);
```

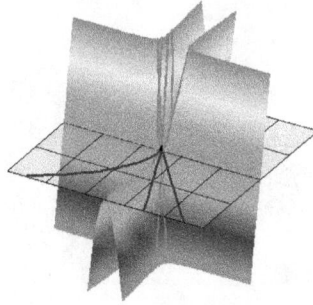

PR 2.4. Estudiar la continuidad de la función

$$f(x,y) = \begin{cases} \frac{x^3 y^3}{x^2+y^2}, & (x,y) \neq (0,0) \\ 0, & (x,y) = (0,0) \end{cases}$$

Resolución

En primer lugar observamos que la función no presenta ningún problema en los dos dominios en que se divide la función $D_1 = \{(x,y) \in \mathbb{R}^2 \mid (x,y) \neq (0,0)\}$ y $D_2 = \{(0,0)\}$. En el primer caso, el denominador de la función racional es siempre distinto de 0 en todos los puntos de D_1; en el segundo caso, la función es constantemente igual a 0. No obstante, lo que sí hemos de comprobar es qué pasa en la frontera de estos dos conjuntos, es decir, en el punto $(0,0)$. La función será continua si

$$f(0,0) = \lim_{(x,y)\to(0,0)} f(x,y)$$

Claramente $f(0,0) = 0$. Para el cálculo del límite, consideremos la trayectoria recta $y = mx$, $m \in \mathbb{R}$. Calculemos ahora

$$\lim_{x\to 0} f(x,mx) = \lim_{x\to 0} \frac{x^6 m^3}{x^2 + m^2 x^2} = \lim_{x\to 0} \frac{x^4 m^3}{1 + m^2} = 0$$

Esto quiere decir que, si el límite existe, el valor será 0. Para demostrar formalmente la existencia de este límite, necesitamos encontrar una función $l(x,y)$ tal que

$$|f(x,y) - 0| \leq l(x,y) \quad \text{y} \quad \lim_{(x,y)\to(0,0)} l(x,y) = 0$$

Para ello, consideremos la función $f(x,y)$ y las siguientes desigualdades:

$$|f(x) - 0| = \left| \frac{x^3 y^3}{x^2 + y^2} \right| = \left| x^3 y \cdot \frac{y^2}{x^2 + y^2} \right| \leq |x^3 y| = l(x,y)$$

La función $l(x,y) = |x^3 y|$ tiene límite 0 cuando $(x,y) \to (0,0)$, con lo que podemos asegurar que

$$\lim_{(x,y)\to(0,0)} \frac{3xy^2}{x^2 + y^2} = 0$$

Por lo tanto, la función es continua en todo su dominio.

```
>   # Para funciones de una variable existe el comando iscont
    #    que determina la continuidad de una función
    # Sin embargo, no existe una función así para funciones de más de una variable
    # El estudio se tiene que hacer paso a paso
```

```
>  f:=(x,y)->piecewise(x=0 and y=0,0,x^3*y^3/(x^2+y^2)):
>  # Para (x,y)<>(0,0) la función es continua
>  # Estudiamos el caso (x,y)=(0,0)
>  limit(f(x,y),{x=0,y=0});
```

$$\lim_{\{y=0,x=0\}} \frac{x^3 y^3}{x^2 + y^2}$$

```
>  # límite en trayectorias rectas (y=mx)
>  limit(subs(y=m*x,f(x,y)),x=0);
```

$$0$$

```
>  # la función y^2/(x^2+y^2) es acotada
>  maximize(y^2/(x^2+y^2));
```

$$1$$

```
>  minimize(y^2/(x^2+y^2));
```

$$0$$

```
>  # por lo tanto, como f(x,y)=x^3*y*funcion_acotada
   #   y la función x^3*y tiende a cero si (x,y)->0
   #   el límite global es cero
   # como el límite en (0,0) es cero y coincide con el valor de la función en (0,0)
   #   la función es continua en (0,0)
>  plot3d(f(x,y),x=-4..4,y=-4..4,style=patchnogrid,numpoints=5000);
```

```
>  # En el dibujo ya se ve que la función en el punto (0,0)
   #    no parece tener problemas
```

PR 2.5. Se considera la función

$$f(x,y) = \begin{cases} \frac{\alpha(|x|+|y|)}{\sqrt{x^2+y^2}}, & (x,y) \neq (0,0) \\ \beta, & (x,y) = (0,0) \end{cases}$$

Encontrar la relación entre α y β para garantizar la existencia de las derivadas parciales de f en el punto $(0,0)$.

Resolución

Las derivadas parciales de f en el punto $(0,0)$ existen si existen los límites

$$\frac{\partial f}{\partial x}(0,0) = \lim_{t \to 0} \frac{f(t,0) - f(0,0)}{t}$$

$$\frac{\partial f}{\partial y}(0,0) = \lim_{t \to 0} \frac{f(0,t) - f(0,0)}{t}$$

Calculando los límites, obtenemos:

$$\frac{\partial f}{\partial x}(0,0) = \lim_{t\to 0}\frac{f(t,0)-f(0,0)}{t} = \lim_{t\to 0}\frac{\frac{\alpha|t|}{\sqrt{t^2}}-\beta}{t} = \lim_{t\to 0}\frac{\alpha-\beta}{t}$$

$$\frac{\partial f}{\partial y}(0,0) = \lim_{t\to 0}\frac{f(0,t)-f(0,0)}{t} = \lim_{t\to 0}\frac{\frac{\alpha|t|}{\sqrt{t^2}}-\beta}{t} = \lim_{t\to 0}\frac{\alpha-\beta}{t}$$

Los límites existen y valen 0 sólo si $\alpha - \beta = 0$, es decir, cuando $\alpha = \beta$. En caso contrario, si $\alpha \neq \beta$, las derivadas parciales no existen.

```
>   f:=(x,y)->piecewise(x=0 and y=0, beta, alpha*(abs(x)+abs(y))/sqrt(x^2+y^2)):
>   # Maple tiene un comando para evaluar derivadas direccionales
>   Student[MultivariateCalculus]:-DirectionalDerivative(f(x,y),[x,y]=[0,0],[1,0]);
```
Error (in Student:-MultivariateCalculus:-DirectionalDerivative) unable to compute directional derivative
```
>   # Sin embargo para esta función definida a trozos no puede calcularla
>   #    para hacerlo hace falta utilitzar la definición formal
>   dfx:=limit((f(t,0)-f(0,0))/t,t=0);
```

$$dfx := \lim_{t\to 0}\left(\frac{\alpha\,|t|}{\sqrt{t^2}}-\beta\right)t^{-1}$$

```
>   dfy:=limit((f(0,t)-f(0,0))/t,t=0);
```

$$dfy := \lim_{t\to 0}\left(\frac{\alpha\,|t|}{\sqrt{t^2}}-\beta\right)t^{-1}$$

```
>   # Las derivadas parciales solo existen si alpha=beta
>   f:=(x,y)->piecewise(x=0 and y=0, beta, beta*(abs(x)+abs(y))/sqrt(x^2+y^2)):
>   dfx:=limit((f(t,0)-f(0,0))/t,t=0);
```
$$dfx := 0$$
```
>   dfy:=limit((f(0,t)-f(0,0))/t,t=0);
```
$$dfy := 0$$

PR 2.6. Se consideran las funciones $f, g : \mathbb{R}^2 \to \mathbb{R}$ definidas como:

$$f(x,y) = xy^2 \operatorname{sen}\left(\frac{1}{y}\right),\ y\neq 0,\quad f(x,y)=0,\ y=0$$

$$g(x,y) = \frac{1}{\pi}e^{x+y} + \int_0^x \frac{t^2}{\sqrt{t^4+1}}dt$$

(a) Calcular las derivadas parciales de f y g.

(b) Demostrar que $F = (f,g) : \mathbb{R}^2 \to \mathbb{R}^2$ es diferenciable en los puntos $(0,0)$ y $(0,1/\pi)$.

(c) Deducir que $G = F \circ F$ es diferenciable en el punto $(0,0)$ y calcular $G'(0,0)$.

(d) Calcular $D_{\mathbf{u}}g(0,0)$ con $\mathbf{u} = (1,1)$.

Resolución

(a) Sea (x_0, y_0) un punto del plano tal que $y_0 \neq 0$. Entonces existe un entorno V de este punto que no tiene intersección con la recta $y = 0$ (ver Fig. 2.5). En todo punto (x,y) de V se tiene que $y \neq 0$, con lo cual la función f tiene la misma expresión en V. Esta expresión es una combinación (producto y composición) de

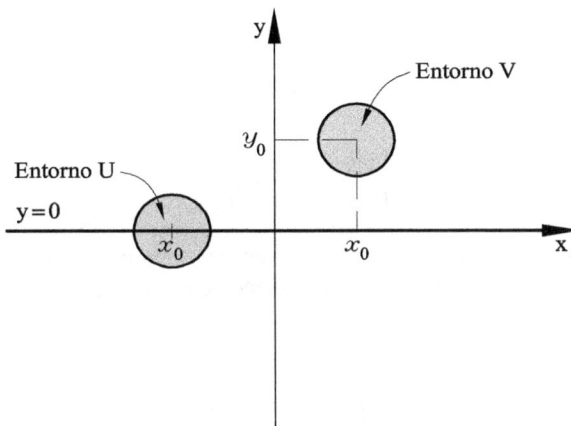

Figura 2.5. *Los diferentes casos para el punto* (x_0, y_0)

funciones diferenciables, lo que implica que f es diferenciable en V. Esto implica que f es diferenciable en todo punto (x_0, y_0) si $y_0 \neq 0$ y, por lo tanto, tiene derivadas parciales que son:

$$\frac{\partial f}{\partial x}(x_0, y_0) = y_0^2 \operatorname{sen}\left(\frac{1}{y_0}\right)$$

$$\frac{\partial f}{\partial y}(x_0, y_0) = 2x_0 y_0 \operatorname{sen}\left(\frac{1}{y_0}\right) - x_0 \cos\left(\frac{1}{y_0}\right)$$

Si $y_0 = 0$, entonces todo entorno U del punto $(x_0, 0)$ contiene puntos de la recta $y = 0$ y por lo tanto, la expresión de f no es la misma en U. En este caso no se pueden calcular la derivadas parciales directamente y no se puede saber si f es diferenciable en todo U. Se calculan las derivadas parciales de f a través de su definición usando límites. En efecto,

$$\begin{aligned}
\frac{\partial f}{\partial x}(x_0, 0) = D_{e_1} f(x_0, 0) &= \lim_{t \to 0} \frac{f((x_0, 0) + t(1, 0)) - f(x_0, 0)}{t} \\
&= \lim_{t \to 0} \frac{f(x_0 + t, 0) - f(x_0, 0)}{t} \\
&= \lim_{t \to 0} \frac{0}{t} = 0 \\
\frac{\partial f}{\partial y}(x_0, 0) = D_{e_2} f(x_0, 0) &= \lim_{t \to 0} \frac{f((x_0, 0) + t(0, 1)) - f(x_0, 0)}{t} \\
&= \lim_{t \to 0} \frac{f(x_0, t) - f(x_0, 0)}{t} \\
&= \lim_{t \to 0} \frac{x_0 t^2 \operatorname{sen}\left(\frac{1}{t}\right)}{t} \\
&= \lim_{t \to 0} x_0 t \operatorname{sen}\left(\frac{1}{t}\right) = 0
\end{aligned}$$

En resumen, se tiene que:

$$\frac{\partial f}{\partial x}(x,y) = \begin{cases} y^2 \operatorname{sen}\left(\frac{1}{y}\right), & y \neq 0 \\ 0, & y = 0 \end{cases}$$

$$\frac{\partial f}{\partial y}(x,y) = \begin{cases} 2xy \operatorname{sen}\left(\frac{1}{y}\right) - x\cos\left(\frac{1}{y}\right), & y \neq 0 \\ 0, & y = 0 \end{cases}$$

Respecto de la función $g(x,y)$ que es diferenciable en $\mathbb{R}^2$ como combinación de funciones diferenciables, se calculan las derivadas parciales directamente, teniendo en cuenta que

$$\frac{\partial}{\partial x}\left(\int_0^x \frac{t^2}{\sqrt{t^4+1}}dt\right) = \frac{x^2}{\sqrt{x^4+1}}$$

$$\frac{\partial}{\partial y}\left(\int_0^x \frac{t^2}{\sqrt{t^4+1}}dt\right) = 0$$

Entonces,

$$\frac{\partial g}{\partial x}(x,y) = \frac{1}{\pi}e^{x+y} + \frac{x^2}{\sqrt{x^4+1}}$$

$$\frac{\partial g}{\partial y}(x,y) = \frac{1}{\pi}e^{x+y}$$

(b) Se ha visto en el apartado anterior que las funciones f y g son diferenciables en todo punto (x,y) con $y \neq 0$. Esto implica que la función F es diferenciable en $(0, 1/\pi)$.

Para el punto $(0,0)$, si las derivadas parciales de F son continuas en el punto $(0,0)$, entonces F es diferenciable. La función $\frac{\partial f}{\partial x}(x,y)$ será continua en el punto $(0,0)$ si

$$\frac{\partial f}{\partial x}(0,0) = \lim_{(x,y)\to(0,0)} \frac{\partial f}{\partial x}(x,y)$$

Por un lado, está claro que $\frac{\partial f}{\partial x}(0,0) = 0$. Por el otro, se tiene que para cualquier $(x,y) \in \mathbb{R}^2$

$$\left|\frac{\partial f}{\partial x}(x,y)\right| \leq y^2$$

y

$$\lim_{(x,y)\to(0,0)} y^2 = 0$$

lo que implica que

$$\lim_{(x,y)\to(0,0)} \frac{\partial f}{\partial x}(x,y) = 0$$

Esto garantiza la continuidad de $\frac{\partial f}{\partial x}(x,y)$ en el punto $(0,0)$. Se hace lo mismo para la otra derivada parcial:

$$\left|\frac{\partial f}{\partial y}(x,y)\right| \leq 2|xy| + |x|, \forall (x,y) \in \mathbb{R}^2$$

y

$$\lim_{(x,y)\to(0,0)} 2|xy| + |x| = 0$$

con lo cual

$$\lim_{(x,y)\to(0,0)} \frac{\partial f}{\partial y}(x,y) = 0 = \frac{\partial f}{\partial y}(0,0)$$

lo que implica la continuidad de $\frac{\partial f}{\partial y}$ en $(0,0)$. Las derivadas parciales son continuas en $(0,0)$ y por lo tanto F es diferenciable en este punto.

(c) Aplicando la regla de la cadena, $G = F \circ F$ será diferenciable en el punto $(0,0)$ si F es diferenciable en $(0,0)$ y en $F(0,0) = (f(0,0), g(0,0)) = (0, \frac{1}{\pi})$. No obstante, esto es exactamente lo que se ha demostrado en el apartado anterior.

Para el cálculo de $G'(0,0)$, nos basamos nuevamente en la regla de la cadena

$$G'(0,0) = (F \circ F)'(0,0) = F'(F(0,0)) \cdot F'(0,0) = F'\left(0, \frac{1}{\pi}\right) \cdot F'(0,0)$$

con lo que

$$\begin{aligned}
G'(0,0) &= F'\left(0, \frac{1}{\pi}\right) \cdot F'(0,0) \\
&= \begin{pmatrix} \frac{\partial f}{\partial x}(0, \frac{1}{\pi}) & \frac{\partial f}{\partial y}(0, \frac{1}{\pi}) \\ \frac{\partial g}{\partial x}(0, \frac{1}{\pi}) & \frac{\partial g}{\partial y}(0, \frac{1}{\pi}) \end{pmatrix} \cdot \begin{pmatrix} \frac{\partial f}{\partial x}(0,0) & \frac{\partial f}{\partial y}(0,0) \\ \frac{\partial g}{\partial x}(0,0) & \frac{\partial g}{\partial y}(0,0) \end{pmatrix} \\
&= \begin{pmatrix} 0 & 0 \\ \frac{e^{\frac{1}{\pi}}}{\pi} & \frac{e^{\frac{1}{\pi}}}{\pi} \end{pmatrix} \cdot \begin{pmatrix} 0 & 0 \\ \frac{1}{\pi} & \frac{1}{\pi} \end{pmatrix} \\
&= \begin{pmatrix} 0 & 0 \\ \frac{e^{\frac{1}{\pi}}}{\pi^2} & \frac{e^{\frac{1}{\pi}}}{\pi^2} \end{pmatrix}
\end{aligned}$$

(d) Para el cálculo de la derivada direccional $D_{\mathbf{u}}g(0,0)$ utilizaremos la fórmula

$$D_{\mathbf{u}}g(0,0) = \langle \nabla g(0,0), \mathbf{u} \rangle$$

con el vector $\mathbf{u}$ normalizado a $\left(\frac{1}{\sqrt{2}}, \frac{1}{\sqrt{2}}\right)$. Entonces,

$$\nabla g(0,0) = \left(\frac{\partial g}{\partial x}(0,0), \frac{\partial g}{\partial y}(0,0)\right) = (1/\pi, 1/\pi)$$

$$D_{\mathbf{u}}g(0,0) = \left\langle (1/\pi, 1/\pi), \left(\frac{1}{\sqrt{2}}, \frac{1}{\sqrt{2}}\right) \right\rangle = \frac{\sqrt{2}}{\pi}$$

```
>   f:=(x,y)->piecewise(y=0,0,x*y^2*sin(1/y)):
>   g:=(x,y)->1/Pi*exp(x+y)+int(t^2/sqrt(t^4+1),t=0..x):
>   # a) derivadas parciales de f
>   # para y=/=0
>   dfx:=diff(x*y^2*sin(1/y),x);
```

$$dfx := y^2 \sin\left(y^{-1}\right)$$

```
>   dfy:=diff(x*y^2*sin(1/y),y);
```

$$dfy := 2\,xy \sin\left(y^{-1}\right) - x \cos\left(y^{-1}\right)$$

```
>   # para y=0
>   dfx:=limit((f(x+t,0)-f(x,0))/t,t=0);
```
$$dfx := 0$$
```
>   dfy:=limit((f(x,t)-f(x,0))/t,t=0);
```
$$dfy := 0$$
```
>   # de hecho Maple en este caso puede calcular las derivadas directamente
>   dfx:=diff(f(x,y),x);
```
$$dfx := \begin{cases} 0 & y = 0 \\ y^2 \sin\left(y^{-1}\right) & otherwise \end{cases}$$
```
>   dfy:=diff(f(x,y),y);
```
$$dfy := \begin{cases} 0 & y = 0 \\ 2\,xy\sin\left(y^{-1}\right) - x\cos\left(y^{-1}\right) & otherwise \end{cases}$$
```
>   # a) derivadas parciales de g
>   dgx:=diff(g(x,y),x): simplify(dgx);
```
$$\frac{\pi\,x^2 + e^{x+y}\sqrt{x^4+1}}{\sqrt{x^4+1}\,\pi}$$
```
>   dgy:=diff(g(x,y),y): simplify(dgy);
```
$$\frac{e^{x+y}}{\pi}$$
```
>   # c)
>   # Consideramos G = F o F
>   F:=(x,y)->(f(x,y),g(x,y)):
>   G:=(x,y)->F(F(x,y)):
>   dF:=Matrix(2,2,[dfx,dfy,dgx,dgy]): dF:=simplify(dF);
```
$$dF := \begin{bmatrix} \begin{cases} 0 & y=0 \\ y^2 \sin\left(y^{-1}\right) & otherwise \end{cases} & \begin{cases} 0 & y=0 \\ x\left(2\,y\sin\left(y^{-1}\right) - \cos\left(y^{-1}\right)\right) & otherwise \end{cases} \\ \dfrac{\pi\,x^2 + e^{x+y}\sqrt{x^4+1}}{\sqrt{x^4+1}\,\pi} & \dfrac{e^{x+y}}{\pi} \end{bmatrix}$$
```
>   dF:=unapply(dF,x,y):
>   M1:=dF(0,1/Pi);
    M2:=dF(0,0);
```
$$M1 := \begin{bmatrix} 0 & 0 \\ \dfrac{e^{\pi^{-1}}}{\pi} & \dfrac{e^{\pi^{-1}}}{\pi} \end{bmatrix}$$

$$M2 := \begin{bmatrix} 0 & 0 \\ \pi^{-1} & \pi^{-1} \end{bmatrix}$$
```
>   M1.M2;
```
$$\begin{bmatrix} 0 & 0 \\ \dfrac{e^{\pi^{-1}}}{\pi^2} & \dfrac{e^{\pi^{-1}}}{\pi^2} \end{bmatrix}$$
```
>   # d)
>   # La función DirectionalDerivative de Maple
    #    permite calcular algunas derivadas direccionales
```

```
> with(Student[MultivariateCalculus]):
> DirectionalDerivative( g(x,y), [x,y]=[0,0], [1,1]);
```

$$\frac{\sqrt{2}}{\pi}$$

```
> # Además se puede hacer la representación del plano tangente
  #    y la derivada direccional
> DirectionalDerivative( g(x,y), [x,y]=[0,0], [1,1], output = plot,
    scaling = unconstrained, view = [-5 .. 5, -5 .. 5, -5 .. 5]);
```

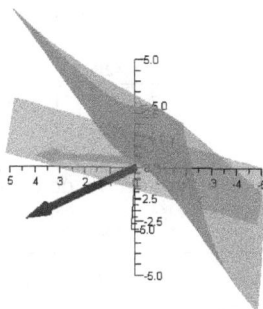

```
> # Con el mouse podéis mover el dibujo
  # En particular podéis considerar la orientación [90,60]
  #    que es la que se muestra en la figura anterior
  # En el dibujo se puede apreciar el plano tangente (color rosa) en el punto
  #    (0,0) y la dirección de la derivada direccional (vector (1,1))
```

PR 2.7. Estudiar la diferenciabilidad en el origen de coordenadas de la función

$$f(x,y) = \sqrt{|xy|}.$$

Resolución

La función $f(x,y)$ puede ser reescrita de la siguiente manera:

$$f(x,y) = \begin{cases} \sqrt{xy}, & x \geq 0,\ y \geq 0 \\ \sqrt{-xy}, & x < 0,\ y > 0 \\ \sqrt{xy}, & x \leq 0,\ y \leq 0 \\ \sqrt{-xy}, & x > 0,\ y < 0 \end{cases}$$

Las derivadas parciales, que se pueden calcular aplicando la definición, son:

$$\frac{\partial f}{\partial x}(x,y) = \begin{cases} \frac{1}{2}\frac{\sqrt{xy}}{x}, & x > 0,\ y > 0 \\ \frac{1}{2}\frac{\sqrt{-xy}}{x}, & x < 0,\ y > 0 \\ \frac{1}{2}\frac{\sqrt{xy}}{x}, & x < 0,\ y < 0 \\ \frac{1}{2}\frac{\sqrt{-xy}}{x}, & x > 0,\ y < 0 \end{cases}$$

No obstante, en los puntos tales que $x = 0, y > 0$ (semieje positivo de ordenadas), observemos que:

$$\frac{\partial f}{\partial x}(0,y) = \lim_{t \to 0} \frac{f(t,y) - f(0,y)}{t} = \lim_{t \to 0} \frac{\sqrt{ty}}{t} \to \nexists$$

El anterior límite no existe, y lo mismo pasa con los otros tres semiejes. En el origen, no obstante, la derivada parcial sí existe y vale 0, como podemos comprobar:

$$\frac{\partial f}{\partial x}(0,0) = \lim_{t \to 0} \frac{f(t,0) - f(0,0)}{t} = \lim_{t \to 0} \frac{0 - 0}{t} = 0$$

Dada la simetría de la función $f(x, y)$, los resultados que hemos obtenido hasta ahora son válidos también para las derivadas parciales respecto de la variable y. El hecho de que las derivadas parciales no sean continuas, como hemos comprobado, no implica la no diferenciabilidad de la función en el origen de coordenadas. Hemos de buscar otra manera de demostrar la diferenciabilidad o no de dicha función.

Calculemos la derivada direccional de $f(x, y)$ en el punto $(0, 0)$ según la dirección $\mathbf{u} = (u_1, u_2) = \left(\frac{1}{\sqrt{2}}, \frac{1}{\sqrt{2}} \right)$:

$$
\begin{aligned}
D_{\mathbf{u}}f(0,0) &= \lim_{t \to 0} \frac{f((0,0) + t(u_1, u_2)) - f(0,0)}{t} = \lim_{t \to 0} \frac{f(tu_1, tu_2) - f(0,0)}{t} \\
&= \lim_{t \to 0} \frac{\sqrt{|t^2 u_1 u_2|}}{t} = \lim_{t \to 0} \frac{|t| \sqrt{u_1 u_2}}{t} = \left\{ \begin{array}{ll} \sqrt{u_1 u_2}, & t > 0 \\ -\sqrt{u_1 u_2}, & t < 0 \end{array} \right. \rightarrow \nexists D_{\mathbf{u}}f(0,0)
\end{aligned}
$$

Dado que las derivadas direccionales no existen en el origen de coordenadas, podemos ahora sí, concluir que la función no es diferenciable en el origen.

```
>   f:=(x,y)->sqrt(abs(x*y)):
>   plot3d(f(x,y),x=-1..1,y=-1..1,style=patchnogrid,numpoints=10000);
```

```
>   plot3d(diff(f(x,y),x),x=-1..1,y=-1..1,style=patchnogrid,numpoints=10000);
```

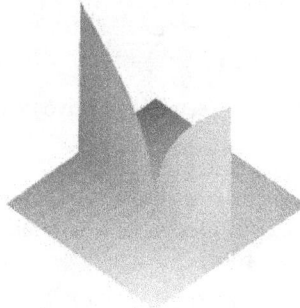

```
>   plot3d(diff(f(x,y),y),x=-1..1,y=-1..1,style=patchnogrid,numpoints=10000);
```

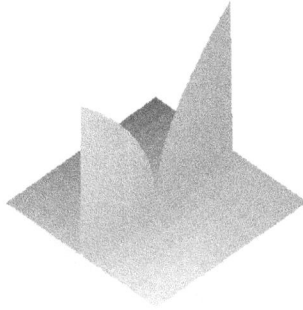

PR 2.8. Se consideran las funciones $g(x,y) = 4x - y^2$ y $f(u,v) = (f_1(u,v), f_2(u,v)) = (uv^2, u^3v)$. Si $h = g \circ f$, calcular la matriz jacobiana de h.

Resolución

Se resuelve el problema de dos maneras distintas: (a) calculando la composición y su matriz jacobiana y (b) calculando las matrices jacobianas de g y f y aplicando la regla de la cadena.

(a) La función $h = g \circ f$ es una función real de dos variables reales. En efecto,

$$h(u,v) = (g \circ f)(u,v) = g(f(u,v)) = g(uv^2, u^3v) = 4uv^2 - (u^3v)^2 = 4uv^2 - u^6v^2$$

Las derivadas parciales de h son

$$\frac{\partial h}{\partial u}(u,v) = 4v^2 - 6u^5v^2, \quad \frac{\partial h}{\partial v}(u,v) = 8uv - 2u^6v$$

con lo que la matriz jacobiana es

$$h'(u,v) = \left(\begin{array}{cc} \frac{\partial h}{\partial u}(u,v) & \frac{\partial h}{\partial v}(u,v) \end{array} \right) = \left(\begin{array}{cc} 4v^2 - 6u^5v^2 & 8uv - 2u^6v \end{array} \right)$$

(b) En este caso aplicaremos la regla de la cadena, que dice que

$$h'(u,v) = (g \circ f)'(u,v) = g'(f(u,v)) \cdot f'(u,v) = g'(uv^2, u^3v) \cdot f'(u,v)$$

Las matrices jacobianas de g y f son:

$$g'(x,y) = \left(\begin{array}{cc} \frac{\partial g}{\partial x}(x,y) & \frac{\partial g}{\partial y}(x,y) \end{array} \right) = \left(\begin{array}{cc} 4 & -2y \end{array} \right) \rightarrow g'(uv^2, u^3v) = \left(\begin{array}{cc} 4 & -2u^3v \end{array} \right)$$

$$f'(u,v) = \left(\begin{array}{cc} \frac{\partial f_1}{\partial u}(u,v) & \frac{\partial f_1}{\partial u_2}(u,v) \\ \frac{\partial f_2}{\partial u}(u,v) & \frac{\partial f_2}{\partial v}(u,v) \end{array} \right) = \left(\begin{array}{cc} v^2 & 2uv \\ 3u^2v & u^3 \end{array} \right)$$

El producto de esta dos matrices es:

$$h'(u,v) = \left(\begin{array}{cc} 4 & -2u^3v \end{array} \right) \cdot \left(\begin{array}{cc} v^2 & 2uv \\ 3u^2v & u^3 \end{array} \right) = \left(\begin{array}{cc} 4v^2 - 6u^5v^2 & 8uv - 2u^6v \end{array} \right)$$

```
>   g:=(x,y)->4*x-y^2:
>   f:=(u,v)->(u*v^2,u^3*v):
>   h:=(u,v)->g(f(u,v)): h(u,v);
```
$$4uv^2 - u^6v^2$$

```
>   # a) calculamos la matriz jacobiana directamente
>   Dh:=Matrix(1,2,[diff(h(u,v),u),diff(h(u,v),v)]);
```
$$Dh := \begin{bmatrix} 4\,v^2 - 6\,u^5 v^2 & 8\,uv - 2\,u^6 v \end{bmatrix}$$
```
>   # b) calculamos la matriz jacobiana teniendo en cuenta que h=g(f)
>   Dg:=Matrix(1,2,[diff(g(x,y),x),diff(g(x,y),y)]);
```
$$Dg := \begin{bmatrix} 4 & -2\,y \end{bmatrix}$$
```
>   Dg:=unapply(Dg,x,y):
>   Df:=Matrix(2,2,[diff(f(u,v)[1],u),diff(f(u,v)[1],v),
        diff(f(u,v)[2],u),diff(f(u,v)[2],v)]);
```
$$Df := \begin{bmatrix} v^2 & 2\,uv \\ 3\,u^2 v & u^3 \end{bmatrix}$$
```
>   Df:=unapply(Df,u,v):
>   Jh:=Dg(f(u,v)[1],f(u,v)[2]).Df(u,v);
```
$$Jh := \begin{bmatrix} 4\,v^2 - 6\,u^5 v^2 & 8\,uv - 2\,u^6 v \end{bmatrix}$$

PR 2.9. Encontrar la aproximación lineal y cuadrática de $f(x,y) = 2x + e^{x^2-y}$ en el punto $(0,0)$. Comparar las aproximaciones con el valor real de la función en el punto $(0{,}1, 0{,}1)$.

Resolución

La aproximación lineal se corresponde con la fórmula de Taylor de primer orden, para la que hemos de calcular las derivadas parciales de primer orden de f y el valor de la función en el punto $(0,0)$:

$$\frac{\partial f}{\partial x}(0,0) = 2 + 2xe^{x^2-y}\Big|_{(x,y)=(0,0)} = 2$$

$$\frac{\partial f}{\partial y}(0,0) = -e^{x^2-y}\Big|_{(x,y)=(0,0)} = -1$$

$$f(0,0) = 1$$

Entonces,

$$f(x,y) \approx f(0,0) + \frac{\partial f}{\partial x}(0,0)x + \frac{\partial f}{\partial y}(0,0)y$$

$$\approx 1 + 2x - y = \tilde{f}(x,y)$$

El error que cometemos al aproximar $f(0{,}1, 0{,}1)$ por $\tilde{f}(0{,}1, 0{,}1)$ es:

$$f(0{,}1, 0{,}1) = 1{,}11393$$

$$\tilde{f}(0{,}1, 0{,}1) = 1{,}1$$

lo que implica un error absoluto de $E_a = |\tilde{f}(0{,}1, 0{,}1) - f(0{,}1, 0{,}1)| = 0{,}01393$ y un error relativo de $E_r = \frac{|\tilde{f}(0{,}1,0{,}1) - f(0{,}1,0{,}1)|}{f(0{,}1,0{,}1)} \cdot 100 \approx 1{,}25\,\%$.

Para la aproximación cuadrática, consideramos además las derivadas parciales de segundo orden. En efecto,

$$\frac{\partial^2 f}{\partial x^2}(0,0) = 2e^{x^2-y} + 4x^2 e^{x^2-y}\Big|_{(x,y)=(0,0)} = 2$$

$$\frac{\partial^2 f}{\partial x \partial y}(0,0) = -2xe^{x^2-y}\Big|_{(x,y)=(0,0)} = 0$$

$$\frac{\partial^2 f}{\partial y \partial x}(0,0) = -2xe^{x^2-y}\Big|_{(x,y)=(0,0)} = 0$$

$$\frac{\partial^2 f}{\partial y^2}(0,0) = e^{x^2-y}\Big|_{(x,y)=(0,0)} = 1$$

con lo que, según la fórmula de Taylor de segundo orden,

$$f(x,y) \approx f(0,0) + \frac{\partial f}{\partial x}(0,0)x + \frac{\partial f}{\partial y}(0,0)y + \frac{1}{2}\frac{\partial^2 f}{\partial x^2}(0,0)x^2 + \frac{\partial^2 f}{\partial x \partial y}(0,0)xy + \frac{1}{2}\frac{\partial^2 f}{\partial y^2}(0,0)y^2$$

$$\approx 1 + 2x - y + x^2 + \frac{1}{2}y^2 = \hat{f}(x,y)$$

El error que cometemos al aproximar $f(0,1,0,1)$ por $\hat{f}(0,1,0,1)$ es:

$$f(0,1,0,1) = 1{,}11393$$

$$\hat{f}(0,1,0,1) = 1{,}115$$

lo que implica un error absoluto de $E_a = |\hat{f}(0,1,0,1) - f(0,1,0,1)| = 0{,}00107$ y un error relativo de $E_r = \frac{|\hat{f}(0,1,0,1) - f(0,1,0,1)|}{f(0,1,0,1)} \cdot 100 \approx 0{,}10\,\%$.

```
>   f:=(x,y)->2*x+exp(x^2-y):
>   # El plano tangente en el punto (0,0)
    #     viene dado por la aproximación de Taylor de primer orden
>   Alin:=mtaylor(f(x,y),[x=0,y=0],2);
```
$$Alin := 2\,x - y + 1$$
```
>   # La aproximación cuadrática en el punto (0,0)
    #     viene dado por la aproximación de Taylor de primer dos
>   Acua:=mtaylor(f(x,y),[x=0,y=0],3);
```
$$Acua := x^2 + 1/2\,y^2 + 2\,x - y + 1$$
```
>   # Los errores cometidos al aproximar el valor de la función en el punto
    #     (0.1,0.1) son:
>   Elin:=f(0.1,0.1)-subs([x=0.1,y=0.1],Alin);
```
$$Elin := 0{,}013931185$$
```
>   Ecua:=f(0.1,0.1)-subs([x=0.1,y=0.1],Acua);
```
$$Ecua := -0{,}001068815$$
```
>   # La función TaylorApproximation permite representar las aproximaciones
    #     de Taylor
>   with(Student[MultivariateCalculus]):
>   TaylorApproximation( f(x,y), [x, y] = [0, 0], 1, output = plot,
        scaling = unconstrained, view=[-2..2,-2..2,-1..3],numpoints=10000);
```

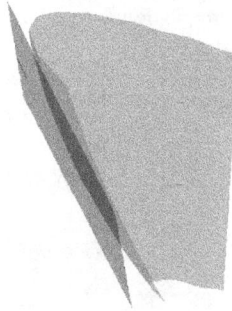

```
>   # El dibujo se ha hecho con una orientación de [60,70]
>   TaylorApproximation( f(x,y), [x, y] = [0, 0], 2, output = plot,
        scaling = unconstrained, view=[-2..2,-2..2,-1..3],numpoints=10000);
```

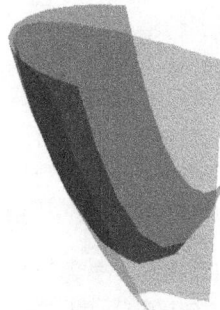

```
>   # De hecho la opción output=animation muestra las distintas aproximaciones
    #     empezando por el plano tangente hasta el grado introducido
>   TaylorApproximation( f(x,y), [x, y] = [0, 0], 8, output = animation,
        scaling = unconstrained, view=[-2..2,-2..2,-1..3],numpoints=10000);
```

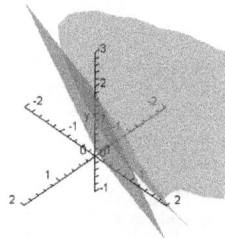

```
>   # Haciendo clic sobre el dibujo aparecen en la barra de comandos
    #     las opciones para activar la animación
```

2.8. Problemas propuestos

PP 2.1. Determinar el dominio de las siguientes funciones:

(a) $f(x,y) = \frac{1}{\sqrt{x-y}}$

(b) $f(x,y) = \sqrt{u\,\operatorname{sen} v}$

(c) $f(x,y) = \frac{1}{9-x^2-y^2}$

Solución: (a) $\{(x,y) \in \mathbb{R}^2 \mid y < x\}$; *(b)* $\{(u,v) \in \mathbb{R}^2 \mid u \geq 0, v \in [0 + 2\pi k, \pi + 2\pi k], k \in \mathbb{Z}\} \cup \{(u,v) \in \mathbb{R}^2 \mid u \leq 0, v \in [\pi + 2\pi k, 2\pi + 2\pi k], k \in \mathbb{Z}\}$; *(c)* $\{(x,y) \in \mathbb{R}^2 \mid x^2 + y^2 \neq 9\}$ *(todos los puntos del plano salvo aquellos que forman parte de la circunferencia de radio 3 centrada en el origen).*

PP 2.2. Dado un producto escalar $\langle \cdot, \cdot \rangle$ en $\mathbb{R}^n$, demuestra la identidad del paralelogramo

$$\|x + y\|^2 + \|x - y\|^2 = 2 \left(\|x\|^2 + \|y\|^2 \right)$$

PP 2.3. En el espacio vectorial de la matrices cuadradas de orden 2 sobre el cuerpo de los números reales, $\mathcal{M}_{2\times 2}(\mathbb{R})$, se define

$$\|A\|_\infty := \max_{i=1,2} \left\{ \sum_{j=1}^2 |a_{ij}| \right\}$$

Demostrar que $\| \cdot \|_\infty$ es una norma en $\mathcal{M}_{2\times 2}(\mathbb{R})$.

PP 2.4. Estudiar la existencia del límite de las siguientes funciones cuando tendemos al origen de coordenadas $(0,0)$.

(a) $f(x,y) = \frac{x^2 y^3}{x^4 + y^6}$

(b) $f(x,y) = \left(\frac{x^2 - y^2}{x^2 + y^2} \right)^2$

(c) $f(x,y) = \frac{xy}{x^2 + y^2}$

(d) $f(x,y) = \frac{3xy}{2x^2 + y^2}$

Solución: (a) El límite no existe (pensar en la dirección dada por el conjunto de puntos $\{(x,y) \in \mathbb{R}^2 \mid x^2 = y^3\}$); (b), (c), (d) no existen los límites.

PP 2.5. Estudiar el dominio y la continuidad de la función $f : \mathbb{R}^2 \to \mathbb{R}^3$ definida por

$$f(x,y) = \left(\sqrt{|y - 2x^2|}, \ln \left(\frac{1}{1 - x^2 - y^2} \right), \frac{y^3}{x^2 + y^2} \right), \text{ si } (x,y) \neq (0,0)$$
$$f(x,y) = (0,0,0), \text{ si } (x,y) = (0,0)$$

PP 2.6. Se considera la función $f : \mathbb{R}^2 \to \mathbb{R}$ definida por

$$f(x,y) = \begin{cases} e^{|xy|}, & xy \neq 0 \\ 1 + \sqrt{x^2 + y^2}, & xy = 0 \end{cases}$$

(a) Estudiar la continuidad de f en el punto $(0,0)$.

(b) Estudiar $D_1 f(0,0)$ y $D_2 f(0,0)$ geométrica y analíticamente. Deducir, sin necesidad de cálculos, que si $g(x) = f(x,0)$ existe la recta tangente a $y = g(x)$ en $x = 0$.

(c) Calcular la variación de f en el punto $(0,0)$ en la dirección del vector $\mathbf{u} = (1/\sqrt{2}, 1/\sqrt{2})$. Deducir, sin necesidad de cálculos, si la restricción de f sobre la recta $y = x$ $(h(x) = f(x,x))$ es continua en $x = 0$.

PP 2.7. Se considera la función $f(x,y) = \sqrt[3]{xy}$. Demostrar que las derivadas direccionales en $(0,0)$ de la función f sólo existen en las direcciones $(0,1), (1,0), (0,-1)$ y $(-1,0)$.

PP 2.8. Estudiar la continuidad, existencia de derivadas parciales y direccionales, y la diferenciabilidad en el origen de las siguientes funciones:

(a)

$$f(x,y) = \begin{cases} \frac{xy}{\sqrt{x^2+y^2}}, & (x,y) \neq (0,0) \\ 0, & (x,y) = (0,0) \end{cases}$$

(b)

$$f(x,y) = \begin{cases} \frac{x^4-y^4}{\sqrt{x^2+xy+y^2}}, & (x,y) \neq (0,0) \\ 0, & (x,y) = (0,0) \end{cases}$$

(c)

$$f(x,y) = \begin{cases} \sqrt{x^2+y^2}\,\mathrm{sen}\left(\frac{1}{\sqrt{x^2+y^2}}\right), & (x,y) \neq (0,0) \\ 0, & (x,y) = (0,0) \end{cases}$$

PP 2.9. Se consideran las funciones

$$f(x,y,z) = (\mathrm{sen}(xy+z), (1+x^2)^{yz})$$
$$g(u,v) = (u+e^v, v-e^u)$$

(a) Demostrar que f es diferenciable en el punto $(1,-1,1)$ y calcular $f'(1,-1,1)$.

(b) Demostrar que g es diferenciable en el punto $(0,1/2)$ y calcular $g'(0,1/2)$.

(c) Calcular $(g \circ f)'(1,-1,1)$.

Solución: (a) $f'(1,-1,1) = \begin{pmatrix} -1 & 1 & 1 \\ -\frac{1}{2} & \frac{1}{2}\ln(2) & -\frac{1}{2}\ln(2) \end{pmatrix}$; *(b)* $g'(0,1/2) = \begin{pmatrix} 1 & e^{1/2} \\ -1 & 1 \end{pmatrix}$;

(c) $(g \circ f)'(1,-1,1) = \begin{pmatrix} -1-1/2\,e^{1/2} & 1+1/2\,e^{1/2}\ln(2) & 1-1/2\,e^{1/2}\ln(2) \\ 1/2 & -1+1/2\ln(2) & -1-1/2\ln(2) \end{pmatrix}$

PP 2.10. Se consideran las funciones $f(x,y) = x^2+y^2+1$ y $g(r,\theta) = (r\cos(\theta), r\,\mathrm{sen}(\theta))$. Calcular $\frac{\partial h}{\partial r}$ y $\frac{\partial h}{\partial \theta}$ siendo $h(r,\theta) = (f \circ g)(r,\theta)$.

Solución: $\frac{\partial h}{\partial r}(r,\theta) = 2r$; $\frac{\partial h}{\partial \theta}(r,\theta) = 0$.

PP 2.11. Encontrar los puntos de la superficie $z = 4x+2y-x^2+xy-y^2$ en los que el plano tangente es paralelo al plano XY ($z=0$).

Solución: $\{x=10/3,\ y=8/3,\ z=28/3\}$.

PP 2.12. Encontrar la aproximación lineal y cuadrática de $f(x,y) = 25-x^2-y^2$ en el punto $(3,1)$. Compara las aproximaciones con el valor real de la función en el punto $(3,1,0,9)$.

Solución: La aproximación lineal es $\tilde{f}(x,y) = 35-6x-2y$ *y la aproximación cuadrática* $\hat{f}(x,y) = 35-6x-2y-(x-3)^2-(y-1)^2$, *que coincide con la propia función. Los valores de la evaluación son:* $f(3,1,0,9) = 14{,}58$, $\tilde{f}(3,1,0,9) = 14{,}6$ *y* $\hat{f}(3,1,0,9) = 14{,}58$.

3 Extremos de funciones

El estudio de maximizar o minimizar una función real de varias variables o campo escalar $y = f(\mathbf{x})$, con $\mathbf{x} = (x_1, \ldots, x_n)$, se asemeja al cálculo de extremos para una función real de una variable real. En este capítulo se extienden las técnicas de estudio de los valores extremos de una función de una sola variable a funciones de varias variables, estudiando tres tipos de extremos: relativos, absolutos y condicionados. Los extremos relativos son aquellos puntos $\mathbf{x}_0$ tales que, para todo $\mathbf{x}$ suficientemente cercano a $\mathbf{x}_0$, la imagen $f(\mathbf{x}_0)$ es mayor o menor que $f(\mathbf{x})$. No se afirma nada para $\mathbf{x}$ lejano a $\mathbf{x}_0$. Ser extremo relativo es una propiedad local. Además, dichos extremos no tienen por qué ser únicos y pueden no existir.

En cambio, los extremos absolutos sí que verifican cierta propiedad global. Es decir, si se considera una región dada D, verificando ciertas propiedades, resulta que $\mathbf{x}_0$ es extremo absoluto en D si para todo $\mathbf{x} \in D$, $f(\mathbf{x}_0)$ es el mayor o menor de todos los valores $f(\mathbf{x})$, con $\mathbf{x}$ en D. Se verá qué tiene que verificar esta región D para poder asegurar su existencia, y así calcularlos. Se demostrará que siempre existen este tipo de extremos en D y que si bien $f(\mathbf{x}_0)$ es única, pueden existir varios valores de $\mathbf{x}_0$ con la misma imagen (basta pensar en una función constante).

Finalmente, los extremos condicionados son aquellos que si bien maximizan o minimizan una función $f(\mathbf{x}_0)$ dada, están sujetos a verificar cierta ecuación $g(\mathbf{x}) = 0$. Dicha ecuación $g(\mathbf{x}) = 0$ también se llama *condición* o *ligadura*, ya que impone una relación entre las componentes de la variable $\mathbf{x} \in \mathbb{R}^n$.

3.1. Definiciones y teorema principal

En esta sección se explica cómo encontrar los extremos relativos, dando reglas o fórmulas que permitan el cálculo efectivo de estos extremos. Pero antes se necesitan ciertas definiciones.

3.1.1. Definiciones

Se presenta a continuación las definiciones de extremos relativos y absolutos de una función escalar de variables reales (ver figura 3.1).

Definición 61 (Extremos). Sea $f : U \subset \mathbb{R}^n \to \mathbb{R}$ una función escalar dada. Se dice que $\mathbf{x}_0 \in U$ es un extremo (mínimo o máximo) de f si se verifican una de las dos condiciones siguientes:

1. Existe un entorno $V \subset U$ de $\mathbf{x}_0$ tal que para todo $\mathbf{x} \in V$, $f(\mathbf{x}) \leq f(\mathbf{x}_0)$. En este caso, el punto $\mathbf{x}_0$ se denomina **máximo relativo o local** de f. Si esta desigualdad se verifica por todo $\mathbf{x} \in U$, se dice que el punto $\mathbf{x}_0$ es un **máximo absoluto o global** de f.

2. Existe un entorno $V \subset U$ de $\mathbf{x}_0$ tal que para todo $\mathbf{x} \in V$, $f(\mathbf{x}) \geq f(\mathbf{x}_0)$. En este caso, el punto $\mathbf{x}_0$ se denomina **mínimo relativo o local** de f. Si esta desigualdad se verifica por todo $\mathbf{x} \in U$, se dice que el punto $\mathbf{x}_0$ es un **mínimo absoluto o global** de f.

Definición 62 (Punto crítico). Sea f una función diferenciable en $\mathbf{x}_0 \in \mathbb{R}^n$. Se dice que $\mathbf{x}_0$ es un **punto crítico** de f si $\nabla f(\mathbf{x}_0) = 0$, es decir, si el gradiente de f se anula en $\mathbf{x}_0$.

Definición 63 (Punto de silla). Un punto crítico que no sea un extremo relativo se llama **punto de silla**.

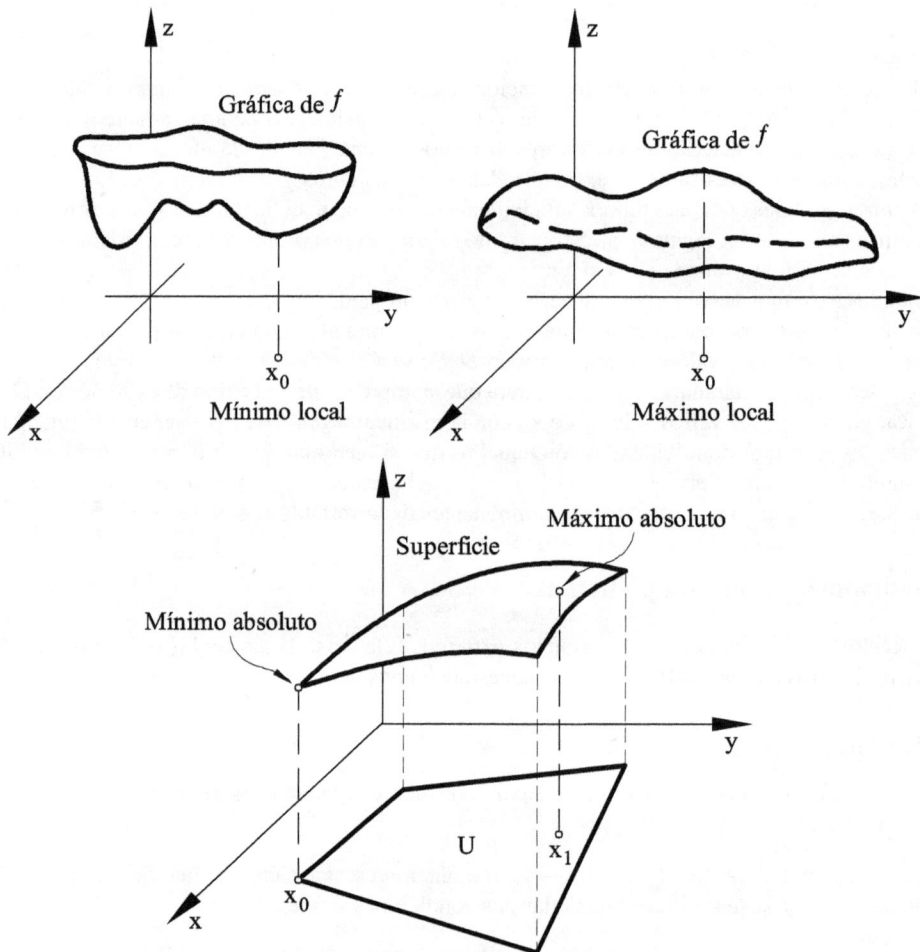

Figura 3.1. *Ilustración de extremos*

Definición 64 (Matriz definida negativa). Sea A una matriz simétrica $n \times n$. Se dice que A es **definida negativa**, y se nota por $A < 0$ si para todo $\mathbf{x} \in \mathbb{R}^n$, $\mathbf{x} \neq 0$, se cumple que $\mathbf{x}^T A \mathbf{x} < 0$.

Definición 65 (Matriz definida positiva). Sea A una matriz simétrica $n \times n$. Se dice que A es **definida positiva**, y se nota por $A > 0$ si para todo $\mathbf{x} \in \mathbb{R}^n$, $\mathbf{x} \neq 0$, se cumple que $\mathbf{x}^T A \mathbf{x} > 0$.

En el caso de matrices simétricas, ambas definiciones 64 y 65 se pueden escribir en términos de valores propios de una matriz. Se dice que una matriz simétrica es **definida positiva** si todos sus valores propios son positivos, mientras que una matriz simétrica A es **definida negativa** si $-A$ es definida positiva.

3.1.2. Cálculo de extremos relativos

Se sabe, por el capítulo 1, que una función $f : U \subset \mathbb{R}^n \to \mathbb{R}$ diferenciable en $\mathbf{x}_0 \in U$, abierto de $\mathbb{R}^n$, puede ser aproximada alrededor de este punto mediante un desarrollo de Taylor:

$$f(\mathbf{x}) \simeq f(\mathbf{x}_0) + \nabla f(\mathbf{x}_0) \cdot (\mathbf{x} - \mathbf{x}_0) \tag{3.1}$$

Si se supone que $\mathbf{x}_0$ es un máximo relativo de la función f, entonces se tiene que tener $f(\mathbf{x}) \leq f(\mathbf{x}_0)$ para todo punto $\mathbf{x}$ cercano a $\mathbf{x}_0$. A partir de la ecuación 3.1, para estos puntos $\mathbf{x}$, se tiene que $\nabla f(\mathbf{x}_0) \cdot (\mathbf{x} - \mathbf{x}_0) \leq 0$. Se elige un valor particular $\mathbf{x}$ que se encuentre en el plano tangente: $\mathbf{x} = \mathbf{x}_0 + \lambda \nabla f(\mathbf{x}_0)^T$ donde $\lambda > 0$ es lo suficientemente pequeño para que la aproximación 3.1 sea válida. Entonces se tiene que $\lambda \|\nabla f(\mathbf{x}_0)\|^2 \leq 0$ siendo $\lambda > 0$. Esto puede ocurrir sólo si

$$\nabla f(\mathbf{x}_0) = 0 \tag{3.2}$$

El razonamiento es equivalente para un mínimo y conduce a la misma ecuación 3.2. Por lo tanto, el extremo relativo $\mathbf{x}_0$ tiene que ser un punto crítico (ver definición 62). A continuación se presenta un teorema con una condición necesaria para la existencia de extremos relativos.

Teorema 23 (Extremos relativos). Sea $f : U \subset \mathbb{R}^n \to \mathbb{R}$ diferenciable en U, abierto de $\mathbb{R}^n$. Si $\mathbf{x}_0 \in U$ es un extremo relativo de f, entonces $\nabla f(\mathbf{x}_0) = 0$. Es decir, los extremos relativos se producen solamente en puntos críticos.

Esta condición es necesaria pero no es suficiente. Resulta que hay otra clase de puntos $\mathbf{x}_0$, llamados **puntos de silla**, en los que $\nabla f(\mathbf{x}_0) = 0$. Son puntos en los que según una dirección son máximos, pero según otra verifican la condición de ser mínimos. Su nombre viene de que, localmente, la función f tiene forma de silla de montar a caballo, tal y como se muestra en la figura 3.2.

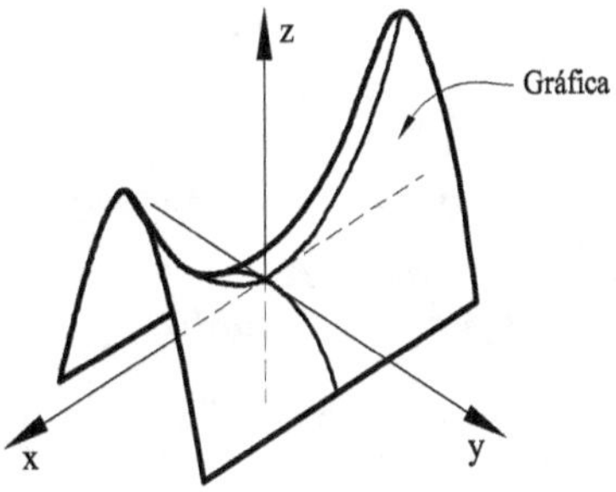

Figura 3.2. *El origen es un punto de silla: máximo en dirección y, mínimo en dirección x*

Falta encontrar un segundo criterio, en este caso condición suficiente, que permita distinguir de entre los puntos críticos cuáles son máximos, cuáles mínimos, cuáles punto de silla y cuáles no son ni una cosa ni la otra. Por eso se considera un desarrollo de Taylor de orden 2.

Sea $f : U \subset \mathbb{R}^n \to \mathbb{R}$ una función de clase $\mathcal{C}^2$. El desarrollo de Taylor de orden 2 de f en el punto $\mathbf{x}_0$ es:

$$f(\mathbf{x}) \simeq f(\mathbf{x}_0) + \nabla f(\mathbf{x}_0) \cdot (\mathbf{x} - \mathbf{x}_0) + \frac{1}{2}(\mathbf{x} - \mathbf{x}_0)^T H_f(\mathbf{x}_0)(\mathbf{x} - \mathbf{x}_0) \qquad (3.3)$$

donde $H_f(\mathbf{x}_0)$ es la matriz hessiana de $f(\mathbf{x})$ evaluada en $\mathbf{x}_0$. Hay que notar que el símbolo $\simeq$ (aproximación) es necesario, ya que se han desechado los términos de orden superior a 2. Se ha mejorado así la aproximación lineal dada en la ecuación 3.1, obteniendo una aproximación cuadrática.

Como se supone que $\mathbf{x}_0$ es un extremo, por el teorema 23, se tiene que $\nabla f(\mathbf{x}_0) = 0$ y la ecuación 3.3 es de hecho:

$$f(\mathbf{x}) \simeq f(\mathbf{x}_0) + \frac{1}{2}(\mathbf{x} - \mathbf{x}_0)^T H_f(\mathbf{x}_0)(\mathbf{x} - \mathbf{x}_0)$$

es decir,

$$f(\mathbf{x}) - f(\mathbf{x}_0) \simeq \frac{1}{2}(\mathbf{x} - \mathbf{x}_0)^T H_f(\mathbf{x}_0)(\mathbf{x} - \mathbf{x}_0) \qquad (3.4)$$

Se consideran ahora tres posibles casos para el punto crítico $\mathbf{x}_0$: máximo, mínimo y punto de silla.

$\boxed{\mathbf{x}_0 \text{ máximo}}$

Por definición, si f tiene un máximo en $\mathbf{x}_0$, resulta que para todo $\mathbf{x}$ cercano a $\mathbf{x}_0$ (que es justamente donde 3.4 se cumple), se verifica que

$$f(\mathbf{x}_0) \geq f(\mathbf{x}) \Leftrightarrow f(\mathbf{x}) - f(\mathbf{x}_0) \leq 0 \qquad (3.5)$$

De ahí que usando la ecuación 3.4, para que se verifique la definición 61 de máximo, tiene que cumplirse que

$$\frac{1}{2}(\mathbf{x} - \mathbf{x}_0)^T H_f(\mathbf{x}_0)(\mathbf{x} - \mathbf{x}_0) \leq 0 \qquad (3.6)$$

Esto ocurre si la matriz hessiana $H_f(\mathbf{x}_0)$ de f tiene que definida negativa en $\mathbf{x}_0$:

$$H_f(\mathbf{x}_0) < 0 \qquad (3.7)$$

Por lo tanto, la función f tiene un máximo relativo en el punto crítico $\mathbf{x}_0$ si la matriz hessiana $H_f(\mathbf{x}_0)$ es definida negativa (ver Definición 64). Notar que la condición 3.7 es suficiente para que se cumpla la desigualdad 3.6, pero no es necesaria.

$\boxed{\mathbf{x}_0 \text{ mínimo}}$

De manera análoga, f tiene un mínimo relativo en $\mathbf{x}_0$ si para todo $\mathbf{x}$ cercano a $\mathbf{x}_0$ se verifica $f(\mathbf{x}_0) \leq f(\mathbf{x})$, o lo que es lo mismo:

$$f(\mathbf{x}) - f(\mathbf{x}_0) \geq 0 \Leftrightarrow \frac{1}{2}(\mathbf{x} - \mathbf{x}_0)^T H_f(\mathbf{x}_0)(\mathbf{x} - \mathbf{x}_0) \geq 0$$

Esto ocurre si la matriz hessiana $H_f(\mathbf{x}_0)$ de f tiene que definida positiva en $\mathbf{x}_0$:

$$H_f(\mathbf{x}_0) > 0 \qquad (3.8)$$

Por lo tanto, la función f tiene un mínimo relativo en el punto crítico $\mathbf{x}_0$ si la matriz hessiana $H_f(\mathbf{x}_0)$ es definida positiva (ver Definición 65).

$\boxed{\mathbf{x}_0 \text{ punto de silla}}$

Por definición, $\mathbf{x}_0$ es un punto de silla de f si es un punto crítico que no es un extremo. Se puede demostrar que $\mathbf{x}_0$ es un punto de silla de f si la matriz hessiana $H_f(\mathbf{x}_0)$ no es ni definida positiva ni definida negativa, y además su determinante es diferente de cero.

$$\begin{cases} H_f(\mathbf{x}_0) \text{ no definida positiva ni negativa} \\ \det(H_f(\mathbf{x}_0)) \neq 0 \end{cases} \tag{3.9}$$

Finalmente, si se tiene un punto crítico tal que su matriz hessiana $H_f(\mathbf{x}_0)$ no verifica ninguna de las condiciones 3.7, 3.8 y 3.9, es necesario realizar un estudio más en detalle para poder decidir qué tipo de extremo es. Que no se verifiquen ninguna de las tres condiciones anteriores es equivalente a que el determinante de la matriz hessiana en este punto crítico se anule:

$$\det(H_f(\mathbf{x}_0)) = 0 \tag{3.10}$$

En este libro, cuando se dé esta situación, se dirá que no se puede decidir.

El siguiente teorema resume todo lo anterior, juntando la condición necesaria 3.2 con una de las tres condiciones suficentes 3.7, o bien 3.8, o bien 3.9.

Teorema 24. Sea $f : U \subset \mathbb{R}^n \to \mathbb{R}$ con $f \in \mathcal{C}^2$ en U, abierto de $\mathbb{R}^n$. Sea $H_f(\mathbf{x}_0)$ la matriz hessiana de $f(\mathbf{x})$ en $\mathbf{x}_0$. Sea $\mathbf{x}_0 \in U \subset \mathbb{R}^n$ punto crítico de f. Entonces:

1. Si $H_f(\mathbf{x}_0)$ es definida negativa, entonces $f(\mathbf{x})$ alcanza un **máximo relativo** en $\mathbf{x}_0$.

2. Si $H_f(\mathbf{x}_0)$ es definida positiva, entonces $f(\mathbf{x})$ alcanza un **mínimo relativo** en $\mathbf{x}_0$.

3. Si $\det(H_f(\mathbf{x}_0)) \neq 0$, pero $H_f(\mathbf{x}_0)$ no es ni definida positiva ni negativa, entonces $f(\mathbf{x})$ tiene un **punto de silla** en $\mathbf{x}_0$.

4. Si $\det(H_f(\mathbf{x}_0)) = 0$, entones hay que realizar un estudio más detallado (no se puede decidir nada).

Caso particular: $\mathbb{R}^2$

Saber si una matriz es definida positiva o negativa es más facil cuando esta matriz es 2×2. Por eso, se considerará una función $f : U \subset \mathbb{R}^2 \to \mathbb{R}$, y se van a dar las condiciones específicas de cálculo para este caso. Se usa como notación $\mathbf{x} = (x, y)$.

Paso 1: Calcular los puntos críticos: $\nabla f(x, y) = 0$. Es decir, resolver el sistema de dos ecuaciones con dos incógnitas

$$\begin{cases} \dfrac{\partial f}{\partial x}(x, y) = 0 \\ \dfrac{\partial f}{\partial y}(x, y) = 0 \end{cases}$$

Si la función f no es lineal, el sistema puede ser no lineal también. Por lo tanto, puede tener un número finito de soluciones, una infinidad de soluciones, o ninguna solución. Sea $\mathbf{x}_0 = (x_0, y_0)$ una solución de este sistema. Recuerde que se tienen que verificar las dos ecuaciones.

Paso 2: Calcular $H_f(x, y)$:

$$H_f(x, y) = \begin{pmatrix} \dfrac{\partial^2 f}{\partial x^2}(x, y) & \dfrac{\partial^2 f}{\partial x\,\partial y}(x, y) \\ \dfrac{\partial^2 f}{\partial x\,\partial y}(x, y) & \dfrac{\partial^2 f}{\partial y^2}(x, y) \end{pmatrix}$$

Paso 3: Evaluar la matriz hessiana en (x_0, y_0) y calcular su determinante:

$$d = \det(H_f(\mathbf{x}_0))$$

Existen tres posibilidades:

1. $d < 0 \Rightarrow \mathbf{x}_0$ PUNTO DE SILLA

2. $d = 0 \Rightarrow$ NO SE PUEDE DECIDIR

3. Si $d > 0$, estudiar el signo de $m_1 = \dfrac{\partial^2 f}{\partial x^2}(\mathbf{x}_0)$:

   a) $m_1 > 0 \Rightarrow \mathbf{x}_0$ MÍNIMO

   b) $m_1 < 0 \Rightarrow \mathbf{x}_0$ MÁXIMO

Nota 16. En el caso $d > 0$, no es posible tener $m_1 = 0$. Si fuese así, se tendría $d = -\left(\dfrac{\partial^2 f}{\partial x\, \partial y}(x, y)\right)^2 \leq 0$ y de ahí una contradicción con $d > 0$.

Ejemplo 95. Calcular los extremos de la función g definida por:

$$
\begin{aligned}
g: \quad \mathbb{R}^2 &\longrightarrow \mathbb{R} \\
(x, y) &\longrightarrow \frac{x^3 - x}{1 + y^2}
\end{aligned}
\tag{3.11}
$$

Paso 1: Los puntos críticos son aquellos que anulan el gradiente:

$$\nabla g(x, y) = \left(\frac{\partial g}{\partial x}(x, y),\, \frac{\partial g}{\partial y}(x, y)\right) = \left(\frac{3\,x^2 - 1}{1 + y^2},\, -2\,\frac{(x^3 - x)\,y}{(1 + y^2)^2}\right) = (0, 0)$$

Esta igualdad conduce a un sistema de dos ecuaciones con dos incógnitas:

$$
\begin{cases}
\dfrac{3\,x^2 - 1}{1 + y^2} = 0 \\[3mm]
-2\,\dfrac{(x^3 - x)\,y}{(1 + y^2)^2} = 0
\end{cases}
\Rightarrow
\begin{cases}
3\,x^2 - 1 = 0 & (a) \\[2mm]
(x^3 - x)y = 0 & (b)
\end{cases}
$$

De (a), se obtiene como única posibilidad que $x = \pm\dfrac{1}{\sqrt{3}}$. Poniendo este valor en (b), se obtiene $y = 0$. Por lo tanto, los puntos críticos de la función g son:

$$\left(-\frac{1}{\sqrt{3}},\, 0\right) \quad \text{y} \quad \left(\frac{1}{\sqrt{3}},\, 0\right)$$

Paso 2: Ahora hay que calcular la matriz hessiana.

$$
H_g(x, y) = \begin{pmatrix}
6\,\dfrac{x}{1 + y^2} & -2\,\dfrac{(3\,x^2 - 1)\,y}{(1 + y^2)^2} \\[4mm]
-2\,\dfrac{(3\,x^2 - 1)\,y}{(1 + y^2)^2} & -2\,(x^3 - x)\,\dfrac{1 - 3y^2}{(1 + y^2)^3}
\end{pmatrix}
$$

Paso 3: Se evalua $H_g(x,y)$ en cada punto crítico. En el punto crítico $\left(-\dfrac{1}{\sqrt{3}},0\right)$, esta matriz vale:

$$H_g(-\frac{1}{\sqrt{3}},0) = \begin{pmatrix} -2\sqrt{3} & 0 \\ 0 & -\dfrac{4}{9}\sqrt{3} \end{pmatrix}$$

Se calcula ahora su determinante:

$$\mathrm{d} = \det\left(H_g(-\frac{1}{\sqrt{3}},0)\right) = \frac{8}{3} > 0 \,,\; m_1 = -2\sqrt{3} < 0$$

y por lo tanto se trata del caso 3 b) obteniendo un **máximo relativo** en $\left(-\dfrac{1}{\sqrt{3}},0\right)$. En el otro punto crítico, la matriz hessiana es

$$H_g(\frac{1}{\sqrt{3}},0) = \begin{pmatrix} 2\sqrt{3} & 0 \\ 0 & \dfrac{4}{9}\sqrt{3} \end{pmatrix}$$

con

$$\mathrm{d} = \det(H_g(\frac{1}{\sqrt{3}},0)) = \frac{8}{3} > 0 \,,\; m_1 = 2\sqrt{3} > 0$$

con lo que la función $g(x,y)$ tiene un **mínimo relativo** en el punto $\left(\dfrac{1}{\sqrt{3}},0\right)$.

Caso general: $\mathbb{R}^n$

En el caso general, para poder aplicar el teorema 24 es necesario decidir si $H_f(\mathbf{x_0})$ es definida positiva o definida negativa. Pero, al estar en $\mathbb{R}^n$, $n > 2$, $H_f(\mathbf{x_0})$ tiene dimensión n y el criterio dado para $\mathbb{R}^2$ no sirve. Es necesario utilizar otros criterios, como el de Sylvester.

Teorema 25 (Criterio de Sylvester). Sea m_k el menor principal de orden k de la matriz A simétrica. Entonces, suponiendo que $m_k \neq 0$ para todo k:

1. Si todos los menores de la matriz A son positivos, entonces A es definida positiva:

$$A > 0 \Leftrightarrow m_k > 0 \; \forall k = 1, \ldots, n$$

2. Si los menores principales m_k tienen signos alternados con $m_1 < 0$, entonces A es definida negativa:

$$A < 0 \Leftrightarrow m_1 < 0 \,,\; m_2 > 0 \,,\; m_3 < 0 \,,\; \text{etc}$$

Ejemplo 96. Determinar los extremos de la función $f(x,y,z) = x^2 + y^2 + z^2 - xy + 2$.

Solución

Se resuelve el gradiente de la función f igualado a cero:

$$\frac{\partial f}{\partial x} = 2x - y = 0$$

$$\frac{\partial f}{\partial y} = 2y - x = 0$$

$$\frac{\partial f}{\partial z} = 2z = 0$$

Por lo tanto, el único punto crítico es el origen $(0,0,0)$. Se calcula ahora la matriz hessiana de f:

$$H_f(x,y,z) = \begin{pmatrix} 2 & -1 & 0 \\ -1 & 2 & 0 \\ 0 & 0 & 2 \end{pmatrix}$$

Se evalúa en el punto crítico y se estudia si es definida positiva o negativa. En este caso $H_f(x,y,z)$ es constante. Se calculan sus menores:

$$m_1 = 2 > 0 \;,\; m_2 = \begin{vmatrix} 2 & -1 \\ -1 & 2 \end{vmatrix} = 3 > 0 \;,\; m_3 = \det(H_f(\mathbf{x})) = 6 > 0$$

Como todos los menores de $H_f(x,y,z)$ son positivos, por el criterio de Sylvester, $H_f(x,y,z)$ es definida positiva y el punto $(0,0,0)$ es un **mínimo relativo** con valor $f(0,0,0) = 2$.

3.2. Extremos condicionados

En esta sección se desarrollan técnicas para calcular los máximos y mínimos de una función $f : U \subset \mathbb{R}^n \to \mathbb{R}$ que se encuentran sobre una determinada superfície, es decir, que verifican cierta condición $g(\mathbf{x}) = 0$.

3.2.1. Multiplicadores de Lagrange

Para entender cómo calcular los extremos condicionados, se considera el ejemplo siguiente.

Ejemplo 97. Se desea calcular los puntos de la curva $x^2 + 3y^2 = 1$ más cercanos al origen de coordenadas. Primero se replantea este problema en el siguiente: calcular un mínimo de la función distancia $f(\mathbf{x}) = \sqrt{x^2 + y^2}$ para los puntos $\mathbf{x} = (x,y)$ verificando $g(\mathbf{x}) = x^2 + 3y^2 - 1 = 0$. Es decir,

$$\begin{cases} f(\mathbf{x}) = \sqrt{x^2 + y^2} & \text{función a extremar} \\ g(\mathbf{x}) = x^2 + 3y^2 - 1 = 0 & \text{condición} \end{cases}$$

En general, el problema de extremos condicionados consiste en extremar (minimizar o maximizar) una función $f(\mathbf{x})$ bajo una cierta condición $g(\mathbf{x}) = 0$. Se busca, pues, un punto sobre la superfície $g(\mathbf{x}) = 0$ que extreme la función $f(\mathbf{x})$. El siguiente teorema da una condición necesaria para encontrar un extremo condicionado.

Teorema 26 (Multiplicadores de Lagrange). Sean $f : U \subset \mathbb{R}^n \to \mathbb{R}$ y $g : U \subset \mathbb{R}^n \to \mathbb{R}$ funciones diferenciables dadas. Sea $\mathbf{x}_0 \in U$, $g(\mathbf{x}_0) = 0$ y sea la superfície $S = \{\mathbf{x} \in \mathbb{R}^n \text{ tal que } g(\mathbf{x}) = 0\}$. Se supone que $\nabla g(\mathbf{x}_0) \neq 0$. Si $f|_S$, que denota f restringida a S, tiene un máximo o un mínimo en $\mathbf{x}_0$, entonces existe un número real λ_1 tal que $\nabla f(\mathbf{x}_0) = \lambda_1 \nabla g(\mathbf{x}_0)$.

La figura 3.3 izquierda ilustra el teorema 26. Se dibujan varias curvas de nivel de la función f, es decir, curvas cuya ecuación es $f(\mathbf{x}) = c$, donde c es una constante. En la figura 3.3 izquierda se considera $c = 1/2$, $c = 2$ y $c = 11$. Se dibuja también la curva de nivel $g(\mathbf{x}) = 0$, que es la condición. El problema es encontrar un punto M sobre la curva $g(\mathbf{x}) = 0$ que minimiza $f(\mathbf{x})$. Los puntos A y B corresponden a $f(\mathbf{x}) = c = 11$. Si el valor de c va bajando, llega un momento en que hay un solo punto de intersección entre la curva de nivel $f(\mathbf{x}) = c$ y $g(\mathbf{x}) = 0$ (punto M en la figura 3.3 izquierda). Este punto corresponde al valor mínimo deseado, ya que para valores más pequeños de c no hay intersección entre la curva de nivel $f(\mathbf{x}) = c$ y $g(\mathbf{x}) = 0$. En el punto M de intersección, las dos curvas de nivel son tangentes, lo que implica que el vector gradiente en M de cada una de ellas tiene la misma dirección. Por eso $\nabla f(\mathbf{x}_0) = \lambda g(\mathbf{x}_0)$.

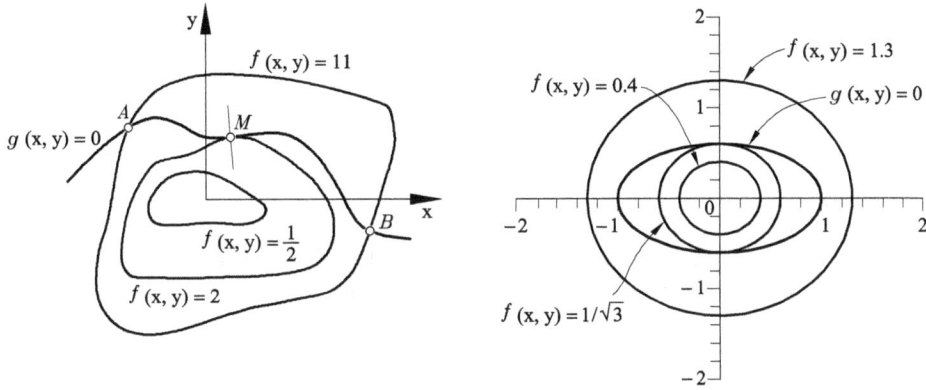

Figura 3.3. *Multiplicadores de Lagrange*

Se resuelve ahora el ejemplo 97 siguiendo esta técnica. En la figura 3.3 derecha se ha dibujado la curva de nivel $g(\mathbf{x}) = x^2 + 3y^2 - 1 = 0$, que es una elipse. También se representan tres circunferencias de radios $0{,}4$; $\dfrac{1}{\sqrt{3}}$; $1{,}3$ y centro el origen. Estos tres cículos corresponden a las curvas de nivel $f(\mathbf{x}) = c$, con $c = 0{,}4$; $c = \dfrac{1}{\sqrt{3}}$ y $c = 1{,}3$. Se observa que hay dos puntos de tangencia entre la elipse y el círculo de radio $c = \dfrac{1}{\sqrt{3}}$. Estos dos puntos son la solución del problema.

3.2.2. Resolución del problema de extremos condicionados

Sea el problema de extremos condicionados

$$\begin{cases} f(\mathbf{x}) & \text{función a extremar} \\ g(\mathbf{x}) = 0 & \text{condición} \end{cases}$$

La condición necesaria de existencia de extremos es

$$\nabla f(\mathbf{x}) = \lambda_1 \nabla g(\mathbf{x})$$

Esta relación puede escribirse de la forma siguiente

$$\nabla \left(f(\mathbf{x}) + \lambda g(\mathbf{x}) \right) = 0$$

donde $\lambda = -\lambda_1$. De esta manera aparece naturalmente la función $\phi(\mathbf{x}, \lambda) = f(\mathbf{x}) + \lambda\, g(\mathbf{x})$, llamada *función de Lagrange* o *lagrangiana* y verifica

$$\nabla \phi(\mathbf{x}, \lambda) = 0 \tag{3.12}$$

A esta relación se tiene que añadir la condición (que se llama también *ligadura*) $g(\mathbf{x}) = 0$. Notar que se tiene $\frac{\partial \phi}{\partial \lambda}(\mathbf{x}, \lambda) = g(\mathbf{x})$, con lo cual la ecuación de la ligadura puede escribirse como $\frac{\partial \phi}{\partial \lambda}(\mathbf{x}, \lambda) = 0$.

Al resolver 3.12, se obtienen los posibles extremos condicionados. Hay que verificar siempre que se obtienen valores reales tanto para el punto $\mathbf{x}$ como para el parámetro λ. Ahora hay que decidir cuáles son mínimos y cuáles máximos. Existen reglas para tener esta información, pero debido a su complejidad no se presentan en este libro. Para determinar los mínimos y máximos se usarán razonamientos físicos que aprovechan alguna peculiaridad del problema.

Regla de cálculo

Paso 1: Definir la función $\phi(\mathbf{x}, \lambda) = f(\mathbf{x}) + \lambda\, g(\mathbf{x})$.

Paso 2: Resolver $\nabla\phi = 0$, en función de $\mathbf{x}$ y λ.

Paso 3: En los valores que resuelven el paso 2, evaluar f. Los de mayor imagen por f serán posibles máximos condicionados, y los de menor imagen por f serán posibles mínimos condicionados.

Ejemplo 98. Se retoma el ejemplo 97. En lugar de extremar la función $f(\mathbf{x}) = \sqrt{x^2 + y^2}$, es equivalente y más sencillo extremar su cuadrado. El problema entonces es el siguiente

$$\begin{cases} f(\mathbf{x}) = x^2 + y^2 & \text{función a extremar} \\ g(\mathbf{x}) = x^2 + 3y^2 - 1 = 0 & \text{condición} \end{cases}$$

Paso 1: $\phi(\mathbf{x}, \lambda) = x^2 + y^2 + \lambda(x^2 + 3y^2 - 1)$.

Paso 2: Se plantea $\nabla\phi = 0$:

$$\begin{cases} \dfrac{\partial \phi}{\partial x}(\mathbf{x}, \lambda) = 2x + 2\lambda\, x = 0 & (a) \\[2mm] \dfrac{\partial \phi}{\partial y}(\mathbf{x}, \lambda) = 2y + 6\lambda\, y = 0 & (b) \\[2mm] \dfrac{\partial \phi}{\partial \lambda}(\mathbf{x}, \lambda) = x^2 + 3y^2 - 1 = 0 & (c) \end{cases}$$

Tienen que verificarse las tres ecuaciones. De (a), se saca que $\lambda = -1$, o bien, $x = 0$. Primero se considera $\lambda = -1$:

$$\text{Si } \lambda = -1 \Rightarrow \text{En } (b): \ y = 0 \Rightarrow \text{En } (c): \ x = \pm 1$$

Ahora falta estudiar el caso $x = 0$:

$$\text{Si } x = 0 \Rightarrow \text{En } (c): \ y = \pm\frac{1}{\sqrt{3}} \ \Rightarrow \text{En } (b): \ \lambda = -\frac{1}{3}$$

Se han obtenido 4 posibles soluciones a este problema:

$$(1, 0) \, , \, (-1, 0) \, , \, (0, \frac{1}{\sqrt{3}}) \, , \, (0, -\frac{1}{\sqrt{3}})$$

Paso 3: Se calculan las imágenes por f de estos puntos:

$$f(1, 0) = 1 \, , \ f(-1, 0) = 1 \, , \ f\left(0, \frac{1}{\sqrt{3}}\right) = 3 \, , \ f\left(0, -\frac{1}{\sqrt{3}}\right) = 3$$

Por lo tanto, los puntos $(0, \pm\frac{1}{\sqrt{3}})$ corresponden a los posibles mínimos. La figura 3.3 (b) enseña que es realmente así.

Nota 17. Siempre hay que tener en cuenta que existe un camino fácil para resolver un problema de extremos condicionados: substituir la condición $g(\mathbf{x}) = 0$ en la función f y tratar el problema como un problema de extremos relativos rebajando en uno el número de incógnitas. Esto se hará siempre que sea fácil aislar una variable de $g(\mathbf{x}) = 0$. Entonces se susbtituirá en f y se seguirán los pasos presentados en el apartado 3.1.

Ejemplo 99. Se desean calcular los puntos de la superfície $z^2 = x^2 + y^2$ que se hallan más cerca del punto $(1, 0, 0)$. Esto equivale a minimizar la distancia $d(x, y, z) = \sqrt{(x-1)^2 + y^2 + z^2}$ bajo la condición $z^2 = x^2 + y^2$. Es más sencillo trabajar con el cuadrado de la distancia:

$$f(x, y, z) = (x-1)^2 + y^2 + z^2$$

La condición viene dada por la relación

$$z = \pm\sqrt{x^2 + y^2}$$

Substituyendo z en la expresión de f se obtiene:

$$h(x, y) = f(x, y, \pm\sqrt{x^2 + y^2}) = (x-1)^2 + y^2 + x^2 + y^2$$

Ahora sólo queda resolver el problema de extremos libres relativos:

$$\nabla h = 0 \Rightarrow \begin{cases} 2(x-1) + 2x = 0 \\ 4y = 0 \end{cases} \Rightarrow \begin{cases} x = \frac{1}{2} \\ y = 0 \end{cases}$$

La matriz hessiana de h evaluada en $(\frac{1}{2}, 0)$ es:

$$H_h(\frac{1}{2}, 0) = \begin{pmatrix} 4 & 0 \\ 0 & 4 \end{pmatrix}$$

que resulta ser una matriz definida positiva. Por lo tanto, el punto $x = \frac{1}{2}$, $y = 0$ y $z = \left(\frac{1}{2}\right)^2 + 0^2 = \frac{1}{4}$ es un mínimo relativo de $f(x, y, z)$, es decir, es el punto de la superfície $z^2 = x^2 + y^2$ que se encuentra más próximo a $(1, 0, 0)$.

Si existe más de una condición o ligadura, el teorema 26 se puede generalizar. Si la función f tiene un extremo $\mathbf{x}_0$ condicionado a:

$$g_1(\mathbf{x}) = 0 \ , \ g_2(\mathbf{x}) = 0 \ , \ \ldots \ , \ g_r(\mathbf{x}) = 0$$

entonces han de existir constantes $\lambda_1, \ldots, \lambda_r$ tales que

$$\nabla f(\mathbf{x}_0) = \lambda_1 \nabla g_1(\mathbf{x}_0) + \lambda_2 \nabla g_2(\mathbf{x}_0) + \cdots + \lambda_r \nabla g_r(\mathbf{x}_0)$$

El problema se resolverá de manera análoga al caso de tener una única ligadura, considerando como función de Lagrange

$$\phi(\mathbf{x}, \lambda_1, \cdots, \lambda_r) = f(\mathbf{x}) + \lambda_1 g_1 + \cdots + \lambda_r g_r$$

Ejemplo 100. Se va a hallar el punto de intersección de los planos $x + y = 4$ y $y + z = 6$ que está más proximo al origen. Para ello, al ser un problema de extremos condicionados, primero hay que definir la función de Lagrange:

$$\phi(x, y, z, \lambda_1, \lambda_2) = \underbrace{x^2 + y^2 + z^2}_{\text{función a extremar}} + \lambda_1 \underbrace{(x + y - 4)}_{\text{condición 1}} + \lambda_2 \underbrace{(y + z - 6)}_{\text{condición 2}}$$

Al resolver $\nabla\phi = 0$:

$$\begin{cases} 2x + \lambda_1 = 0 \\ 2y + \lambda_1 + \lambda_2 = 0 \\ 2z + \lambda_2 = 0 \\ x + y - 4 = 0 \\ y + z - 6 = 0 \end{cases}$$

se obtiene como solución:

$$x = \frac{2}{3} \ , \ y = \frac{10}{3} \ , \ z = \frac{8}{3}$$

Por lo tanto, éste es el punto intersección de los planos más cercano al origen.

3.3. Problemas resueltos

PR 3.1. Calcular los máximos y mínimos relativos de la función: $z = xy(3 - x - y)$.
Resolución

1. Hay que resolver $\nabla f = 0$ para encontrar los puntos críticos:

$$\nabla f = 0 \Rightarrow \begin{cases} y(3 - 2x - y) = 0 \\ x(3 - x - 2y) = 0 \end{cases} \Rightarrow \begin{cases} y = 0 \quad \text{o bien} \quad 3 - 2x - y = 0 \\ x = 0 \quad \text{o bien} \quad 3 - 2y - x = 0 \end{cases}$$

Los valores de (x, y) que verifican estas condiciones son los siguientes:

$$(0, 0) \, , \, (3, 0) \, , \, (0, 3) \, , \, (1, 1)$$

2. Hay que calcular la matriz hessiana $H_f(x, y)$:

$$H_f(x, y) = \begin{pmatrix} -2y & 3 - 2x - 2y \\ 3 - 2x - 2y & -2x \end{pmatrix}$$

3. Ahora, para cada uno de los 4 puntos críticos obtenidos, se decide si la matriz hessiana es definida positiva o negativa.

$$H_f(0, 0) = \begin{pmatrix} 0 & 3 \\ 3 & 0 \end{pmatrix}$$

Como $\det(H_f(0, 0)) = -9 < 0$, resulta que $(0, 0)$ es un **punto de silla**.

$$H_f(3, 0) = \begin{pmatrix} 0 & -3 \\ -3 & -6 \end{pmatrix}$$

Como $\det(H_f(3, 0)) = -9 < 0$, resulta que $(3, 0)$ es otro **punto de silla**.

$$H_f(0, 3) = \begin{pmatrix} -6 & -3 \\ -3 & 0 \end{pmatrix}$$

Como $\det(H_f(0, 3)) = -9 < 0$, resulta que $(0, 3)$ un tercer **punto de silla**.

$$H_f(1, 1) = \begin{pmatrix} -2 & -1 \\ -1 & -2 \end{pmatrix}$$

Como $\det(H_f(1, 1)) = 3 > 0$ y $m_1 = -2 < 0$, resulta que $H_f(1, 1)$ es definida negativa y el punto $(1, 1)$ es un **máximo relativo**.

```
>   f:=(x,y)->x*y*(3-x-y);
```
$$f := (x, y) \mapsto xy(3 - x - y)$$
```
>   # Para calcular el gradiente se puede usar el comando Gradient
    #    del paquete Student[MultivariateCalculus]
```

```
>   Gf:=Student[MultivariateCalculus]:-Gradient(f(x,y),[x,y]);
```

$$Gf := \begin{bmatrix} y(3-x-y)-xy \\ x(3-x-y)-xy \end{bmatrix}$$

```
>   # Calculamos los puntos críticos
>   solve({Gf[1]=0,Gf[2]=0},{x,y});
```

$$\{y=0, x=0\}, \{x=3, y=0\}, \{y=3, x=0\}, \{x=1, y=1\}$$

```
>   # El comando Gradient tambien permite dibujar el gradiente de la función
>   Student[MultivariateCalculus]:-Gradient(f(x,y),[x,y],output=gradplot,
        color=red,view=[-1..4,-1..4],thickness=1);
```

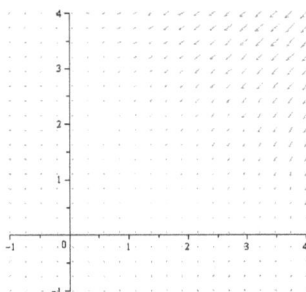

```
>   # Con la opción output=plot, se dibuja la función,
    #     las curvas de nivel para los puntos dados
    #     la proyección de las curvas de nivel en el plano XY
    #     y los vectores gradiente para los puntos dados
    # Observación: como los puntos dados son los puntos críticos,
    #     el gradiente en estos puntos es 0 y por lo tanto no se ve en la figura
>   Student[MultivariateCalculus]:-Gradient(f(x,y),[x,y]=[[0,0],[3,0],[0,3],[1,1]],
        x=-2..5, y=-2..5, z=-1..2, output=plot,numpoints=5000);
```

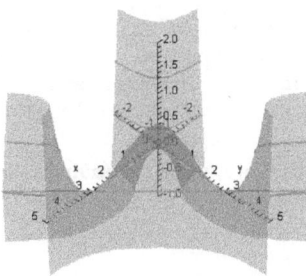

```
>   # En la figura se ve que el punto (1,1) es un máximo relativo
    #     y que los otros tres puntos críticos son puntos de silla
>   # El paquete VectorCalculus también nos permite calcular
    #     el gradiente y la hessiana de una función
>   VectorCalculus:-Gradient(f(x,y),[x,y]);
```

$$(y(3-x-y)-xy)\,\vec{e}_x + (x(3-x-y)-xy)\,\vec{e}_y$$

```
>   Hf:=VectorCalculus:-Hessian(f(x,y),[x,y]);
```

$$Hf := \begin{bmatrix} -2y & 3-2x-2y \\ 3-2x-2y & -2x \end{bmatrix}$$

```
>   Hf:=unapply(Hf,[x,y]):
```

```
>   Hf(0,0);
    LinearAlgebra:-Determinant(%);
```

$$\begin{bmatrix} 0 & 3 \\ 3 & 0 \end{bmatrix}$$

$$-9$$

```
>   Hf(3,0);
    LinearAlgebra:-Determinant(%);
```

$$\begin{bmatrix} 0 & -3 \\ -3 & -6 \end{bmatrix}$$

$$-9$$

```
>   Hf(0,3);
    LinearAlgebra:-Determinant(%);
```

$$\begin{bmatrix} -6 & -3 \\ -3 & 0 \end{bmatrix}$$

$$-9$$

```
>   Hf(1,1);
    LinearAlgebra:-Determinant(%);
```

$$\begin{bmatrix} -2 & -1 \\ -1 & -2 \end{bmatrix}$$

$$3$$

```
>   # Para calcular los máximos y mínimos absolutos de una función
    #     también se pueden utilizar los comandos maximize y minimize
>   maximize(f(x,y),[x,y]);
```

$$\infty$$

```
>   minimize(f(x,y),[x,y]);
```

$$-\infty$$

```
>   # En este caso no existen máximos y mínimos relativos
>   # Vamos a representar el comportamiento de f(x,y) entorno de cada punto crítico
    #     Para saber las direcciones características entorno de un punto crítico
    #     se utilizan los vectores propios de la matriz hessiana (Eigenvectors)
>   with(plots): with(plots,intersectplot):
>   DibujoPuntosCriticos:=proc(f,xp,yp,Hfx,xrange,yrange,zrange,orient)
        local v;
        v:=[LinearAlgebra:-Eigenvectors(Hf(xp,yp))]:
        display(
            plot3d(f(x,y),x=-1..4,y=-1..4,style=patchnogrid,color=grey,
                numpoints=5000),
            implicitplot3d(v[2][1,2]*(x-xp)-v[2][1,1]*(y-yp)=0,x=xrange,y=yrange,
                z=zrange,color=green,transparency=0.7,style=patchnogrid),
            intersectplot(z=f(x,y),v[2][1,2]*(x-xp)-v[2][1,1]*(y-yp)=0,x=xrange,
                y=yrange,z=zrange,color=green,thickness=3),
            implicitplot3d(v[2][2,2]*(x-xp)-v[2][2,1]*(y-yp)=0,x=xrange,y=yrange,
                z=zrange,color=red,transparency=0.5,style=patchnogrid),
            intersectplot(z=f(x,y),v[2][2,2]*(x-xp)-v[2][2,1]*(y-yp)=0,x=xrange,
                y=yrange,z=zrange,color=red,thickness=3),
            view=[xrange,yrange,zrange],orientation=orient
        );
    end proc:
```

```
> DibujoPuntosCriticos(f,0,0,Hf(0,0),-1..1,-1..1,-1..3,[120,60]);
```

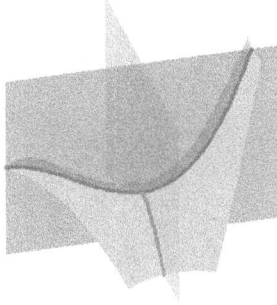

```
> DibujoPuntosCriticos(f,3,0,Hf(3,0),2..4,-1..1,-1..2,[120,60]);
```

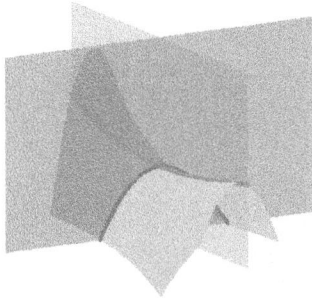

```
> DibujoPuntosCriticos(f,0,3,Hf(0,3),-1..1,2..4,-1..3,[-60,60]);
```

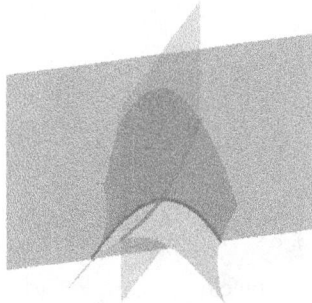

```
> DibujoPuntosCriticos(f,1,1,Hf(1,1),0..2,0..2,-1..2,[-20,70]);
```

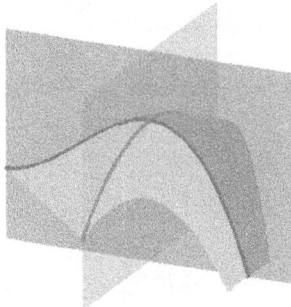

```
>    # Vamos a dibujar toda la información junta
>    v00:=[LinearAlgebra:-Eigenvectors(Hf(0,0))]:
     v30:=[LinearAlgebra:-Eigenvectors(Hf(3,0))]:
     v03:=[LinearAlgebra:-Eigenvectors(Hf(0,3))]:
     v11:=[LinearAlgebra:-Eigenvectors(Hf(1,1))]:
>    display(
        plot3d(f(x,y),x=-1..4,y=-1..4,style=patchnogrid),
        intersectplot(z=f(x,y),v00[2][1,2]*(x-0)-v00[2][1,1]*(y-0)=0,x=-0.5..0.5,
           y=-0.5..0.5,z=-1..2,color=green,thickness=3),
        intersectplot(z=f(x,y),v00[2][2,2]*(x-0)-v00[2][2,1]*(y-0)=0,x=-0.5..0.5,
           y=-0.5..0.5,z=-1..2,color=green,thickness=3),
        intersectplot(z=f(x,y),v30[2][1,2]*(x-3)-v30[2][1,1]*(y-0)=0,x=2.5..3.5,
           y=-0.5..0.5,z=-1..2,color=red,thickness=3),
        intersectplot(z=f(x,y),v30[2][2,2]*(x-3)-v30[2][2,1]*(y-0)=0,x=2.5..3.5,
           y=-0.5..0.5,z=-1..2,color=red,thickness=3),
        intersectplot(z=f(x,y),v03[2][1,2]*(x-0)-v03[2][1,1]*(y-3)=0,x=-0.5..0.5,
           y=2.5..3.5,z=-1..2,color=maroon,thickness=3),
        intersectplot(z=f(x,y),v03[2][2,2]*(x-0)-v03[2][2,1]*(y-3)=0,x=-0.5..0.5,
           y=2.5..3.5,z=-1..2,color=maroon,thickness=3),
        intersectplot(z=f(x,y),v11[2][1,2]*(x-1)-v11[2][1,1]*(y-1)=0,x=0.5..1.5,
           y=0.5..1.5,z=-1..2,color=blue,thickness=3),
        intersectplot(z=f(x,y),v11[2][2,2]*(x-1)-v11[2][2,1]*(y-1)=0,x=0.5..1.5,
           y=0.5..1.5,z=-1..2,color=blue,thickness=3),
        view=[-1..4,-1..4,-1..5],orientation=[95,65]
     );
```

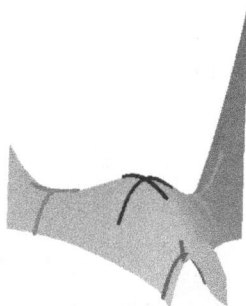

```
>    # Se recomienda mover la figura para ver correctamente el comportamiento
     #    de la función entorno de los puntos críticos
```

PR 3.2. Calcular los extremos relativos de la función $f(x,y) = x^2y^2$.

Resolución

1. Se calculan sus puntos críticos, resolviendo $\nabla f = 0$:

$$\begin{cases} 2xy^2 = 0 \\ 2yx^2 = 0 \end{cases} \Rightarrow x = 0 \text{ para todo } y \in \mathbb{R} \text{ o bien } y = 0 \text{ para todo } x \in \mathbb{R}$$

Por lo tanto, los posibles extremos relativos son todos los puntos del eje X, $(x,0)$ y todos los puntos del eje Y, $(0,y)$.

2. La matriz hessiana es

$$H_f(x,y) = \begin{pmatrix} 2y^2 & 4xy \\ 4xy & 2x^2 \end{pmatrix}$$

3. El determinante de la matriz hessiana vale $d = -12x^2y^2$. Evaluando en los puntos críticos, se obtiene siempre que $d = 0$ y no se puede decidir.

En estos casos, las herramientas presentadas fallan, y hay que estudiar directamente la función. En este ejercicio, la función $f(x,y) = x^2y^2$ es siempre positiva, para cualquier valor de x e y:

$$f(x,y) = x^2y^2 \geq 0$$

y alcanza su valor mínimo en 0. Pero $f(x,y) = 0$ sólo es cierto si $x = 0$, o bien $y = 0$, es decir, en los puntos críticos que se han obtenido en el primer paso. Por lo tanto, cualquier punto situado en los ejes de coordenadas X e Y es un mínimo relativo, obteniendo infinitos mínimos relativos.

```
>  f:=(x,y)->x^2*y^2:
>  Gf:=Student[MultivariateCalculus]:-Gradient( f(x,y), [x,y] );
```

$$Gf := \begin{bmatrix} 2xy^2 \\ 2x^2y \end{bmatrix}$$

```
>  solve({Gf[1]=0,Gf[2]=0},{x,y});
```

$$\{y = y, x = 0\}, \{y = y, x = 0\}, \{x = x, y = 0\}$$

```
>  # Los puntos críticos son de la forma (x,0) e (0,y).
>  Hf:=VectorCalculus:-Hessian(f(x,y),[x,y]);
```

$$Hf := \begin{bmatrix} 2y^2 & 4xy \\ 4xy & 2x^2 \end{bmatrix}$$

```
>  Hf:=unapply(Hf,[x,y]):
>  Hf(x,0);
   LinearAlgebra:-Determinant(%);
```

$$\begin{bmatrix} 0 & 0 \\ 0 & 2x^2 \end{bmatrix}$$
$$0$$

```
>  Hf(0,y);
   LinearAlgebra:-Determinant(%);
```

$$\begin{bmatrix} 2y^2 & 0 \\ 0 & 0 \end{bmatrix}$$
$$0$$

```
>  # Por lo tanto no podemos decir nada sobre si son máximos, mínimos
   #    o puntos de inflexión
>  minimize(f(x,y),[x,y],location);
```

$$0, \{[\{y = 0, x = 0\}, 0]\}$$

```
>  # En este caso la función minimize nos dice que en los puntos de la forma x=0
   #    o y=0 hay mínimos absolutos y en este caso el valor de la función es 0
>  # Utilizamos la función definida en el problema anterior en el punto (1,0)
   #    Para que la funcione correctamente hace falta ejecutar las líneas
   #    correspondientes del problema anterior
   # Vemos que respecto a la dirección roja, la función es constante
   #    mientras que en la dirección verde el punto (1,0) representa un mínimo
>  DibujoPuntosCriticos(f,1,0,Hf(1,0),0..2,-1..1,-1..3,[120,60]);
```

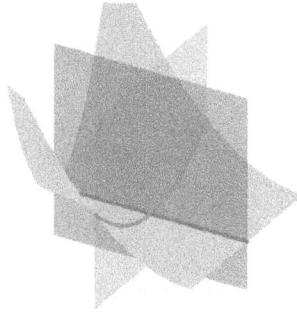

```
>   # Utilizamos la función definida en el problema anterior en el punto (0,1)
    # Vemos que el comportamiento alrededor del punto (0,1) es análogo al del (1,0)
>   DibujoPuntosCriticos(f,0,1,Hf(0,1),-1..1,0..2,-1..3,[75,65]);
```

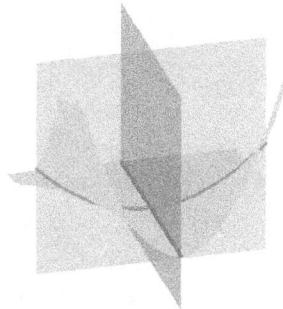

```
>   # Por lo tanto en x=0 e y=0 la función vale 0 y alcanza un mínimo
>   with(plots):
>   display(
        plot3d(f(x,y),x=-1..1,y=-1..1,style=patchnogrid),
        plot3d(0,x=-3..3,y=-3..3,grid=[3,3],style=wireframe,color=blue,thickness=3),
        view=[-1..1,-1..1,-0.1..1],orientation=[20,60]
    );
```

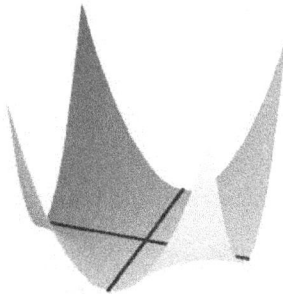

PR 3.3. Calcular los extremos relativos de la función $f(x,y,z) = yx^2 + y^2 + z^2 + xy$.

Resolución

El primer paso es resolver el gradiente de $f(x, y, z)$:

$$\frac{\partial f}{\partial x} = 2xy + y = 0 \tag{3.13}$$

$$\frac{\partial f}{\partial y} = x^2 + 2y + x = 0 \tag{3.14}$$

$$\frac{\partial f}{\partial z} = 2z = 0 \tag{3.15}$$

De la ecuación 3.15, se obtiene que $z = 0$. De 3.13, se tienen dos posibilidades:

$$2xy + y = 0 \Rightarrow \begin{cases} y = 0 \\ 2x + 1 = 0 \Rightarrow x = \frac{-1}{2} \end{cases}$$

Al poner $y = 0$ en la ecuación 3.14, se obtiene:

$$x^2 + x = 0 \Rightarrow x = -1 , \ x = 0$$

Por lo tanto, ya se han obtenido los puntos $(-1, 0, 0)$ y $(0, 0, 0)$. Por otro lado, poniendo $x = \frac{-1}{2}$ en la ecuación 3.14, se obtiene $y = \frac{1}{8}$. Por lo tanto, se tiene el punto $(\frac{-1}{2}, \frac{1}{8}, 0)$. Ahora falta decidir si son o no extremos. Para ello, hay que calcular la matriz hessiana de $f(x, y, z)$ en estos puntos. La hessiana es

$$H_f = \begin{pmatrix} 2y & 2x + 1 & 0 \\ 2x + 1 & 2 & 0 \\ 0 & 0 & 2 \end{pmatrix}$$

Por lo tanto, se tiene que:

$$H_f(0, 0, 0) = \begin{pmatrix} 0 & 1 & 0 \\ 1 & 2 & 0 \\ 0 & 0 & 2 \end{pmatrix}$$

que no decide.

$$H_f(-1, 0, 0) = \begin{pmatrix} 0 & -1 & 0 \\ 1 & 2 & 0 \\ 0 & 0 & 2 \end{pmatrix}$$

que tampoco decide. Y finalmente,

$$H_f(\frac{-1}{2}, \frac{1}{8}, 0) = \begin{pmatrix} \frac{1}{4} & 0 & 0 \\ 0 & 2 & 0 \\ 0 & 0 & 2 \end{pmatrix}$$

que es una matriz definida positiva. Por lo tanto, la función $f(x, y, z)$ tiene un mínimo en $(\frac{-1}{2}, \frac{1}{8}, 0)$.

PR 3.4. Calcular los extremos relativos de la función $f(x,y) = (x^2 + y^2)e^{-x^2-y^2}$.

Resolución

Primero hay que resolver $\nabla f = 0$, es decir, hay que encontrar los valores de x e y que anulan el gradiente de f:

$$\begin{cases} 2xe^{-x^2-y^2} - 2x(x^2+y^2)e^{-x^2-y^2} = 0 \\ 2ye^{-x^2-y^2} - 2y(x^2+y^2)e^{-x^2-y^2} = 0 \end{cases}$$

que es equivalente a

$$\begin{cases} 2x\,e^{-x^2-y^2}(1-x^2-y^2) = 0 \\ 2y\,e^{-x^2-y^2}(1-x^2-y^2) = 0 \end{cases}$$

Teniendo en cuenta que la función exponencial no se anula, de la primera ecuación se obtiene que $x = 0$, o bien $1-x^2-y^2 = 0$. De la segunda ecuación se obtiene $y = 0$ o bien $1-x^2-y^2 = 0$. Por lo tanto, los puntos críticos son:

$$(0,0), D = \{(x,y) \in \mathbb{R}^2 | x^2 + y^2 = 1\}$$

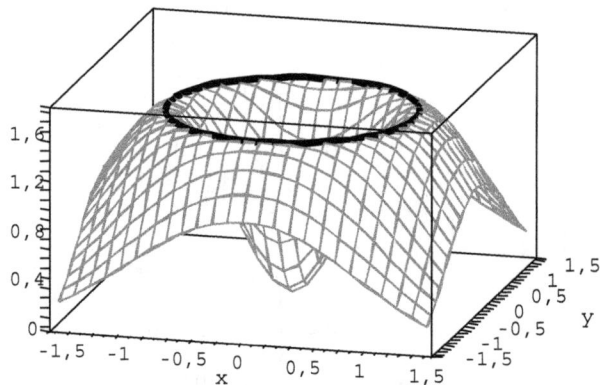

Figura 3.4. *Gráfica de la función* $f(x,y) = (x^2 + y^2)e^{-x^2-y^2}$

Ahora hay que evaluar la matriz hessiana en estos puntos, es

$$H(x,y) = e^{-x^2-y^2} \cdot \begin{pmatrix} (1-x^2-y^2)(2-4x^2) - 4x^2 & 4\,yx\left(-2+x^2+y^2\right) \\ 4\,yx\left(-2+x^2+y^2\right) & (1-x^2-y^2)(2-4y^2) - 4y^2 \end{pmatrix}$$

Al evaluar esta matriz en el punto crítico $(0,0)$, se obtiene:

$$\begin{pmatrix} 2 & 0 \\ 0 & 2 \end{pmatrix}$$

que resulta ser definida positiva (determinante positivo, menor principal de orden 1 positivo). Por lo tanto, el punto $(0,0)$ es un mínimo relativo, con valor $f(0,0) = 0$. En los puntos $(x,y) \in D$, la matriz hessiana es

$$H(x,y)\Big|_{x^2+y^2=1} = e^{-1} \cdot \begin{pmatrix} -4x^2 & -4\,yx \\ -4\,yx & -4y^2 \end{pmatrix}$$

Resulta que el determinante de esta matriz hessiana para $\{(x,y) \in D$ vale

$$\det(H) = e^{-1}(16\,x^2y^2 - 16\,x^2y^2) = 0$$

Por lo tanto, para los puntos que se encuentran en la circunferencia $(x,y) \in D$ no se puede decidir si son extremos relativos. Es necesario usar otra estrategia. Teniendo en cuenta como es la función $f(x,y)$ y los puntos $(x,y) \in D$, hay que darse cuenta que si se hace el cambio:

$$t = x^2 + y^2$$

se obtiene que

$$f(x,y) = (x^2+y^2)e^{-x^2-y^2} \Rightarrow f(t) = te^{-t}$$

y el conjunto D pasa a ser $\{t \in \mathbb{R}|t=1\}$. Por lo tanto, el problema se ha reducido a calcular los extremos de una función de una única variable t:

$$f'(t) = 0 \Leftrightarrow e^{-t} - te^{-t} = 0 \Leftrightarrow t = 1$$

Existe un extremo en $t = 1$, es decir, en $x^2 + y^2 = 1$, tal y como ya sabíamos. Para decidir si es máximo a mínimo, se calcula la derivada segunda y se evalúa en $t = 1$:

$$f''(t) = -e^{-t} - e^{-t} + te^{-t} = e^{-t}(t-2)$$

En $t = 1$ se obtiene:

$$f''(1) = -e^{-1} < 0 \Rightarrow t = 1 \text{ máximo}$$

Por lo tanto, los puntos (x,y) verificando que $x^2 + y^2 = 1$ son máximos de $f(x,y)$, con valor $\frac{1}{e}$, tal y como muestra la figura 3.4.

```
>  f:=(x,y)->(x^2+y^2)*exp(-x^2-y^2):
>  Gf:=Student[MultivariateCalculus]:-Gradient( f(x,y), [x,y] );
```

$$Gf := \begin{bmatrix} 2\,xe^{-x^2-y^2} - \left(2\,x^2 + 2\,y^2\right)xe^{-x^2-y^2} \\ 2\,ye^{-x^2-y^2} - \left(2\,x^2 + 2\,y^2\right)ye^{-x^2-y^2} \end{bmatrix}$$

```
>  PuntosCriticos:=solve({Gf[1]=0,Gf[2]=0},{x,y});
```

$PuntosCriticos := \{y=0, x=0\}, \{x=1, y=0\}, \{y=0, x=-1\}, \{y=y, x=RootOf\left(\_Z^2 - 1 + y^2\right)\}$

```
>   # Los puntos críticos son de la forma (0,0), (1,0), (-1,0)
    #   y los ceros (raíces) de la expresión x^2+y^2-1=0 -> x^2+y^2=1
    #   estos últimos puntos representan los puntos de la circunferencia
    #   de radio 1 centrada en (0,0)
    #
    # Notad que los puntos (1,0) y (-1,0) también están contenidos en la expresión
    #   x^2+y^2=1, por lo tanto los puntos críticos son (0,0)
    #   y los puntos de la circunferencia
>   Hf:=VectorCalculus:-Hessian(f(x,y),[x,y]):
>   Hf:=unapply(Hf,[x,y]):
>   Hf(0,0);
    LinearAlgebra:-Determinant(%);
```

$$\begin{bmatrix} 2 & 0 \\ 0 & 2 \end{bmatrix}$$

$$4$$

```
>   Hf(x,y);
```

$$\left[\left[2\,e^{-x^2-y^2} - 8\,x^2e^{-x^2-y^2} - \left(2\,x^2+2\,y^2\right)e^{-x^2-y^2} + \left(4\,x^2+4\,y^2\right)x^2e^{-x^2-y^2}\right.\right.,$$
$$\left.-8\,xye^{-x^2-y^2} + \left(4\,x^2+4\,y^2\right)xye^{-x^2-y^2}\right],$$
$$\left[-8\,xye^{-x^2-y^2} + \left(4\,x^2+4\,y^2\right)xye^{-x^2-y^2}\right.,$$
$$\left.\left.2\,e^{-x^2-y^2} - 8\,y^2e^{-x^2-y^2} - \left(2\,x^2+2\,y^2\right)e^{-x^2-y^2} + \left(4\,x^2+4\,y^2\right)y^2e^{-x^2-y^2}\right]\right]$$

```
>   subs(x^2+y^2=1,%);
```

$$\begin{bmatrix} -4\,x^2e^{-x^2-y^2} & -4\,xye^{-x^2-y^2} \\ -4\,xye^{-x^2-y^2} & -4\,y^2e^{-x^2-y^2} \end{bmatrix}$$

```
>   subs(exp(-x^2-y^2)=exp(-1),%);
```

$$\begin{bmatrix} -4\,x^2e^{-1} & -4\,xye^{-1} \\ -4\,xye^{-1} & -4\,y^2e^{-1} \end{bmatrix}$$

```
>   LinearAlgebra:-Determinant(%);
```

$$0$$

```
>   # Usamos los comandos maximize y minimize para encontrar los máximos y mínimos
>   maximize(f(x,y),[x,y],location);
```

$$e^{-1},\ \left\{\left[\{y=0,x=-1\},e^{-1}\right],\left[\{x=1,y=0\},e^{-1}\right]\right\}$$

```
>   minimize(f(x,y),[x,y],location);
```

$$0,\ \left\{\left[\{x=\infty\},0\right],\left[\{y=0,x=0\},0\right],\left[\{y=\infty\},0\right],\left[\{y=-\infty\},0\right],\left[\{x=-\infty\},0\right]\right\}$$

```
>   # Vamos a ver visualmente los resultados para los puntos (0,0) y (1,0)
>   DibujoPuntosCriticos(f,0,0,Hf(0,0),-1..1,-1..1,-0.1..0.75,[70,75]);
```

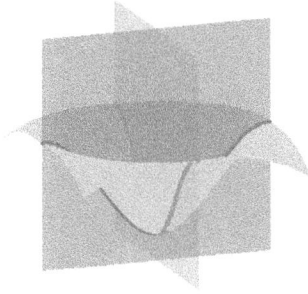

```
>   # Vemos que en el punto (0,0) claramente hay un mínimo relativo
    #    el punto (0,0) representa un mínimo para las dos direcciones principales
>   DibujoPuntosCriticos(f,1,0,Hf(1,0),-2..2,-1..1,-0.1..0.75,[70,75]);
```

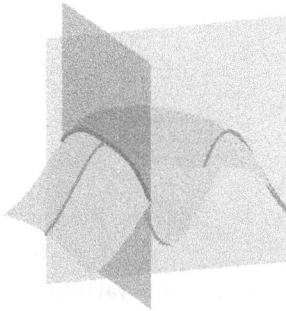

```
>   # Vemos que en el punto (1,0) claramente hay un máximo relativo
    #    el punto (1,0) representa un máximo para las dos direcciones principales
    # La matrix hessiana da cero porque en la dirección roja
    #    la función tiene pendiente nulo en el punto (1,0)
>   with(plots):
>   display(
        plot3d(f(x,y),x=-2..2,y=-2..2,style=patchnogrid,numpoints=5000,
            transparency=0.5),
        spacecurve([sin(t),cos(t),f(sin(t),cos(t))],t=0..2*Pi,color=blue,thickness=2),
        pointplot3d([0,0,0],color=blue),
        view=[-2..2,-2..2,0..0.5],orientation=[40,70]
    );
```

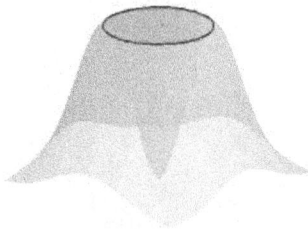

PR 3.5. Determinar los extremos de la función $f(x,y,z) = x^2 + y^2 + z^2 - xy + 2$.

Resolución

Se resuelve el gradiente de la función f igualado a cero:

$$\frac{\partial f}{\partial x} = 2x - y = 0$$

$$\frac{\partial f}{\partial y} = 2y - x = 0$$

$$\frac{\partial f}{\partial z} = 2z = 0$$

Por lo tanto, el único punto crítico es el origen $(0,0,0)$. Se calcula ahora la matriz hessiana de f:

$$H_f(x,y,z) = \begin{pmatrix} 2 & -1 & 0 \\ -1 & 2 & 0 \\ 0 & 0 & 2 \end{pmatrix}$$

Se evalúa en el punto crítico y se estudia si es definida positiva o negativa. En este caso $H_f(x,y,z)$ es constante. Se calculan sus menores:

$$m_1 = 2 > 0 \;,\; m_2 = \begin{vmatrix} 2 & -1 \\ -1 & 2 \end{vmatrix} = 3 > 0 \;,\; m_3 = \det(H_f(\mathbf{x})) = 6 > 0$$

Por lo tanto, el punto $(0,0,0)$ es un **mínimo relativo** con valor $f(0,0,0) = 2$.

```
>   f:=(x,y,z)->x^2+y^2+z^2-x*y+2:
    'f(x,y,z)'=f(x,y,z);
```

$$f(x,y,z) = x^2 + y^2 + z^2 - xy + 2$$

```
>   Gf:=Student[MultivariateCalculus]:-Gradient( f(x,y,z), [x,y,z] );
```

$$Gf := \begin{bmatrix} 2x - y \\ 2y - x \\ 2z \end{bmatrix}$$

```
>   PuntosCriticos:=solve({Gf[1]=0,Gf[2]=0,Gf[3]=0},{x,y,z});
```

$$PuntosCriticos := \{z = 0, y = 0, x = 0\}$$

```
>   Hf:=VectorCalculus:-Hessian(f(x,y,z),[x,y,z]);
```

$$Hf := \begin{bmatrix} 2 & -1 & 0 \\ -1 & 2 & 0 \\ 0 & 0 & 2 \end{bmatrix}$$

```
>   Hf:=unapply(Hf,[x,y]):
>   Hf(0,0,0);
    LinearAlgebra:-Determinant(%);
```

$$\begin{bmatrix} 2 & -1 & 0 \\ -1 & 2 & 0 \\ 0 & 0 & 2 \end{bmatrix}$$

$$6$$

PR 3.6. Sea la función $f : \mathbb{R}^2 \to \mathbb{R}$ definida por

$$f(x,y) = -x^3 - y^3 + \frac{3}{2}x^2 + 3y^2$$

Se pide lo siguiente:

1. Calcular los puntos críticos de f en todo $\mathbb{R}^2$, especificando si son máximos relativos, mínimos relativos o puntos de silla y el valor de la función en cada uno de ellos.

2. Calcular los valores máximo y mínimo de $f(x,y)$ sobre la circunferencia $x^2 + y^2 = 1$.

Resolución

1. Para calcular los puntos críticos de la función f se tiene que calcular su gradiente y igualarlo a cero: $\nabla f = (-3x^2 + 3x, -3y^2 + 6y) = (0,0)$. Se reescribe esta igualdad como el sistema de ecuaciones

$$-3x(x-1) = 0, \quad -3y(y-2) = 0$$

que tiene como soluciones los cuatro puntos críticos $(0,0)$, $(0,2)$, $(1,0)$ y $(1,2)$.

Para determinar si son máximos relativos, mínimos relativos o puntos de silla, se tiene que evaluar la matriz hessiana

$$H_f(x,y) = \begin{pmatrix} \dfrac{\partial^2 f}{\partial x^2} & \dfrac{\partial^2 f}{\partial y \partial x} \\ \dfrac{\partial^2 f}{\partial x \partial y} & \dfrac{\partial^2 f}{\partial y^2} \end{pmatrix} = \begin{pmatrix} -6x+3 & 0 \\ 0 & -6y+6 \end{pmatrix}$$

en cada uno de los puntos críticos. De esta manera se deduce que

- $H_f(0,0) = \begin{pmatrix} 3 & 0 \\ 0 & 6 \end{pmatrix}$ tiene menores principales: $m_1 = 3 > 0$ y d $= 18 > 0$. Por lo tanto, $(0,0)$ es un **mínimo relativo** con valor $f(0,0) = 0$.

- $H_f(0,2) = \begin{pmatrix} 3 & 0 \\ 0 & -6 \end{pmatrix}$ tiene menores principales $m_1 = 3 > 0$ y d $= -18 < 0$. Por lo tanto, $(0,2)$ es un **punto de silla** con valor $f(0,2) = 4$.

- $H_f(1,0) = \begin{pmatrix} -3 & 0 \\ 0 & 6 \end{pmatrix}$ tiene menores principales $m_1 = -3 < 0$ y d $= -18 < 0$. Por lo tanto, $(1,0)$ es un **punto de silla** con valor $f(1,0) = \frac{1}{2}$.

- $H_f(1,2) = \begin{pmatrix} -3 & 0 \\ 0 & -6 \end{pmatrix}$ tiene menores principales $m_1 = -3 < 0$ y d $= 18 > 0$. Por lo tanto, $(1,2)$ es un **máximo relativo** con valor $f(1,2) = \frac{9}{2}$.

2. Se puede resolver este problema utilizando la función lagrangiana $\phi(x,y,\lambda) = f(x,y) + \lambda(x^2 + y^2 - 1)$ y calculando sus puntos críticos, que resultan ser soluciones del sistema siguiente:

$$\frac{\partial \phi}{\partial x} = -3x^2 + 3x + 2\lambda x = x(-3x + 3 + 2\lambda) = 0$$
$$\frac{\partial \phi}{\partial y} = -3y^2 + 6y + 2\lambda y = y(-3y + 6 + 2\lambda) = 0$$
$$\frac{\partial \phi}{\partial \lambda} = x^2 + y^2 - 1 = 0$$

De la primera ecuación se obtiene:

- $x = 0$, y a partir de la tercera ecuación se obtiene que $y = \pm 1$. Por lo tanto, se obtienen los puntos $(0,1)$ y $(0,-1)$.

- O bien, $\lambda = \dfrac{3x-3}{2}$.

Y de la segunda ecuación:

- $y = 0$, y a partir de la tercera, $x = \pm 1$. Por lo tanto, se obtienen los puntos $(1,0)$ y $(-1,0)$.

- O bien, $\lambda = \dfrac{3y-6}{2}$.

Las dos últimas posibilidades (igualando λ) implican que:

$$\frac{3x-3}{2} = \frac{3y-6}{2} \;\Rightarrow\; y = x+1$$

y utilizando la tercera ecuación da de nuevo $(-1,0)$ y $(0,1)$. Así se obtienen cuatro candidatos a extremos condicionados de la función f sobre la circunferencia $x^2 + y^2 = 1$: $(\pm 1, 0)$ y $(0, \pm 1)$. Los valores de la función sobre estos puntos son

$$f(1,0) = \frac{1}{2}, \quad f(-1,0) = \frac{5}{2}, \quad f(0,1) = 2 \quad \text{y} \quad f(0,-1) = 4$$

Por lo tanto, los extremos condicionados buscados son

- $(1,0)$ es el posible mínimo con valor $\dfrac{1}{2}$,

- $(0,-1)$ es el posible máximo con valor 4.

```
> f:=(x,y)->-x^3-y^3+3/2*x^2+3*y^2:
  'f(x,y)'=f(x,y);
```
$$f(x,y) = -x^3 - y^3 + 3/2\,x^2 + 3\,y^2$$
```
> Gf:=Student[MultivariateCalculus]:-Gradient( f(x,y), [x,y] );
```
$$Gf := \begin{bmatrix} -3\,x^2 + 3\,x \\ -3\,y^2 + 6\,y \end{bmatrix}$$
```
> Hf:=VectorCalculus:-Hessian(f(x,y),[x,y]);
```
$$Hf := \begin{bmatrix} -6\,x+3 & 0 \\ 0 & -6\,y+6 \end{bmatrix}$$
```
> Hf:=unapply(Hf,[x,y]):
> LinearAlgebra:-Determinant(Hf(x,y));
```
$$18\,(2\,x-1)\,(y-1)$$
```
> # Apartado 1)
> PuntosCriticos:=solve({Gf[1]=0,Gf[2]=0},{x,y});
```
$$PuntosCriticos := \{y=0, x=0\},\, \{y=2, x=0\},\, \{x=1, y=0\},\, \{x=1, y=2\}$$
```
> Hf(0,0);
  LinearAlgebra:-Determinant(Hf(0,0));
```
$$\begin{bmatrix} 3 & 0 \\ 0 & 6 \end{bmatrix}$$
$$18$$

```
>   Hf(0,2);
    LinearAlgebra:-Determinant(Hf(0,2));
```

$$\begin{bmatrix} 3 & 0 \\ 0 & -6 \end{bmatrix}$$

$$-18$$

```
>   Hf(1,0);
    LinearAlgebra:-Determinant(Hf(1,0));
```

$$\begin{bmatrix} -3 & 0 \\ 0 & 6 \end{bmatrix}$$

$$-18$$

```
>   Hf(1,2);
    LinearAlgebra:-Determinant(Hf(0,0));
```

$$\begin{bmatrix} -3 & 0 \\ 0 & -6 \end{bmatrix}$$

$$18$$

```
>   # En este caso como la matriz hessiana es diagonal,
    #   las dos direcciones principales seran las (1,0) y (0,1)
    # Además, el comportamiento de la función entorno a los puntos críticos
    #   vendrá dado por el signo de los elementos de la diagonal
    # En el (0,0) tenemos un mínimo (valor >0) en las dos direcciones
    #   -> mínimo relativo
    # En el (0,2) tenemos un mínimo y un máximo (positivo y negativo)
    #   -> punto de silla
    # En el (1,0) tenemos un mínimo y un máximo (positivo y negativo)
    #   -> punto de silla
    # En el (1,2) tenemos un máximo (valor <0) en las dos direcciones
    #   -> máximo relativo
>   # Vamos a ver el comportamiento gráficamente
>   DibujoPuntosCriticos(f,0,0,Hf(0,0),-0.5..0.5,-0.5..0.5,-0.25..1,[70,75]);
```

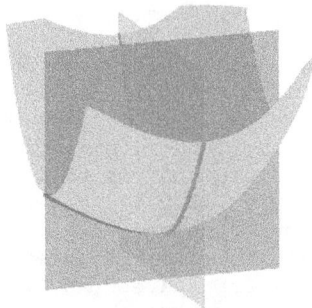

```
>   DibujoPuntosCriticos(f,0,2,Hf(0,2),-1..1,1..3,2..6,[40,75]);
```

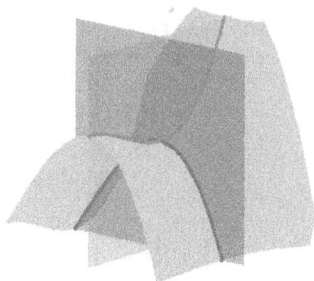

```
>   DibujoPuntosCriticos(f,1,0,Hf(1,0),0..2,-0.5..0.5,0.25..1,[50,75]);
```

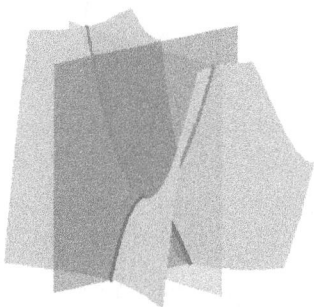

```
>   DibujoPuntosCriticos(f,1,2,Hf(1,2),0..2,1..3,3.5..5,[70,75]);
```

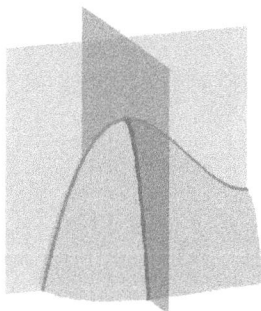

```
>   with(plots):
>   display(
        plot3d(f(x,y),x=-1..4,y=-1..4,style=patchnogrid,transparency=0.5),
        spacecurve({[t,0,f(t,0)],[0,t,f(0,t)]},t=-0.5..0.5,
            color=red,thickness=2,transparency=0.5),
        spacecurve({[t,2,f(t,2)],[0,2+t,f(0,2+t)]},t=-0.5..0.5,
            color=blue,thickness=2,transparency=0.5),
        spacecurve({[1+t,0,f(1+t,0)],[1,t,f(1,t)]},t=-0.5..0.5,
            color=green,thickness=2,transparency=0.5),
        spacecurve({[1+t,2,f(1+t,2)],[1,2+t,f(1,2+t)]},t=-0.5..0.5,
            color=pink,thickness=2,transparency=0.5),
        view=[-1..4,-1..3,-1..6],orientation=[-65,70]
    );
```

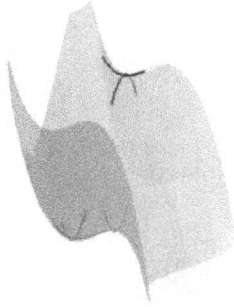

```
>   # En el dibujo se ven claramente las direcciones principales
    #    y el comportamiento de los puntos críticos
    # (0,0) rojo -> mínimo relativo
    # (0,2) azul -> punto de silla
    # (1,0) verde -> punto de silla
    # (1,2) rosa -> máximo relativo
>   # Apartado 2)
>   # Vamos a representar primero el problema de optimización
    # La curva azul son los puntos de la circunferencia x^2+y^2=1 en el plano XY
    # La curva roja son las imágenes de los puntos de la circunferencia
>   display(
        plot3d(f(x,y),x=-2..2,y=-2..2,style=patchnogrid,transparency=0.5),
        spacecurve([sin(t),cos(t),0],t=0..2*Pi,color=blue,thickness=2,
            transparency=0.5),
        spacecurve([sin(t),cos(t),f(sin(t),cos(t))],t=0..2*Pi,color=red,
            thickness=2,transparency=0.5),
        view=[-2..2,-2..2,-1..5],orientation=[30,75]
    );
```

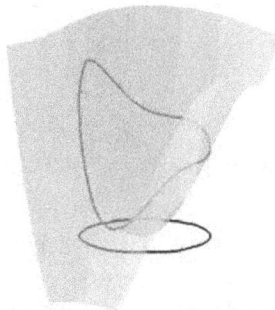

```
>   # De hecho tenemos que hallar los máximos y mínimos de la curva resultante
    #    de interseccionar la superficie dada por la función f(x,y)
    #    y el cilindro con base x^2+y^2=1
>   display(
        plot3d(f(x,y),x=-2..2,y=-2..2,style=patchnogrid,color=blue,transparency=0.4),
        plot3d([sin(t),cos(t),z],t=0..2*Pi,z=-1..5,color=red,style=patchnogrid,
            transparency=0.5),
        spacecurve([sin(t),cos(t),f(sin(t),cos(t))],t=0..2*Pi,color=red,thickness=2),
        view=[-2..2,-2..2,-1..5],orientation=[30,75]
    );
```

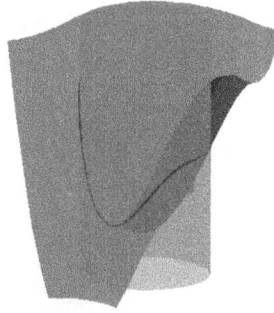

```
>   # El objetivo es hallar los máximos y
    mínimos de la curva roja
>   with(Optimization):
>   Minimize(f(x,y),{x^2+y^2=1});
```
$$[0,500000000000000000, [x = 1,0, y = -6,045792457 \times 10^{-14}]]$$

```
>   Maximize(f(x,y),{x^2+y^2=1});
```
$$[2,00000000001416022, [x = 0,0000049714046335709780, y = 0,99999999999236266]]$$

```
>   # Cuando se usan los comandos Minimize y Maximize, los valores que se retornan
    #   son un máximo y un mínimo local.
    #   No tienen porque ser los únicos ni los globales
>   # El comando LagrangeMultipliers del paquete MultivariateCalculus,
    #   nos ayuda a resolver los problemas de optimización restringida
>   with(Student[MultivariateCalculus]):
>   LagrangeMultipliers(f(x,y),[x^2+y^2-1],[x,y]);
```
$$[0,1], [0,-1], [1,0], [-1,0], [-1,0], [0,1]$$

```
>   # Vemos que tenemos seis candidatos (repetidos) -> cuatro candidatos
    # La opción output=detailed nos permite conocer:
    #   1. los valores asociados de los multiplicadores de Lagrange
    #   2. el valor de la función en el punto
>   LagrangeMultipliers(f(x,y),[x^2+y^2-1],[x,y],output=detailed);
```
$$[x = 0, y = 1, \lambda_1 = 3/2, -x^3 - y^3 + 3/2\,x^2 + 3\,y^2 = 2],$$
$$[x = 0, y = -1, \lambda_1 = 9/2, -x^3 - y^3 + 3/2\,x^2 + 3\,y^2 = 4],$$
$$[x = 1, y = 0, \lambda_1 = 0, -x^3 - y^3 + 3/2\,x^2 + 3\,y^2 = 1/2],$$
$$[x = -1, y = 0, \lambda_1 = 3, -x^3 - y^3 + 3/2\,x^2 + 3\,y^2 = 5/2],$$
$$[x = -1, y = 0, \lambda_1 = 3, -x^3 - y^3 + 3/2\,x^2 + 3\,y^2 = 5/2],$$
$$[x = 0, y = 1, \lambda_1 = 3/2, -x^3 - y^3 + 3/2\,x^2 + 3\,y^2 = 2]$$

```
>   # Vemos que: f(0,1)=2, f(0,-1)=4, f(1,0)=1/2, f(-1,0) = 5/2
    # Por lo tanto el máximo global es el (0,-1) y el mínimo global es el (1,0)
>   # También podemos usar las opciones output=plot
    # En este caso se dibuja la función y las curvas de nivel para los valores
    #   donde se alcanzan los máximos y mínimos
>   LagrangeMultipliers(f(x,y),[x^2+y^2-1],[x,y],output=plot,showconstraints=false,
        view=[-1.5..1.5,-1.5..1.5,-1..5]);
```

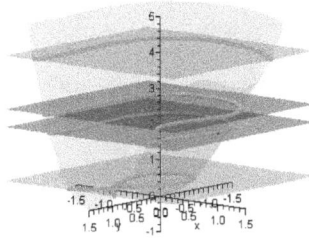

```
>    # Vamos a representar los resultados
>    with(plottools):
>    display(
        plot3d(f(x,y),x=-2..2,y=-2..2,style=patchnogrid,color=blue,transparency=0.4),
        plot3d([sin(t),cos(t),z],t=0..2*Pi,z=-1..5,
            color=red,style=patchnogrid,transparency=0.5),
        spacecurve([sin(t),cos(t),f(sin(t),cos(t))],t=0..2*Pi,color=red,thickness=2),
        sphere([0,1,f(0,1)],0.1,color=black),
        sphere([1,0,f(1,0)],0.1,color=black),
        sphere([0,-1,f(0,-1)],0.1,color=black),
        sphere([-1,0,f(-1,0)],0.1,color=black),
        view=[-2..2,-2..2,-1..5],orientation=[30,75]
    );
```

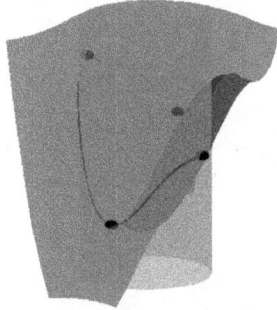

PR 3.7. Calcular los puntos de la elipse $\dfrac{x^2}{4} + (y-2)^2 = 1$ más cercanos al punto $(3,2)$.

Resolución

Primero hay que determinar qué función se extrema y qué condición cumplen los puntos. Como estos tienen que encontrarse en la elipse, resulta que la ligadura o condición es la función $g(x,y) = \dfrac{x^2}{4} + (y-2)^2 - 1 = 0$. Por otro lado, como hay que encontrar los puntos de distancia mínima a $(3,2)$, la función a extremar será la distancia al cuadrado de un punto cualquiera (x,y) al punto $(3,2)$:

$$f(x,y) = (x-3)^2 + (y-2)^2$$

Según el método de los multiplicadores de Lagrange, hay que encontrar los extremos relativos de

$$\phi(x,y,\lambda) = (x-3)^2 + (y-2)^2 + \lambda(\frac{x^2}{4} + (y-2)^2 - 1)$$

que tiene el gradiente

$$\begin{cases} 2(x-3) + \lambda\dfrac{x}{2} = 0 \\[2mm] 2(y-2) + 2\lambda(y-2) = 0 \Leftrightarrow 2(y-2)(1+\lambda) = 0 \\[2mm] \dfrac{x^2}{4} + (y-2)^2 - 1 = 0 \end{cases}$$

De la segunda ecuación, se obtienen dos opciones:

- $y = 2$, que en la tercera ecuación da $x = \pm 2$;

- O bien, $\lambda = -1$, que en la primera ecuación da $x = 4$, y este valor en la tercera ecuación da $(y-2)^2 = -3$, que no tiene solución real.

Las soluciones posibles son $(-2,2)$ y $(2,2)$. Calculando sus imagenes por f, se obtiene:

$$f(-2,2) = 25 , \ f(2,2) = 1$$

con lo que el punto de la elipse $g(x,y) = 0$ más cercano a $(3,2)$ es el punto $(2,2)$.

```
>    # La función a optimizar es la distancia (al cuadrado) de un punto al punto (3,2)
>    f:=(x,y)->(x-3)^2+(y-2)^2:
     'f(x,y)'=f(x,y);
```
$$f(x,y) = (x-3)^2 + (y-2)^2$$
```
>    # Restringida a pertenecer a la elipse x^2/4+(y-2)^2=1
>    x^2/4+(y-2)^2=1;
```
$$\tfrac{1}{4}x^2 + (y-2)^2 = 1$$
```
>    # Este problema se puede resolver de forma simple observando que
     #    la restricción implica que (y-2)^2 = 1-x^2/4
     #    teniendo en cuenta que 1-x^2/4>=0 -> -2<= x <=2
     # Substituyendo esta ligadura en la función da lugar a un problema 1 dimensional
>    fx:=subs((y-2)^2 = 1-x^2/4,f(x,y));
```
$$fx := (x-3)^2 + 1 - 1/4\,x^2$$
```
>    # Los candidatos a extremos entre -2 y 2 son los puntos críticos y x=-2,2
>    solve(diff(fx,x)=0,x);
```
$$4$$
```
>    # El punto crítico no cae dentro del intervalo
>    [subs(x=-2,fx),subs(x=2,fx)];
```
$$[25, 1]$$
```
>    # Por lo tanto el mínimo se halla en x=2
>    minimize(fx,x=-2..2,location);
```
$$1, \{[\{x = 2\}, 1]\}$$
```
>    # Otra forma de resolverlo es usando el comando Minimize
>    Optimization:-Minimize(f(x,y),{x^2/4+(y-2)^2=1});
```
$$[0,99999999999015632, [x = 2,00000000000492184, y = 2,00000000002341016]]$$
```
>    # Finalmente también podemos utilitzar
     el comando LagrangeMultipliers
>    Student[MultivariateCalculus]:-LagrangeMultipliers(f(x,y),[x^2/4+(y-2)^2-1],
        [x,y],output=detailed);
```

$$[x = 4, y = RootOf\left(7 + \_Z^2 - 4\_Z\right), \lambda_1 = 1, (x-3)^2 + (y-2)^2 = 1 + \left(RootOf\left(7 + \_Z^2 - 4\_Z\right) - 2\right)^2],$$

$$[x = 2, y = 2, \lambda_1 = -2, (x-3)^2 + (y-2)^2 = 1],$$

$$[x = -2, y = 2, \lambda_1 = 10, (x-3)^2 + (y-2)^2 = 25]$$

```
> display(
    plot3d(f(x,y),x=0..6,y=0..4,
      style=patchnogrid,color=blue,transparency=0.4),
    intersectplot(z=f(x,y),x^2/4+(y-2)^2=1,x=-2..2,y=1..3,z=0..5,thickness=3),
    implicitplot3d(x^2/4+(y-2)^2=1,x=-2..2,y=1..3,z=0..5,
      style=patchnogrid,color=grey,transparency=0.5),
    sphere([2,2,f(2,2)],0.1,color=black),
    view=[-2..5,-1..4,0..5],orientation=[30,75]
  );
```

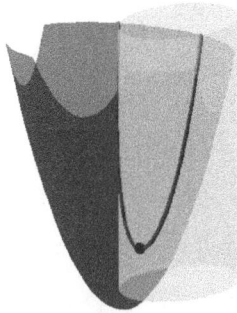

PR 3.8. Un fabricante planea vender un producto a 50 euros la unidad. Predice que si gasta x euros en maquinaria, además de y euros en promoción, venderá aproximadamente

$$f(x,y) = \frac{80y}{y+2} + \frac{10x}{x+4}$$

unidades del producto. El coste de producción es de 20 euros por unidad. Se supone que el fabricante tiene 8000 euros para gastar en total. Hallar la distribución de dinero que da mayor beneficio.

Resolución

El beneficio total será el número de piezas producidas por su precio de ventas menos el coste:

$$b(x,y) = f(x,y) \cdot (50 - 20) = 30f(x,y)$$

Se trata de encontrar un máximo de la función beneficio $b(x,y)$, sujeto a que el presupuesto total es de 8000 euros. Por lo tanto, se trata de un problema de extremos condicionados, donde en este caso la condición es:

$$g(x,y) = x + y - 8000 = 0$$

Para resolverlo, se considera la función de Lagrange

$$\phi(x,y,\lambda) = \frac{2400y}{y+2} + \frac{300x}{x+4} + \lambda(x+y-8000)$$

Al resolver $\nabla\phi = 0$, se encuentra:

$$\left.\begin{array}{l} \frac{\partial\phi}{\partial x} = 1200\,(x+4)^{-2} + \lambda = 0 \\[2mm] \frac{\partial\phi}{\partial y} = 4800\,(y+2)^{-2} + \lambda = 0 \\[2mm] \frac{\partial\phi}{\partial\lambda} = x + y - 8000 = 0 \end{array}\right\} \Rightarrow \begin{array}{l} x = 34{,}641\alpha - 4 \\ y = 69{,}282\alpha - 2 \end{array}$$

donde $\alpha = \sqrt{-\frac{1}{\lambda}}$. Usando la relación $x + y - 8000 = 0$, se obtiene $\alpha = 77{,}0378$. Por lo tanto, la solución es que para obtener un beneficio máximo, el fabricante se tiene que gastar 2664,67 euros en maquinaria y 5335,33 euros en promoción.

3.4. Problemas propuestos

PP 3.1. Calcular los extremos relativos de

1. $f(x,y) = x^2 - y^2$.

   Solución: $(0,0)$ *punto de silla.*

2. $f(x,y) = x^4 + y^4 + 2x^2 + 4xy - 2y^2$.

   Solución: $(0{,}786, -1{,}272)$ *mínimo relativo.*

3. $f(x,y) = z) = x^2 z + y^2 z + \frac{2}{3}z^3 - 4x - 4y - 10z + 1$.

   Solución: puntos críticos $(2,2,1)$ *p.s.,* $(1,1,2)$ *mínimo,* $(-1,-1,-2)$ *máximo,* $(-2,-2,-1)$ *p.s..*

4. $f(x,y,z) = x^2 z - y^2 z + \frac{2}{3}z^3 - 4x - 4y - 10z + 1$.

   Solución: $(\frac{2\sqrt{5}}{5}, \frac{-2\sqrt{5}}{5}, \sqrt{5})$ *máximo y* $(\frac{-2\sqrt{5}}{5}, \frac{2\sqrt{5}}{5}, -\sqrt{5})$ *mínimos relativos.*

PP 3.2. Calcular los extremos de f condicionados a la ligadura $g(\mathbf{x}) = 0$.

1. $f(x,y) = x^2 - y^2$, $g(x,y) = x^2 + y^2 - 1 = 0$.

   Solución: $(0, \pm 1)$ *mínimos condicionados;* $(\pm 1, 0)$ *máximos condicionados.*

2. $f(x,y) = xy$, $g(x,y) = xy + x^2 + y^2 - 4 = 0$.

   Solución: $(\frac{2}{\sqrt{3}}, \frac{2}{\sqrt{3}})$ *y* $(\frac{-2}{\sqrt{3}}, \frac{-2}{\sqrt{3}})$ *máximos;* $(2,-2)$ *y* $(-2,2)$ *mínimos.*

3. $f(x,y) = x^3 + y^3 + 3xy$, $g(x,y) = x^2 + y^2 - 8 = 0$.

   Solución: $(-1+\sqrt{3}, 1-\sqrt{3})$ *y* $(-1-\sqrt{3}, 1+\sqrt{3})$ *mínimos;* $(2,2)$ *máximo condicionado.*

4. $f(x,y,z) = xy + yz + xz + x + y + z$, $g(x,y,z) = x^2 + y^2 + z^2 - 1$.

   Solución: $(\frac{\sqrt{3}}{3}, \frac{\sqrt{3}}{3}, \frac{\sqrt{3}}{3})$ *máximo;* $(\frac{-\sqrt{3}}{3}, \frac{-\sqrt{3}}{3}, \frac{-\sqrt{3}}{3})$ *mínimo.*

PP 3.3. Hallar la distancia mínima entre el origen y la superfície $z^2 = x^2 y + 4$.

   Solución: $(0,0,\pm 2)$ *mínimos condicionados con valor* dist $= 2$.

PP 3.4. Un fabricante planea tiene previsto gastar 6000 euros en el desarrollo y promoción de un nuevo producto. Se prevé que si gasta x miles de euros en desarrollo y además y miles de euros en promoción, se venderán aproximadamente $g(x,y) = (20\sqrt{x}\,\sqrt{y^3})$ unidades. Calcular los valores de x e y que hacen máxima la venta.

   Solución: $x = 1{,}5$ e $y = 4{,}5$ *miles de euros.*

PP 3.5. La temperatura del punto $(x,y,z) \in \mathbb{R}^3$ viene dada por la expresión $T(x,y,z) = 80 - xyz$. Hallar la temperatura más baja en el plano $x + y + z = 8$.

   Solución: $x = y = z = \frac{8}{3} \Rightarrow T = \frac{1648}{27}$.

4 Integral múltiple y aplicaciones

En este capítulo se aborda el tema de la integral múltiple y sus aplicaciones. La primera sección consiste en una introducción a las integrales donde se repasan los conceptos básicos de la integral simple. La segunda y tercera sección se centran en la integral doble y triple respectivamente. En la sección cuatro se estudia el cambio de variable y finalmente en la sección cinco se ven algunas aplicaciones de todos los conceptos del capítulo. Como viene siendo usual en el libro, las dos últimas secciones del capítulo corresponden a problemas resueltos y ejercicios propuestos respectivamente.

4.1. Introducción: Integral simple

Antes de introducir la idea de integral para una función de varias variables, se recuerda la definición de integral definida para una función de una sola variable. Dada $f : [a, b] \to \mathbb{R}$ una función acotada y positiva, se quiere

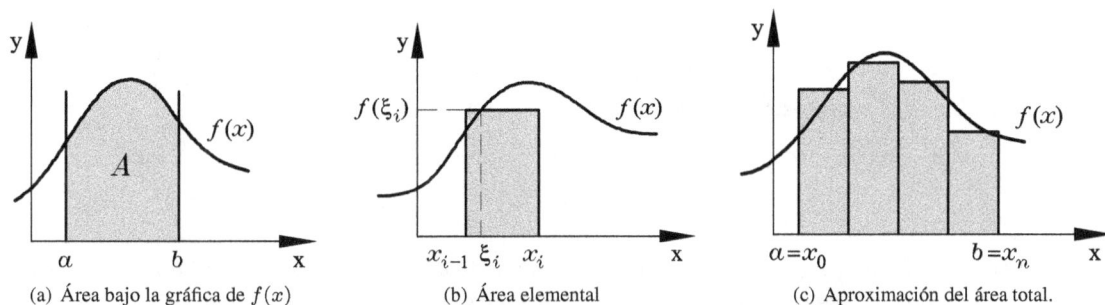

(a) Área bajo la gráfica de $f(x)$ (b) Área elemental   (c) Aproximación del área total.

Figura 4.1. *Idea de la integral en el sentido de Riemann*

determinar el área, A, limitada por la gráfica de f, el eje de abscisas y las rectas de ecuaciones $x = a$ y $x = b$, como se indica en la figura 4.1 (a).

Una primera idea para aproximar el área consiste en efectuar una partición p del intervalo $[a, b]$ en n subintervalos

$$a = x_0 < x_1 < x_2 < \cdots < x_{n-1} < x_n = b$$

de manera que en cada subintervalo, $[x_{i-1}, x_i]$, se aproxima el área bajo la curva mediante el área del rectángulo de altura $f(\xi_i)$ para algún $\xi_i \in [x_{i-1}, x_i]$, como se observa en las figuras 4.1 (b) y (c). El conjunto de todas estas particiones se nota $\mathcal{P}([a, b])$.

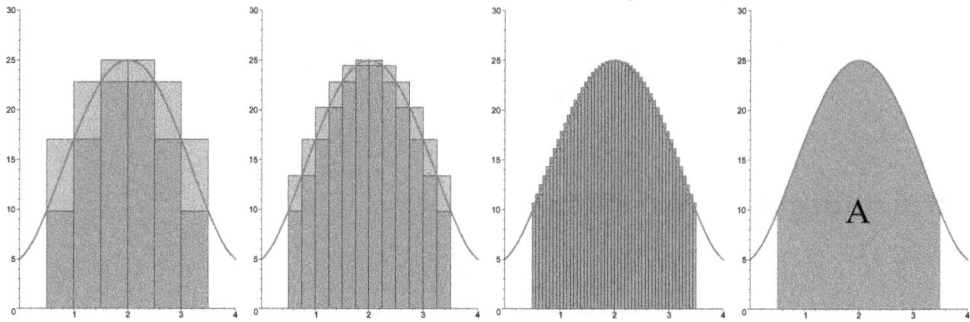

Figura 4.2. *Convergencia de las sumas superior e inferior a medida que se toman particiones más finas*

4.1.1. Idea para aproximar el área superiormente

Se considera ξ_i tal que $f(\xi_i) = \text{máx}\{f(x), x \in [x_{i-1}, x_i]\}$ y se llama M_i a este valor máximo. Sumando el área de los rectángulos que determinan, se obtiene una suma superior del área que se denota $\bar{S}_p$

$$\bar{S}_p := M_1(x_1 - x_0) + M_2(x_2 - x_1) + \cdots + M_n(x_n - x_{n-1})$$

4.1.2. Idea para aproximar el área inferiormente

Se considera ξ_i tal que $f(\xi_i) = \text{mín}\{f(x), x \in [x_{i-1}, x_i]\}$ y se llama m_i a este valor mínimo. Sumando el área de los rectángulos que determinan, se obtiene una suma inferior del área que se denota $\underline{S}_p$

$$\underline{S}_p := m_1(x_1 - x_0) + m_2(x_2 - x_1) + \cdots + m_n(x_n - x_{n-1})$$

4.1.3. Integrable en el sentido de Riemann

En las secciones anteriores, se ha descrito cómo obtener sumas superiores e inferiores del área. En general, es fácil observar que si se refina una partición dada, la suma inferior ($\underline{S}_p$) aumenta y la suma superior ($\bar{S}_p$) disminuye (ver Fig. 4.2).

Definición 66 (Función integrable). Si $f : [a, b] \to \mathbb{R}$ es una función acotada en su dominio, se dice que f es integrable en el sentido de Riemann (o simplemente integrable) si se cumple:

$$\max_{p \in \mathcal{P}([a,b])} \{\underline{S}_p\} = \min_{p \in \mathcal{P}([a,b])} \{\bar{S}_p\}$$

Entonces se llama a dicho valor *integral de f en* $[a, b]$ y se denota por:

$$\int_a^b f(x)\, dx$$

Observación 8. Si $f : [a, b] \to \mathbb{R}$ es una función integrable y positiva, entonces

$$\int_a^b f(x)\, dx = A$$

donde A es el área limitada por la gráfica de f, el eje de abcisas y las rectas de ecuaciones $x = a$ y $x = b$.

Propiedades básicas de la integral de Riemann

Dadas las funciones $f : [a, b] \to \mathbb{R}$ y $g : [a, b] \to \mathbb{R}$ integrables en el sentido de Riemann, entonces:

$\triangleright$ $\displaystyle\int_a^b k f(x)\, dx = k \int_a^b f(x)\, dx \quad \forall k \in \mathbb{R}$

$\triangleright$ $\displaystyle\int_a^b f(x) + g(x)\, dx = \int_a^b f(x)\, dx + \int_a^b g(x)\, dx$

$\triangleright$ $\displaystyle\int_a^b f(x)\, dx = -\int_b^a f(x)\, dx$

$\triangleright$ $\displaystyle\int_a^c f(x)\, dx + \int_c^b f(x)\, dx = \int_a^b f(x)\, dx \quad \forall c \in [a, b]$

$\triangleright$ $\displaystyle\int_a^a f(x)\, dx = 0$

4.1.4. Regla de Barrow

Se sabe que si $f : [a, b] \to \mathbb{R}$ es una función integrable en el sentido de Riemann, entonces

$$\int_a^b f(x)\, dx = \max_{p \in \mathcal{P}([a,b])} \{\underline{S}_p\} = \min_{p \in \mathcal{P}([a,b])} \{\bar{S}_p\}$$

Sin embargo, esta definición es difícil de utilizar para el cálculo de integrales de forma práctica.

Teorema 27 (Regla de Barrow). Sea f una función contínua en $[a, b]$. Entonces, f es integrable en $[a, b]$ y

$$\int_a^b f(x)\, dx = \phi(b) - \phi(a)$$

donde $\phi(x)$ es una primitiva de f, es decir:

$$\phi'(x) = f(x)$$

Se acostumbra a denotar por:

$$\int_a^b f(x)\, dx = \phi(x)\Big|_a^b = \phi(b) - \phi(a)$$

La proposición anterior relaciona el cálculo de áreas con el cálculo de primitivas.

4.2. Integral doble

Dada $f : [a, b] \times [c, d] \subset \mathbb{R}^2 \to \mathbb{R}$ una función de dos variables acotada y positiva, se quiere determinar el volumen limitado por la gráfica de f y los planos $x = a$, $x = b$, $y = c$, $y = d$, como se indica en la figura 4.3 (a).

Una primera idea para aproximar el volumen consiste en efectuar particiones de los intervalos $[a, b]$ y $[c, d]$ en n y m subintervalos respectivamente (ver Fig. 4.3 (b))

$$a = x_0 < x_1 < x_2 < \cdots < x_{n-1} < x_n = b$$

$$c = y_0 < y_1 < y_2 < \cdots < y_{m-1} < y_m = d$$

de manera que en cada rectángulo, $[x_{i-1}, x_i] \times [y_{j-1}, y_j]$, se aproxima el volumen bajo la superfície mediante el volumen del paralelepípedo de altura $f(\xi_i, \eta_j)$ para algún $(\xi_i, \eta_j) \in [x_{i-1}, x_i] \times [y_{j-1}, y_j]$ (ver Fig. 4.3 (c)-(d)).

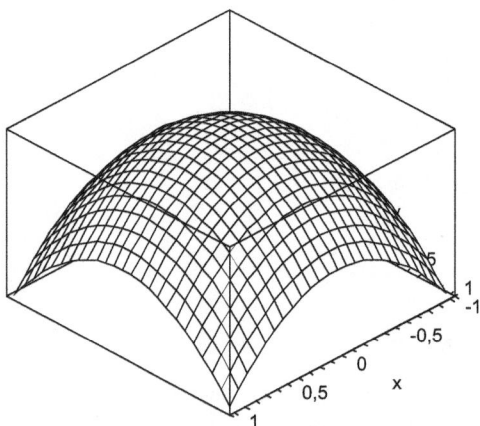

(a) Volumen bajo la gráfica de $f(x,y)$

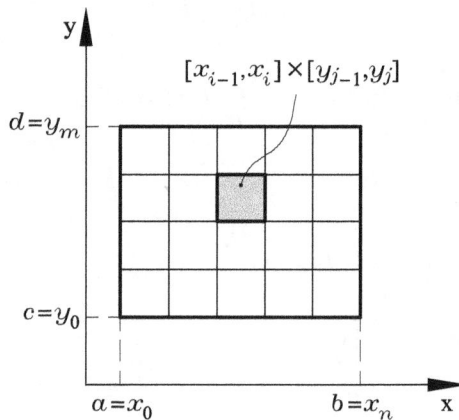

(b) Partición del intervalo

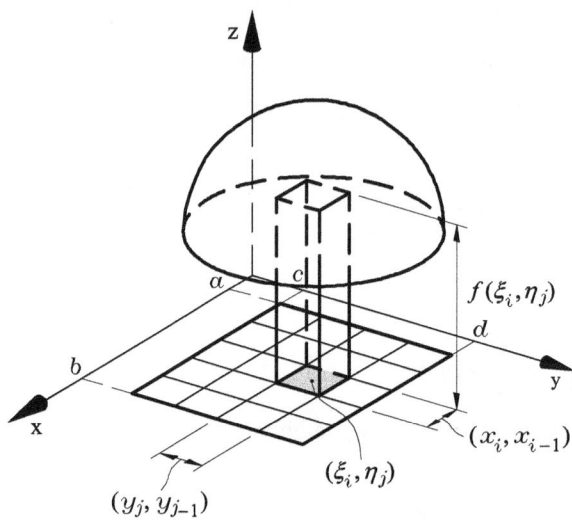

(c) Volumen elemental

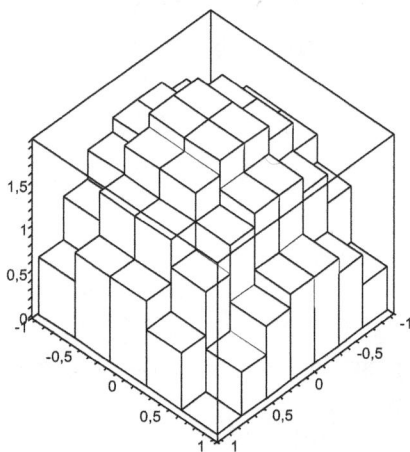

(d) Aproximación del volumen

Figura 4.3. *Idea de la integral doble*

4.2.1. Idea para aproximar el volumen superiormente

Se considera (ξ_i, η_j) tal que

$$f(\xi_i, \eta_j) = \text{máx}\left\{f(x, y), (x, y) \in [x_{i-1}, x_i] \times [y_{j-1}, y_j]\right\}$$

y se denota M_{ij} a este valor máximo. Sumando los volúmenes de los paralelepípedos, se obtiene una suma superior del volumen, que se llama $\bar{S}_p$

$$\bar{V}_p = M_{11}(x_1 - x_0)(y_1 - y_0) + \cdots + M_{nm}(x_n - x_{n-1})(y_m - y_{m-1})$$

4.2.2. Idea para aproximar el volumen inferiormente

Se considera (ξ_i, η_j) tal que $f(\xi_i, \eta_j) = \text{mín}\left\{f(x, y), (x, y) \in [x_{i-1}, x_i] \times [y_{j-1}, y_j]\right\}$ y se llama m_{ij} a este valor mínimo. Sumando los volúmenes de los paralelepípedos, se obtiene una suma inferior del volumen, que se llama $\underline{S}_p$

$$\underline{V}_p = m_{11}(x_1 - x_0)(y_1 - y_0) + \cdots + m_{nm}(x_n - x_{n-1})(y_m - y_{m-1})$$

4.2.3. Integral doble

Definición 67 (Integral doble). Si $f : D = [a, b] \times [c, d] \to \mathbb{R}$ es una función acotada en su dominio, se dice que f es integrable en el sentido de Riemann (o simplemente integrable) en D si se cumple:

$$\max_{p \in \mathcal{P}(D)}\left\{\underline{V}_p\right\} = \min_{p \in \mathcal{P}(D)}\left\{\bar{V}_p\right\}$$

Entonces se llama a dicho valor integral de f en D y se denota por:

$$\int\int_D f(x, y)\,dxdy$$

Propiedad 10. Sea $f : D = [a, b] \times [c, d] \to \mathbb{R}$ una función continua en D. Entonces f es integrable en D.

4.2.4. Cálculo de la integral doble en regiones rectangulares

Sea $f : [a, b] \times [c, d] \subset \mathbb{R}^2 \to \mathbb{R}$ una función continua de dos variables (ver Fig. 4.4 (a)). Para calcular el volumen bajo la superfície $z = f(x, y)$ y sobre la región $[a, b] \times [c, d]$, se toma $y_0 \in [c, d]$ fijado. Se calcula el área de la sección que se obtiene al cortar por el plano $y = y_0$ (ver Fig. 4.4 (b)).

$$A(y_0) = \int_a^b f(x, y_0)dx$$

Finalmente, el volumen total es:

$$V = \int_c^d A(y)dy \quad \Rightarrow \quad V = \int_c^d \int_a^b f(x, y)\,dx\,dy$$

La integral

$$\int_c^d \int_a^b f(x, y)\,dx\,dy$$

se conoce como *integral iterada*, ya que se obtiene integrando respecto a x y después integrando el resultado obtenido respecto a y.

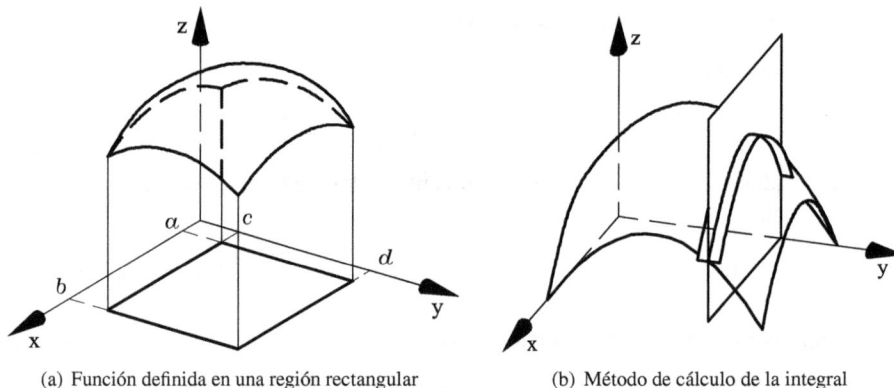

(a) Función definida en una región rectangular   (b) Método de cálculo de la integral

Figura 4.4. *Integral doble en una región rectangular*

En vez de utilizar planos de corte perpendiculares al eje Y, se pueden hacer perpendiculares al eje X, obteniendo los mismos resultados:

$$\int_c^d \int_a^b f(x,y)\,dx\,dy = \int_a^b \int_c^d f(x,y)\,dy\,dx$$

Ejemplo 101. Sea $f(x,y) = x^2 + y^2$ definida en $[-1,1] \times [0,1]$. Para calcular el volumen bajo la superfície en la región $[-1,1] \times [0,1]$, se tiene que calcular la integral:

$$\int_0^1 \int_{-1}^1 x^2 + y^2\,dx\,dy = \int_0^1 \left[\frac{x^3}{3} + y^2 x\right]_{-1}^1 dy = \int_0^1 \left(\frac{1}{3} + y^2\right) - \left(\frac{-1}{3} - y^2\right) dy$$

$$= \int_0^1 \frac{2}{3} + 2y^2\,dy = \left[\frac{2}{3}y + \frac{2y^3}{3}\right]_0^1 = \frac{4}{3}$$

4.2.5. Cálculo de la integral doble sobre regiones más generales

En esta sección se plantea cómo calcular un volumen sobre una región no rectangular. Sea $f : D \subset \mathbb{R}^2 \to \mathbb{R}$ una función continua de dos variables (ver Fig. 4.5 (a)). Se quiere calcular el volumen bajo la superfície en el dominio D. La región D puede describirse de la forma siguiente (ver Fig. 4.5 (b)):

$$D = \{(x,y) | a \le x \le b \text{ y } \phi_1(x) \le y \le \phi_2(x)\}$$

Interesa calcular el volumen bajo la superfície dada por $z = f(x,y)$ y sobre la región D. Primero, obsérvese que para cada $x \in [a,b]$ fijo, el área de la capa situada sobre el segmento de recta indicado y debajo de la superfície es (ver Fig. 4.5 (c)):

$$A(x) = \int_{\phi_1(x)}^{\phi_2(x)} f(x,y)\,dy$$

Conociendo, pues, el área $A(x)$ de cada sección transversal, el volumen total viene dado por

$$\int_a^b A(x)\,dx = \int_a^b \int_{\phi_1(x)}^{\phi_2(x)} f(x,y)\,dy\,dx$$

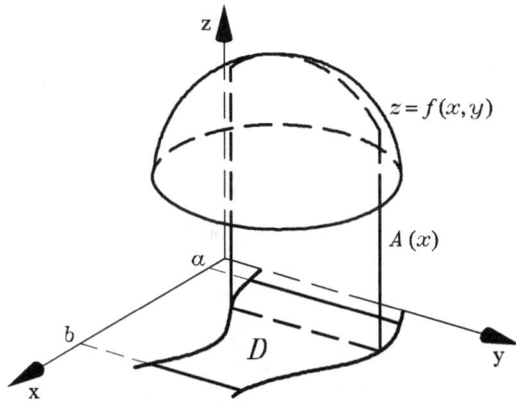

(a) Función definida en la región D

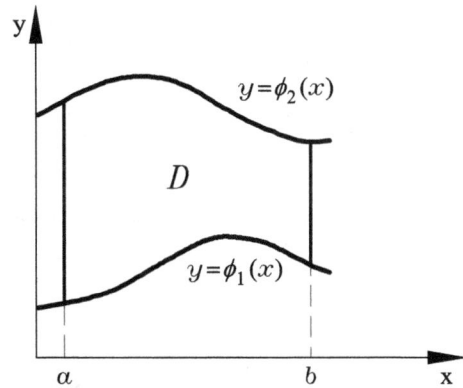

(b) Región de integración

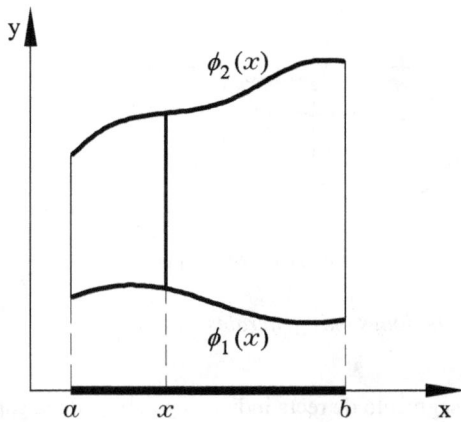

(c) Método de integración

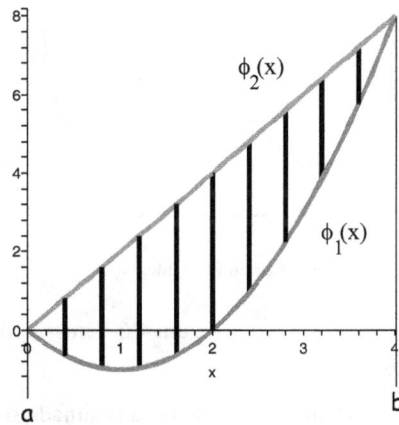

(d) Dominio del ejemplo 102

Figura 4.5. *Integración sobre regiones más generales*

Ejemplo 102. Calcular el volumen delimitado por la función $f(x,y)$ en el dominio delimitado por las funciones $y = 2x$ y $y = x(x-2)$. Dibujando el dominio de integración, ver figura 4.5 (d), se observa que

$$a = 0 \leq x \leq b = 4$$

y para un x fijo se tiene que

$$\phi_1(x) = x(x-2) \leq y \leq \phi_2(x) = 2x$$

por tanto, para calcular el volumen bajo la superfície se deberá determinar la integral

$$\int_0^4 \int_{x(x-2)}^{2x} f(x,y)\, dy\, dx$$

Si se tiene el dominio de integración de la figura 4.6 (a), entonces

$$D = \{(x,y)| c \leq y \leq d \text{ y } \phi_1(y) \leq x \leq \phi_2(y)\}$$

Se quiere calcular el volumen bajo la superfície dada por $z = f(x,y)$ y sobre la región D. Primero, obsérvese que

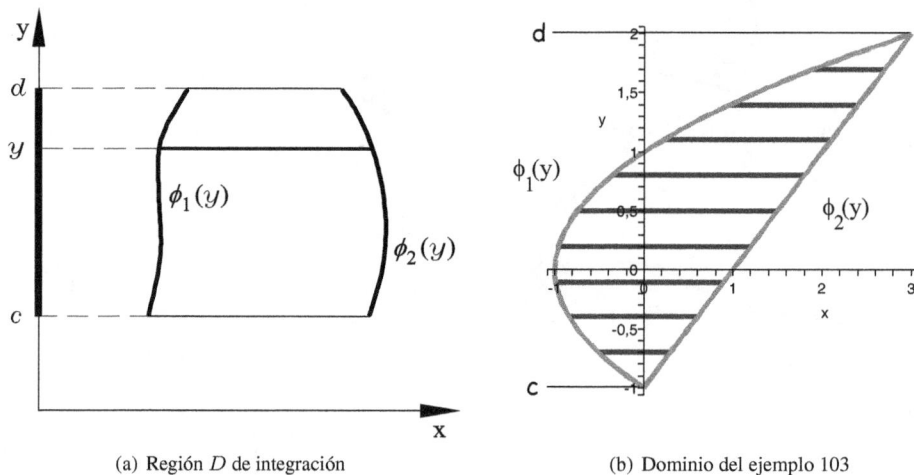

(a) Región D de integración   (b) Dominio del ejemplo 103

Figura 4.6. *Integración sobre regiones más generales*

para cada $y \in [c,d]$ fijo, el área de la capa situada sobre el segmento de recta indicado y debajo de la superfície es

$$A(y) = \int_{\phi_1(y)}^{\phi_2(y)} f(x,y)\, dx$$

Conociendo, pues, el área $A(y)$ de cada sección transversal, el volumen total viene dado por

$$\int_c^d A(y)\, dy = \int_c^d \int_{\phi_1(y)}^{\phi_2(y)} f(x,y)\, dx\, dy$$

Ejemplo 103. Calcular el volumen delimitado por la función $f(x,y)$ en el dominio delimitado por las funciones $x = y + 1$ y $x = y^2 - 1$. Dibujando el dominio de integración, ver figura 4.6 (b), se observa que

$$c = -1 \leq y \leq d = 2$$

y para un y fijo se tiene que

$$\phi_1(y) = y^2 - 1 \le x \le \phi_2(y) = y + 1$$

por tanto, para calcular el volumen bajo la superfície, se tiene que determinar la integral

$$\int_{-1}^{2} \int_{y^2-1}^{y+1} f(x, y)\, dx\, dy$$

Las dos fórmulas anteriores de cálculo de integrales se conocen como *teorema de Fubini*.

4.3. Integral triple

4.3.1. Motivación

Si la temperatura dentro de un horno no es uniforme, determinar la temperatura promedio involucra *sumar* los valores de la función temperatura en todos los puntos de la región delimitada por las paredes del horno y después dividir por el volumen total del horno. *Sumar* la función temperatura, $T(x, y, z)$, dentro del volumen V, significa calcular la integral triple:

$$\int \int \int_{V} T(x, y, z)\, dx\, dy\, dz$$

4.3.2. Cálculo de integrales triples sobre regiones en forma de paralelepípedo

Las integrales triples se calculan de manera análoga a las integrales dobles, pero ahora mediante tres integraciones sucesivas.

Sea $f : [a, b] \times [c, d] \times [p, q] \subset \mathbb{R}^3 \to \mathbb{R}$ una función continua de tres variables. Entonces,

$$\int_{a}^{b} \int_{c}^{d} \int_{p}^{q} f(x, y, z)\, dz\, dy\, dx = \int_{c}^{d} \int_{p}^{q} \int_{a}^{b} f(x, y, z)\, dx\, dz\, dy =$$
$$\int_{p}^{q} \int_{a}^{b} \int_{c}^{d} f(x, y, z)\, dy\, dx\, dz = \int_{c}^{d} \int_{a}^{b} \int_{p}^{q} f(x, y, z)\, dz\, dx\, dy = ...$$

4.3.3. Cálculo integral triple sobre regiones más generales

Sea f una función continua en una región V definida por $V = \{(x, y, z) | a \le x \le b, \quad \phi_1(x) \le y \le \phi_2(x), \quad \gamma_1(x, y) \le z \le \gamma_2(x, y)\}$ (véase la figura 4.7 (a)), donde ϕ_1, ϕ_2, γ_1 y γ_2 son funciones continuas. Entonces,

$$\int \int \int_{V} f(x, y, z)\, dxdydz = \int_{a}^{b} \int_{\phi_1(x)}^{\phi_2(x)} \int_{\gamma_1(x,y)}^{\gamma_2(x,y)} f(x, y, z)\, dz\, dy\, dx$$

Ejemplo 104. Calcular el volumen de la región limitada inferiormente por el paraboloide $z = x^2 + y^2$ y superiormente por la esfera $x^2 + y^2 + z^2 = 6$ (ver Fig. 4.7 (b)). La ecuación de la esfera corresponde a la función γ_2. Esta ecuación se escribe

$$z = \pm\sqrt{6 - x^2 - y^2}$$

Como la parte de la esfera que nos interesa está por encima del paraboloide $z = x^2 + y^2$, forzosamente $z \ge 0$. Por tanto,

$$\gamma_2(x, y) = \sqrt{6 - x^2 - y^2}$$

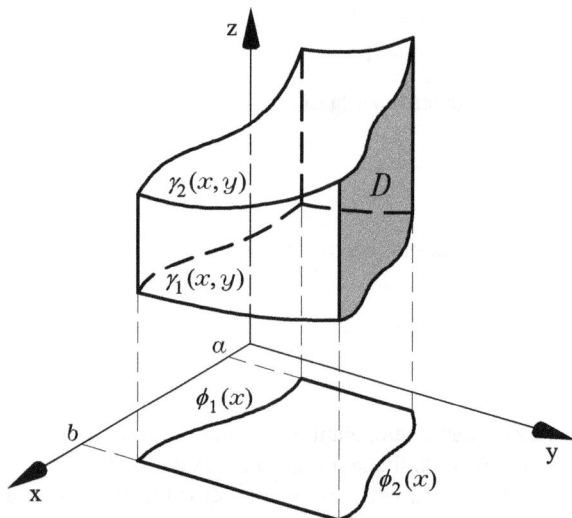

(a) Región D de integración

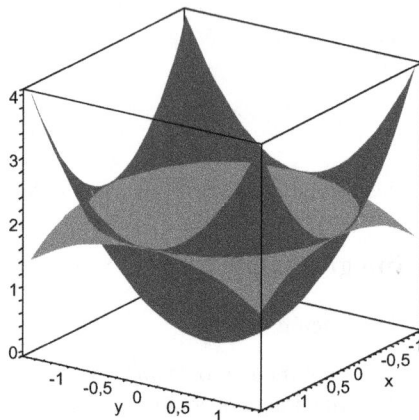

(b) Dominio del ejemplo 104

Figura 4.7. *Región de integración de tres dimensiones*

La ecuación del paraboloide corresponde a la función γ_1, es decir,

$$\gamma_1(x, y) = x^2 + y^2$$

Falta determinar las funciones ϕ_1 y ϕ_2. Estas funciones vienen definidas por la intersección de la esfera y del paraboloide. Esto ocurre cuando $\gamma_1(x, y) = \gamma_2(x, y)$, es decir,

$$\sqrt{6 - x^2 - y^2} = x^2 + y^2$$

Poniendo $z = x^2 + y^2$, se tiene que $\sqrt{6 - z} = z$ es decir $z^2 + z - 6 = 0$. La solución positiva de esta ecuación de segundo orden es $z = 2$. Esto quiere decir que la intersección de γ_1 y γ_2 es el círculo $x^2 + y^2 = 2$ de radio $\sqrt{2}$. ϕ_1 corresponde a la parte del círculo que está del lado $y \leq 0$ y ϕ_2 corresponde a la parte del círculo que está del lado $y \geq 0$. Así que, determinando y como función de x en la ecuación del círculo, se obtiene

$$\phi_1(x) = -\sqrt{2 - x^2}$$
$$\phi_2(x) = \sqrt{2 - x^2}$$

Queda por determinar el intervalo donde varía x. Dado que el radio del círculo es $\sqrt{2}$, $x \in [-\sqrt{2}, \sqrt{2}]$. Así pues, el volumen se encuentra calculando la integral,

$$\int_{-\sqrt{2}}^{\sqrt{2}} \int_{-\sqrt{2-x^2}}^{\sqrt{2-x^2}} \int_{x^2+y^2}^{\sqrt{6-x^2-y^2}} 1 \, dz \, dy \, dx$$

4.4. Integración por cambio de variable

4.4.1. Motivación

Se considera el problema de calcular

$$\int\int_D f(x, y) \, dx \, dy$$

donde el dominio D o la función f son complicados. El objetivo del cambio de variable es conseguir calcular la integral pedida transformándola en otra más sencilla.

4.4.2. Cambio de variable en una integral doble

Definición 68 (Cambio de variable). Sea $\varphi : D \subset \mathbb{R}^2 \to \mathbb{R}^2$ una función de clase $\mathcal{C}^1$ sobre el conjunto abierto D que a la par $(u, v) \in D$ asocia la par $(x, y) \in \varphi(D)$. Se supone que φ es una biyección de D a $f(D)$ y que el jacobiano $J_\varphi(u, v) \neq 0$ para todo $(u, v) \in D$. Entonces se dice que φ es un *cambio de variable*.

Propiedad 11. Sea φ un cambio de variable sobre D. Entonces existe la función inversa φ^{-1} y es una biyección de clase $\mathcal{C}^1$ definida de $\varphi(D)$ a D.

Teorema 28 (Fórmula de cambio de variable para integrales dobles). Sea $\varphi : (u, v) \to (x, y)$ un cambio de variable sobre D y sea f una función definida de $\varphi(D) \to \mathbb{R}^2$ que es continua sobre el dominio $\varphi(D)$. Sea $S \subset \varphi(D)$ un subconjunto compacto[1] y medible[2], entonces

$$\int\int_S f(x, y)\, dx\, dy = \int\int_{\varphi^{-1}(S)} f(\varphi(u, v))\, |J_\varphi(u, v)|\, du\, dv$$

4.4.3. Cambio de variable en una integral triple

De manera similar a la definición 68, se puede definir un cambio de variable sobre $D \subset \mathbb{R}^3$.

Teorema 29 (Fórmula de cambio de variable para integrales triples). Sea $\varphi : (u, v, w) \to (x, y, z)$ un cambio de variable sobre D y sea f una función definida de $\varphi(D) \to \mathbb{R}^3$ que es continua sobre el dominio $\varphi(D)$. Sea $S \subset \varphi(D)$ un subconjunto compacto y medible, entonces

$$\int\int\int_S f(x, y, z)\, dx\, dy\, dz = \int\int\int_{\varphi^{-1}(S)} f(\varphi(u, v, w))\, |J_\varphi(u, v, w)|\, du\, dv\, dw$$

4.4.4. Cambios de variable usuales

- Polares. Es el cambio de dos variables,

$$\varphi : (r, \theta) \to (x, y)$$

donde

$$\varphi(r, \theta) = (r\cos\theta, r\,\text{sen}\,\theta)$$

Ver figura 4.8 (a). Al utilizar el cambio de variable en integrales, se necesita el valor absoluto del jacobiano, que en el caso de polares es

$$J_\varphi(r, \theta) = \begin{vmatrix} \frac{\partial x}{\partial r} & \frac{\partial x}{\partial \theta} \\ \frac{\partial y}{\partial r} & \frac{\partial y}{\partial \theta} \end{vmatrix} = \begin{vmatrix} \cos\theta & -r\,\text{sen}\,\theta \\ \text{sen}\,\theta & r\cos\theta \end{vmatrix} = r\cos^2\theta + r\,\text{sen}^2\theta = r$$

- Cilíndricas. Es el cambio de tres variables,

$$\varphi : (r, \theta, z) \to (x, y, z)$$

donde

$$\varphi(r, \theta, z) = (r\cos\theta, r\,\text{sen}\,\theta, z)$$

---

[1]Es un conjunto acotado que contiene su frontera.

[2]La definición precisa de un conjunto medible hace intervenir la teoría de la medida saliendo del marco de este curso. De manera simplificada, es un conjunto cuya superficie se puede calcular.

Ver figura 4.8 (b). Al utilizar el cambio de variable en integrales, se necesita el valor absoluto del jacobiano, que en el caso de cilíndricas es

$$J_\varphi(r, \theta, z) = \begin{vmatrix} \frac{\partial x}{\partial r} & \frac{\partial x}{\partial \theta} & \frac{\partial x}{\partial z} \\ \frac{\partial y}{\partial r} & \frac{\partial y}{\partial \theta} & \frac{\partial y}{\partial z} \\ \frac{\partial z}{\partial r} & \frac{\partial z}{\partial \theta} & \frac{\partial z}{\partial z} \end{vmatrix} = r$$

- Esféricas. Es el cambio de tres variables,

$$\varphi : (\rho, \theta, \phi) \rightarrow (x, y, z)$$

donde

$$\varphi(\rho, \theta, \phi) = (\rho \operatorname{sen} \phi \cos \theta, \rho \operatorname{sen} \phi \operatorname{sen} \theta, \rho \cos \phi)$$

Ver figura 4.8 (c). El jacobiano en valor absoluto es, en este caso,

$$J_\varphi(\rho, \theta, \phi) = \rho^2 \operatorname{sen} \phi$$

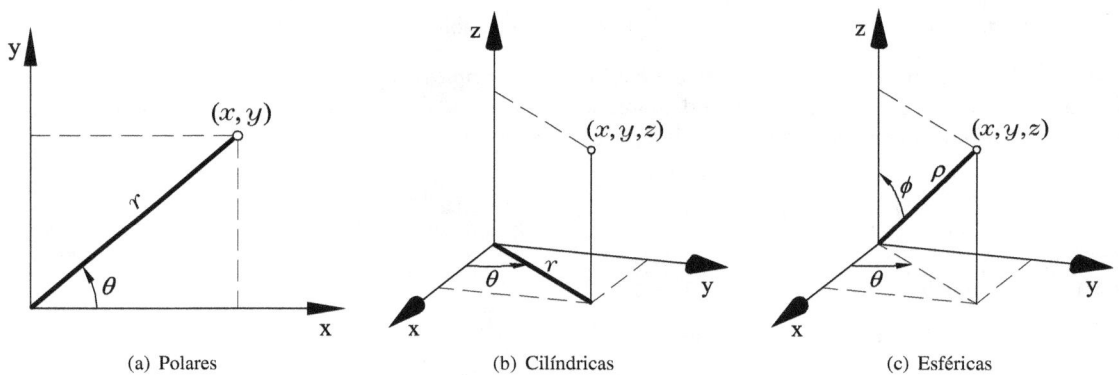

(a) Polares   (b) Cilíndricas   (c) Esféricas

Figura 4.8. *Cambios de variable usuales*

Ejemplo 105. Un claro ejemplo donde el cambio de variable facilita el cálculo de integrales es la determinación del volumen de una esfera S de radio R. Utilizando coordenadas esféricas,

$$\varphi : (\rho, \theta, \phi) \longrightarrow (x, y, z)$$

$$\iiint_S 1 \, dx \, dy \, dz = \iiint_{\varphi^{-1}(S)} |J_\varphi(\rho, \theta, \phi)| \; d\phi \, d\theta \, d\rho$$

Al tratarse de una esfera de radio R, los extremos de integración son:

$$\rho \in [0, R]$$
$$\theta \in [0, 2\pi]$$
$$\phi \in [0, \pi]$$

Utilizando el cambio de variable, se obtiene una integral fácil de resolver:

$$\iiint_S 1\, dx\, dy\, dz = \int_0^R \int_0^{2\pi} \int_0^{\pi} \rho^2 \operatorname{sen} \phi\, d\phi\, d\theta\, d\rho =$$

$$= \int_0^R \int_0^{2\pi} \rho^2 \Big[-\cos\phi \Big]_0^{\pi} d\theta\, d\rho = \int_0^R \int_0^{2\pi} \rho^2 (1+1)\, d\theta\, d\rho =$$

$$= \int_0^R \int_0^{2\pi} 2\rho^2\, d\theta\, d\rho = \int_0^R \Big[2\rho^2 \theta \Big]_0^{2\pi} d\rho = \int_0^R 4\rho^2 \pi\, d\rho =$$

$$= 4\pi \int_0^R \rho^2\, d\rho = 4\pi \left[\frac{1}{3}\rho^3 \right]_0^R = \frac{4}{3}\pi R^3$$

La ventaja de usar un cambio de variable radica en la transformacíon el dominio de integración S, que ha pasado de una esfera a un paralelepípedo $[0, R] \times [0, 2\pi] \times [0, \pi]$, permitiendo así el uso de integraciones reiteradas para calcular la integral triple.

4.5. Aplicaciones

4.5.1. Valor promedio

El valor promedio de una función de una variable, $f(x)$, en el intervalo $[a, b]$ está definido por

$$\overline{f} := \frac{\int_a^b f(x)\, dx}{b - a}$$

Asimismo, para funciones de dos variables definidas en un dominio $D \subset \mathbb{R}^2$,

$$\overline{f} := \frac{\int\int_D f(x, y)\, dx\, dy}{\int\int_D dx\, dy}$$

Análogamente, el valor promedio de una función $f(x, y, z)$ sobre una región $D \subset \mathbb{R}^3$ está definida por

$$\overline{f} := \frac{\int\int\int_D f(x, y, z)\, dx\, dy\, dz}{\int\int\int_D dx\, dy\, dz}$$

4.5.2. Centro de masa

El centro de masas de un sistema de masas puntuales $m_1, \cdots, m_n$ situadas en $x_1, \cdots, x_n$, se determina como,

$$x_c = \frac{\sum_{i=1}^n m_i x_i}{\sum_{i=1}^n m_i}$$

Así, al tener un medio continuo ocupando un dominio $[a, b]$ y siendo $\rho(x)$ la densidad de masa, se tiene que el centro de masas del medio continuo es

$$x_c = \frac{\int_a^b x\rho(x)\, dx}{\int_a^b \rho(x)\, dx}$$

En el caso de un medio continuo ocupando un dominio $D \subset \mathbb{R}^2$ y siendo $\rho(x, y)$ la densidad de masa, se tiene que el centro de masas del medio continuo es

$$x_c = \frac{\int\int_D x\rho(x, y)\, dx\, dy}{\int\int_D \rho(x, y)\, dx\, dy} \qquad y_c = \frac{\int\int_D y\rho(x, y)\, dx\, dy}{\int\int_D \rho(x, y)\, dx\, dy}$$

De manera análoga, se deduce el centro de masas de un continuo situado en $D \subset \mathbb{R}^3$ y siendo $\rho(x,y,z)$ la densidad de masa,

$$x_c = \frac{\int\int\int_D x\rho(x,y,z)\,dx\,dy\,dz}{\int\int\int_D \rho(x,y,z)\,dx\,dy\,dz} \quad y_c = \frac{\int\int\int_D y\rho(x,y,z)\,dx\,dy\,dz}{\int\int\int_D \rho(x,y,z)\,dx\,dy\,dz}$$

$$z_c = \frac{\int\int\int_D z\rho(x,y,z)\,dx\,dy\,dz}{\int\int\int_D \rho(x,y,z)\,dx\,dy\,dz}$$

4.5.3. Momento de inercia

Para estudiar la dinámica de un cuerpo rígido en rotación es necesario el concepto de momento de inercia. El momento de inercia, I, de un punto de masa m respecto a un cierto punto O es

$$I = mr^2$$

siendo r la distancia de la masa al punto O. Si se tiene un sistema de puntos materiales $m_1, \cdots, m_n$, entonces su momento de inercia es

$$\sum_{i=1}^{n} m_i r_i^2$$

Así, al tener un sólido $D \subset \mathbb{R}^3$ de densidad $\rho(x,y,z)$, el momento de inercia respecto el origen de coordenadas O es

$$I = \int\int\int_D \rho(x,y,z)(x^2+y^2+z^2)\,dx\,dy\,dz$$

4.6. Problemas resueltos

PR 4.1. Calcular el volumen V del sólido acotado por los planos xz, yz, xy, $x=1$, $y=1$ y la superfície $f(x,y)=x^2+y^4$.

Resolución

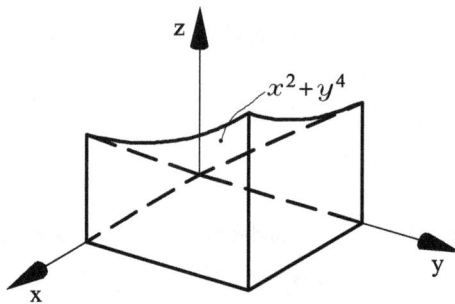

$x \in [0,1]$

$y \in [0,1]$

$$V = \int_0^1 \int_0^1 (x^2+y^4)\,dx\,dy$$

$$\int_0^1 (x^2+y^4)\,dx = \left[\frac{1}{3}x^3 + y^4 x\right]_0^1 = \left(\frac{1}{3}+y^4\right) - 0 = \frac{1}{3}+y^4$$

$$V = \int_0^1 \frac{1}{3}+y^4\,dy = \left[\frac{1}{3}y + \frac{1}{5}y^5\right]_0^1 = \left(\frac{1}{3}+\frac{1}{5}\right) - 0 = \frac{5}{15}+\frac{3}{15} = \frac{8}{15}$$

```
>   f:=(x,y)->x^2+y^4:
>   with(plots):
>   plot3d(f(x,y),x=0..1,y=0..1,axes=boxed,
        orientation=[-50,80],shading=zgrayscale,style=patchnogrid);
```

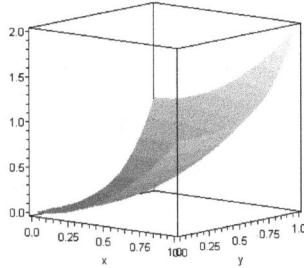

```
>   Int(Int(f(x,y),x=0..1),y=0..1)=int(int(f(x,y),x=0..1),y=0..1);
```

$$\int_0^1 \int_0^1 (x^2 + y^4)dx\,dy = \frac{8}{15}$$

PR 4.2. Encontrar el volumen del tetraedro acotado por los planos $y = 0$, $z = 0$, $x = 0$ y $y - x + z = 1$.

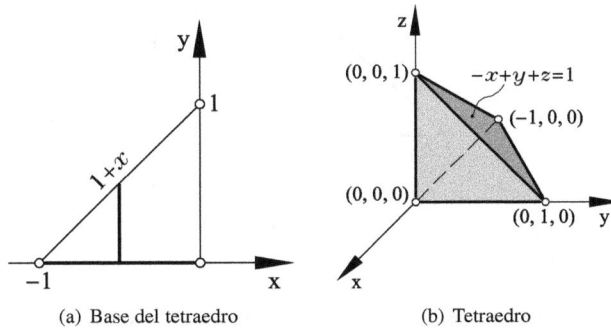

(a) Base del tetraedro   (b) Tetraedro

Figura 4.9. *Tetraedro y su base*

Resolución

La función a integrar será:

$$y - x + z = 1 \Leftrightarrow z = 1 + x - y$$

Para encontrar los extremos de integración, se dibuja la base del tetraedro (ver Fig. 4.9 (a)), lo que da $x \in [-1, 0]$, $y \in [0, 1 + x]$. Este caso corresponde al dominio estudiado en la sección 4.2.5 con $a = -1$, $b = 0$, $\phi_1(x) = 0$ y $\phi_2(x) = 1 + x$. Por lo tanto, el volumen es (ver Fig. 4.9 (b)):

$$V = \int_{-1}^0 \int_0^{1+x} (1 + x - y)\,dy\,dx$$

$$\int_0^{1+x} (1 + x - y)\,dy = \left[y + xy - \frac{1}{2}y^2 \right]_0^{1+x} = \left[(1+x) + x(1+x) - \frac{1}{2}(1+x)^2 \right] - 0$$

$$= 1 + x + x + x^2 - \frac{1}{2}(x^2 + 2x + 1) = \frac{1}{2}(x^2 + 2x + 1)$$

$$\int_{-1}^0 \frac{1}{2}(x^2 + 2x + 1)\,dx = \frac{1}{2} \int_{-1}^0 (x^2 + 2x + 1)\,dx = \frac{1}{2}\left[\frac{1}{3}x^3 + x^2 + x \right]_{-1}^0$$

$$= \frac{1}{2}[0 - (-\frac{1}{3} + 1 - 1)] = \frac{1}{2}(\frac{1}{3} - 1 + 1) = \frac{1}{6}$$

Por tanto, $V = \dfrac{1}{6}$.

```
>   #Base del tetraedro
>   subs(z=0,y-x+z=1);
```
$$y - x = 1$$
```
>   isolate( y-x=1, y );
```
$$y = 1 + x$$
```
>   with(plots):
>   implicitplot({x=0,y=0,y=1+x},x=-1..0,y=0..1,color=blue,thickness=3);
```

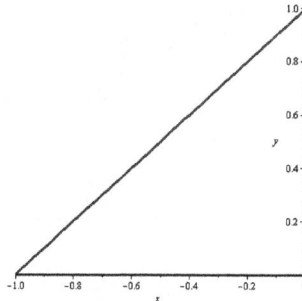

```
>   #Tetraedro
>   display(
        implicitplot3d({y=0,z=0},x=-1..0,y=0..1,z=0..1,
            color=grey,style=patchnogrid),
        implicitplot3d(x=0,x=-1..0,y=0..1,z=0..1,
            color=yellow,transparency=0.5,style=patchnogrid),
        plot3d(1+x-y,x=-1..0,y=0..1+x,color=blue,style=patchnogrid),
        orientation=[75,66]
    );
```

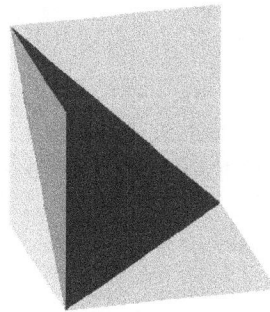

```
>   #Volumen
>   Int(Int(1+x-y,y=0..1+x),x=-1..0)=int(int(1+x-y,y=0..1+x),x=-1..0);
```
$$\int_{-1}^{0}\int_{0}^{1+x}(1+x-y)dy\,dx = 1/6$$

PR 4.3. Determinar el volumen de la región dentro de la superfície $z = x^2 + y^2$ y entre los planos $z = 0$ y $z = 10$.

Resolución

Obsérvese que la superficie $z = x^2 + y^2$ en coordenadas cilíndricas viene definida por $z = r^2$. Por otro lado, para un radio concreto r, el área de la circunferencia es

$$A(r) = \pi r^2$$

Es decir,

$$A(z) = \pi z$$

y por tanto,

$$V = \int_0^{10} A(z)\, dz$$

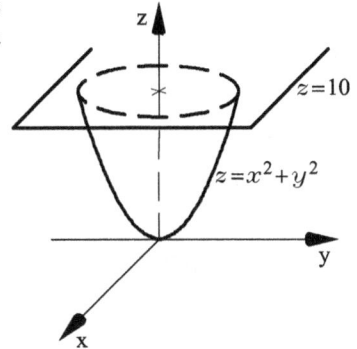

$$\int_0^{10} A(z)\, dz = \int_0^{10} \pi \cdot z\, dz = \pi \frac{z^2}{2}\bigg|_0^{10} = \frac{100}{2}\pi - 0 = 50\pi$$

Así pues, $V = 50\pi$.

```
>   with(plots):
>   display(
        plot3d({0,10},x=-4..4,y=-4..4,
            color=grey,style=patchnogrid,transparency=0.3),
        plot3d(x^2+y^2,x=-4..4,y=-4..4,
            view=[-4..4,-4..4,0..11],style=patchnogrid,color=blue),
        plot3d(x^2+y^2,x=-4..4,y=-4..4,
            view=[-4..4,-4..4,0..11],style=contour,color=black),
        orientation=[-60,70]
    );
```

```
>   # z va de 0 a 10
    # para cada valor de z=z0, el área que delimita el volumen con z=z0
    #    es la circunferencia x^2+y^2=z0 -> circunferencia de radio r=sqrt(z0)
    #    el área de esta circunferencia es entonces A(z0) = Pi*r^2 = Pi*z0
>   Int(Pi*z,z=0..10)=int(Pi*z,z=0..10);
```

$$\int_0^{10} \pi\, z\, dz = 50\,\pi$$

PR 4.4. Calcular

$$\iint_S e^{x+y} dx dy$$

donde $S = \{(x, y) \in \mathbb{R}^2 \mid |x| + |y| \leq 1\}$.

Resolución

Para determinar la región de integración S, se discuten los casos siguientes:

- $x \geq 0, y \geq 0 \Rightarrow x + y \leq 1 \Leftrightarrow y \leq 1 - x$. La frontera de S en el cuadrante $x \geq 0, y \geq 0$ es la recta $y = 1 - x$ y S está por debajo de esta recta ya que $y \leq 1 - x$.

- $x \geq 0, y \leq 0 \Rightarrow x - y \leq 1 \Leftrightarrow y \geq x - 1$. La frontera de S en el cuadrante $x \geq 0, y \leq 0$ es la recta $y = x - 1$ y S está por encima de esta recta ya que $y \geq x - 1$.

- $x \leq 0, y \geq 0 \Rightarrow -x + y \leq 1 \Leftrightarrow y \leq 1 + x$. La frontera de S en el cuadrante $x \leq 0, y \geq 0$ es la recta $y = 1 + x$ y S está por debajo de esta recta ya que $y \leq 1 + x$.

- $x \leq 0, y \leq 0 \Rightarrow -x - y \leq 1 \Leftrightarrow y \geq -1 - x$. La frontera de S en el cuadrante $x \leq 0, y \leq 0$ es la recta $y = -1 - x$ y S está por encima de esta recta ya que $y \geq -1 - x$.

Así pues, la región de integración S es la siguiente,

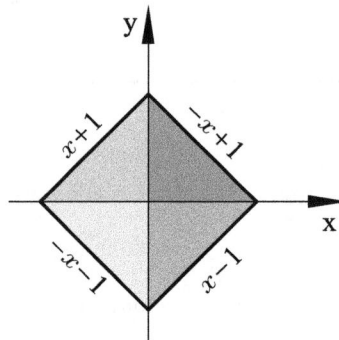

Este dominio es similar al de la sección 4.2.5 con $\phi_1(x) = -x - 1$, $x \in [-1, 0]$, $\phi_1(x) = x - 1$, $x \in [0, 1]$ y $\phi_2(x) = x + 1$, $x \in [-1, 0]$, $\phi_2(x) = -x + 1$, $x \in [0, 1]$.

Así, se calcula la integral doble usando el teorema de Fubini:

$$\iint_S e^{x+y} \, dx \, dy = \int_{-1}^{1} \int_{\phi_1(x)}^{\phi_2(x)} e^{x+y} dy \, dx = \int_{-1}^{0} \int_{-x-1}^{1+x} e^{x+y} \, dy \, dx + \int_{0}^{1} \int_{x-1}^{1-x} e^{x+y} \, dy \, dx$$

Se calculan las dos integrales por separado:

$$\int_{-1}^{0} \int_{-x-1}^{1+x} e^{x+y} \, dy \, dx = \int_{-1}^{0} \left[e^{x+y} \right]_{-x-1}^{1+x} \, dx = \int_{-1}^{0} \left(e^{2x+1} - e^{-1} \right) \, dx = \frac{1}{2}e - \frac{3}{2}e^{-1}$$

$$\int_{0}^{1} \int_{x-1}^{1-x} e^{x+y} \, dy \, dx = \int_{0}^{1} \left[e^{x+y} \right]_{x-1}^{1-x} \, dx = \int_{0}^{1} \left(e - e^{2x-1} \right) \, dx = \frac{1}{2}(e + e^{-1})$$

Finalmente, se suman las dos integrales dobles:

$$\iint_S e^{x+y} \, dx \, dy = \frac{1}{2}e - \frac{3}{2}e^{-1} + \frac{1}{2}(e + e^{-1}) = e - e^{-1}$$

```
>  with(plots):
>  implicitplot(abs(x)+abs(y)<=1,x=-4..4,y=-4..4,numpoints=100,filled=true);
```

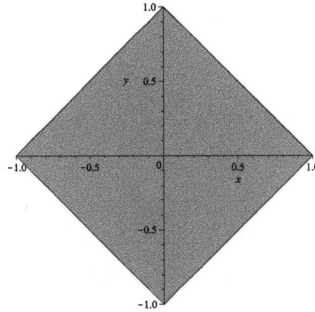

```
>    Int(Int(exp(x+y),y=-x-1..1+x),x=-1..0)=int(int(exp(x+y),y=-x-1..1+x),x=-1..0);
     V1:=int(int(exp(x+y),y=-x-1..1+x),x=-1..0);
```

$$\int_{-1}^{0}\int_{-x-1}^{1+x} e^{x+y}dy\,dx = -\frac{3}{2}e^{-1} + \frac{1}{2}e^1$$

$$V1 := -\frac{3}{2}e^{-1} + \frac{1}{2}e^1$$

```
>    Int(Int(exp(x+y),y=x-1..1-x),x=0..1)=int(int(exp(x+y),y=x-1..1-x),x=0..1);
     V2:=int(int(exp(x+y),y=x-1..1-x),x=0..1);
```

$$\int_{0}^{1}\int_{x-1}^{1-x} e^{x+y}dy\,dx = \frac{1}{2}e^{-1} + \frac{1}{2}e^1$$

$$V2 := \frac{1}{2}e^{-1} + \frac{1}{2}e^1$$

```
>    V1+V2;
```

$$-e^{-1} + e^1$$

PR 4.5. Sea P el paralelogramo acotado por $y = 2x, y = 2x - 2, y = x, y = x + 1$. Evaluar

$$\iint_P xy\,dx\,dy$$

utilizando el cambio de variables $x = u - v, y = 2u - v$.

Resolución

$$x = u - v$$
$$y = 2u - v$$
$$\varphi(u,v) = (u - v, 2u - v)$$

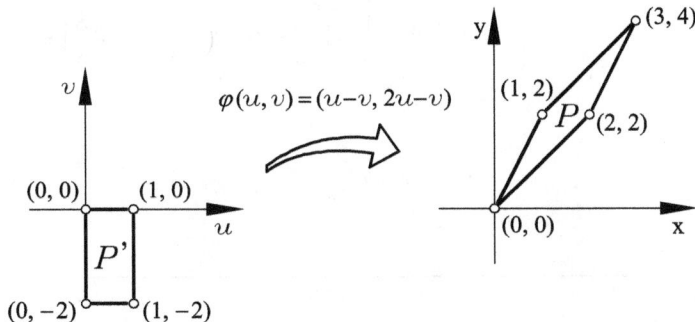

Se encuentran los valores de u y v en función de x e y:

$$\left.\begin{array}{l}v = -x + u \\ v = -y + 2u\end{array}\right\} -x + u = -y + 2u \left\{\begin{array}{l}\boxed{y - x = u} \\ v = -x + y - x \Leftrightarrow \boxed{v = -2x + y}\end{array}\right.$$

Por tanto,

$$\varphi^{-1}(x, y) = (y - x, -2x + y)$$

Así pues,

$$\varphi^{-1}(0,0) = (0,0)$$
$$\varphi^{-1}(2,2) = (0,-2)$$
$$\varphi^{-1}(3,4) = (1,-2)$$
$$\varphi^{-1}(1,2) = (1,0)$$

Seguidamente se calcula el jacobiano del cambio:

$$J\varphi = \left|\begin{array}{cc}\partial_u x & \partial_v x \\ \partial_u y & \partial_v y\end{array}\right| = \left|\begin{array}{cc}1 & -1 \\ 2 & -1\end{array}\right| = -1 + 2 = 1$$

Finalmente se aplica el cambio de variable y se resuelve la integral,

$$\iint_P xy \, dx \, dy = \iint_{P'=\varphi^{-1}(P)} (u - v)(2u - v) \, du \, dv$$
$$= \int_{-2}^0 \int_0^1 (u - v)(2u - v) \, du \, dv$$
$$= \int_{-2}^0 \int_0^1 2u^2 - 3uv + v^2 \, du \, dv$$
$$= \int_{-2}^0 \left[\frac{2}{3}u^3 - \frac{3}{2}vu^2 + v^2 u\right]_0^1 dv = \int_{-2}^0 \frac{2}{3} - \frac{3}{2}v + v^2 dv$$
$$= \left[\frac{2}{3}v - \frac{3}{4}v^2 + \frac{1}{3}v^3\right]_{-2}^0 = 0 - (-\frac{4}{3} - 3 - \frac{8}{3}) = 7$$

Por tanto,

$$\iint_P xy \, dx \, dy = 7$$

```
>  plot([2*x,2*x-2,x,x+1],x=0..3,y=0..4,color=[blue,red,green,yellow],
        scaling=constrained);
```

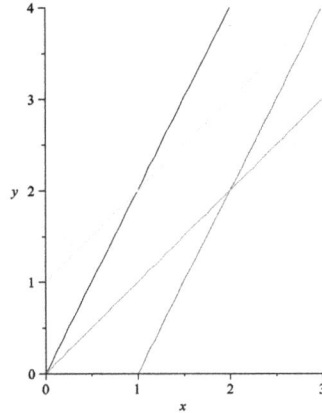

```
>    # Realizaremos el cambio de variable en cada recta que define el dominio
>    # Recta y = 2*x (color azul)
>    y = 2*x;
```
$$y = 2\,x$$
```
>    subs({x=u-v,y=2*u-v},%);
```
$$2\,u - v = 2\,u - 2\,v$$
```
>    lhs(%) - rhs(%) = 0;
```
$$v = 0$$
```
>    # La recta y = 2*x se transforma en la recta v=0
>    # Recta y = 2*x-2 (color rojo)
>    y = 2*x-2;
     subs({x=u-v,y=2*u-v},%);
     lhs(%) - rhs(%) = 0;
```
$$y = 2\,x - 2$$
$$2\,u - v = 2\,u - 2\,v - 2$$
$$v + 2 = 0$$
```
>    # Recta y = x (color verde)
>    y = x;
     subs({x=u-v,y=2*u-v},%);
     lhs(%) - rhs(%) = 0;
```
$$y = x$$
$$2\,u - v = u - v$$
$$u = 0$$
```
>    # Recta y = x+1 (color amarillo)
>    y = x+1;
     subs({x=u-v,y=2*u-v},%);
     lhs(%) - rhs(%) = 0;
```
$$y = x + 1$$
$$2\,u - v = u - v + 1$$
$$u - 1 = 0$$

```
>   # Las rectas se transforman en:
    #
    # Recta y = 2*x  (color azul)        -> v = 0
    # Recta y = 2*x-2 (color rojo)       -> v = -2
    # Recta y = x   (color verde)        -> u = 0
    # Recta y = x+1 (color amarillo)     -> u = 1
>   with(plots):
>   implicitplot([v=0,v=-2,u=0,u=1],u=0..1,v=-2..0,
        color=[blue,red,green,yellow],thickness=3,scaling=constrained);
```

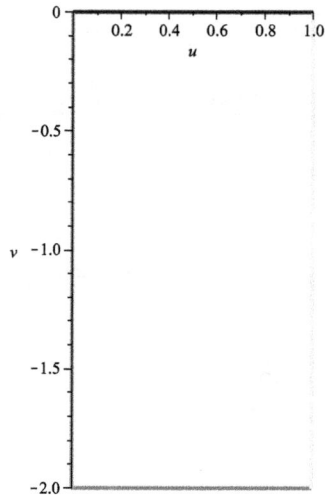

```
>   Matrix(2,2,[Diff(x,u),Diff(x,v),Diff(y,u),Diff(y,v)])
    =Matrix(2,2,[diff(u-v,u),diff(u-v,v),diff(2*u-v,u),diff(2*u-v,v)]);
```

$$\begin{bmatrix} \frac{d}{du}x & \frac{d}{dv}x \\ \frac{d}{du}y & \frac{d}{dv}y \end{bmatrix} = \begin{bmatrix} 1 & -1 \\ 2 & -1 \end{bmatrix}$$

```
>   LinearAlgebra:-Determinant(rhs(%));
```
$$1$$

```
>   Int(Int((u-v)*(2*u-v),u=0..1),v=-2..0)=int(int((u-v)*(2*u-v),u=0..1),v=-2..0);
```

$$\int_{-2}^{0}\int_{0}^{1}(u-v)(2\,u-v)\,du\,dv = 7$$

```
>   # Representación del volumen
>   display(
        plot3d(x*y,x=0..3,y=0..4,style=patchnogrid,color=grey),
        implicitplot3d([y=2*x],x=0..1,y=0..2,z=0..12,
           color=blue,transparency=0.4,style=patchnogrid),
        implicitplot3d([y=2*x-2],x=2..3,y=2..4,z=0..12,
           color=red,transparency=0.4,style=patchnogrid),
        implicitplot3d([y=x],x=0..2,y=0..2,z=0..12,
           color=green,transparency=0.4,style=patchnogrid),
        implicitplot3d([y=x+1],x=1..3,y=2..4,z=0..12,
           color=yellow,transparency=0.4,style=patchnogrid),
        orientation=[-100,70]
    );
```

```
>  display(
      plot3d(x*y,x=0..3,y=0..4,style=patchnogrid,color=grey,transparency=0.2),
      spacecurve([x,2*x,2*x^2],x=0..1,color=blue,thickness=3),
      plot3d([x,2*x,z],x=0..1,z=0..2*x^2,color=blue,style=patchnogrid),
      spacecurve([x,2*x-2,x*(2*x-2)],x=2..3,color=red,thickness=3),
      plot3d([x,2*x-2,z],x=2..3,z=0..x*(2*x-2),color=red,style=patchnogrid),
      spacecurve([x,x,x^2],x=0..2,color=green,thickness=3),
      plot3d([x,x,z],x=0..2,z=0..x^2,color=green,style=patchnogrid),
      spacecurve([x,x+1,x*(x+1)],x=1..3,color=yellow,thickness=3),
      plot3d([x,x+1,z],x=1..3,z=0..x*(x+1),color=yellow,style=patchnogrid),
      orientation=[-100,80]
   );
```

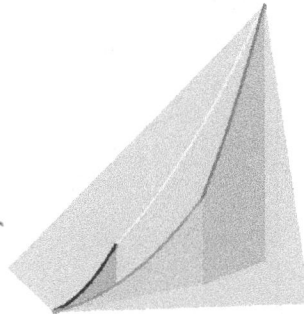

PR 4.6. Evaluar $\iint_D \ln(x^2+y^2)dxdy$ donde D es la región en el primer cuadrante que está entre los círculos $x^2+y^2=a^2$, y $x^2+y^2=b^2$, siendo $0<a<b$.

Resolución

Dado que la región de integración es circular, conviene utilizar el cambio de variable a coordenadas polares para simplificar los cálculos.

$$\iint_D f(x,y)dxdy = \iint_{D'=\varphi^{-1}(D)} f(\varphi(r,\theta))|J_\varphi(r,\theta)|\,dr\,d\theta$$

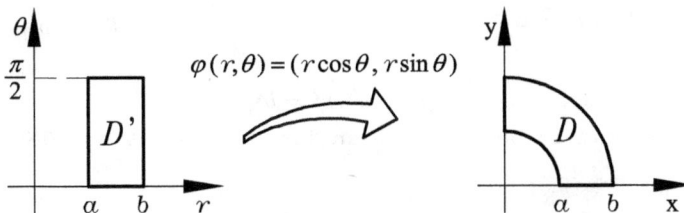

Aplicando el cambio a polares, la función $f(\varphi(r,\theta))$ resulta

$$f(\varphi(r,\theta)) = \ln(r^2\cos^2\theta + r^2\operatorname{sen}^2\theta) = \ln(r^2)$$

D' es el conjunto de la figura arriba, ya que $\theta \in \left[0, \dfrac{\pi}{2}\right]$ y $r \in [a,b]$.

$$\iint_D f(x,y)dx\,dy = \iint_{D'} f(\varphi(r,\theta))|J_\varphi(r,\theta)|\,dr\,d\theta = \iint_{D'} r\ln(r^2)\,dr\,d\theta$$

$$= \int_0^{\frac{\pi}{2}}\int_a^b 2r\ln(r)\,dr\,d\theta = \int_0^{\frac{\pi}{2}}\left[r^2\ln(r) - \frac{r^2}{2}\right]_a^b d\theta$$

$$= \int_0^{\frac{\pi}{2}}\left(b^2\ln b - \frac{b^2}{2}\right) - \left(a^2\ln a - \frac{a^2}{2}\right)d\theta$$

$$= \left[\theta\left(b^2\ln b - a^2\ln a - \frac{b^2}{2} + \frac{a^2}{2}\right)\right]_0^{\frac{\pi}{2}}$$

Por tanto,

$$\iint_D \ln(x^2+y^2)dx\,dy = \frac{\pi}{2}\left(b^2\ln b - a^2\ln a - \frac{b^2}{2} + \frac{a^2}{2}\right)$$

```
>   with(plots):
>   # Para realizar el dibujo escojemos a=2 y b=4
    implicitplot([x^2+y^2=2^2,x^2+y^2=4^2,x=0,y=0],x=0..4,y=0..4,
      color=[blue,red,green,yellow],thickness=3);
```

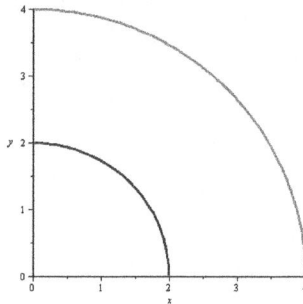

```
>   # Realizamos el cambio de variable en los dos trozos de circunferencia
    # que definen el dominio
    #     x = r*cos(theta)
    #     y = r*sin(theta)
>   [x^2+y^2=a^2,x^2+y^2=b^2];
```
$$[x^2 + y^2 = a^2, x^2 + y^2 = b^2]$$

```
>   subs({x=r*cos(theta),y=r*sin(theta)},%);
```
$$[r^2\cos(\theta)^2 + r^2\sin(\theta)^2 = a^2, r^2\cos(\theta)^2 + r^2\sin(\theta)^2 = b^2]$$

```
>   simplify(%);
```
$$[r^2 = a^2, r^2 = b^2]$$

```
>   # Realizamos el cambio de variable en las dos rectas que definen el dominio
>   [x=0,y=0];
```
$$[x = 0, y = 0]$$

```
>  subs({x=r*cos(theta),y=r*sin(theta)},%);
```
$$[r\cos(\theta)=0, r\sin(\theta)=0]$$
```
>  # Los trozos de circunferencia se tranforman en:
   #
   # x^2+y^2=a^2 (color azul)  -> r = a
   # x^2+y^2=b^2 (color rojo)  -> r = b
   #
   # Las dos rectas se transforman en:
   #
   # x=0 (color verde)    -> theta = 0
   # y=0 (color amarillo) -> theta = Pi/2
>  with(plots):
>  implicitplot([r=2,r=4,theta=0,theta=Pi/2],r=2..4,theta=0..Pi/2,
       color=[blue,red,green,yellow],thickness=3);
```

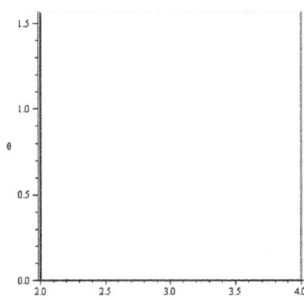

```
>  Matrix(2,2,[Diff(x,r),Diff(x,theta),Diff(y,r),Diff(y,theta)])
       =Matrix(2,2,
       [diff(r*cos(theta),r),diff(r*cos(theta),theta),
        diff(r*sin(theta),r),diff(r*sin(theta),theta)]);
```
$$\begin{bmatrix} \frac{d}{dr}x & \frac{d}{d\theta}x \\ \frac{d}{dr}y & \frac{d}{d\theta}y \end{bmatrix} = \begin{bmatrix} \cos(\theta) & -r\,\text{sen}\,(\theta) \\ \text{sen}\,(\theta) & r\cos(\theta) \end{bmatrix}$$
```
>  LinearAlgebra:-Determinant(rhs(%));
```
$$\cos(\theta)^2 r + r\sin(\theta)^2$$
```
>  simplify(%);
```
$$r$$
```
>  simplify(ln(r^2*cos(theta)^2+r^2*sin(theta)^2));
```
$$\ln(r^2)$$
```
>  Int(Int(r*ln(r^2),r=a..b),theta=0..Pi/2)
       =int(int(r*ln(r^2),r=a..b),theta=0..Pi/2);
```
$$\int_0^{\frac{1}{2}\pi}\int_a^b r\ln(r^2)\,dr\,d\theta = -\frac{1}{4}a^2\ln(a^2)\pi + \frac{1}{4}a^2\pi + \frac{1}{4}b^2\ln(b^2)\pi - \frac{1}{4}b^2\pi$$
```
>  simplify(rhs(%));
```
$$-\frac{1}{4}\pi\left(a^2\ln(a^2) - a^2 - b^2\ln(b^2) + b^2\right)$$

PR 4.7. Sea $a > 0$. Calcular el volumen interior al cilindro

$$x^2 + y^2 = 2ay$$

y a la esfera

$$x^2 + y^2 + z^2 = 4a^2$$

Resolución

La esfera está centrada en el origen y tiene radio $2a$, ya que $\sqrt{4a^2} = 2a$. En cuanto al cilindro, se tiene

$$x^2 + y^2 = 2ay \Leftrightarrow x^2 + y^2 - 2ay = 0 \Leftrightarrow x^2 + y^2 - 2ay + a^2 = a^2 \Leftrightarrow x^2 + (y-a)^2 = a^2$$

Se trata de un cilindro vertical (eje z) de radio a ($\sqrt{a^2} = a$) y centrado en $(0, a, 0)$.

Representando gráficamente el cilindro y la esfera, se observa que el plano (xy) corta el volumen en dos partes simétricas, por lo que se considera sólo el volumen de la parte superior. Éste, por su parte, es simétrico con respecto al plano yz, con lo cual se calcula sólo la cuarta parte del volumen total y se multiplica por 4. Se observa en la figura de abajo que la ecuación que delimita la base es la del cilindro, mientras que la altura la delimita la esfera.

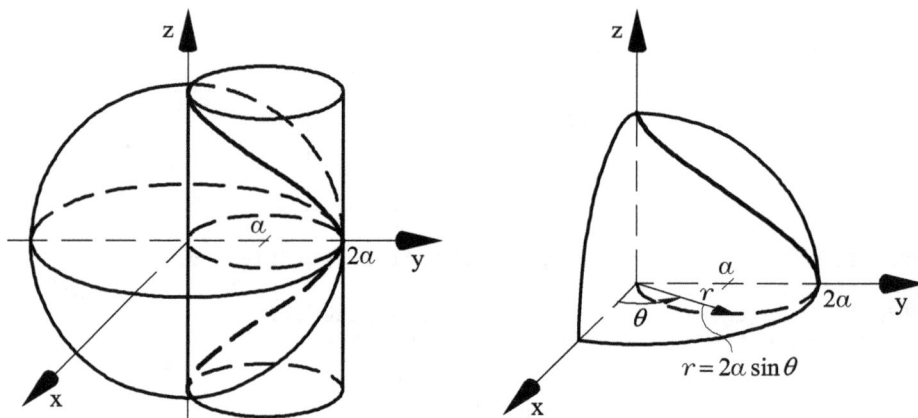

Figura 4.10. *Cálculo del volumen comprendido entre la esfera y el cilindro*

Si se utilizan coordenadas cilíndricas $x = r\cos\theta$, $y = r\,\text{sen}\,\theta$, $z = z$, la esfera tendrá la ecuación

$$x^2 + y^2 + z^2 = 4a^2 \Leftrightarrow r^2 + z^2 = 4a^2$$

Mientras que el cilindro tendrá la ecuación

$$x^2 + y^2 = 2ay \Leftrightarrow r^2 = 2ar\,\text{sen}\,\theta \Leftrightarrow r = 2a\,\text{sen}\,\theta$$

Se definen los extremos de integración para la parte superior del volumen,

$$\theta \in \left[0, \frac{\pi}{2}\right] \rightarrow \text{corresponde a un cuarto de círculo}$$

$$r \in [0, 2a\,\text{sen}\,\theta] \rightarrow \text{base delimitada por el cilindro}$$

$$z \in [0, \sqrt{4a^2 - r^2}] \rightarrow \text{altura delimitada por la esfera}$$

El volumen total será cuatro veces el volumen delimitado por los extremos que se han establecido. Así pues,

$$
\begin{aligned}
V &= 4 \int_0^{\frac{\pi}{2}} \int_0^{2a\,\mathrm{sen}\,\theta} \int_0^{\sqrt{4a^2-r^2}} |J_\varphi|\, dz\, dr\, d\theta = 4 \int_0^{\frac{\pi}{2}} \int_0^{2a\,\mathrm{sen}\,\theta} \int_0^{\sqrt{4a^2-r^2}} r\, dz\, dr\, d\theta \\
&= 4 \int_0^{\frac{\pi}{2}} \int_0^{2a\,\mathrm{sen}\,\theta} r\sqrt{4a^2-r^2}\, dr\, d\theta = 4 \int_0^{\frac{\pi}{2}} \left[-\frac{\sqrt{(4a^2-r^2)^3}}{3} \right]_0^{2a\,\mathrm{sen}\,\theta} d\theta \\
&= 4 \int_0^{\frac{\pi}{2}} -\frac{1}{3} \left[\sqrt{(4a^2-4a^2\,\mathrm{sen}^2\,\theta)^3} - \sqrt{(4a^2)^3} \right] d\theta = 4 \int_0^{\frac{\pi}{2}} -\frac{1}{3} \left[\sqrt{4a^2(\cos^2\theta)^3} - \sqrt{(4a^2)^3} \right] d\theta \\
&= 4 \int_0^{\frac{\pi}{2}} -\frac{1}{3}(8a^3\cos^3\theta - 8a^3)\, d\theta = -\frac{32}{3}a^3 \int_0^{\frac{\pi}{2}} \cos^3(\theta) - 1\, d\theta \\
&= -\frac{32}{3}a^3 \left[\mathrm{sen}\,\theta - \frac{1}{3}\,\mathrm{sen}^3\,\theta - \theta \right]_0^{\frac{\pi}{2}} = \frac{16}{9}a^3(3\pi - 4)
\end{aligned}
$$

Por tanto,

$$
V = \frac{16}{9}a^3(3\pi - 4)
$$

```
>   # Representamos el volumen (para el valor a=2)
>   with(plots):
>   a:=2:
>   display(
        implicitplot3d([x^2+y^2=2*a*y],x=-a..a,y=0..2*a,z=-2*a..2*a,
            style=patchnogrid,color=grey,transparency=0.2,grid=[20,20,20]),
        implicitplot3d([x^2+y^2+z^2=4*a^2],x=-2*a..2*a,y=-2*a..2*a,z=-2*a..2*a,
            style=patchnogrid,color=red,transparency=0.,grid=[20,20,20]),
        scaling=constrained,orientation=[20,70]
    );
```

```
>  display(
       implicitplot3d([x^2+y^2=2*a*y],x=-a..a,y=0..2*a,z=-2*a..2*a,
           style=patchnogrid,color=grey,transparency=0.2,grid=[20,20,20]),
       implicitplot3d([x^2+y^2+z^2=4*a^2],x=-a..a,y=0..2*a,z=-2*a..2*a,
           style=patchnogrid,color=red,transparency=0.7,grid=[20,20,20]),
       spacecurve([sqrt(a^2-(y-a)^2),y,sqrt(4*a^2-(a^2-(y-a)^2)-y^2)],y=0..2*a,
           color=black,thickness=3,numpoints=1000),
       spacecurve([-sqrt(a^2-(y-a)^2),y,sqrt(4*a^2-(a^2-(y-a)^2)-y^2)],y=0..2*a,
           color=black,thickness=3,numpoints=1000),
       spacecurve([sqrt(a^2-(y-a)^2),y,-sqrt(4*a^2-(a^2-(y-a)^2)-y^2)],y=0..2*a,
           color=black,thickness=3,numpoints=1000),
       spacecurve([-sqrt(a^2-(y-a)^2),y,-sqrt(4*a^2-(a^2-(y-a)^2)-y^2)],y=0..2*a,
           color=black,thickness=3,numpoints=1000),
       scaling=constrained,orientation=[130,60]
   );
```

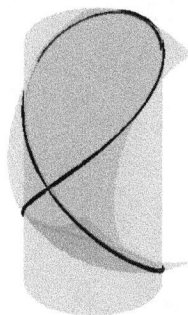

```
>  # Representamos la quarta parte del volumen que queda en el primer octante
>  display(
       plot3d([sqrt(a^2-(y-a)^2),y,z],y=0..2*a,z=0..sqrt(4*a^2-(a^2-(y-a)^2)-y^2),
           style=patchnogrid,color=grey,transparency=0.1),
       implicitplot3d([x^2+y^2+z^2=4*a^2],x=0..2*a,y=0..2*a,z=0..2*a,
           style=patchnogrid,color=red,transparency=0.8,grid=[20,20,20]),
       spacecurve([sqrt(a^2-(y-a)^2),y,sqrt(4*a^2-(a^2-(y-a)^2)-y^2)],y=0..2*a,
           color=black,thickness=3,numpoints=1000),
       spacecurve({[sqrt(a^2-(y-a)^2),y,0],[0,y,sqrt(4*a^2-y^2)],[0,y,0]},
           y=0..2*a,color=black,thickness=3,numpoints=1000),
       spacecurve([0,0,z],z=0..2*a,color=black,thickness=3,numpoints=1000),
       scaling=constrained,orientation=[35,65]
   );
```

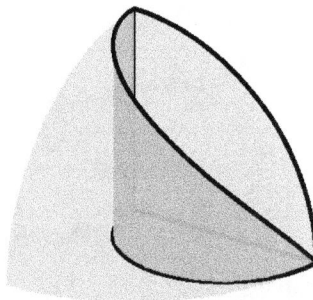

```
>  # Realizamos el cambio de variable a coordenadas cilíndricas
>  unassign('a'):
```

```
>    subs({x=r*cos(theta),y=r*sin(theta)},x^2+y^2+z^2=4*a^2);
```
$$r^2\left(\cos\left(\theta\right)\right)^2 + r^2\left(\sin\left(\theta\right)\right)^2 + z^2 = 4\,a^2$$
```
>    simplify(%);
```
$$z^2 + r^2 = 4\,a^2$$
```
>    subs({x=r*cos(theta),y=r*sin(theta)},x^2+y^2=2*a*y);
```
$$r^2\left(\cos\left(\theta\right)\right)^2 + r^2\left(\sin\left(\theta\right)\right)^2 = 2\,ar\sin\left(\theta\right)$$
```
>    simplify(%);
```
$$r^2 = 2\,ar\sin\left(\theta\right)$$
```
>    # Las superfícies se transforman en:
     #
     # esfera:   x^2+y^2+z^2 = 4*a^2 -> z^2 = 4*a^2-r^2
     # cilindro: x^2+y^2=2*a*y       -> r = 2*a*sin(theta)
>    # La parametrización del volumen viene dada por:
     #     x = r*cos(theta)
     #     y = r*sin(theta)
     #     z = z
     # donde
     #     theta = 0..Pi/2
     #     r = 0..2*a*sin(theta)
     #     z = 0..sqrt(4*a^2-r^2)
     #
     # Para dibujar las paredes del volumen solo tenemos que fijar
     #     uno de los parámetros en función de los demás.
>    a:=2:
     Rmax:=2*a*sin(theta):
     Zmax:=sqrt(4*a^2-Rmax^2):
     Tmax:=Pi/2:
>    display(
     # base z=0
        plot3d([r*cos(theta),r*sin(theta),0],r=0..Rmax,theta=0..Tmax,
           style=patchnogrid,color=yellow),
     # pared en x = 0 -> theta = Pi/2 = Tmax
        plot3d([r*cos(Tmax),r*sin(Tmax),z],r=0..2*a*sin(Tmax),z=0..sqrt(4*a^2-r^2),
           style=patchnogrid,color=green),
     # pared limitada por el cilindro -> r = Rmax
        plot3d([Rmax*cos(theta),Rmax*sin(theta),z],theta=0..Tmax,z=0..Zmax,
           style=patchnogrid,color=grey,transparency = 0.2),
     # pared limitada por la esfera -> z = sqrt(4*a^2-r^2)
        plot3d([r*cos(theta),r*sin(theta),sqrt(4*a^2-r^2)],r=0..Rmax,theta=0..Tmax,
           style=patchnogrid,color=red,transparency = 0.5),
        scaling=constrained,orientation=[35,65]
     );
```

```
>  Matrix(3,3,[Diff(x,r),Diff(x,theta),Diff(x,z),
                Diff(y,r),Diff(y,theta),Diff(y,z),
                Diff(z,r),Diff(z,theta),Diff(z,z)])
      =Matrix(3,3,
       [diff(r*cos(theta),r),diff(r*cos(theta),theta),diff(r*cos(theta),z),
        diff(r*sin(theta),r),diff(r*sin(theta),theta),diff(r*sin(theta),z),
        diff(z,r),diff(z,theta),diff(z,z)]);
```

$$
\begin{bmatrix} \frac{d}{dr}x & \frac{d}{d\theta}x & \frac{d}{dz}x \\ \frac{d}{dr}y & \frac{d}{d\theta}y & \frac{d}{dz}y \\ \frac{d}{dr}z & \frac{d}{d\theta}z & \frac{d}{dz}z \end{bmatrix} = \begin{bmatrix} \cos(\theta) & -r\,\mathrm{sen}(\theta) & 0 \\ \mathrm{sen}(\theta) & r\cos(\theta) & 0 \\ 0 & 0 & 1 \end{bmatrix}
$$

```
>  LinearAlgebra:-Determinant(rhs(%));
```

$$
(\cos(\theta))^2\,r + (\sin(\theta))^2\,r
$$

```
>  simplify(%);
```

$$
r
$$

```
>  unassign('a'):
>  Int(Int(Int(r,z=0..sqrt(4*a^2-r^2)),r=0..2*a*sin(theta)),theta=0..Pi/2)
   =int(int(int(r,z=0..sqrt(4*a^2-r^2)),r=0..2*a*sin(theta)),theta=0..Pi/2);
```

$$
\int_0^{\frac{1}{2}\pi}\int_0^{2a\sin(\theta)}\int_0^{\sqrt{4a^2-r^2}} r\,dz\,dr\,d\theta = -\frac{4}{9}a^2\left(4a - 3\,(csgn(a))^2\,a\pi\right)csgn(a)
$$

```
>  assume('a'>0):
>  simplify(rhs(%));
```

$$
\frac{4}{9}a^3\,(-4+3\pi)
$$

```
>  V:=4*%;
```

$$
V := \frac{16}{9}a^3\,(-4+3\pi)
$$

PR 4.8. La temperatura en los puntos del cubo $W = [-1,1]^3$ es proporcional al cuadrado de la distancia al origen.

(a) ¿Cuál es la temperatura promedio?

(b) ¿En qué puntos del cubo la temperatura es igual a la temperatura promedio?

Resolución

(a) La temperatura es proporcional al cuadrado de la distancia al origen, por tanto:

$$
T(x,y,z) = c(x^2 + y^2 + z^2)
$$

La temperatura promedio se define como

$$\overline{T} = \frac{\iiint_W T(x,y,z)\,dx\,dy\,dz}{\text{Volumen cubo}} = \frac{\iiint_W T(x,y,z)\,dx\,dy\,dz}{\iiint_W dx\,dy\,dz}$$

Se calcula la integral del numerador:

$$\iiint_W T(x,y,z)\,dx\,dy\,dz = \int_{-1}^1 \int_{-1}^1 \int_{-1}^1 c(x^2+y^2+z^2)\,dx\,dy\,dz$$

$$= \int_{-1}^1 \int_{-1}^1 c\left[\frac{x^3}{3} + y^2 x + z^2 x\right]_{-1}^1 dy\,dz$$

$$= \int_{-1}^1 \int_{-1}^1 c\left[\left(\frac{1}{3}+y^2+z^2\right) - \left(-\frac{1}{3}-y^2-z^2\right)\right] dy\,dz$$

$$= \int_{-1}^1 \int_{-1}^1 c\left(\frac{2}{3}+2y^2+2z^2\right) dy\,dz$$

$$= \int_{-1}^1 c\left[\frac{2}{3}y + \frac{2}{3}y^3 + 2z^2 y\right]_{-1}^1 dz = \int_{-1}^1 c\left(\frac{8}{3}+4z^2\right) dz =$$

$$= c\left[\frac{8}{3}z + \frac{4}{3}z^3\right]_{-1}^1 = c\left(\frac{16}{3}+\frac{8}{3}\right) = 8c$$

Seguidamente se calcula la integral del denominador:

$$\iiint_W dx\,dy\,dz = \int_{-1}^1 \int_{-1}^1 \int_{-1}^1 dx\,dy\,dz = \int_{-1}^1 \int_{-1}^1 2\,dy\,dz =$$

$$= \int_{-1}^1 4\,dz = 8$$

Finalmente se calcula la fracción,

$$\overline{T} = \frac{8c}{8} = c$$

(b) Se buscan los puntos donde la temperatura $T = c(x^2+y^2+z^2)$ es igual a la temperatura promedio $\overline{T} = c$. Por tanto, se igualan las dos ecuaciones:

$$c(x^2+y^2+z^2) = c \Rightarrow x^2+y^2+z^2 = 1$$

Así, la temperatura será igual a la temperatura promedio en la esfera $x^2+y^2+z^2 = 1$ inscrita en el cubo.

```
>   restart;
>   T:=(x,y,z)->c*(x^2+y^2+z^2):
>   # apartado a)
>   VolumenCubo:=Int(Int(Int(1,x=-1..1),y=-1..1),z=-1..1);
    VolumenCubo:=int(int(int(1,x=-1..1),y=-1..1),z=-1..1);
```

$$VolumenCubo := \int_{-1}^1 \int_{-1}^1 \int_{-1}^1 1\,dx\,dy\,dz$$

$$VolumenCubo := 8$$

```
>  TempProm:=Int(Int(Int(T(x,y,z),x=-1..1),y=-1..1),z=-1..1)/VolumenCubo;
   TempProm:=int(int(int(T(x,y,z),x=-1..1),y=-1..1),z=-1..1)/VolumenCubo;
```

$$TempProm := 1/8 \int_{-1}^{1}\int_{-1}^{1}\int_{-1}^{1} c\left(x^2 + y^2 + z^2\right) dx\, dy\, dz$$

$$TempProm := c$$

```
>  # apartado b)
>  T(x,y,z)=c;
```

$$c\left(x^2 + y^2 + z^2\right) = c$$

```
>  %/c;
```

$$x^2 + y^2 + z^2 = 1$$

```
>  with(plots):
   display(
      implicitplot3d(x^2+y^2+z^2=1,x=-1..1,y=-1..1,z=-1..1,
         style=patchnogrid,grid=[20,20,20],color=red,transparency=0.2),
      implicitplot3d({x=-1,x=1,y=-1,y=1,z=-1,z=1},
         x=-1.01..1.01,y=-1.01..1.01,z=-1.01..1.01,
         style=patchnogrid,color=grey,transparency=0.5),
      orientation = [30,70]
   );
```

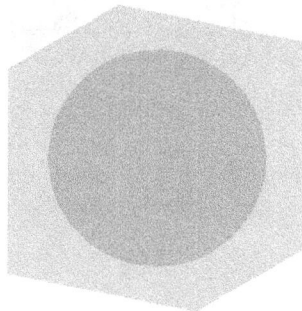

4.7. Problemas propuestos

PP 4.1. Sea $V = [0,1] \times [\frac{-1}{2}, 0] \times [0, \frac{1}{3}]$. Calcular

$$\int\int\int_{V} (x + 2y + 3z)^2 \, dx\, dy\, dz$$

Solución: $\frac{1}{24} \frac{1}{15}\left[(2^5 - 2)\right]$.

PP 4.2. Determinar el volumen bajo la gráfica de $f(x,y) = \cos x \,\mathrm{sen}\, y$ en el rectángulo $[0, \pi/2] \times [0, \pi/2]$.
Solución: $V = \int_0^{\frac{\pi}{2}} \int_0^{\frac{\pi}{2}} \cos x \,\mathrm{sen}\, y \, dx\, dy = 1$.

PP 4.3. Calcular la integral doble

$$\iint_{\Omega} f$$

en el caso $f(x,y) = \frac{1}{8}xy$ y $\Omega = \{(x,y) \in \mathbb{R}^2 \mid 2 \le x \le 4, \ x - 1 \le y \le 2x\}$.
Solución: $\iint_{\Omega} f = \dfrac{317}{24}$.

PP 4.4. Calcular el volumen del sólido acotado por la superfície $f(x, y) = \operatorname{sen} y$, los planos $x = 1, x = 0, y = 0, y = \pi/2$ y el pla xy.

Solución: $V = 1$.

PP 4.5. Sea $W \in \mathbb{R}^3$ la región acotada por los planos $x = 0$, $y = 0$, $z = 2$, la superfície $z = x^2 + y^2$ y que está en el cuadrante $x \geq 0$, $y \geq 0$. Calcular

$$\int \int \int_W x \, dx \, dy \, dz$$

Solución: $\int \int \int_W x \, dx \, dy \, dz = \frac{8\sqrt{2}}{15}$.

PP 4.6. Pasar a coordenadas polares la integral

$$\iint_S f(x, y) dx dy$$

donde S es el dominio limitado por las circunferencias $x^2 + y^2 = 4x$, $x^2 + y^2 = 8x$ y las rectas $y = x$, $y = 2x$.

Solución: $\iint_S f(x, y) dx dy = \displaystyle\int_{\frac{\pi}{4}}^{\arctan 2} \int_{4 \cos \theta}^{8 \cos \theta} r \cdot f(r \cos \theta, r \operatorname{sen} \theta) dr \, d\theta$.

PP 4.7. Encontrar el valor promedio de $f(x, y) = x \operatorname{sen}^2(xy)$ sobre la región $D = [0, \pi] \times [0, \pi]$.

Solución: $\overline{f} = 0,784$.

PP 4.8. Encontrar el centro de masa de una lámina cuadrada $[0, 1] \times [0, 1]$ si la densidad de masa es $\rho(x, y) = e^{x+y}$.

Solución: $x_c = y_c = \frac{1}{e-1}$.

5 Análisis vectorial

Se presentan en este capítulo, a nivel introductorio, los rudimentos del análisis vectorial. Se introduce primeramente la descripción paramétrica de las curvas en el plano y el espacio a través de trayectorias. Se definen algunos conceptos relacionados con las curvas y las trayectorias como el vector velocidad y la celeridad de una trayectoria, la recta tangente a una curva, o la longitud de arco de una trayectoria. A continuación se presenta el concepto de campo vectorial, esto es, una aplicación que asigna a cada punto del plano o del espacio un vector. Se insiste en su motivación física, y se relaciona con el concepto de trayectoria a través de las líneas de flujo. Se introduce un tipo especial de campo vectorial: los campos conservativos. Se proporcionan seguidamente los operadores diferenciales que actúan sobre los campos vectoriales, esto es, la divergencia y el rotacional. Se dan las definiciones formales, así como ejemplos e intuición física sobre su significado. Se presentan varias identidades que involucran estos operadores. Como paso previo al teorema de Green, se introduce la noción de integración sobre trayectorias, tanto de campos escalares como de campos vectoriales. Se discute el efecto de la orientación de la parametrización de una curva en las integrales sobre trayectorias. Finalmente, como colofón del capítulo y combinando todos los conceptos introducidos en el mismo y algunos del capítulo 4, se enuncia y demuestra el teorema de Green en el plano. Se muestran aplicaciones, y se demuestra el teorema de la divergencia en el plano a partir del teorema de Green.

5.1. Curvas y trayectorias

Informalmente, se puede entender una curva plana C como la línea trazada por un lápiz en una hoja de papel. Del mismo modo, una curva en el espacio puede visualizarse a través de un alambre alabeado. La estela de humo dejada por un avión acrobático describe también una curva en el espacio. Desde un punto de vista matemático, resulta útil concebir las curvas como funciones que toman valores en un intervalo $[a, b]$ y devuelven puntos del plano o del espacio. Dicha función de $[a, b] \subset \mathbb{R}$ en $\mathbb{R}^2$ o $\mathbb{R}^3$ se denomina *trayectoria*, y se denota aquí mediante **c**. Es habitual utilizar t para la variable independiente, ya que a menudo representa el *tiempo*, aunque no siempre es así. Resulta útil imaginar que $\mathbf{c}(t)$ representa la posición en el plano o el espacio de una partícula en movimiento en el instante $t \in [a, b]$. La imagen del intervalo $[a, b]$ por la trayectoria, o dicho de otro modo, el conjunto de posiciones de la partícula en movimiento, es precisamente la curva C (ver Fig. 5.1). Se dice que la trayectoria **c** *parametriza* la curva C, o bien, que la trayectoria *describe* la curva cuando t varía. Dada una curva C, existen múltiples trayectorias que la parametrizan, del mismo modo que aviones acrobáticos viajando a diferente velocidad pueden dejar la misma estela detrás de sí.

Definición 69 (Trayectoria y curva). Se denomina **trayectoria** en el plano (o en el espacio) a la aplicación **c** de un intervalo $[a, b] \subset \mathbb{R}$ en $\mathbb{R}^2$ (o $\mathbb{R}^3$). Para curvas en el espacio (y análogamente para curvas planas), se escribe:

$$\begin{aligned} \mathbf{c}: \quad [a, b] \subset \mathbb{R} \quad &\longrightarrow \quad \mathbb{R}^3 \\ t \quad &\longrightarrow \quad \mathbf{c}(t) = (x(t), y(t), z(t)) \end{aligned}$$

Las funciones $x(t)$, $y(t)$ y $z(t)$ se denominan componentes de **c**. El conjunto C de puntos $\mathbf{c}(t)$ conforme t varía entre a y b se denomina **curva**.

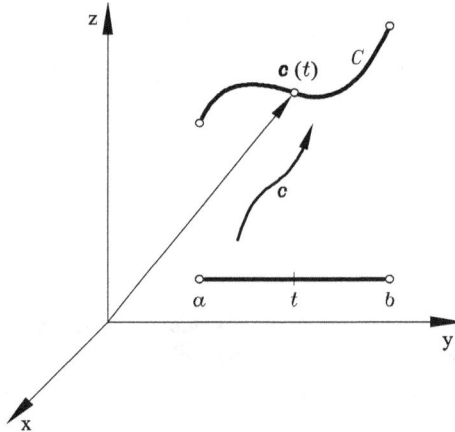

Figura 5.1. *La trayectoria **c** es una aplicación del intervalo $[a,b]$ en el espacio, cuya imagen es la curva C*

Ejemplo 106. Según la definición 69, las rectas son casos particulares de curvas. Así, la recta en $\mathbb{R}^3$ que pasa por el punto (x_0, y_0, z_0) en la dirección del vector **v** puede describirse mediante la trayectoria

$$\mathbf{c}(t) = (x_0, y_0, z_0) + t\,\mathbf{v}$$

Nótese que la trayectoria

$$\widetilde{\mathbf{c}}(t) = (x_0, y_0, z_0) + \lambda\,(t - t_0)\,\mathbf{v}$$

donde $\lambda \in \mathbb{R} - \{0\}, t_0 \in \mathbb{R}$, describe la misma recta.

Ejemplo 107. La circunferencia de radio R en el plano es la imagen de la trayectoria

$$\mathbf{c}(t) = R\,(\cos t, \sin t), \qquad t \in [0, 2\pi]$$

Es sencillo comprobar que los puntos $\mathbf{c}(t)$ verifican la ecuación $x^2 + y^2 = R^2$ que describe la circunferencia (ver Fig. 5.2). Además, $\mathbf{c}(0) = \mathbf{c}(2\pi)$, por tanto la tayectoria describe la totalidad de la circunferencia. Nótese que si se considerase el intervalo $[0, 4\pi]$, la trayectoria estaría dando dos vueltas a la circunferencia. Al igual que antes, dicha circunferencia puede describirse mediante otra *parametrización* de la trayectoria, por ejemplo:

$$\widetilde{\mathbf{c}}(t) = R(\cos 2t, \sin 2t), \qquad t \in [0, \pi]$$

Ejemplo 108. Las gráficas de funciones $f : [a, b] \subset \mathbb{R} \longrightarrow \mathbb{R}$ son curvas de $\mathbb{R}^2$ que pueden describirse mediante la trayectoria

$$\widetilde{\mathbf{c}}(t) = (t, f(t)), \qquad t \in [a, b].$$

Nótese que en general no todas las curvas son gráficas de funciones (ver Fig. 5.3).

Siguiendo con la analogía de la partícula en movimiento, o la del avión acrobático dejando una estela de humo detrás de sí, resulta muy natural, dada una trayectoria, asociar a cada instante de tiempo t un *vector velocidad*. La celeridad es la magnitud del vector velocidad, y es el escalar que puede medirse en un velocímetro. Si la trayectoria presenta ángulos, por ejemplo, porque la partícula choca con una pared en un instante t_0, no se puede definir el

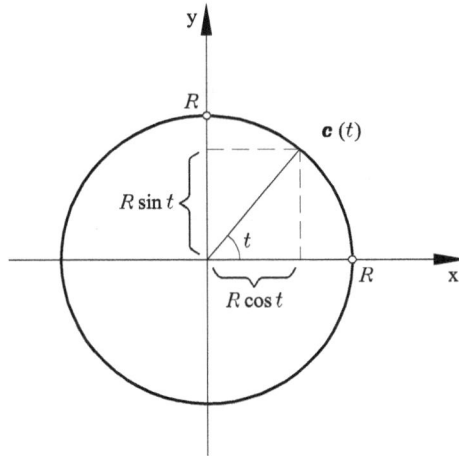

Figura 5.2. *La trayectoria plana* $\mathbf{c} = R(\cos t, \sin t)$ *describe una circunferencia de radio* R

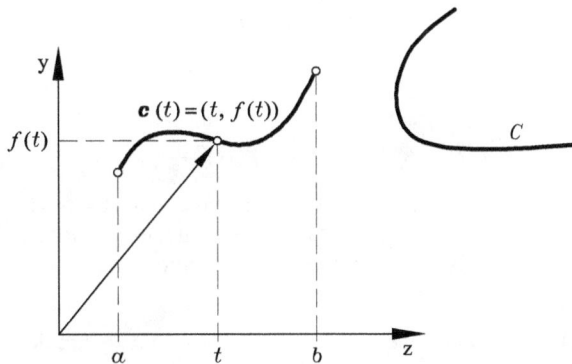

Figura 5.3. *Las gráficas de funciones pueden describirse mediante trayectorias planas. No todas las curvas, por ejemplo la curva C, son gráficas de funciones*

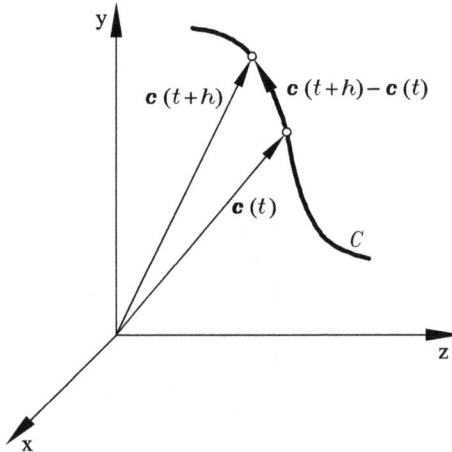

Figura 5.4. *Al tender h a cero, el vector $(\mathbf{c}(t+h) - \mathbf{c}(t))/h$ tiende a un vector tangente a la curva C en el punto* $\mathbf{c}(t)$

vector velocidad en el instante del choque al no poder decidir si la velocidad de la partícula en t_0 es aquella que precede inmediatamente al choque (acercándose a la pared) o aquella en el instante de tiempo inmediatamente posterior (alejándose de la pared). Por ello, en la definición del vector velocidad se exige que la trayectoria sea diferenciable, esto es, que no presente ángulos ni discontinuidades.

Definición 70 (Velocidad). Sea $\mathbf{c}$ una trayectoria diferenciable. El vector velocidad de $\mathbf{c}$ en t se define como

$$\mathbf{c}'(t) = \lim_{h \to 0} \frac{\mathbf{c}(t+h) - \mathbf{c}(t)}{h}$$

La celeridad de la trayectoria en el instante t es la longitud del vector velocidad, $v(t) = \|\mathbf{c}'(t)\|$. Para trayectorias descritas por las funciones componente en el espacio (y análogamente en el plano), se tiene

$$\mathbf{c}'(t) = (x'(t), y'(t), z'(t))$$

y por tanto

$$v(t) = \sqrt{(x'(t))^2 + (y'(t))^2 + (z'(t))^2}$$

Interpretando el vector velocidad como un vector columna o una matriz 3×1, la definición de $\mathbf{c}'(t)$ es consistente con la de matriz jacobiana vista en el capítulo 2. Habitualmente, el vector velocidad $\mathbf{c}'(t)$ se traza con origen en $\mathbf{c}(t)$, ya que a menos que $\mathbf{c}'(t) = \mathbf{0}$, se trata de un vector tangente a la curva descrita por la trayectoria $\mathbf{c}$ en el punto $\mathbf{c}(t)$ (ver Fig. 5.4).

Ejemplo 109. Recuérdese la trayectoria $\mathbf{c}$ del ejemplo 107 que describía un círculo de radio R. El vector velocidad correspondiente en el instante t es $\mathbf{c}'(t) = R(-\sin t, \cos t)$, y por tanto su celeridad es $v(t) = R\sqrt{\sin^2 t + \cos^2 t} = R$. Se ve que para esta trayectoria, si bien el vector velocidad depende del tiempo al girar la partícula en la circunferencia, la celeridad escalar es constante en el tiempo. Considérese ahora la trayectoria $\tilde{\mathbf{c}}$ que describe la misma curva. Ahora $\tilde{\mathbf{c}}'(t) = 2R(-\sin 2t, \cos 2t)$ y por tanto $\tilde{v}(t) = 2R$. Si bien la curva no se altera al cambiar la parametrización, la velocidad y celeridad sí se ven alteradas.

Es incluso posible definir parametrizaciones de la misma curva que presenten celeridades no constantes. Por ejemplo, considérese la trayectoria

$$\hat{\mathbf{c}}(t) = R(\cos t^2, \sin t^2)$$

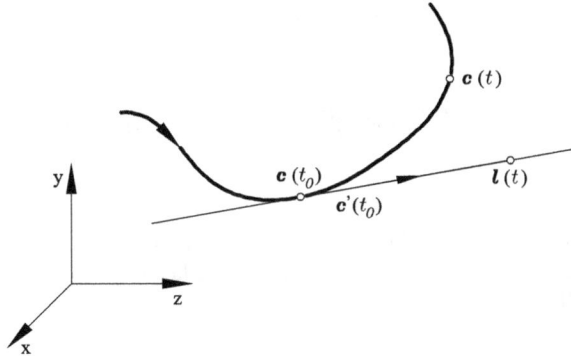

Figura 5.5. *Recta tangente a la curva descrita por* $\mathbf{c}(t)$ *en el punto* $\mathbf{c}(t_0)$

Trátese ahora de identificar un intervalo sobre el cual dicha trayectoria describe la circunferencia completa. Nótese que, al ser $g(t) = t^2$ una función estrictamente creciente en los reales positivos, dicha función transforma de manera unívoca el intervalo $[0, \sqrt{2\pi}]$ en el intervalo original $[0, 2\pi]$. Por tanto, al recorrer el intervalo $[0, \sqrt{2\pi}]$ la trayectoria $\hat{\mathbf{c}}$ describe la circunferencia de radio R. En este caso, el vector velocidad es $\hat{\mathbf{c}}'(t) = 2Rt(-\sin t^2, \cos t^2)$ y por tanto la celeridad $\hat{v}(t) = 2Rt$ sí depende del tiempo, valiendo cero en el instante inicial.

Dada una trayectoria $\mathbf{c}$ que describe una curva C, se ha definido el vector velocidad $\mathbf{c}'(t)$ en cada instante t, que es tangente a la curva en el punto $\mathbf{c}(t)$. Elaborando un poco más estos conceptos, se define a continuación la recta tangente a la curva C en el punto $\mathbf{c}(t)$, esto es, la recta que pasa por ese punto en la dirección del vector tangente.

Definición 71 (Recta tangente). Sea $\mathbf{c}(t)$ una trayectoria que describe una curva C y tal que $\mathbf{c}(t_0) \neq \mathbf{0}$. La trayectoria

$$\mathbf{l}(t) = \mathbf{c}(t_0) + (t - t_0)\mathbf{c}'(t_0)$$

describe la recta tangente a la curva C en $\mathbf{c}(t_0)$ (ver Fig. 5.5).

Se comprueba a continuación que en efecto $\mathbf{l}(t)$ parametriza a la recta tangente. Para comprobar que la trayectoria $\mathbf{l}(t)$ pasa por $\mathbf{c}(t_0)$ basta con evaluarla en t_0. Se calcula $\mathbf{l}'(t) = \mathbf{c}'(t_0)$, por lo que resulta obvio que dicha recta tiene la dirección del vector tangente a C en $\mathbf{c}(t_0)$.

Cabe preguntarse ahora cómo calcular la longitud de una curva descrita por una trayectoria $\mathbf{c}(t) = (x(t), y(t), z(t))$ durante el intervalo de tiempo $[a, b]$. Recuérdese que la celeridad $\|\mathbf{c}'(t)\|$ representa la distancia por unidad de tiempo recorrida por una partícula que sigue la trayectoria. En un diferencial de tiempo dt, la partícula recorre un diferencial de desplazamiento

$$d\mathbf{s} = \mathbf{c}'(t)\, dt = (x'(t), y'(t), z'(t))\, dt$$

cuya longitud, llamada *diferencial de longitud de arco*, es

$$ds = \|d\mathbf{s}\| = \|\mathbf{c}'(t)\|\, dt = \sqrt{(x'(t))^2 + (y'(t))^2 + (z'(t))^2}\, dt$$

Por lo tanto, la distancia total recorrida por la partícula, esto es, la longitud de la curva descrita por la trayectoria, es

$$\ell = \int_a^b \|\mathbf{c}'(t)\|\, dt$$

Esta magnitud se denomina *longitud de arco*.

Definición 72 (Longitud de arco). Sea $\mathbf{c}(t) = (x(t), y(t), z(t))$ para $t \in [a, b]$ una trayectoria diferenciable en el espacio. Su longitud de arco es

$$\ell = \int_a^b \sqrt{(x'(t))^2 + (y'(t))^2 + (z'(t))^2} \, dt$$

Recuérdese que es posible describir una misma curva con varias trayectorias diferentes. Sin embargo, es de esperar que la longitud de arco, que es una medida geométrica de la curva, no dependa de la trayectoria escogida. El siguiente ejemplo desarrolla esta idea.

Ejemplo 110. Considérese de nuevo la trayectoria $\mathbf{c}$ de los ejemplos 107 y 109, que describe un círculo de radio R. Cabe esperar por tanto que su longitud de arco sea $2\pi R$. Recordando que la celeridad de esta trayectoria es $v(t) = R$, la longitud de arco es

$$\ell = \int_0^{2\pi} R \, dt = 2\pi R$$

Si se calcula la longitud de arco de la circunferencia utilizando otra descripción de la misma proporcionada por la trayectoria $\tilde{\mathbf{c}}$, se obtiene el mismo resultado

$$\ell = \int_0^{\pi} 2R \, dt = 2\pi R$$

Considérese ahora la trayectoria $\hat{\mathbf{c}}$. En esta ocasión, la celeridad es $\hat{v}(t) = 2Rt$ y recordando también el intervalo sobre el que se define esta trayectoria, se calcula la longitud de arco de la curva como

$$\ell = \int_0^{\sqrt{2\pi}} 2Rt \, dt = (Rt^2)\big|_0^{\sqrt{2\pi}} = 2\pi R$$

Las trayectorias $\mathbf{c}(s)$ con celeridad unitaria $\|\mathbf{c}(s)\| = 1$ se denominan *trayectorias parametrizadas por la longitud de arco*. Aplicando la definición de la longitud de arco, es inmediato comprobar que la longitud de una trayectoria parametrizada por la longitud de arco en el intevalo $[a, b]$ es $\ell = b - a$.

5.2. Campos vectoriales

En este apartado se presenta la noción de campo escalar y de campo vectorial. Estos objetos matemáticos se utilizan para describir una gran cantidad de fenómenos físicos, como el movimiento de los fluidos o la mecánica de partículas sometidas a un campo de fuerzas. Considérese un objeto sometido a una fuente de calor localizada, por ejemplo una olla reposando sobre un quemador encendido. La experiencia muestra que el fondo de la olla, mucho más cercano a la fuente de calor, estará mucho más caliente que las asas situadas en la parte superior de la olla. Así, cada punto de la olla $\mathbf{x}$ tiene asociada una temperatura $T(\mathbf{x})$ (una magnitud escalar) en principio diferente a la de otros puntos. Se dice que la temperatura es un campo escalar definido en este caso en la olla. Del mismo modo, se puede definir el campo escalar de temperatura en cualquier objeto o dominio del espacio, como por ejemplo la atmósfera. En el caso de la temperatura atmosférica, se sabe que en general disminuye con la altura, a menos que se produzca un fenómeno llamado *inversión térmica*.

Definición 73 (Campo escalar). Un campo escalar en el espacio (análogamente en el plano) es una aplicación $f : A \subset \mathbb{R}^3 \longrightarrow \mathbb{R}$ que asigna a cada punto $\mathbf{x} \in A$ un real $f(\mathbf{x})$.

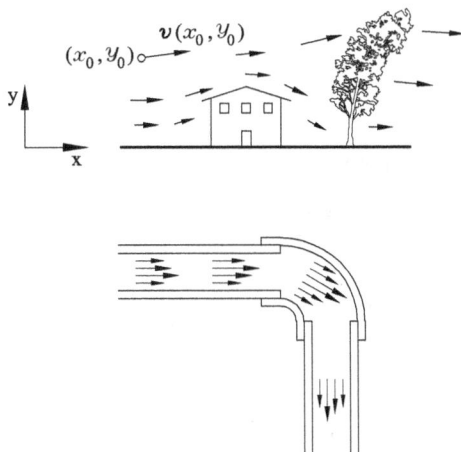

Figura 5.6. *La velocidad del viento en la atmósfera o la velocidad del agua en una tubería son campos vectoriales*

Esta noción es un caso particular de función de varias variables vista en el capítulo 2. Retomando el ejemplo de la atmósfera, a cada posición se puede asociar también la velocidad del aire en ese punto (ver Fig. 5.6), esto es, un vector que caracteriza la celeridad y dirección del viento. Ocurre lo mismo en una tubería por la que circula agua. En cada punto del espacio situado en el interior de la tubería es posible definir un vector en la dirección del flujo de partículas con magnitud la celeridad de las partículas de agua. Estos son ejemplos de campo vectorial.

Definición 74 (Campo vectorial). Un campo vectorial en el espacio (análogamente en el plano) es una aplicación $\mathbf{F} : A \subset \mathbb{R}^3 \longrightarrow \mathbb{R}^3$ que asigna a cada punto $\mathbf{x} \in A$ un vector $\mathbf{F}(\mathbf{x})$. Un campo vectorial espacial tiene tres campos componentes escalares F_1, F_2 y F_3:

$$\mathbf{F}(x, y, z) = (F_1(x, y, z), F_2(x, y, z), F_3(x, y, z))$$

Un campo vectorial puede visualizarse como una flecha pinchada en cada punto del espacio o del plano. Los campos componente escalares miden la magnitud de estas flechas en la dirección de las direcciones coordenadas.

Ejemplo 111. Considérese el campo plano $\mathbf{F}(x, y) = (x, y)$. Representar gráficamente dicho campo. Representar ahora $\mathbf{G}(x, y) = (-x, -y)$, (ver Fig. 5.7).

Ejemplo 112. Considérese un disco de vinilo girando sobre un tocadiscos. Fijándose en un punto (x, y) del plano que contiene el disco, se puede definir la velocidad de la partícula del disco que ocupa dicha posición, $\mathbf{V}(x, y)$, que por tanto describe un campo vectorial denominado campo giratorio (ver Fig. 5.8):

$$V_1(x, y) = -y; \qquad V_2(x, y) = x$$

Ejemplo 113. Dado un campo escalar f, en el capítulo 2 se vio la definición de su gradiente ∇f. En cada punto $\mathbf{x}$, el gradiente $\nabla f(\mathbf{x})$ es un vector que apunta en la dirección de máximo crecimiento del campo f y cuya magnitud indica la tasa de variación del campo en esta dirección. Se trata, pues, de un campo vectorial. Recordando el ejemplo de la olla sobre el quemador, la experiencia indica que, si bien inicialmente las asas de la olla están a temperatura ambiente, transcurridos unos minutos las asas pueden presentar una temperatura elevada. El motivo es que el calor se propaga de los puntos de temperatura elevada hacia los puntos de temperatura más baja. La ley de

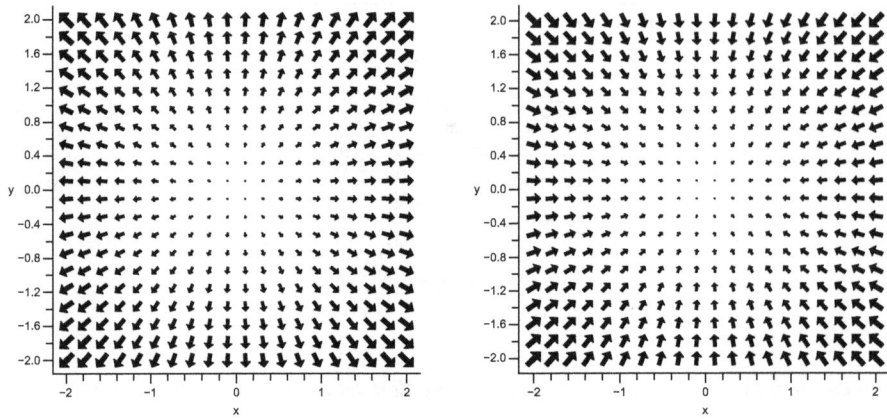

Figura 5.7. *Representación gráfica de los campos* $\mathbf{F}(x,y) = (x,y)$ *(izquierda) y* $\mathbf{G}(x,y) = (-x,-y)$ *(derecha)*

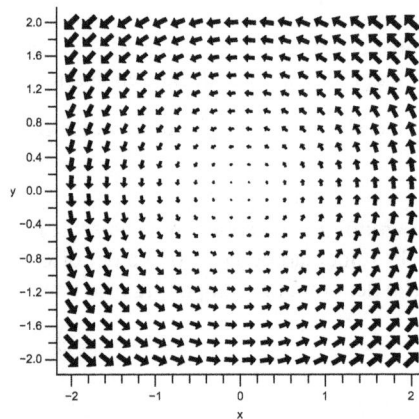

Figura 5.8. *Representación gráfica del campo giratorio*

Fourier expresa matemáticamente estas ideas, al postular que el flujo de calor, un campo vectorial, viene dado por $\mathbf{J} = -k\nabla T$, donde $k > 0$ es una propiedad del material llamada *conductividad térmica*. Nótese que de acuerdo con esta fórmula, el calor fluye en la dirección de máxima variación de la temperatura, de las zonas calientes a las más frías.

Ejemplo 114. Se estudia ahora la fuerza electrostática que una carga Q situada en el origen ejerce sobre otra carga e situada en la posición $\mathbf{x} = (x, y, z)$. La ley de Coulomb proporciona la siguiente fórmula para la dicha fuerza

$$\mathbf{F}(\mathbf{x}) = \frac{\varepsilon Qe}{\|\mathbf{x}\|^3}\mathbf{x}$$

donde ε es una constante que depende del medio. Al moverse la carga e por el espacio podemos calcular la fuerza electrostática $\mathbf{F}(\mathbf{x})$, que por tanto define un campo vectorial. Sus campos escalares componente son

$$F_1(x, y, z) = \varepsilon Qe \frac{x}{(x^2 + y^2 + z^2)^{\frac{3}{2}}}$$

$$F_2(x, y, z) = \varepsilon Qe \frac{y}{(x^2 + y^2 + z^2)^{\frac{3}{2}}}$$

$$F_3(x, y, z) = \varepsilon Qe \frac{z}{(x^2 + y^2 + z^2)^{\frac{3}{2}}}$$

Retomando el ejemplo del agua fluyendo por una tubería, cabe ahora interesarse por la trayectoria que sigue una partícula de agua en un campo vectorial de velocidades. Se trata, pues, de relacionar los conceptos de velocidad de una trayectoria y de campo vectorial.

Definición 75 (Línea de flujo). Sea $\mathbf{F}$ un campo vectorial plano o espacial. Una línea de flujo de $\mathbf{F}$ es una trayectoria $\mathbf{c}(t)$ que verifica

$$\mathbf{c}'(t) = \mathbf{F}(\mathbf{c}(t))$$

Para interpretar esta ecuación, considérese un punto en la línea de flujo $\mathbf{c}(t)$. Al evaluar el campo vectorial $\mathbf{F}$ en este punto del plano o del espacio se obtiene precisamente la velocidad de la trayectoria. Claramente, si se sigue la trayectoria de una partícula de agua en una tubería, la velocidad de dicha trayectoria en un instante coincide con el campo vectorial de velocidades en la posición de la partícula en el mismo instante.

Desde un punto de vista geométrico, una línea de flujo de un campo vectorial es una curva que sigue en cada punto la dirección fijada por el campo vectorial. (ver problema resuelto 5.6). Desde un punto de vista analítico, dado un campo vectorial espacial $\mathbf{F} = (F_1, F_2, F_3)$, una línea de flujo $\mathbf{c}(t) = (x(t), y(t), z(t))$ verifica el siguiente sistema de tres ecuaciones diferenciales (ver Cap. 6)

$$x'(t) = F_1(x(t), y(t), z(t))$$

$$y'(t) = F_2(x(t), y(t), z(t))$$

$$z'(t) = F_3(x(t), y(t), z(t))$$

Estas ecuaciones se deducen recordando las definiciones de línea de flujo y de velocidad de una trayectoria.

Ejemplo 115. Véase ahora que efectivamente el campo vectorial giratorio visto en el ejemplo 112 describe el campo de velocidades de partículas que se mueven en trayectorias circulares. Compruébese que la trayectoria de una partícula que se mueve con celeridad constante sobre una circunferencia de radio R es una línea de flujo del campo giratorio $\mathbf{V}(x, y) = (-y, x)$. Se vio que dicha trayectoria puede describirse mediante

$$\mathbf{c}(t) = R(\cos t, \sin t)$$

Se ve ahora si esta trayectoria verifica $\mathbf{c}'(t) = \mathbf{V}(\mathbf{c}(t))$. Por un lado, se vio que $\mathbf{c}'(t) = R(-\sin t, \cos t)$. Por otro, se puede evaluar fácilmente

$$\mathbf{V}(\mathbf{c}(t)) = (-y(t), x(t)) = R(-\sin t, \cos t)$$

por lo que, en efecto, la trayectoria es una línea de flujo del campo giratorio. Nótese que $\widetilde{\mathbf{c}}(t)$ (ver Ej. 107) no es una línea de flujo del campo $\mathbf{V}(x, y)$, pero sí lo es de $\widetilde{\mathbf{V}}(x, y) = 2\mathbf{V}(x, y)$.

En el ejemplo 111 se vio que el gradiente de una función es un campo vectorial. Los campos vectoriales que pueden expresarse como el gradiente de una función se denominan *campos vectoriales conservativos*. En general, no todos los campos vectoriales son conservativos, como se analiza en un ejemplo a continuación.

Definición 76 (Campo vectorial conservativo y función potencial asociada)**.** Un campo vectorial espacial (análogamente para un campo plano) $\mathbf{F} : A \subset \mathbb{R}^3 \longrightarrow \mathbb{R}^3$ se denomina campo vectorial conservativo cuando existe un campo escalar definido en el mismo dominio $f : A \subset \mathbb{R}^3 \longrightarrow \mathbb{R}$ cuyo campo gradiente coincide con $\mathbf{F}$, esto es

$$\nabla f(\mathbf{x}) = \mathbf{F}(\mathbf{x})$$

para todo $\mathbf{x} \in A$.

Ejemplo 116. Compruébese que el campo vectorial estudiado en el ejemplo 114, describiendo el campo de fuerzas electrostáticas engendrado por una carga Q en el origen, es un campo conservativo cuya función potencial es

$$f(\mathbf{x}) = -\frac{\varepsilon Q e}{\sqrt{x^2 + y^2 + z^2}}$$

Para ello, se calculan los campos escalares componente de $\nabla f(\mathbf{x})$. La derivada parcial de f respecto de x es

$$\begin{aligned}
\frac{\partial f}{\partial x}(\mathbf{x}) &= -\varepsilon Q e \, \frac{\partial}{\partial x}\left[(x^2 + y^2 + z^2)^{-\frac{1}{2}}\right] \\
&= \frac{1}{2}\varepsilon Q e \, \frac{\partial(x^2 + y^2 + z^2)}{\partial x}(x^2 + y^2 + z^2)^{-\frac{3}{2}} \\
&= \varepsilon Q e \frac{x}{(x^2 + y^2 + z^2)^{\frac{3}{2}}} = F_1(x, y, z)
\end{aligned}$$

De manera análoga, se comprueba que

$$\frac{\partial f}{\partial y}(\mathbf{x}) = F_2(x, y, z) \qquad \frac{\partial f}{\partial z}(\mathbf{x}) = F_3(x, y, z)$$

por lo que se concluye que el campo vectorial $\mathbf{F}(\mathbf{x})$ definido en el ejemplo 114 es conservativo.

Ejemplo 117. Considérese en campo vectorial plano

$$\mathbf{F}(\mathbf{x}) = (x^2 y, x y^2)$$

¿Se trata de un campo conservativo? Supóngase que lo es, es decir, que existe una función potencial $f(\mathbf{x})$ tal que

$$\frac{\partial f}{\partial x}(\mathbf{x}) = x^2 y \qquad \frac{\partial f}{\partial y}(\mathbf{x}) = x y^2$$

Dado que el campo $\mathbf{F}(\mathbf{x})$ es diferenciable, la función potencial es necesariamente de clase $\mathcal{C}^2$. Por tanto, recordando el teorema 19 del capítulo 2, tiene que cumplirse que

$$\frac{\partial}{\partial y}\left(\frac{\partial f}{\partial x}\right) = \frac{\partial}{\partial x}\left(\frac{\partial f}{\partial y}\right)$$

En el caso que nos ocupa, el miembro izquierdo de la igualdad es $\partial(x^2 y)/\partial y = x^2$ mientras que el miembro derecho es $\partial(x y^2)/\partial x = y^2$. Por tanto, el campo vectorial considerado no puede ser conservativo.

5.3. Divergencia y rotacional

Se ha introducido ya el operador diferencial gradiente que actúa sobre campos escalares. Se definen a continuación dos operadores diferenciales importantes que actúan sobre campos vectoriales: la divergencia y el rotacional.

Definición 77 (Divergencia). Sea $\mathbf{F} : A \subset \mathbb{R}^3 \longrightarrow \mathbb{R}^3$ un campo vectorial en el espacio de componentes F_1, F_2, F_3 (análogamente se trata un campo plano). Se denomina **divergencia** de $\mathbf{F}$ al *campo escalar* dado por

$$\operatorname{div} \mathbf{F} = \frac{\partial F_1}{\partial x} + \frac{\partial F_2}{\partial y} + \frac{\partial F_3}{\partial z}$$

Se vieron en ejemplos precedentes campos vectoriales que se expandían desde el origen (el campo $\mathbf{F}$ del ejemplo 111) y otros que confluían en el origen (el campo $\mathbf{G}$ del mismo ejemplo). Pues bien, la divergencia mide la convergencia o divergencia de las flechas que representan el campo vectorial. Desde el punto de vista físico, si imaginamos $\mathbf{F}$ como el campo velocidad de un gas, como por ejemplo el aire, la divergencia de $\mathbf{F}$ mide la tasa de expansión del gas por unidad de volumen.

Ejemplo 118. Se calcula la divergencia de $\mathbf{F}(x, y) = (x, y)$

$$\operatorname{div} \mathbf{F} = \frac{\partial x}{\partial x} + \frac{\partial y}{\partial y} = 2$$

por lo que, como puede intuirse en su representación gráfica (ver Ej. 111), el campo vectorial dado podría representar el campo de velocidades de un gas que se expande. Por el contrario, resulta claro que $\operatorname{div}(-x, -y) = -2$, por lo que se trataría de un gas que se comprime.

Ejemplo 119. En condiciones normales, el agua es un líquido prácticamente incompresible, esto es, no cambia de volumen, por lo que el campo de velocidades que representa el flujo de agua tiene divergencia nula. Son habituales los remolinos o vórtices en el flujo del agua. Se quiere ver a continuación si el remolino que forma el campo giratorio del ejemplo 112 describe el movimiento de un fluido incompresible. Se calcula la divergencia de $\mathbf{V}(x, y) = (-y, x)$

$$\operatorname{div} \mathbf{F} = \frac{\partial (-y)}{\partial x} + \frac{\partial x}{\partial y} = 0$$

por lo que, en efecto, este campo vectorial describe un fluido que se mueve si expandirse ni comprimirse.

Este último ejemplo sugiere que, al igual que se mide la expansión o compresión del campo vectorial con la divergencia, se puede definir un operador diferencial que mida el arremolinamiento del campo vectorial.

Definición 78 (Rotacional). Sea $\mathbf{F} : A \subset \mathbb{R}^3 \longrightarrow \mathbb{R}^3$ un campo vectorial en el espacio de componentes F_1, F_2, F_3. Se denomina **rotacional** de $\mathbf{F}$ al *campo vectorial* dado por

$$\operatorname{rot} \mathbf{F} = \left(\frac{\partial F_3}{\partial y} - \frac{\partial F_2}{\partial z}, \frac{\partial F_1}{\partial z} - \frac{\partial F_3}{\partial x}, \frac{\partial F_2}{\partial x} - \frac{\partial F_1}{\partial y} \right)$$

Simbólicamente se escribe

$$\operatorname{rot} \mathbf{F} = \begin{vmatrix} \mathbf{i} & \mathbf{j} & \mathbf{k} \\ \frac{\partial}{\partial x} & \frac{\partial}{\partial y} & \frac{\partial}{\partial z} \\ F_1 & F_2 & F_3 \end{vmatrix}$$

$$= \left(\frac{\partial F_3}{\partial y} - \frac{\partial F_2}{\partial z} \right) \mathbf{i} + \left(\frac{\partial F_1}{\partial z} - \frac{\partial F_3}{\partial x} \right) \mathbf{j} + \left(\frac{\partial F_2}{\partial x} - \frac{\partial F_1}{\partial y} \right) \mathbf{k}$$

donde $\mathbf{i}, \mathbf{j}, \mathbf{k}$ son los vectores unitarios de la base canónica en $\mathbb{R}^3$.

Veamos ahora cómo se puede entender el rotacional de un campo plano. Un campo plano $(F_1(x,y), F_2(x,y))$ puede extenderse a tres dimensiones definiendo $\mathbf{F}(x,y,z) = (F_1(x,y), F_2(x,y), 0)$, donde se observa que, de hecho, el campo no depende de la variable z. Si se calcula el rotacional de este campo, se obtiene

$$
\begin{aligned}
\text{rot } \mathbf{F} &= \left(\frac{\partial 0}{\partial y} - \frac{\partial F_2(x,y)}{\partial z} \right) \mathbf{i} + \\
&\quad \left(\frac{\partial F_1(x,y)}{\partial z} - \frac{\partial 0}{\partial x} \right) \mathbf{j} + \left(\frac{\partial F_2(x,y)}{\partial x} - \frac{\partial F_1(x,y)}{\partial y} \right) \mathbf{k} \\
&= 0\,\mathbf{i} + 0\,\mathbf{j} + \left(\frac{\partial F_2(x,y)}{\partial x} - \frac{\partial F_1(x,y)}{\partial y} \right) \mathbf{k}
\end{aligned}
$$

Obsérvese que la única componente no nula del campo vectorial rot $\mathbf{F}$ es en este caso la componente perpendicular al plano (x,y) donde está definido el campo vectorial plano $\mathbf{F}$.

Ejemplo 120. Calcúlese ahora el rotacional de los campos $\mathbf{F}(x,y) = (x,y)$, $\mathbf{G}(x,y) = (-x,-y)$ y $\mathbf{V}(x,y) = (-y,x)$. Un cálculo inmediato muestra que rot $\mathbf{F}$ = rot $\mathbf{G}$ = $\mathbf{0}$, que confirma la intuición de que estos campos vectoriales no se arremolinan. Sin embargo,

$$
\text{rot } \mathbf{V} = \left(\frac{\partial x}{\partial x} - \frac{\partial (-y)}{\partial y} \right) \mathbf{k} = 2\,\mathbf{k}
$$

Nótese que el rotacional de $\mathbf{W}(x,y) = 2\,(y,-x)$ es $-4\,\mathbf{k}$, es decir, que este fluido gira en dirección opuesta al fluido descrito por $\mathbf{V}$ y con mayor rapidez.

Hasta ahora, sólo se han vistos ejemplos de campos vectoriales cuya divergencia y rotacional son constantes. Naturalmente, esto no es necesariamente el caso, como muestra el problema resuelto 5.6, y un campo vectorial puede describir en una región del espacio un gas que se expande, y en otra región del espacio un remolino de dicho gas.

Para finalizar este apartado, se introducen a continuación dos identidades que involucran los operadores diferenciales gradiente, divergencia y rotacional.

Teorema 30 (Rotacional de un gradiente). Sea $f : A \subset \mathbb{R}^3 \longrightarrow \mathbb{R}$ un campo escalar de clase $\mathcal{C}^2$. Entonces se cumple la siguiente identidad

$$
\text{rot } (\nabla f) = \mathbf{0}
$$

es decir, que el rotacional de un gradiente es siempre el vector cero.

Demostración. Dado que $\nabla f = (\partial f / \partial x, \partial f / \partial y, \partial f / \partial z)$, recordando la definición del rotacional obtenemos

$$
\text{rot } (\nabla f) = \left(\frac{\partial^2 f}{\partial y \partial z} - \frac{\partial^2 f}{\partial z \partial y} \right) \mathbf{i} + \left(\frac{\partial^2 f}{\partial z \partial x} - \frac{\partial^2 f}{\partial x \partial z} \right) \mathbf{j} + \left(\frac{\partial^2 f}{\partial x \partial y} - \frac{\partial^2 f}{\partial y \partial x} \right) \mathbf{k}
$$

que, recordando el teorema 19 del capítulo 2, es el vector cero, por lo que queda demostrado el teorema. $\square$

De hecho ya se vio un ejemplo relacionado con este teorema, el ejemplo 116. Se puede decir que todo campo vectorial conservativo tiene rotacional nulo.

Teorema 31 (Divergencia de un rotacional). Sea $\mathbf{F} : A \subset \mathbb{R}^3 \longrightarrow \mathbb{R}^3$ un campo vectorial en el espacio de clase $\mathcal{C}^2$. Entonces se cumple la siguiente identidad

$$
\text{div}(\text{rot } \mathbf{F}) = 0
$$

es decir, que la divergencia de un rotacional es siempre nula.

La demostración de este teorema se plantea en el ejercicio 5.9.

Ejemplo 121. Considérese el campo vectorial

$$\mathbf{G}(\mathbf{x}) = (x^2yz, xy^2, xz)$$

¿Es posible expresar este campo vectorial como rotacional de otro campo vectorial $\mathbf{F}$? Supongamos que es así, esto es, $\mathbf{G} = \mathrm{rot}\ \mathbf{F}$. En virtud del teorema anterior, necesariamente

$$\mathrm{div}\ \mathbf{G} = \mathrm{div}(\mathrm{rot}\ \mathbf{F}) = 0$$

Se calcula el miembro de la izquierda

$$\mathrm{div}\ \mathbf{G} = \frac{\partial(x^2yz)}{\partial x} + \frac{\partial(xy^2)}{\partial y} + \frac{\partial xz}{\partial z} = 2xyz + 2xy + x = x(2yz + 2y + 1)$$

que, en general, no es nulo, por lo que el campo $\mathbf{G}$ no puede expresarse como rotacional de otro campo vectorial.

5.4. Integrales sobre trayectorias

Se acaba de estudiar el cálculo diferencial vectorial. Se introducen en este apartado algunas nociones de cálculo integral vectorial, en particular el cálculo de integrales sobre trayectorias. Estos dos elementos se combinan en el apartado siguiente, en que se presenta el teorema de Green, una generalización de teorema fundamental del cálculo a varias variables.

Se introducen primeramente las integrales de funciones escalares a lo largo de trayectorias, denominadas integrales de trayectoria. Considérese un pájaro que describe con su vuelo una curva C parametrizada por su trayectoria $\mathbf{c} : [a, b] \subset \mathbb{R} \longrightarrow \mathbb{R}^3$. La temperatura atmosférica viene dada por un campo escalar $T : \mathbb{R}^3 \longrightarrow \mathbb{R}$. Se desea calcular la temperatura promedio que el pájaro experimenta durante su vuelo. Para ello se integra el campo escalar temperatura a lo largo de la trayectoria y se divide dicho valor por la longitud de arco de la trayectoria, que es

$$\ell = \int_a^b \|\mathbf{c}'(t)\| dt$$

Se puede aproximar la integral de la temperatura a lo largo de la trayectoria por sumas S_N del "tipo Riemann". Para esto, se subdivide la trayectoria $\mathbf{c}$ en N trayectorias $\mathbf{c}_i$ definidas en intervalos $[t_i, t_{i+1}]$, $0 \leq i \leq N$, donde $\{t_0, ..., t_N\}$ es una partición del intervalo $[a, b]$

$$a = t_0 < t_1 < ... < t_N = b$$

La longitud de arco de cada trayectoria $\mathbf{c}_i$ viene dada por

$$\Delta s_i = \int_{t_i}^{t_{i+1}} \|\mathbf{c}'(t)\|\ dt$$

Cuando N es grande, $\Delta t_i = t_{i+1} - t_i$ es pequeño, y en este intervalo la celeridad de la trayectoria es aproximadamente constante, por lo que

$$\Delta s_i = \|\mathbf{c}'(t_i^*)\|\Delta t_i = \sqrt{(x'(t_i^*))^2 + (y'(t_i^*))^2 + (z'(t_i^*))^2}\ \Delta t_i$$

para un instante t_i^* del intervalo $[t_i, t_{i+1}]$ (este argumento puede hacerse riguroso mediante el teorema del valor medio). La longitud de arco Δs_i es también pequeña y por tanto la temperatura $T(x, y, z)$ es aproximadamente constante para puntos en $\mathbf{c}_i$. Considérense ahora las sumas

$$S_N = \sum_{i=0}^{N-1} T(\mathbf{x}_i^*)\ \Delta s_i = \sum_{i=0}^{N-1} T(\mathbf{x}_i^*)\|\mathbf{c}'(t_i^*)\|\Delta t_i$$

resultantes de evaluar la función T en un cierto punto $\mathbf{x}_i^*$ de la trayectoria $\mathbf{c}_i$. Recordando la teoría de las sumas de Riemann, puede verse que

$$\lim_{N \to \infty} S_N = \int_a^b T(x(t), y(t), z(t)) \|\mathbf{c}'(t)\| \, dt = \int_{\mathbf{c}} T(\mathbf{c}) \, ds$$

donde el la última igualdad se ha utilizado la definición del diferencial de longitud de arco ds vista en este mismo capítulo. Finalmente, se calcula la temperatura promedio experimentada por el pájaro en su trayectoria como

$$\bar{T} = \frac{1}{\ell} \int_{\mathbf{c}} T(\mathbf{c}) \, ds$$

Definición 79 (Integral de trayectoria). Sea $\mathbf{c} : [a, b] \subset \mathbb{R} \longrightarrow \mathbb{R}^3$ una trayectoria de clase $\mathcal{C}^1$ y sea $f : \mathbb{R}^3 \longrightarrow \mathbb{R}$ una función escalar. Si la función compuesta $f(\mathbf{c}(t))$ es continua en $[a, b]$, se define la **integral de trayectoria** (integral de f a lo largo de la trayectoria $\mathbf{c}$) como

$$\int_{\mathbf{c}} f \, ds = \int_a^b f(x(t), y(t), z(t)) \, \|\mathbf{c}'(t)\| \, dt$$

Nótese que para que esta definición tenga sentido, no es necesario que f esté definida en todo $\mathbb{R}^3$, sino que es suficiente con que esté definida en la curva imagen de la trayectoria $\mathbf{c}$.

Ejemplo 122. Si se toma $f \equiv 1$, entonces la intergal de trayectoria resulta en longitud de arco de $\mathbf{c}$.

Se introduce ahora la noción de integración de campos vectoriales sobre trayectorias. Este tipo de integrales puede definirse en términos de las integrales de campos escalares sobre trayectorias que se acaban de presentar. Considérese un campo vectorial en el espacio, $\mathbf{F}$, y una trayectoria en el espacio, $\mathbf{c}$. En cada punto de la trayectoria, se puede descomponer el campo vectorial en una componente tangencial a la trayectoria (que sigue su dirección), y una componente perpendicular a la trayectoria. La componente tangencial puede escribirse como $\mathbf{F} \cdot \mathbf{t}$, siendo $\mathbf{t}$ el vector unitario tangente a $\mathbf{c}$. Recordando que $\mathbf{c}'(t)$ es un vector tangente a $\mathbf{c}(t)$, resulta claro que

$$\mathbf{t} = \frac{1}{\|\mathbf{c}'\|} \mathbf{c}'$$

Es posible considerar ahora la integral de trayectoria del campo escalar tangente $f = \mathbf{F} \cdot \mathbf{t}$ definido en la curva imagen de $\mathbf{c}$. Se obtiene

$$
\begin{aligned}
\int_{\mathbf{c}} [\mathbf{F} \cdot \mathbf{t}] \, ds &= \int_a^b [\mathbf{F}(\mathbf{c}(t)) \cdot \mathbf{t}(t)] \, \|\mathbf{c}'(t)\| \, dt \\
&= \int_a^b \frac{1}{\|\mathbf{c}'(t)\|} [\mathbf{F}(\mathbf{c}(t)) \cdot \mathbf{c}'(t)] \, \|\mathbf{c}'(t)\| \, dt \\
&= \int_a^b \mathbf{F}(\mathbf{c}(t)) \cdot \mathbf{c}'(t) \, dt
\end{aligned}
$$

Recordando la definición del diferencial de desplazamiento $d\mathbf{s} = \mathbf{c}' \, dt$, se define la integral de línea como sigue.

Definición 80 (Integral de línea). Sea $\mathbf{F}$ un campo vectorial en $\mathbb{R}^3$ continuo sobre $\mathbf{c} : [a, b] \longrightarrow \mathbb{R}^3$, trayectoria de clase $\mathcal{C}^1$. Se define la **integral de línea** de $\mathbf{F}$ a lo largo de $\mathbf{c}$ como

$$\int_{\mathbf{c}} \mathbf{F} \cdot d\mathbf{s} = \int_a^b \mathbf{F}(\mathbf{c}(t)) \cdot \mathbf{c}'(t) \, dt$$

es decir, la integral del producto escalar de $\mathbf{F}$ con $\mathbf{c}'$ sobre el intervalo $[a, b]$.

Se puede interpretar una integral de línea en términos físicos. Sea $\mathbf{F}$ un campo de fuerzas en el espacio, por ejemplo fuerzas electrostáticas. Al desplazarse una carga siguiendo una trayectoria $\mathbf{c}$ en el campo de fuerzas $\mathbf{F}$, éste realiza trabajo sobre la partícula. Si la partícula describe una trayectoria rectilínea entre los puntos A y B y el campo de fuerzas es constante en el espacio, el trabajo no es más que $\mathbf{F} \cdot \overrightarrow{AB}$, siendo $\overrightarrow{AB}$ el vector que une los puntos A y B. Para una trayectoria y un campo genéricos, es posible reproducir el argumento presentado anteriormente que consiste en dividir la trayectoria en trozos $\mathbf{c}_i$, aproximando el trabajo realizado en cada trozo por $\mathbf{F}(\mathbf{x}_i^*) \cdot \Delta \mathbf{s} = \mathbf{F}(\mathbf{x}_i^*) \cdot \mathbf{c}'(t^*)\, dt$. Utilizando la teoría de la integración de Riemann, se llega precisamente a la definición de integral de línea dada.

Se ha estudiado anteriormente que una misma curva C puede describirse mediante varias trayectorias diferentes (ver los ejemplos 107 y 109). Se dice que cada una de estas trayectorias es una parametrización de la curva C. Se estudia mediante los ejemplos que siguen de qué manera se ven afectadas las integrales de trayectoria y de línea al considerar diferentes descripciones (trayectorias) de una misma curva.

Ejemplo 123. Se consideran las parametrizaciones de la circunferencia unidad

$$\mathbf{c}(t) = (\cos t, \sin t), \qquad t \in [0, 2\pi]$$

$$\hat{\mathbf{c}}(t) = (\cos t^2, \sin t^2), \qquad t \in [0, \sqrt{2\pi}]$$

$$\mathbf{d}(t) = (\cos(2\pi - t), \sin(2\pi - t)), \qquad t \in [0, 2\pi]$$

Resulta fácil observar que la trayectoria $\mathbf{d}(t)$ recorre la circunferencia en sentido inverso que la otras dos. Se dice que esta curva *invierte la orientación* de las otras dos. Calcular las integrales de trayectoria del campo escalar $f(x, y) = x + y + 1$ a lo largo de estas tres curvas. Calcular después las integrales de línea del campo vectorial $\mathbf{F}(x, y) = (-y, x)$ a lo largo de estas tres curvas.

Las velocidades y celeridades de estas curvas son

$$\mathbf{c}'(t) = (-\sin t, \cos t), \quad \|\mathbf{c}'(t)\| = 1$$

$$\hat{\mathbf{c}}'(t) = 2t\,(-\sin t^2, \cos t^2), \quad \|\hat{\mathbf{c}}'(t)\| = 2t$$

$$\mathbf{d}'(t) = (\sin(2\pi - t), -\cos(2\pi - t)), \quad \|\mathbf{d}'(t)\| = 1$$

La integral de trayectoria de f a lo largo de cada una de estas trayectorias puede calcularse como

$$\int_{\mathbf{c}} f\, ds = \int_0^{2\pi} (\cos t + \sin t + 1) \cdot 1\, dt = \int_0^{2\pi} 1\, dt = 2\pi$$

$$\begin{aligned} \int_{\hat{\mathbf{c}}} f\, ds &= \int_0^{\sqrt{2\pi}} (\cos t^2 + \sin t^2 + 1) \cdot 2t\, dt \\ &= \sin t^2 \Big|_0^{\sqrt{2\pi}} - \cos t^2 \Big|_0^{\sqrt{2\pi}} + t^2 \Big|_0^{\sqrt{2\pi}} = 2\pi \end{aligned}$$

$$\int_{\mathbf{d}} f\, ds = \int_0^{2\pi} [\cos(2\pi - t) + \sin(2\pi - t) + 1] \cdot 1\, dt = \int_0^{2\pi} 1\, dt = 2\pi$$

Puede observarse que el resultado no depende de la parametrización (trayectoria) escogida para describir la circunferencia. Se calculan a continuación las integrales de línea

$$\begin{aligned} \int_{\mathbf{c}} \mathbf{F} \cdot d\mathbf{s} &= \int_0^{2\pi} (-\sin t, \cos t) \cdot (-\sin t, \cos t)\, dt \\ &= \int_0^{2\pi} (\sin^2 t + \cos^2 t)\, dt = \int_0^{2\pi} 1\, dt = 2\pi \end{aligned}$$

$$\int_{\hat{c}} \mathbf{F} \cdot d\mathbf{s} = \int_0^{\sqrt{2\pi}} 2t \, (-\sin t^2, \cos t^2) \cdot (-\sin t^2, \cos t^2) \, dt$$

$$= \int_0^{\sqrt{2\pi}} 2t \, (\sin^2 t^2 + \cos^2 t^2) \, dt = \int_0^{\sqrt{2\pi}} 2t \, dt = t^2 \big|_0^{\sqrt{2\pi}} = 2\pi$$

$$\int_{\mathbf{d}} \mathbf{F} \cdot d\mathbf{s} = \int_0^{2\pi} (\sin(2\pi - t), -\cos(2\pi - t)) \cdot (-\sin(2\pi - t), \cos(2\pi - t)) \, dt$$

$$= \int_0^{2\pi} -(\sin^2(2\pi - t) + \cos^2(2\pi - t)) \, dt = \int_0^{2\pi} (-1) \, dt = -2\pi$$

En este caso, las dos primeras integrales de línea arrojan el mismo resultado, mientras que la tercera, realizada a lo largo de una trayectoria que recorre la circunferencia en sentido inverso, tiene el signo opuesto.

Estos ejemplos no son más que una manifestación de los siguientes teoremas.

Teorema 32 (Cambio de parametrización para integrales de trayectoria.). Sean $\mathbf{c}(t)$ y $\mathbf{d}(t)$ dos trayectorias $\mathcal{C}^1$ a trozos que parametrizan una misma curva C, y f un campo escalar continuo definido en la curva C. Entonces,

$$\int_{\mathbf{c}} f \, ds = \int_{\mathbf{d}} f \, ds$$

esto es, la integral de trayectoria es independiente de la parametrización escogida para describir C, y por tanto depende únicamente de la curva C.

Teorema 33 (Cambio de parametrización para integrales de línea.). Sean $\mathbf{c}(t)$ y $\mathbf{d}(t)$ dos trayectorias $\mathcal{C}^1$ a trozos que parametrizan una misma curva C, y $\mathbf{F}$ un campo vectorial continuo definido en la curva C. Entonces,

$$\int_{\mathbf{c}} \mathbf{F} \cdot d\mathbf{s} = \int_{\mathbf{d}} \mathbf{F} \cdot d\mathbf{s}$$

si las dos trayectorias tienen la misma orientación, y

$$\int_{\mathbf{c}} \mathbf{F} \cdot d\mathbf{s} = -\int_{\mathbf{d}} \mathbf{F} \cdot d\mathbf{s}$$

si tienen orientaciones opuestas. Por tanto, la integral de línea depende únicamente de la curva C y su orientación.

Finalizamos este apartado con un teorema de gran importancia práctica relativo a las integrales de línea de campos vectoriales conservativos.

Teorema 34 (Integrales de línea de campos conservativos.). Sea $\mathbf{F} : \mathbb{R}^3 \longrightarrow \mathbb{R}^3$ un campo vectorial conservativo, esto es, existe un campo escalar potencial $f : \mathbb{R}^3 \longrightarrow \mathbb{R}$ de clase $\mathcal{C}^1$ tal que $\mathbf{F} = \nabla f$. Sea $\mathbf{c} : [a, b] \longrightarrow \mathbb{R}^3$ una trayectoria $\mathcal{C}^1$ a trozos. Entonces

$$\int_{\mathbf{c}} \mathbf{F} \cdot d\mathbf{s} = f(\mathbf{c}(b)) - f(\mathbf{c}(a))$$

Demostración. Se aplica la regla de la cadena a la función compuesta

$$F : t \longrightarrow f(\mathbf{c}(t))$$

y se obtiene (ver teorema 8 del Cap. 2)

$$F'(t) = (f \circ \mathbf{c})'(t) = \nabla f(\mathbf{c}(t)) \cdot \mathbf{c}'(t)$$

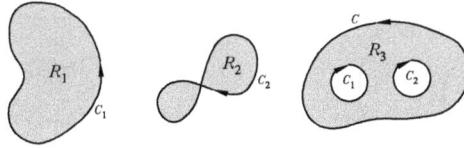

Figura 5.9. *Ejemplos de región simplemente conexa y otras que no lo son*

La función F es una función de variable real t; luego, en virtud del teorema fundamental del cálculo,

$$\int_a^b F'(t)dt = F(b) - F(a) = f(\mathbf{c}(b)) - f(\mathbf{c}(a))$$

Por lo tanto

$$\int_\mathbf{c} \mathbf{F} \cdot d\mathbf{s} = \int_\mathbf{c} \nabla f \cdot d\mathbf{s} = \int_a^b \nabla f(\mathbf{c}(t)) \cdot \mathbf{c}'(t)\, dt = \int_a^b F'(t)\, dt = F(b) - F(a)$$
$$= f(\mathbf{c}(b)) - f(\mathbf{c}(a))$$

□

Ejemplo 124. Considérese el campo de fuerzas electrostáticas $\mathbf{F}$ del ejemplo 114. Calcular el trabajo realizado por este campo de fuerzas al recorrer la carga e la trayectoria $\mathbf{c}(t) = (\cos t, \sin t, t)$ para $t \in [0, 2\pi]$.

En el ejemplo 116 se demostró que este campo de fuerzas es conservativo, y que su campo potencial es

$$f(\mathbf{x}) = \frac{\varepsilon Q e}{\sqrt{x^2 + y^2 + z^2}}$$

Por tanto, en virtud del teorema precedente, el trabajo realizado por el campo sobre la carga que recorre la trayectoria $\mathbf{c}(t)$ es

$$\int_\mathbf{c} \mathbf{F} \cdot d\mathbf{s} = \frac{\varepsilon Q e}{\sqrt{\cos^2(2\pi) + \sin^2(2\pi) + (2\pi)^2}} - \frac{\varepsilon Q e}{\sqrt{\cos^2 0 + \sin^2 0 + 0}}$$
$$= \varepsilon Q e \left(\frac{1}{\sqrt{1 + 4\pi^2}} - 1 \right)$$

5.5. Teorema de Green

El teorema de Green es uno de los teoremas básicos de integración en análisis vectorial y permite vincular el cálculo diferencial vectorial y el cálculo integral vectorial. El teorema requiere algunas definiciones previas de sencilla interpretación geométrica (ver Fig. 5.9).

Definición 81 (Curva simple). Sea C curva plana. Se dice que C es **simple** si no se cruza consigo misma.

Definición 82 (Región simplemente conexa). Sea R una región plana. Se dice que R es **simplemente conexa** si su contorno es una sola curva cerrada simple.

Definición 83 (Orientación de curvas planas). Una curva plana simple C tiene dos posibles orientaciones. Se dice que C tiene **orientación positiva** si se recorre en sentido antihorario para un observador situado en el interior de la región encerrada por la curva. Se dice que C tiene **orientación negativa** en caso contrario (ver Fig. 5.10).

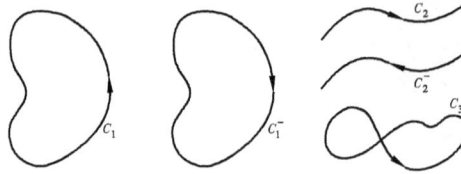

Figura 5.10. *Orientación de curvas planas*

Teorema 35 (Teorema de Green). Sea R una región plana simplemente conexa con frontera C orientada en sentido antihorario. Si f_1, f_2, $\frac{\partial f_1}{\partial y}$, $\frac{\partial f_2}{\partial x}$ son continuas en una región abierta que contiene R, entonces

$$\int_C f_1 dx + f_2 dy = \iint_R \left(\frac{\partial f_2}{\partial x} - \frac{\partial f_1}{\partial y} \right) dx dy$$

Demostración. Se considera la región simplemente conexa de la figura 5.11 cuya frontera es la curva C. Sean a, b los puntos de C de menor y mayor ordenada, respectivamente, que dividen la curva C en dos curvas C_1 y C_2 con origen y final en a y b (ver Fig. 5.11). Se consideran dos funciones: (1) $y = g_1(x)$, $a \le x \le b$, cuya gráfica es la curva C_1 (de origen en $(a, g_1(a))$ y final en $(b, g_1(b))$), y (2) $y = g_2(x)$, $a \le x \le b$, cuya gráfica es la curva C_2 (de origen en $(b, g_2(b))$ y final en $(a, g_2(a))$). De este modo se tiene:

$$\begin{aligned} \int_C f_1 dx &= \int_{C_1} f_1 dx + \int_{C_2} f_1 dx \\ &= \int_a^b f_1(x, g_1(x)) dx + \int_b^a f_1(x, g_2(x)) dx \\ &= \int_a^b \left(f_1(x, g_1(x)) - f_1(x, g_2(x)) \right) dx \end{aligned}$$

Por otro lado

$$\begin{aligned} \iint_R \frac{\partial f_1}{\partial y} dx dy &= \int_a^b \int_{g_1(x)}^{g_2(x)} \frac{\partial f_1}{\partial y} dy dx \\ &= \int_a^b [f_1(x)]_{y=g_1(x)}^{y=g_2(x)} dx \\ &= \int_a^b \left(f_1(x, g_2(x)) - f_1(x, g_1(x)) \right) dx \end{aligned}$$

Luego

$$\int_C f_1 dx = - \iint_R \frac{\partial f_1}{\partial y} dx dy \qquad (5.1)$$

Análogamente, sean c, d los puntos de C de menor y mayor abcisa, respectivamente. Se definen dos trayectorias $h_1(y)$ y $h_2(y)$ cuyas gráficas son las curvas C_1' y C_2', respectivamente. Los mismos argumentos utilizados arriba permiten concluir que

$$\int_C f_2 dy = \iint_R \frac{\partial f_2}{\partial x} dx dy \qquad (5.2)$$

Sumando entonces las identidades 5.1 y 5.2, resulta el teorema de Green.

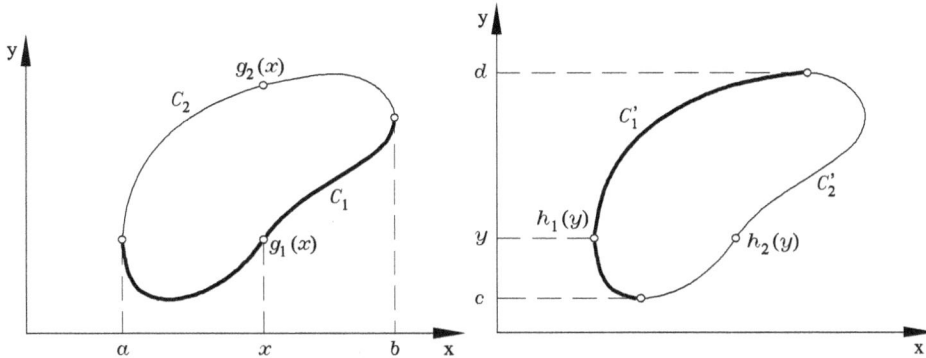

Figura 5.11. *Descomposición de la curva* C

Ejemplo 125. El teorema de Green resulta de gran utilidad práctica, pues relaciona una integral de línea a lo largo de una frontera de una región con una integral doble sobre el interior de la región y, en muchos casos, es más fácil evaluar una que la otra. Supóngase que se quiere calcular la integral de trayectoria del campo $\mathbf{F}(x,y) = (\arctan x + y^2, e^y - x^2)$ a lo largo de la curva C de la figura 5.12. Se trata, pues, de calcular

$$I = \int_C \left(\arctan x + y^2\right) dx + \left(e^y - x^2\right) dy$$

Por un lado, se ve que la región R encerrada por la curva C puede describirse de manera muy sencilla en coordenadas polares con $1 \leq r \leq 3$, $o \leq \theta \leq \pi$. Por otro lado, si se identifica

$$f_1(x,y) = \arctan x + y^2$$
$$f_2(x,y) = e^y - x^2$$

se tiene que

$$\frac{\partial f_1}{\partial y}(x,y) = 2y$$
$$\frac{\partial f_2}{\partial x}(x,y) = -2x$$

En virtud del teorema de Green, resulta que

$$\int_C \left(\arctan x + y^2\right) dx + \left(e^y - x^2\right) dy = \iint_R \left(-2x - 2y\right) dxdy$$

Utilizando ahora un cambio a coordenadas polares ($x = r\cos\theta$, $y = r\sin\theta$), queda

$$\iint_R \left(-2x - 2y\right) dxdy = \int_0^\pi \int_1^3 -2r\left(\cos\theta + \sin\theta\right) r\,dr\,d\theta$$

que es una integral mucho más sencilla de evaluar que I. En efecto, por integración inmediata tenemos

$$
\begin{aligned}
I &= \int_0^\pi -2\left(\cos\theta + \sin\theta\right) \left[\frac{1}{3}r^3\right]_1^3 d\theta \\
&= -2\left(\frac{27}{3} - \frac{1}{3}\right) \int_0^\pi \left(\cos\theta + \sin\theta\right) d\theta \\
&= -\frac{52}{3}\left(\sin\theta - \cos\theta\right)\Big|_0^\pi = -\frac{104}{3}
\end{aligned}
$$

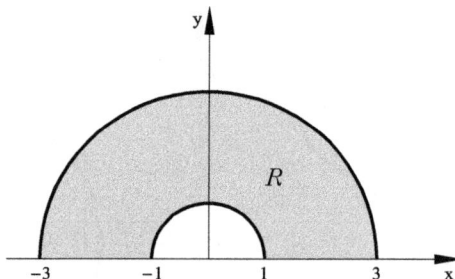

Figura 5.12. *Región R*

El teorema de Green puede rescribirse en el lenguaje de campos vectoriales del siguiente modo.

Teorema 36 (Forma vectorial del teorema de Green). Sea R una región plana simplemente conexa y sea C su frontera orientada en sentido positivo. Sea $\mathbf{F} = (f_1, f_2)$ un campo vectorial de clase $\mathcal{C}_1$ en R. Entonces

$$\int_C \mathbf{F} \cdot d\mathbf{s} = \iint_R (\text{rot } \mathbf{F}) \cdot \mathbf{k} \, dA$$

donde $\mathbf{k}$ es el vector unitario de la base canónica de $\mathbb{R}$ y dA es el diferencial de área.

Ejemplo 126. Sea R una región plana simplemente conexa y sea C su frontera. Se denota por $\mathbf{n}$ la normal unitaria exterior a C. Si $\mathbf{c} : [a,b] \longrightarrow \mathbb{R}^2$, $t \longmapsto \mathbf{c}(t) = (x(t), y(t))$ es una parametrización orientada de manera positiva de C, $\mathbf{n}$ está dada por

$$\mathbf{n} = \frac{(y'(t), -x(t))}{\sqrt{[x'(t)]^2 + [y'(t)]^2}}$$

Sea $\mathbf{F}$ un campo vectorial de clase $\mathcal{C}^1$ sobre C, de componentes los campos escalares f_1 y f_2. Entonces

$$\int_C \mathbf{F} \cdot \mathbf{n} \, ds = \iint_R \text{div } \mathbf{F} \, dA$$

Este teorema se conoce como el **teorema de la divergencia**. En el plano, puede demostrarse a partir del teorema de Green. En primer lugar, es fácil ver que el vector $\mathbf{n}$ definido es en efecto normal a la curva C. Basta recordar que $\mathbf{c}'(t) = (x'(t), y'(t))$ es tangente a la curva C y resulta claro que $\mathbf{n} \cdot \mathbf{c}' = 0$. Por otro lado, como el producto escalar del campo vectorial $\mathbf{F}$ y la normal $\mathbf{n}$ es un campo escalar, por definición de integral de trayectoria, se tiene

$$\begin{aligned}
\int_C \mathbf{F} \cdot \mathbf{n} \, ds &= \int_a^b (\mathbf{F} \cdot \mathbf{n})(\mathbf{c}(t)) \, \|\mathbf{c}'(t)\| dt \\
&= \int_a^b \frac{f_1(x(t),y(t)) \, y'(t) - f_2(x(t),y(t)) \, x'(t)}{\sqrt{[x'(t)]^2 + [y'(t)]^2}} \sqrt{[x'(t)]^2 + [y'(t)]^2} dt \\
&= \int_a^b (f_1(x(t),y(t)) \, y'(t) - f_2(x(t),y(t)) \, x'(t)) \, dt \\
&= \int_C (-f_2(\mathbf{c}(t)), f_1(\mathbf{c}(t))) \cdot \mathbf{c}'(t) dt
\end{aligned}$$

que es la integral de línea de un campo vectorial de componentes $(-f_2, f_1)$. Por el teorema de Green, esto es igual a

$$\iint_R \left(\frac{\partial f_1}{\partial dx} + \frac{\partial f_2}{\partial dy} \right) dx dy = \iint_R \text{div } \mathbf{F} \, dA$$

5.6. Problemas resueltos

PR 5.1. Considérese el segmento de recta definido por la trayectoria

$$\mathbf{c}(t) = (1, 0, 2) + t^2(-1, -1, 1)$$

cuando t varía en $[1, 3]$. Representar gráficamente dicho segmento y calcular su longitud utilizando dos métodos diferentes.

Resolución

Para la representación gráfica, ver resolución en MAPLE más adelante. Al tratarse de un segmento de recta, podemos obtener su longitud simplemente calculando la distancia entre los puntos extremos P_1 y P_2. Las coordenadas de P_1 se obtienen evaluando la trayectoria en $t = 1$,

$$P_1 = \mathbf{c}(1) = (1, 0, 2) + 1^2 (-1, -1, 1) = (0, -1, 3)$$

De manera análoga, considerando $t = 3$ calculamos

$$P_2 = \mathbf{c}(3) = (1, 0, 2) + 3^2 (-1, -1, 1) = (-8, -9, 11)$$

La longitud del segmento de recta considerado es, pues,

$$\ell = \sqrt{(-8 - 0)^2 + (-9 - (-1))^2 + (11 - 3)^2} = \sqrt{64 + 64 + 64} = 8\sqrt{3}$$

Calculemos ahora la longitud del segmento utilizando la fórmula para la longitud de arco. Para ello, calculamos primeramente la celeridad de la trayectoria $\mathbf{c}(t)$. Un simple cálculo nos muestra que $\mathbf{c}'(t) = 2t(-1, -1, 1)$, por lo que en el intervalo $[1, 3]$

$$\|\mathbf{c}'(t)\| = 2t\sqrt{1^2 + 1^2 + 1^2} = 2\sqrt{3}t$$

Empleando la fórmula de la definición 72 obtenemos

$$\ell = \int_1^3 2\sqrt{3}t \, \dagger dt = 2\sqrt{3} \left(\frac{1}{2}t^2\right)\bigg|_1^3 = \sqrt{3}(3^2 - 1^2) = 8\sqrt{3}$$

```
>   # Definimos la trayectoria
>   c:=t-> <1,0,2>+t^2*<-1,-1,1>;
    c(t);
```

$$c := t \mapsto < 1, 0, 2 > +t^2 < -1, -1, 1 >$$

$$\begin{bmatrix} 1 - t^2 \\ -t^2 \\ 2 + t^2 \end{bmatrix}$$

```
>   # Maple permite dibujar curvas en forma paramétrica
    #     Para eso tenemos que dar [x(t),y(t),z(t)]
>   x:=t->c(t)[1]:
    y:=t->c(t)[2]:
    z:=t->c(t)[3]:
    [x(t),y(t),z(t)];
```

$$[1 - t^2, -t^2, 2 + t^2]$$

```
>   # Como la curva es en tres dimensiones tenemos que usar el comando spacecurve
>   with(plots):
>   spacecurve([x(t),y(t),z(t)],t=1..3,color=blue,thickness=2,axes=normal,
        view=[-10..0,-10..0,0..15],orientation=[110,65]);
```

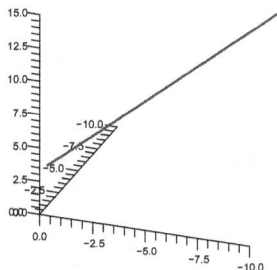

```
>  # También podemos representar la curva junto con sus extremos
>  display(
       spacecurve([x(t),y(t),z(t)],t=1..3,color=blue,thickness=2,axes=normal),
       pointplot3d({[x(1),y(1),z(1)],[x(3),y(3),z(3)]},symbolsize=20,symbol=sphere,
          color=red,thickness=2),
       view=[-10..0,-10..0,0..15],orientation=[110,70]
   );
```

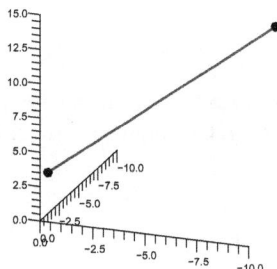

```
>  # Calculamos la distancia utilizando que la curva es una recta
>  p1:=c(1);
   p2:=c(3);
```

$$p1 := \begin{bmatrix} 0 \\ -1 \\ 3 \end{bmatrix}$$

$$p2 := \begin{bmatrix} -8 \\ -9 \\ 11 \end{bmatrix}$$

```
>  with(Student:-Precalculus):
>  Distance(p1,p2);
```

$$8\sqrt{3}$$

```
>  # Calculamos la distancia utilizando la longitud de arco
>  with(VectorCalculus):
>  D(c)(t);
```

$$-2te_x - 2te_y + 2te_z$$

```
>  Norm(%);
```

$$2\sqrt{3}\sqrt{t^2}$$

```
>  int(%,t=1..3);
```

$$8\sqrt{3}$$

PR 5.2. Considerar la trayectoria $\mathbf{c}(t) = (\cos t, \sin t, t)$. Describir la geometría de la curva parametrizada por $\mathbf{c}(t)$ para $t \in [0, 12\pi]$. Hacer lo mismo para $\mathbf{d}(t) = (\cos t, \sin t, t + 1/2 \cos t)$. Considerar ahora la trayectoria $\mathbf{e}(t) = (\cos t, \sin t, t + \pi/2)$. Representar las trayectorias $\mathbf{c}(t)$ y $\mathbf{e}(t)$ simultáneamente. ¿Qué estructura biológica hemos descrito?

Resolución

A continuación se representan gráficamente las trayectorias por medio del programa MAPLE. Las curvas descritas por las trayectorias dadas son hélices. Si se representan en una misma gráfica, se obtiene la doble hélice característica de la estructura molecular del ADN.

```
>   c:=t->[cos(t),sin(t),t]:
    d:=t->[cos(t),sin(t),t+1/2*cos(t)]:
    e:=t->[cos(t),sin(t),t+Pi/2]:
>   with(plots):
>   spacecurve(c(t),t=0..12*Pi,color=blue,thickness=2,axes=normal,numpoints=1000);
```

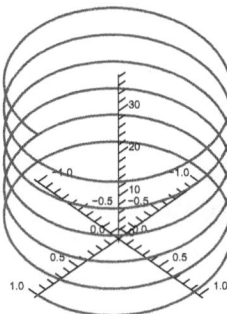

```
>   spacecurve(d(t),t=0..12*Pi,color=red,thickness=2,axes=normal,numpoints=1000);
```

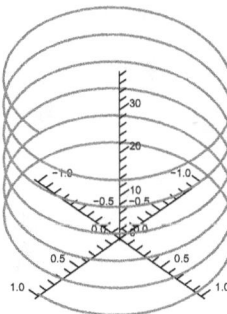

```
>   spacecurve(e(t),t=0..12*Pi,color=green,thickness=2,axes=normal,numpoints=1000);
```

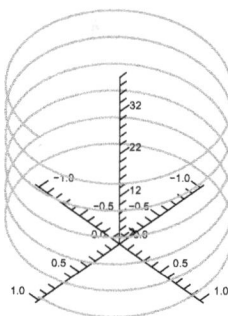

```
>   display(
        spacecurve(c(t),t=0..12*Pi,color=blue,thickness=2,axes=normal,
            numpoints=1000),
        spacecurve(e(t),t=0..12*Pi,color=green,thickness=2,axes=normal,
            numpoints=1000)
    );
```

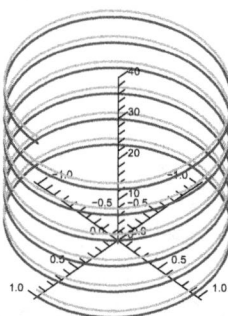

PR 5.3. Una partícula sigue la trayectoria $\mathbf{c}(t) = (\cos t, \sin t, t)$ hasta el instante $t_0 = 3\pi/2$, en que se sale de dicha trayectoria por la recta tangente. ¿Dónde estará esta partícula en el instante $t = 4\pi$? ¿Qué distancia recorre la partícula entre los instantes $t = 0$ y $t = 4\pi$?

Resolución

Para la representación gráfica de la curva y su tangente, ver resolución en MAPLE más adelante. En el instante $t_0 = 3\pi/2$, la partícula se encuentra en la posición

$$\mathbf{c}\left(\frac{3\pi}{2}\right) = \left(\cos\frac{3\pi}{2}, \sin\frac{3\pi}{2}, \frac{3\pi}{2}\right) = \left(0, -1, \frac{3\pi}{2}\right)$$

El vector velocidad de la partícula es

$$\mathbf{c}'(t) = (-\sin t, \cos t, 1)$$

por lo que el vector velocidad en el instante t_0 es

$$\mathbf{c}'\left(\frac{3\pi}{2}\right) = (1, 0, 1)$$

Recordando la fórmula para la recta tangente a una trayectoria en la definición 71, podemos escribir su trayectoria como

$$\mathbf{l}(t) = \left(0, -1, \frac{3\pi}{2}\right) + \left(t - \frac{3\pi}{2}\right)(1, 0, 1)$$

A partir del instante t_0, la partícula sigue esta trayectoria, por lo que para conocer la posición de la partícula en el instante $t = 4\pi$ basta con evaluar la trayectoria $\mathbf{l}(t)$ en dicho instante, esto es,

$$\mathbf{l}(4\pi) = \left(0, -1, \frac{3\pi}{2}\right) + \left(4\pi - \frac{3\pi}{2}\right)(1,0,1) = \left(\frac{5\pi}{2}, -1, 4\pi\right)$$

Calculemos a continuación la distancia recorrida por la partícula en el intervalo $[0, 4\pi]$. En este intervalo de tiempo, la trayectoria de la partícula viene definida a trozos, primeramente en $[0, 3\pi/2]$ por $\mathbf{d}(t)$, y a continuación en $[3\pi/2, 4\pi]$ por $\mathbf{l}(t)$. En el primer tramo, la celeridad de la trayectoria es

$$\|\mathbf{d}'(t)\| = \sqrt{(-\sin t)^2 + \cos^2 t + (1)^2} = \sqrt{2}$$

Por tanto, en el primer tramo, la partícula recorre la distancia

$$\ell_1 = \int_0^{3\pi/2} \sqrt{2} \, dt = \frac{3\sqrt{2}\pi}{2}$$

En el segundo tramo, la celeridad de la trayectoria es

$$\|\mathbf{l}'(t)\| = \|(1,0,1)\| = \sqrt{2}$$

y por tanto la longitud de este segundo tramo es

$$\ell_2 = \int_{3\pi/2}^{4\pi} \sqrt{2} \, dt = \sqrt{2}(4\pi - 3\pi/2) = \frac{5\sqrt{2}\pi}{2}$$

Finalmente, la distancia total recorrida por la partícula en el intervalo $[0, 4\pi]$ es

$$\ell = \ell_1 + \ell_2 = 4\sqrt{2}\pi$$

```
>    # Definimos la trayectoria
>    c:=t-><cos(t),sin(t),t>:
>    # Representamos la curva y sus tangentes en algunos puntos
>    Student[VectorCalculus]:-TangentVector(<cos(t),sin(t),t>,t,
         'output'=plot,'range'=0 .. 3/2*Pi,'vectors'=5,axes=boxed);
```

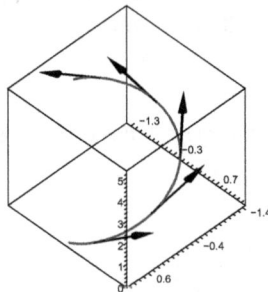

```
>    # Calculamos el vector tangente para t=3*Pi/2
>    with(VectorCalculus):
>    TangentVector(c(t), t );
```

$$\begin{bmatrix} -sin(t) \\ cos(t) \\ 1 \end{bmatrix}$$

```
>    # Calculamos la recta tangente
     #     Se tiene que tener en cuenta que para s=0 la recta pasa por c(3*Pi/2)
     #     Por lo tanto si queremos evaluar la recta tangente para un cierto t
     #         este corresponde a s=t-3*Pi/2
>    Tline:=TangentLine( c(s), s=3*Pi/2 );
```

$$Tline := \begin{bmatrix} s \\ -1 \\ \tfrac{3}{2}\pi + s \end{bmatrix}$$

```
>    with(plots):
>    display(
         spacecurve(c(t),t=0..3*Pi/2,color=blue,thickness=2,axes=normal,
             numpoints=1000),
         spacecurve(Tline,s=0..4*Pi-3*Pi/2,color=red,thickness=2,
             axes=normal,numpoints=1000),
         orientation=[-50,75]
     );
```

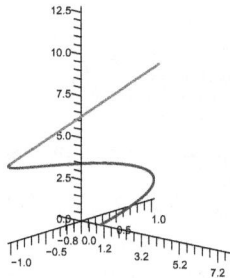

```
>    # Calculamos la posición de la partícula para t=4*Pi -> s=4*Pi-3*Pi/2
>    subs(s=4*Pi-3*Pi/2,Tline);
```

$$\begin{bmatrix} \tfrac{5}{2}\pi \\ -1 \\ 4\pi \end{bmatrix}$$

```
>    # Calculamos la distancia en dos pasos
>    # 1.- distancia entre t=0 y t=3*Pi/2
>    D(c)(t);
```

$$-\sin(t)\,e_x + \cos(t)\,e_y + e_z$$

```
>    Norm(%);
```

$$\sqrt{2}$$

```
>    l1:=int(%,t=0..3*Pi/2);
```

$$l1 := \tfrac{3}{2}\sqrt{2}\pi$$

```
>    # 2.- distancia entre t=3*Pi/2 y t=4*Pi
>    with(Student:-Precalculus):
>    p1:=c(3*Pi/2);
```

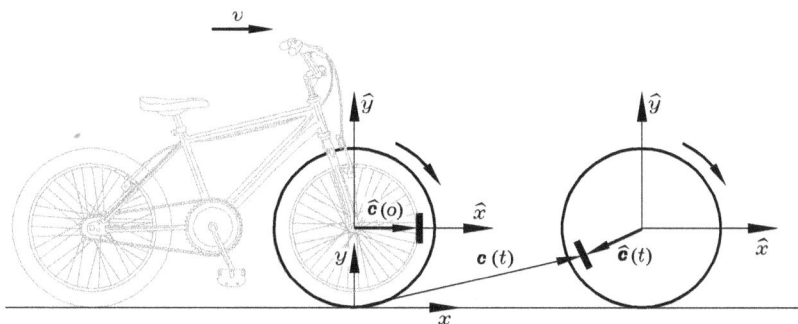

Figura 5.13. *Ilustración de la cinemática de la rueda de la bicicleta y el reflector*

$$p1 := \begin{bmatrix} 0 \\ -1 \\ \frac{3}{2}\pi \end{bmatrix}$$

```
>  p2:=subs(s=4*Pi-3*Pi/2,Tline);
```

$$p2 := \begin{bmatrix} \frac{5}{2}\pi \\ -1 \\ 4\pi \end{bmatrix}$$

```
>  l2:=Distance(p1,p2);
```

$$l2 := \frac{5}{2}\sqrt{2}\pi$$

```
>  # La distancia total es:
>  l1+l2;
```

$$4\sqrt{2}\pi$$

PR 5.4. Considera el reflector encajado entre los radios de una rueda de bicicleta de radio R. La distancia entre el eje de la rueda y el reflector es r. Determinar la trayectoria $c(t)$ descrita por el reflector cuando la bicicleta se desplaza a velocidad constante v en un sistema de coordenadas fijado al suelo. Representar gráficamente la trayectoria de un reflector que situado a una distancia $r = R/2$ del eje. Determinar y representar gráficamente la trayectoria descrita por un punto situado sobre la cubierta de la rueda. ¿Cuándo se anula su celeridad?

Resolución

Describamos primeramente el movimiento del reflector referido a un sistema de coordenadas $(\hat{x}, \hat{y})$ centrado en el eje de la rueda (ver Fig. 5.13). Supongamos que la rueda gira a una velocidad angular ω. La trayectoria del reflector en este sistema de coordenadas puede expresarse como

$$\hat{c}(t) = r(\cos(-\omega t), \sin(-\omega t)) = r(\cos(\omega t), -\sin(\omega t)) = (\hat{x}(t), \hat{y}(t))$$

esto es, una trayectoria circular de radio r que realiza $\omega/(2\pi)$ vueltas por unidad de tiempo. Recordemos que ω es la velocidad angular, medida en radianes por segundo. Relacionemos ahora la velocidad angular con la velocidad lineal v de la bicicleta. En un giro de la rueda, la bicicleta recorre una distancia igual al perímetro de la rueda $2\pi R$. Por tanto, en $\omega/(2\pi)$ giros por unidad de tiempo, la bicicleta recorre una distancia de $2\pi R\omega/(2\pi)$ por unidad de tiempo, y en consecuencia $v = R\omega$, o equivalentemente

$$\omega = \frac{v}{R}$$

Por tanto, la trayectoria del reflector en el sistema de referencia centrado en el eje de la rueda es

$$\hat{\mathbf{c}}(t) = r\left(\cos\frac{vt}{R}, -\sin\frac{vt}{R}\right)$$

Escribamos ahora estra trayectoria respecto de un sistema de referencia (x, y) centrado en un punto fijo en la superficie sobre la que se desplaza la bicicleta. Podemos relacionar los dos sistemas de coordenadas mediante las relaciones

$$x = \hat{x} + vt, \qquad y = \hat{y} + R$$

Por tanto, la trayectoria del reflector en el sistema (x, y) es

$$\mathbf{c}(t) = \hat{\mathbf{c}}(t) + (vt, R) = \left(r\cos\frac{vt}{R} + vt, -r\sin\frac{vt}{R} + R\right)$$

Para la representación gráfica del caso en que $r = R/2$, ver resolución en MAPLE más adelante. Por simplicidad, tomamos $R = 1$ y $v = 1$.

Consideremos ahora el caso en que seguimos un punto situado sobre la cubierta de la rueda, esto es, $r = R$ y

$$\mathbf{c}(t) = \left(R\cos\frac{vt}{R} + vt, -R\sin\frac{vt}{R} + R\right)$$

Calculemos el vector velocidad de esta trayectoria

$$\mathbf{c}'(t) = v\left(-\sin\frac{vt}{R} + 1, -\cos\frac{vt}{R}\right)$$

por lo que la celeridad de este punto es

$$\begin{aligned}\|\mathbf{c}'(t)\| &= v\sqrt{\left(-\sin\frac{vt}{R} + 1\right)^2 + \cos^2\frac{vt}{R}}\\ &= v\sqrt{1 - 2\sin\frac{vt}{R} + \cos^2\frac{vt}{R} + \sin^2\frac{vt}{R}}\\ &= \sqrt{2}v\sqrt{1 - \sin\frac{vt}{R}}.\end{aligned}$$

La celeridad se anula cuando $\sin\frac{vt}{R} = 1$, esto es, cuando $vt/R = \pi/2 + k2\pi$, $k \in \mathbb{Z}$. Esto ocurre en instantes separados por $2\pi R/v$ unidades de tiempo. Obsérvese que en estos instantes, en que la partícula está en contacto con el suelo, su vector velocidad es $\mathbf{0}$.

```
>    restart;
>    # Descripción del movimiento del reflector en un sistema de coordenadas
     #    centrado en el eje de la rueda
     #    El reflector describe una trayectoria circular de radio r
>    with(plots):
>    r:=10:
     omega:=2*Pi/4:
>    display(
        animate( pointplot , [[r*cos(omega*t),-r*sin(omega*t)]],t=0..12,
           frames=200,symbol=solidcircle,symbolsize=30,color=red),
        plot([r*cos(omega*t),-r*sin(omega*t),t=0..4],color=blue)
     );
```

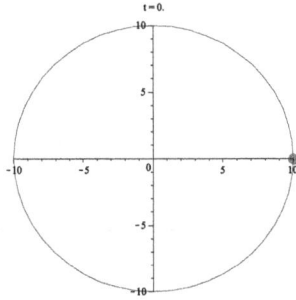

```
>   # Para ver la animación se debe seleccionar el dibujo
    #     y apretar el botón derecho del mouse
    #     Luego se debe seleccionar la opción Animation -> Play
>   # Vamos a dibujar ahora el movimiento de la rueda exterior, utilizando
    #     la expresión del movimiento de un punto en la cubierta de la rueda
    # Para ver mejor el movimiento, dibujaremos también un punto sobre la rueda
>   R:=1:
    v:=1:
>   display(
        animate( plot , [[R*cos(v*t/R+phi)+v*t,-R*sin(v*t/R+phi)+R,phi=0..2*Pi]],
            t=0..4*Pi,frames=200,color=red,thickness=2,scaling=constrained),
        animate( pointplot , [[R*cos(v*t/R)+v*t,-R*sin(v*t/R)+R]],t=0..4*Pi,
            frames=200,symbol=solidcircle,symbolsize=20,color=red)
    );
```

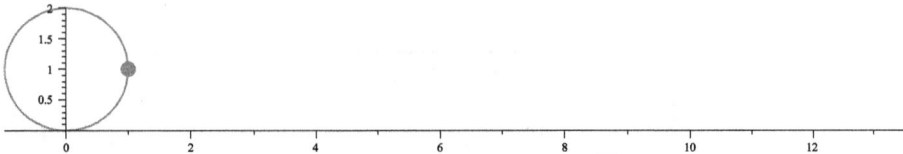

```
>   # En las líneas siguientes se representa el movimiento de la rueda
    #     de forma más compleja
>   display(
        animate( plot , [[R*cos(v*t/R+phi)+v*t,-R*sin(v*t/R+phi)+R,phi=0..2*Pi]],
            t=0..4*Pi,frames=200,color=black,thickness=2,scaling=constrained),
        animate( pointplot , [[R*cos(v*t/R)+v*t,-R*sin(v*t/R)+R]],t=0..4*Pi,
            frames=200,symbol=solidcircle,symbolsize=20,color=black),
        seq(
            animate(plot,
                [[[v*t,R],[R*cos(v*t/R+2*Pi/16*k)+v*t,-R*sin(v*t/R+2*Pi/16*k)+R]]],
                t=0..4*Pi,color=black,frames=200),
        k=1..16)
    );
```

$t = 0.$

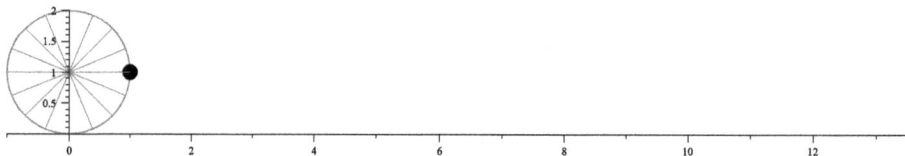

```
>   # Dibujamos ahora el dibujo anterior junto al reflector (para r=R/2)
>   r:=R/2:
>   display(
        animate( plot , [[R*cos(v*t/R+phi)+v*t,-R*sin(v*t/R+phi)+R,phi=0..2*Pi]],
            t=0..4*Pi,frames=200,color=black,thickness=2,scaling=constrained),
        seq(
            animate( plot,
                [[[v*t,R],[R*cos(v*t/R+2*Pi/16*k)+v*t,-R*sin(v*t/R+2*Pi/16*k)+R]]]
                ,t=0..4*Pi,color=black,frames=200),
        k=1..16),
        animate( pointplot , [[r*cos(v*t/R)+v*t,-r*sin(v*t/R)+R]],t=0..4*Pi,
            frames=200,symbol=solidcircle,symbolsize=20,color=blue)
    );
```

$t = 0.$

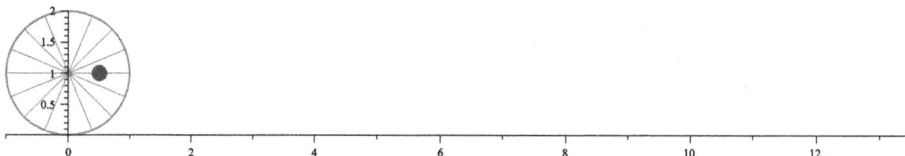

```
>   # Vamos a hallar ahora cuando se anula la celeridad de un punto
    #    situado encima de la rueda. Para ello dibujamos la trayectoria de un punto
>   display(
        animate( plot ,
            [[R*cos(v*t/R+phi)+v*t,-R*sin(v*t/R+phi)+R,phi=0..2*Pi]],t=0..4*Pi,
            frames=200,color=black,thickness=2,scaling=constrained,transparency=0.8),
        animate( pointplot , [[R*cos(v*t/R)+v*t,-R*sin(v*t/R)+R]],t=0..4*Pi,
            frames=200,symbol=solidcircle,symbolsize=20,color=black),
        seq(
            animate( plot,
                [[[v*t,R],[R*cos(v*t/R+2*Pi/16*k)+v*t,-R*sin(v*t/R+2*Pi/16*k)+R]]],
                t=0..4*Pi,color=black,frames=200,transparency=0.8),
        k=1..16),
        plot([R*cos(v*t/R)+v*t,-R*sin(v*t/R)+R,t=0..4*Pi],
            color=black,transparency=0.5,numpoints=200)
    );
```

$t = 0.$

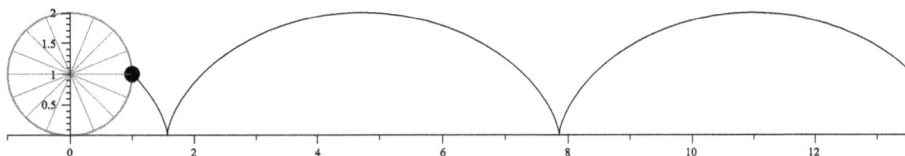

```
>   # Como se puede apreciar en el dibujo los puntos de celeridad nula
    #      son los puntos de contacto con el suelo
>   # La trayectoria sola también se puede representar según:
>   c:=t-><R*cos(v*t/R)+v*t,-R*sin(v*t/R)+R>:
>   plot([c(t)[1],c(t)[2],t=0..4*Pi],color=black,scaling=constrained);
```

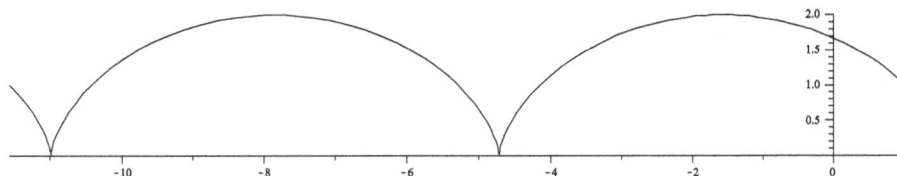

```
>   # Vamos a hallar ahora los puntos de celeridad nula
>   with(VectorCalculus):
>   D(c)(t);
```

$$(-\sin(t)+1)\,e_x - \cos(t)\,e_y$$

```
>   norma:=Norm(%);
```

$$norma := \sqrt{2 - 2\sin(t)}$$

```
>   solve(norma=0,t);
```

$$\frac{1}{2}\pi$$

```
>   # Para que nos aparezcan todas las soluciones debemos usar el siguiente comando
>   _EnvAllSolutions := true:
>   solve(norma=0,t);
```

$$\frac{1}{2}\pi + 2\pi\_Z1\sim$$

PR 5.5. Considerar el campo vectorial $\mathbf{H}(x,y) = (x,-y)$. Representar gráficamente dicho campo en el dominio $A = [-1,1] \times [-1,1]$. Calcular su divergencia y su rotacional. En vista de los resultados, ¿se trata de un campo conservativo? ¿Puede expresarse como rotacional de otro campo vectorial $\mathbf{F}$? Hallar en su caso la función potencial o el campo **F**, y representarlo gráficamente.

Resolución
Calculemos la divergencia del campo **H**. Tenemos

$$\text{div } \mathbf{H}(x,y) = \frac{\partial(x)}{\partial x} + \frac{\partial(-y)}{\partial y} = 0$$

En cuanto al rotacional, tenemos

$$\text{rot } \mathbf{H}(x,y) = \left(\frac{\partial(-y)}{\partial x} - \frac{\partial(x)}{\partial y} \right) \mathbf{k} = \mathbf{0}$$

Dado que el campo es irrotacional, podemos asegurar que es conservativo, es decir, que existe un potencial escalar h tal que $\mathbf{H} = \nabla h$. El potencial debe verificar:

$$\begin{aligned} \frac{\partial h}{\partial x} &= x \\ \frac{\partial h}{\partial y} &= -y \end{aligned}$$

y, por lo tanto,

$$h(x,y) = \frac{x^2}{2} + \frac{y^2}{2}$$

Para determinar si además existe un campo vectorial $\mathbf{F} = (F_1, F_2)$ tal que $\mathbf{H} = \text{rot } \mathbf{F}$, debemos resolver el siguiente sistema de ecuaciones diferenciales:

$$\begin{aligned} -\frac{\partial F_2}{\partial z} &= x \\ \frac{\partial F_1}{\partial z} &= -y \\ \frac{\partial F_2}{\partial x} - \frac{\partial F_1}{\partial y} &= 0 \end{aligned}$$

Una solución del sistema anterior es el campo vectorial $\mathbf{F}(x,y,z) = (-y\,z, -x\,z)$. Es fácil comprobar que efectivamente $\mathbf{H} = \text{rot } \mathbf{F}$. El campo $\mathbf{F}$ se denomina *potencial vectorial*. Para la representación gráfica de los campos h y $\mathbf{F}$, ver la resolución en MAPLE a continuación.

```
>   with( Student[VectorCalculus] ):
>   H := VectorField(<x,-y>,cartesian[x,y]);
```
$$H := (x)\bar{e}_x - y\bar{e}_y$$
```
>   # Para dibujar el campo se puede usar el comando VectorField del paquete
    #    Student[VectorCalculus]
>   VectorField(H,output=plot,view=[-1..1,-1..1],fieldoptions=[grid=[20,20]]);
```

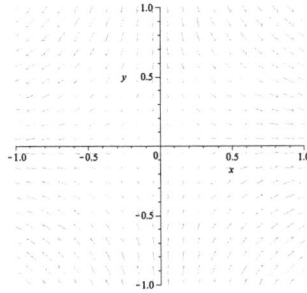

```
>    # Calculamos ahora la divergencia y su rotacional
>    Divergence(  H );
```

$$0$$

```
>    # Para calcular el rotacional necesitamos un campo tres dimensional
>    H3 := VectorField(<H[1],H[2],0>,cartesian[x,y,z]);
```

$$H3 := (x)\bar{e}_x - y\bar{e}_y$$

```
>    Curl( H3 );
```

$$0\bar{e}_x$$

```
>    # Como el rotacional es cero el campo es conservativo
>    # Como H(x,y) es un campo conservativo,
     #    se puede escribir como el gradiente de una función escalar h(x,y)
>    h:=ScalarPotential( H );
```

$$h := \frac{1}{2}x^2 - \frac{1}{2}y^2$$

```
>    # Comprobemos que en efecto Gradiente(h) = H
>    Gradient(h);
```

$$(x)\bar{e}_x - y\bar{e}_y$$

```
>    simplify(%-H);
```

$$0\bar{e}_x$$

```
>    # Además podemos hallar otro campo vectorial F(x,y)
     #    que verifica que rot(F(x,y))=H(x,y)
>    F:=VectorPotential( H3 );
```

$$F := -yz\bar{e}_x - xz\bar{e}_y$$

```
>    Curl(F);
```

$$(x)\bar{e}_x - y\bar{e}_y$$

```
>    simplify(%-H3);
```

$$0\bar{e}_x$$

```
>    # Vamos a representar el campo potencial F
     # Observemos que F no es un campo dos dimensional, ya que la variable z
     #    también está involucrada
     # Sin embargo, como F = z*(-y,x), tenemos que el campo varía uniformemente
     #    en la dirección z y para z=0 es nulo
>    VectorField(F,output=plot,view=[-1..1,-1..1,-1..1],
        fieldoptions=[grid=[20,20,4]]);
```

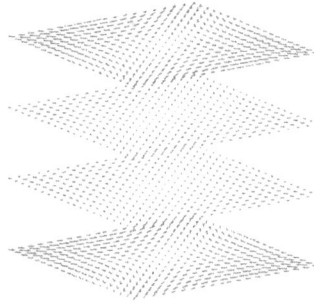

```
>   # Para que se vea mejor, vamos a representar algunas trayectorias
>   FlowLine(F,<-0.5,-0.5,0.5>,output=plot,view=[-0.5..0.5,-0.5..0.5,0.25..0.75],
        fieldoptions=[grid=[10,10,3]]);
```

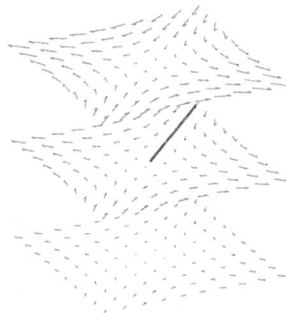

```
>   FlowLine(F,<-0.5,-0.48,0.5>,output=plot,view=[-0.5..0.5,-0.5..0.5,0.25..0.75],
        fieldoptions=[grid=[10,10,3]]);
```

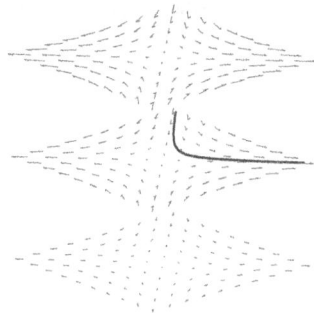

PR 5.6. Considerar el campo vectorial plano

$$\mathbf{F}(x,y) = \left(-y\, e^{-(x^2+y^2)},\ x^2\, e^{-(x^2+y^2)} \right)$$

Representar gráficamente el campo, calcular su divergencia y rotacional y representarlos gráficamente.

Resolución

Para la representación gráfica del campo **F**, ver la resolución en MAPLE más adelante. Calculemos ahora la divergencia del campo **F**. Tenemos

$$
\begin{aligned}
\operatorname{div} \mathbf{F}(x,y) &= \frac{\partial(-y\,e^{-(x^2+y^2)})}{\partial x} + \frac{\partial(x^2\,e^{-(x^2+y^2)})}{\partial y} \\
&= (-2x)(-y)\,e^{-(x^2+y^2)} + (-2y)x^2\,e^{-(x^2+y^2)} \\
&= 2xy(1-x)\,e^{-(x^2+y^2)}
\end{aligned}
$$

En cuanto al rotacional, tenemos

$$
\begin{aligned}
\operatorname{rot} \mathbf{F}(x,y) &= \left(\frac{\partial(x^2\,e^{-(x^2+y^2)})}{\partial x} - \frac{\partial(-y\,e^{-(x^2+y^2)})}{\partial y} \right)\mathbf{k} \\
&= \left[2x + (-2x)x^2 - (-1) - (-2y)(-y) \right]\,e^{-(x^2+y^2)}\mathbf{k} \\
&= (1 + 2x - 2y^2 - 2x^3)\,e^{-(x^2+y^2)}\mathbf{k}
\end{aligned}
$$

```
>  restart;
>  with( Student[VectorCalculus] ):
>  F := VectorField(<-y*exp(-(x^2+y^2)),x^2*exp(-(x^2+y^2))>,cartesian[x,y]);
```

$$
F := -ye^{-x^2-y^2}\bar{e}_x + x^2e^{-x^2-y^2}\bar{e}_y
$$

```
>  # Para dibujar el campo se puede usar el comando VectorField del paquete
#      Student[VectorCalculus]
>  VectorField(F,output=plot,view=[-1..1,-1..1],fieldoptions=[grid=[20,20]]);
```

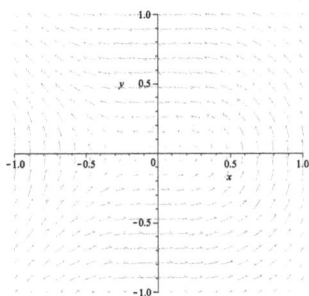

```
>  # Vamos a representar la trayectoria de una partícula situada en este campo
>  FlowLine(F,<-1,-1>,output=plot,view=[-1..1,-1..1],fieldoptions=[grid=[20,20]]);
```

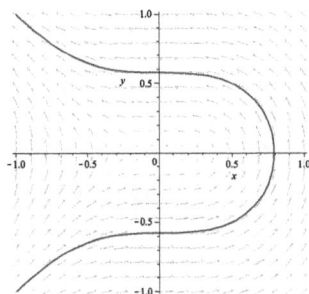

```
> # Además hay la opción de animar el movimiento
> FlowLine(F,<-1,-1>,output=animation,view=[-1.5..1.5,-1..1.5],
    fieldoptions=[grid=[20,20]],frames=200);
```

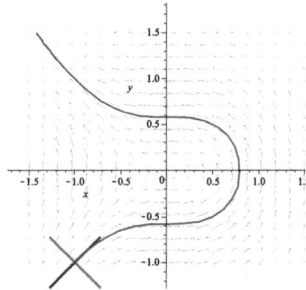

```
> # Observad que la celeridad es mayor en aquellos puntos donde la magnitud
  #   del campo (norma / tamaÒo de las flechas) es mayor
> # Vamos a calcular y representar la divergencia de F
> divF:=Divergence( F );
```

$$divF := 2yxe^{-x^2 - y^2} - 2x^2ye^{-x^2 - y^2}$$

```
> simplify(divF);
```

$$-2yxe^{-x^2 - y^2}(x - 1)$$

```
> plot3d(divF,x=-2..2,y=-2..2);
```

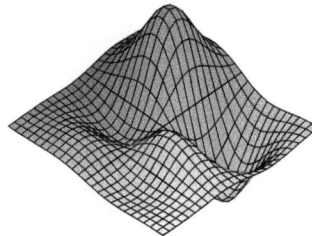

```
> # Vamos a calcular y representar el rotacional de F
  # Recordad que para calcular el rotacional necesitamos un campo 3D
> F3:=VectorField(<F[1],F[2],0>,cartesian[x,y,z]);
```

$$F3 := -ye^{-x^2 - y^2}\bar{e}_x + x^2e^{-x^2 - y^2}\bar{e}_y$$

```
> rotF:=Curl( F3 );
```

$$rotF := \left(2xe^{-x^2 - y^2} - 2x^3e^{-x^2 - y^2} + e^{-x^2 - y^2} - 2y^2e^{-x^2 - y^2}\right)\bar{e}_z$$

```
> simplify( rotF );
```

$$rotF := -e^{-x^2 - y^2}\left(-2x + 2x^3 - 1 + 2y^2\right)\bar{e}_z$$

```
> # Vemos que el rotacional solo tiene componente ez.
  # Representaremos esta componente.
> plot3d(rotF[3],x=-2..2,y=-2..2);
```

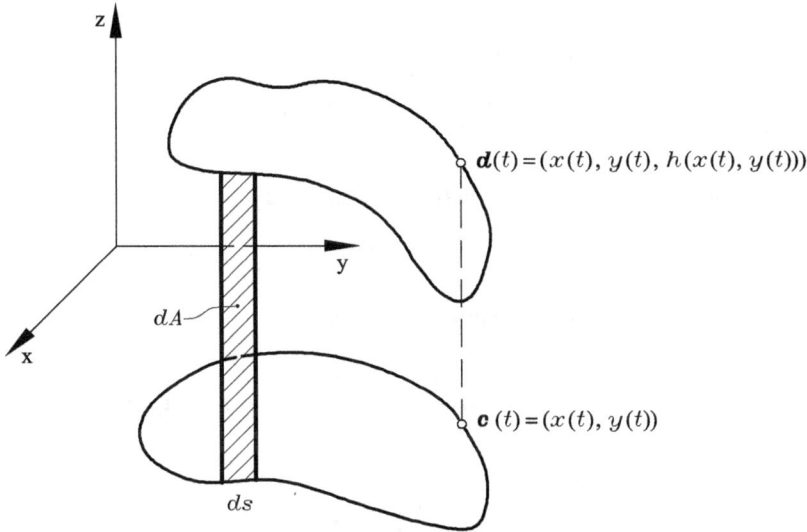

Figura 5.14. *Cálculo del área de una tapia*

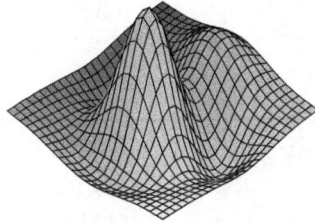

PR 5.7. Considera una tapia que encierra un dominio del plano (x, y) descrito por

$$D = \{(x, y) \in \mathbb{R}^2 \mid x^2 + y^2 < 1, y > 0\}$$

La altura de la tapia viene dada por la función $h(x, y) = x^2 + 2y^2$. Todas las dimensiones están expresadas en metros. Calcula cantidad de pintura necesaria para pintar las dos caras de esta tapia, teniendo en cuenta que son necesarios 500 gramos de pintura para cubrir un metro cuadrado de superficie pintada.

Resolución

Consideremos una curva plana genérica $\mathbf{c}(t) = (x(t), y(t))$ que representa la planta de una tapia, cuya altura viene representada por una función definida en el plano $h(x, y)$. La corona de dicha tapia viene descrita por la curva en el espacio

$$\mathbf{d}(t) = \big(x(t), y(t), h(x(t), y(t))\big)$$

Consideremos un diferencial de longitud de arco ds, y el diferencial de superficie de tapia correspondiente dA (ver Fig. 5.14). Resulta claro observando la figura que $dA = h\, ds$, por lo que podemos calcular el área total de la tapia como

$$A = \int_{\mathbf{c}} h \, ds = \int_{\mathbf{c}} h(\mathbf{c}(t)) \|\mathbf{c}'(t)\| \, dt$$

El dominio en cuestión es medio disco unidad centrado en el origen. Su perímetro puede describirse con una trayectoria $\mathbf{c}(t)$ definida a trozos. Por un lado, $\mathbf{c}_1(t) = (\cos t, \sin t)$ en el intervalo $[0, \pi]$ describe la parte circular de la tapia, y por otro $\mathbf{c}_2(t) = (0, t)$ en el intervalo $[-1, 1]$ describe la parte recta de la tapia. Por tanto, la superficie de tapia que se debe pintar, recordando que la tapia tiene dos caras, es

$$S = 2(A_1 + A_2) = 2 \left(\int_{\mathbf{c}_1} h \, ds + \int_{\mathbf{c}_2} h \, ds \right)$$

Como ya vimos anteriormente, la celeridad de la primera curva $\|\mathbf{c}_1'(t)\| = 1$. Por otro lado, es inmediato comprobar que $\|\mathbf{c}_1'(t)\| = 1$. Por tanto,

$$
\begin{aligned}
A_1 &= \int_0^\pi h(\cos t, \sin t) \, dt = \int_0^\pi (\cos^2 t + 2\sin^2 t) \, dt \\
&= \int_0^\pi (1 + \sin^2 t) \, dt = \int_0^\pi \left(\frac{3}{2} - \frac{1}{2}(1 - 2\sin^2 t) \right) dt \\
&= \frac{3\pi}{2} - \frac{1}{2} \left(\sin t \cos t \right)\big|_0^\pi = \frac{3\pi}{2}
\end{aligned}
$$

Por otro lado,

$$A_2 = \int_{-1}^1 h(0, t) \, dt = \int_{-1}^1 2t^2 \, dt = \frac{2}{3} \, t^3 \big|_{-1}^1 = \frac{4}{3}$$

Por tanto, para pintar las dos caras de la tapia, la cantidad de pintura necesaria, en kilogramos, es

$$P = \frac{1}{2}S = A_1 + A_2 = \frac{3\pi}{2} + \frac{4}{3} \approx 6{,}05$$

```
>   # Dibujamos primero el dominio
>   with(plots):
>   implicitplot(x^2+y^2<1,x=-1..1,y=0..1,filled=true,scaling=constrained);
```

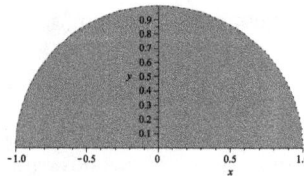

```
>   # Dibujamos ahora la altura de la tapia
>   h:=(x,y)->x^2+2*y^2:
>   display(
        plot3d(0,x=-1..1,y=0..sqrt(1-x^2),color=red,filled=true,
            style=patchnogrid,grid=[100,100]),
        plot3d(h(x,y),x=-1..1,y=0..sqrt(1-x^2),style=patchnogrid),
        orientation=[-30,80]
    );
```

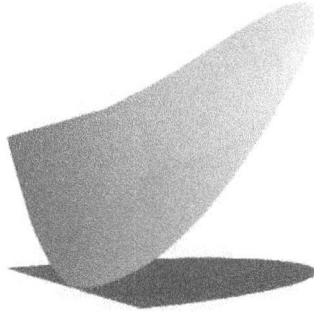

```
>   # Dibujamos ahora la tapia
>   display(
        plot3d(0,x=-1..1,y=0..sqrt(1-x^2),color=red,filled=true
            ,style=patchnogrid,grid=[100,100]),
        plot3d(h(x,y),x=-1..1,y=0..sqrt(1-x^2),style=patchnogrid,
            color=blue,transparency=0.8,grid=[100,100]),
        implicitplot3d(x^2+y^2=1,x=-1..1,y=0..1,z=0..2,
            style=patchnogrid,color=grey,transparency=0.8,grid=[20,20,20]),
        implicitplot3d(y=0,x=-1..1,y=0..1,z=0..2,style=patchnogrid,color=green,
            transparency=0.8),
        intersectplot(z=h(x,y),x^2+y^2=1,x=-1..1, y=0..1, z=0..2,
            thickness=2,color=black),
        intersectplot(z=h(x,y),y=0,x=-1..1, y=0..1, z=0..2,thickness=2,color=black),
        orientation=[-30,80]
    );
```

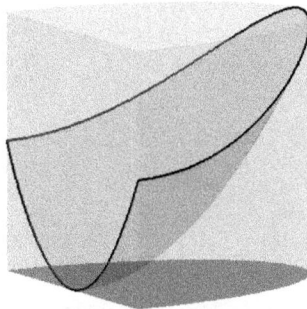

```
>   # Si dibujamos unas líneas a la tapia se ve mucho mejor
    #    la superficie que hay que pintar
```

```
> display(
    plot3d(0,x=-1..1,y=0..sqrt(1-x^2),color=red,filled=true,
      style=patchnogrid,grid=[100,100]),
    implicitplot3d(y=0,x=-1..1,y=0..1,z=0..2,style=patchnogrid,
      color=green,transparency=0.8),
    implicitplot3d(x^2+y^2=1,x=-1..1,y=0..1,z=0..2,
      style=patchnogrid,color=grey,transparency=0.8,grid=[20,20,20]),
    intersectplot(z=h(x,y),x^2+y^2=1,x=-1..1, y=0..1, z=0..2,
      thickness=2,color=black),
    intersectplot(z=h(x,y),y=0,x=-1..1, y=0..1, z=0..2,thickness=2,color=black),
    spacecurve({[[k/10,0,0],[k/10,0,h(k/10,0)]]$k=-10..10},color=green,
      thickness=2,transparency=0.5),
    spacecurve({ [[cos(k/30*Pi),sin(k/30*Pi),0],
      [cos(k/30*Pi),sin(k/30*Pi),h(cos(k/30*Pi),sin(k/30*Pi))]]
      $k=0..30},color=blue,thickness=2,transparency=0.5),
    orientation=[-30,80]
  );
```

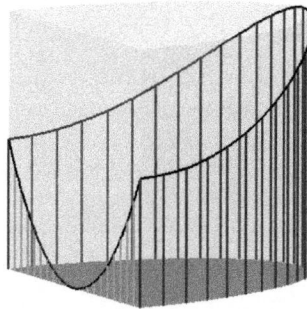

```
> # Como se ve en la figura, la superficie a pintar se compone de dos: A1 y A2
  # Vamos a calcular las áreas separadamente
> c1:=t-><cos(t),sin(t)>:
> with(VectorCalculus):
> D(c1)(t);
```

$$-\sin\left(t\right)e_x + \cos\left(t\right)e_y$$

```
> norm1:=Norm(%);
```

$$norm1 := 1$$

```
> A1:=int(h(c1(t)[1],c1(t)[2])*norm1,t=0..Pi);
```

$$A1 := \frac{3}{2}\pi$$

```
> c2:=t-><0,t>:
> D(c2)(t);
```

$$e_y$$

```
> norm2:=Norm(%);
```

$$norm2 := 1$$

```
> A2:=int(h(c2(t)[1],c2(t)[2])*norm2,t=-1..1);
```

$$A2 := \frac{4}{3}$$

```
> # Por lo tanto la superficie total a pintar es:
> S:=2*(A1+A2);
```

$$S := 3\pi + \frac{8}{3}$$

```
> evalf(S);
```

$$12{,}09144463$$

PR 5.8. Utilizar el teorema de Green para demostrar que la integral de un campo vectorial conservativo $\mathbf{F} \in \mathcal{C}^1$ a lo largo de una curva cerrada es nula.

Resolución

Sea C una curva plana cerrada. Por ser $\mathbf{F}$ un campo vectorial conservativo, se sabe que existe un campo escalar potencial $f : \mathbb{R}^2 \longrightarrow \mathbb{R}$ de clase $\mathcal{C}^1$ tal que $\mathbf{F} = \nabla f$. Entonces, por el teorema de Green (forma vectorial), se tiene

$$\int_C \mathbf{F} \cdot d\mathbf{s} = \iint_R (\operatorname{rot} \mathbf{F}) \cdot \mathbf{k} \, dA = \iint_R (\operatorname{rot} (\nabla f)) \cdot \mathbf{k} \, dA$$

que es nulo en virtud del teorema 30. Esta propiedad de los campos conservativos es de gran importancia en la física, y se deriva también del teorema 34. Una consecuencia en mecánica es que al desplazar una partícula (masa, carga) por un campo conservativo (gravitatorio, electrostático) siguiendo una trayectoria cerrada, la energía de dicha partícula se conserva, pues el trabajo realizado es nulo. Otra manifestación de este resultado es que el trabajo realizado al desplazar una partícula en un campo conservativo no depende del camino seguido, sino sólo de su origen y final. Esto puede verse considerando la trayectoria cerrada que forman dos caminos diferentes con sentidos opuestos.

```
> # Vamos a comprobar que si F proviene de un gradiente,
  #   entonces su rotacional es nulo
> with(VectorCalculus):
> F:=Gradient(f(x,y),[x,y]);
```

$$F := \left(\frac{\partial}{\partial x} f(x,y)\right) \bar{e}_x + \left(\frac{\partial}{\partial y} f(x,y)\right) \bar{e}_y$$

```
> # Para calcular el rotacional se necesita un campo de tres variables
> F3:=VectorField(<F[1],F[2],0>,'cartesian'[x,y,z]);
```

$$F3 := \left(\frac{\partial}{\partial x} f(x,y)\right) \bar{e}_x + \left(\frac{\partial}{\partial y} f(x,y)\right) \bar{e}_y$$

```
> CurlF:=Curl(F3);
```

$$CurlF := 0\bar{e}_x$$

```
> # Lo mismo ocurre si F es un campo en tres dimensiones
> F:=Gradient(f(x,y,z),[x,y,z]);
```

$$F := \left(\frac{\partial}{\partial x} f(x,y)\right) \bar{e}_x + \left(\frac{\partial}{\partial y} f(x,y)\right) \bar{e}_y + \left(\frac{\partial}{\partial y} f(x,y)\right) \bar{e}_z$$

```
> CurlF:=Curl(F);
```

$$CurlF := 0\bar{e}_x$$

5.7. Problemas propuestos

PP 5.1. Calcular la longitud de arco de las curvas dadas a continuación en el intervalo especificado.

(a) $(2\cos t, 2\sin t, t)$; $0 \le t \le 2\pi$,

(b) $(\sin 3t, \cos 3t, 2t^{3/2}); 0 \le t \le 1,$

(c) $(t, t, t^2); 1 \le t \le 2.$

Indicación: En algunos apartados utilizar el siguiente resultado

$$\int \sqrt{x^2 + a^2} dx = \frac{x\sqrt{x^2 + a^2}}{2} + \frac{a^2}{2} \ln \left(x + \sqrt{x^2 + a^2}\right)$$

PP 5.2. Sea c la trayectoria dada por $\mathbf{c}(t) = (2t, t^2, \ln t)$ para $t > 0$, calcular la longitud de c entre los puntos (2,1,0) y (4,4,ln 2).

PP 5.3. Esbozar los siguientes campos vectoriales en el plano:

(a) $\mathbf{F}(x, y) = (2, 3)$

(b) $\mathbf{F}(x, y) = (x, y)$

(c) $\mathbf{F}(x, y) = \left(\frac{x}{\sqrt{x^2+y^2}}, \frac{y}{\sqrt{x^2+y^2}}\right)$

PP 5.4. Calcular la masa de un alambre formado por la intersección de la esfera $x^2 + y^2 + z^2 = 1$ con el plano $x + y + z = 0$ si la densidad de un punto (x, y, z) del alambre viene dada por $\rho(x, y, z) = x^2$ gramos por unidad de longitud.

PP 5.5. Sea $\mathbf{c}(t)$ una línea de flujo de un campo conservativo $\mathbf{F} = \nabla V$. Demostrar que $V(\mathbf{c}(t)) = (V \circ \mathbf{c})(t)$ es una función creciente de t.

PP 5.6. Sea f un campo escalar y $\mathbf{F}$ y $\mathbf{G}$ dos campos vectoriales. Demostrar las siguientes identidades:

(a) div $(\mathbf{F} + \mathbf{G}) = $ div $\mathbf{F} + $ div $\mathbf{G}$

(b) rot $(\mathbf{F} + \mathbf{G}) = $ rot $\mathbf{F} + $ rot $\mathbf{G}$

(c) div $(f\mathbf{F}) = f$div $\mathbf{F} + \nabla f \cdot \mathbf{F}$

(d) div $(\mathbf{F} \wedge \mathbf{G}) = ($rot $\mathbf{F}) \cdot \mathbf{G} - \mathbf{F} \cdot $rot $\mathbf{G}$

(e) rot $(f\mathbf{F}) = f$rot $\mathbf{F} + \nabla f \wedge \mathbf{F}$

PP 5.7. Calcular la divergencia de los siguientes campos vectoriales en el espacio:

(a) $\mathbf{F}(x, y, z) = e^{xy}\,\mathbf{i} - e^{xy}\,\mathbf{j} + e^{yz}\,\mathbf{k}$

(b) $\mathbf{F}(x, y, z) = (x, y + \cos x, z + e^{xy})$

(c) $\mathbf{F}(x, y, z) = (y, -x)$

PP 5.8. Calcular el rotacional de los siguientes campos vectoriales en el espacio:

(a) $\mathbf{F}(x, y, z) = (x, y, z)$

(b) $\mathbf{F}(x, y, z) = (yz, xz, xy)$

(c) $\mathbf{F}(x, y, z) = (x^2 + y^2 + z^2)(3\,\mathbf{i} + 4\,\mathbf{j} + 5\,\mathbf{k})$

PP 5.9. Demostrar el teorema 31 utilizando la igualdad de derivadas parciales cruzadas.

PP 5.10. Sea el campo vectorial $\mathbf{F} = x\,\mathbf{i} + y\,\mathbf{j} + z\,\mathbf{k}$. Evaluar la integral de $\mathbf{F}$ a lo largo de cada una de las siguientes trayectorias

  (a) $\mathbf{c}(t) = (t, t, t)$, $0 \leq t \leq 1$

  (b) $\mathbf{c}(t) = (\cos t, \sin t, 0)$, $0 \leq t \leq 2\pi$

  (c) $\mathbf{c}(t) = (t^2, 3t, 2t^3)$, $-1 \leq t \leq 2$

PP 5.11. Evaluar la integral de línea del campo $\mathbf{F} = (x^2, -xy, 1)$ a lo largo de la curva definida por la parábola $z = x^2$, $y = 0$ entre los puntos $(-1, 0, 1)$ y $(1, 0, 1)$.

PP 5.12. Demostrar por el teorema de Green que si C es una curva cerrada simple que acota la región $R \subset \mathbb{R}^2$, entonces el área de la región R viene dada por

$$A = \frac{1}{2} \int_C x\,dx - y\,dy$$

Calcular el área de la región encerrada por la curva definida por $x^{2/3} + y^{2/3} = a^{2/3}$, con $a > 0$, usando la parametrización $x = a\cos^3 \theta$, $y = a\sin^3 \theta$, $0 \leq \theta \leq 2\pi$.

6 Ecuaciones diferenciales ordinarias

En muchas ocasiones, al estudiar un fenómeno físico, no es posible hallar de forma inmediata las leyes físicas que relacionan las magnitudes que caracterizan dicho fenómeno. Pero en algunos casos sí que es fácil poder establecer la dependencia entre dichas magnitudes y sus derivadas, es decir, modelar el fenómeno mediante una ecuación diferencial. Así pues, el estudio de ecuaciones diferenciales es de suma importancia para la ciencia y la ingeniería.

En el presente capítulo se presentan las ecuaciones diferenciales ordinarias de primer y segundo orden y se estudia su resolución. También se comenta de forma más breve la resolución de sistemas de ecuaciones diferenciales. Es importante añadir que, además de los métodos de resolución que se presentan en este capítulo, existen otros métodos, como el de la aplicación de transformadas integrales, que se verá en el capítulo 7, y la aplicación de métodos numéricos aproximados. Este último método es propio de asignaturas de cálculo numérico, por lo que no es considerado en este texto.

6.1. Ejemplo introductivo

Se considera un cuerpo de masa m sujeto al extremo de un resorte flexible (muelle) suspendido a un soporte rígido, tal y como se muestra en la figura 6.1.

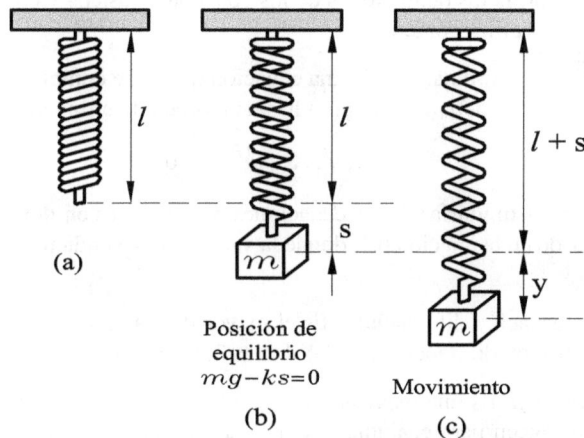

Figura 6.1. *Masa suspendida de un muelle*

El muelle no ejerce fuerza cuando el cuerpo se halla en la posición de equilibrio, en la que $y = 0$ y, entonces, $mg - ks = 0$. Si se desplaza una distancia y, el muelle ejerce una fuerza restauradora dada por la ley de Hooke, $F_r = -ky$, donde k es una constante de proporcionalidad de valor positivo y cuya magnitud depende de la rigidez del muelle.

Aplicando la segunda ley de Newton, se tiene que

$$m\frac{d^2y}{dt^2} = -ky \quad \Rightarrow \quad \frac{d^2y}{dt^2} + \frac{k}{m}y = 0$$

Llamando $\lambda = \sqrt{k/m}$, se tiene la relación

$$\frac{d^2y}{dt^2} + \lambda^2 y = 0 \tag{6.1}$$

Esta relación se llama *ecuación diferencial* y relaciona $y(t)$ con sus derivadas (en este caso con su derivada segunda). El objetivo de este capítulo es proponer herramientas para resolver algunos tipos de ecuaciónes diferenciales, es decir, determinar la función incógnita $y(t)$.

En este ejemplo, se puede comprobar que

$$y(t) = C_1 \operatorname{sen}(\lambda t) + C_2 \cos(\lambda t) \tag{6.2}$$

donde C_1 y C_2 son constantes cualesquiera, verifica dicha ecuación diferencial. En efecto,

$$y'(t) = C_1 \lambda \cos(\lambda t) - C_2 \lambda \operatorname{sen}(\lambda t)$$

con lo cual

$$y''(t) = -C_1 \lambda^2 \operatorname{sen}(\lambda t) - C_2 \lambda^2 \cos(\lambda t) = -\lambda^2 y(t)$$

Se puede demostrar que la función 6.2 es la única solución de la ecuación diferencial 6.1.

6.2. Ecuaciones diferenciales de primer orden

6.2.1. Primeras definiciones

Esta sección se inicia con unas primeras definiciones de los conceptos básicos y con el estudio de las ecuaciones diferenciales más sencillas, las de primer orden.

Definición 84 (Ecuación diferencial ordinaria). Es una ecuación que debe cumplir una función desconocida $y(x)$ con su variable independiente x y las derivadas de $y(x)$ hasta un orden determinado:

$$f(x, y, y', \ldots, y^{(n)}) = 0 \tag{6.3}$$

Se denominan **ordinarias** para distinguirlas de las ecuaciones diferenciales en **derivadas parciales**. Un ejemplo de ecuación diferencial está dado en la relación 6.1, donde la variable independiente es el tiempo t y la dependiente es y.

Definición 85 (Orden de una ecuación diferencial). Es el mayor de los órdenes de las derivadas que contiene la ecuación diferencial. En la ecuación diferencial 6.1 el orden es 2, ya que interviene la derivada segunda.

Definición 86 (Solución general). Es una expresión que contiene todas las funciones $y(x)$ que, sustituidas en la ecuación diferencial, la satisfacen para cualquier valor de x. Dicha expresión contiene siempre n constantes arbitrarias (constantes de integración). En el ejemplo anterior, la solución dada en la ecuación 6.2 es una solución general porque no se ha asignado un valor específico a las constantes de integración C_1 y C_2. Notar también que hay DOS constantes de integración para la ecuación diferencial de orden DOS.

Definición 87 (Solución particular). Es cada una de las funciones de la familia que forman la solución general. Cada una de ellas corresponde a unos valores determinados de las n constantes de integración. En el ejemplo anterior, si se toma $C_1 = \sqrt{2}$ y $C_2 = -50$, entonces la solución $y(t) = \sqrt{2}\operatorname{sen}(\lambda t) - 50\cos(\lambda t)$ es una solución particular de la ecuación diferencial.

Ejemplo 127. La ecuación diferencial

$$y' - \frac{y}{x} = 0; \qquad y(1) = 2$$

es una ecuación diferencial ordinaria de primer orden. Su particularidad con respecto al ejemplo anterior es que se impone una condición inicial $y(1) = 2$. La ecuación diferencial puede escribirse como

$$\frac{dy}{dx} = \frac{y}{x}$$

se pueden separar a cada lado de la igualdad las variables x e y

$$\frac{dy}{y} = \frac{dx}{x}$$

e integrando ambos lados

$$\int \frac{dy}{y} = \int \frac{dx}{x} \quad \Rightarrow \quad \ln|y| = \ln|x| + K$$

y despejando y, se obtiene la solución general de la ecuación diferencial

$$y = Cx$$

Tal y como se muestra en la figura 6.2, la solución hallada corresponde a una familia de rectas. Cada una de ellas es una solución particular de la ecuación diferencial. Para obtener la solución particular correspondiente a la condición inicial $y(1) = 2$, que proporciona el enunciado del problema, hay que imponer que se cumpla dicha condición y hallar el valor de la constante. Así pues, dado que $y(1) = 2$, se tiene que

$$2 = C \cdot 1 \quad \Rightarrow \quad C = 2$$

Y la solución particular es

$$y = 2x$$

6.2.2. Ecuaciones diferenciales de variables separables

Definición 88 (Ecuaciones diferenciales de variables separables). Son aquellas ecuaciones diferenciales de primer orden en las que se pueden separar las variables con sus respectivos diferenciales, $f_1(y)dy = f_2(x)dx$.

La solución se obtiene de forma inmediata integrando ambos lados de la igualdad:

$$\int f_1(y)dy = \int f_2(x)dx + C$$

Ejemplo 128. Resolver la ecuación diferencial: $y' + 4x^3y^2 = 0$

Solución

Se trata de una ecuación de variables separables

$$\frac{dy}{y^2} = -4x^3 dx$$

Al integrar ambos miembros se obtiene la solución general

$$\int \frac{dy}{y^2} = \int -4x^3 dx \quad \Rightarrow \quad -\frac{1}{y} = -x^4 + C$$

Finalmente,

$$y = \frac{1}{x^4 - C}$$

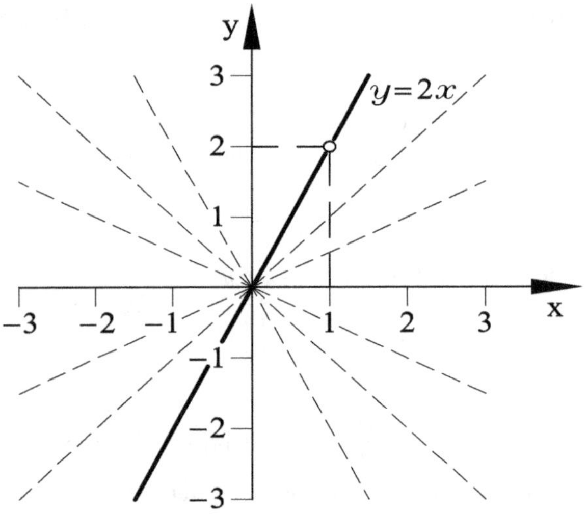

Figura 6.2. *Representación de la solución general y particular de la ecuación diferencial del ejemplo 127*

6.2.3. Ecuaciones diferenciales de primer orden lineales

Definición 89 (Ecuación diferencial de primer orden lineal). Es una ecuación diferencial que puede escribirse de la siguiente forma

$$\frac{dy}{dx} + P(x)y = Q(x) \tag{6.4}$$

Si el segundo miembro Q(x) es nulo para cualquier valor de x del intervalo en el que considera la ecuación, se dice que la ecuación diferencial de primer orden lineal es **homogénea**; en caso contrario, se dice que es **no homogénea**.

A continuación se deducirá una fórmula para la solución general. Dicho procedimiento recibe el nombre de **método de Lagrange o de variación de la constante** y consta de los siguientes pasos:

1. Resolver la ecuación diferencial de primer orden lineal homogénea

$$\frac{dy}{dx} + P(x)y = 0$$

   que no es más que una ecuación de variables separables cuya solución general es $y = Ke^{-\int P(x)dx}$, donde K es la constante de integración.

2. Suponer que K es una función de x, que se designará por $K(x)$ y que se determinará con la condición de que la solución hallada en el paso anterior, pero con $K(x)$, sea solución de la ecuación de partida. Es decir, la función $y = K(x)e^{-\int P(x)dx}$ y su derivada respecto x:

$$\frac{dy}{dx} = K'(x)e^{-\int P(x)dx} - K(x)P(x)e^{-\int P(x)dx}$$

verificarán la ecuación inicial, por tanto,

$$\frac{dy}{dx} = K'(x)e^{-\int P(x)dx} - K(x)P(x)e^{-\int P(x)dx} + P(x)K(x)e^{-\int P(x)dx} = Q(x)$$

$$K'(x)e^{-\int P(x)dx} = Q(x)$$

De manera que

$$K(x) = \int e^{\int P(x)dx} Q(x)dx + C$$

3. Sustituir este valor de $K(x)$ en la solución de la homogénea obtenida en el primer paso, obteniendo la solución general de la ecuación diferencial de primer orden lineal

$$y = e^{-\int P(x)dx}\left[\int e^{\int P(x)dx} Q(x)dx + C\right] \tag{6.5}$$

Ejemplo 129. Resolver la ecuación diferencial: $y' - \dfrac{1}{x}y = x\cos x$

Solución

Aplicando la expresión dada por la ecuación 6.5 y teniendo en cuenta que $P(x) = -\dfrac{1}{x}$ y $Q(x) = x\cos x$, se obtiene

$$y = e^{\int \frac{1}{x}dx}\left[\int e^{-\int \frac{1}{x}dx} x\cos x dx + C\right]$$

Efectuándose los cálculos implicados en esta expresión

$$e^{\int \frac{1}{x}\,dx} = e^{\ln x} = x$$

$$\int e^{-\int \frac{1}{x}\,dx} x\cos x\,dx = \int e^{-\ln x} x\cos x\,dx = \int \frac{1}{x}x\cos x\,dx = \int \cos x\,dx = \text{sen } x$$

finalmente se llega a la solución

$$y(x) = x\,\text{sen } x + Cx$$

6.2.4. Problemas de modelado

A continuación se consideran diversas aplicaciones de las ecuaciones diferenciales de primer orden a la resolución de diversos problemas de la ciencia y de la técnica. Es importante observar cómo a partir de la ley física correspondiente al fenómeno o dispositivo objeto de estudio, se formula la ecuación diferencial que lo rige, para posteriormente resolverla y hallar la solución del problema.

I. Ley de enfriamiento de Newton: Cuando la diferencia de temperaturas entre un cuerpo (T) y su medio ambiente (T_a) no es demasiado grande, el calor transferido en la unidad de tiempo hacia el cuerpo o desde el cuerpo es aproximadamente proporcional a la diferencia de temperaturas entre el cuerpo y el medio externo.

Ejemplo 130. Una taza de té cuya temperatura es de $T_0 = 90°C$ se deja en el salón cuya temperatura constante es de $T_a = 22°C$. Tres minutos después, su temperatura es de $80°C$. ¿Cuánto tiempo hay que esperar para que su temperatura sea de $50°C$?

Solución

Aplicando la ley de enfriamiento de Newton, se puede formular la siguiente ecuación diferencial:

$$\frac{dT}{dt} = -\alpha(T - T_a) \tag{6.6}$$

donde α es una constante de proporcionalidad. Es fácil llegar a su solución general por tratarse de una ecuación diferencial de variables separables

$$\int \frac{dT}{T - T_a} = \int -\alpha dt \quad \Rightarrow \quad \ln|T - T_a| = -\alpha t + K \quad \Rightarrow \quad T - Ta = \pm e^K \cdot e^{-\alpha t}$$

Así pues, poniendo $C = \pm e^K$ se tiene que

$$T = T_a + Ce^{-\alpha t}$$

donde C es una constante de integración. Dado que se conoce el valor de la condición inicial $T(0) = T_0$, se puede hallar el valor de C

$$T_0 = T_a + C \quad \Rightarrow \quad C = T_0 - T_a$$

y obtener la solución particular

$$T = T_a + (T_0 - T_a)e^{-\alpha t}$$

Teniendo en cuenta los valores numéricos que facilita el enunciado del problema: $T_a = 22°, T_0 = 90°$, se tiene

$$T = 22 + 68e^{-\alpha t}$$

Puede hallarse el valor del parámetro α teniendo en cuenta el resto de de datos que nos da el enunciado del problema, es decir, que tarda 3 minutos en enfriase hasta $80°$, por tanto,

$$80 = 22 + 68e^{-3\alpha} \quad \Rightarrow \quad \alpha = -\frac{1}{3}\ln\left(\frac{80 - 22}{68}\right) \approx 0{,}053 \; min^{-1}$$

De manera que

$$T = 22 + 68e^{-0{,}053t}$$

Por último, para que su temperatura sea de $50°$, el tiempo que deberá pasar será

$$50 = 22 + 68e^{-0{,}053t} \quad \Rightarrow \quad t = -\frac{1}{0{,}053}\ln\left(\frac{50 - 22}{68}\right) \approx 16{,}74 \; min$$

II. Cuerpo en caída libre En el siguiente ejemplo, se va a aplicar la segunda ley de Newton bajo diversas hipótesis, para establecer un modelo matemático para la velocidad de un objeto que se deja caer cerca de la superficie terrestre.

Ejemplo 131. Se deja caer un objeto de masa m en las proximidades de la superficie terrestre. Suponiendo que la fuerza de fricción es proporcional a la velocidad, se desea conocer la velocidad del objeto en función del tiempo, $v(t)$.

Solución

Para un cuerpo que cae cerca de la superficie terrestre, la fuerza total que actúa sobre el mismo estará compuesta por dos fuerzas contrarias:

- La atracción debida a la gravedad, $\vec{F} = m\vec{g}$, donde $\vec{g}$ es la aceleración de la gravedad, que se supondrá constante, ya que se se supone el cuerpo próximo a la superficie.

- La fuerza de fricción debida a la resistencia del aire, $\vec{F}_r = -\alpha v$, donde se supone que es proporcional a la velocidad. Esta constante de proporcionalidad α se llama *coeficiente de arrastre* y, en general, depende de las características del cuerpo.

Aplicando la segunda ley de Newton se tiene

$$m\frac{dv}{dt} = mg - \alpha v \quad \Rightarrow \quad \frac{dv}{dt} + \frac{\alpha}{m}v = g \tag{6.7}$$

Es una ecuación diferencial lineal de primer orden no homogénea, cuya solución se obtiene mediante la relación 6.5 con $P(t) = \alpha/m$ y $Q(t) = g$. Pero es de observar que en este caso, la ecuación diferencial planteada también es de variables separables, ya que, llamando $a = \alpha/m$, puede ser escrita de la forma

$$\frac{dv}{g - av} = dt$$

Integrando ambos lados

$$\int \frac{dv}{g - av} = \int dt \quad \Rightarrow \quad \ln(g - av) - \ln C = -at$$

se tiene

$$g - va = Ce^{-at} \quad \Rightarrow \quad v = \frac{1}{a}\left(g - Ce^{-at}\right)$$

Finalmente, deshaciendo el cambio $a = \alpha/m$, se obtiene la solución

$$v = \frac{m}{\alpha}\left(g - Ce^{-\frac{\alpha}{m}t}\right)$$

En el enunciado se habla de *caída libre* del objeto, por tanto puede suponerse que en el instante inicial $t = 0$ su velocidad inicial es $v = 0$. Teniendo en cuenta estas condiciones iniciales, puede hallarse el valor de la constante C

$$0 = \frac{m}{\alpha}(g - C) \quad \Rightarrow \quad C = g$$

y obtener la solución particular de la ecuación diferencial planteada, que dará la evolución de la velocidad de caída del objeto en función del tiempo

$$v(t) = \frac{gm}{\alpha}\left(1 - e^{-\frac{\alpha}{m}t}\right) \tag{6.8}$$

III. Circuitos eléctricos simples Sea un circuito eléctrico formado por una fuente de fuerza electromotriz, f.e.m. (E), un resistor de resistencia (R) y un inductor con inductancia (L) tal y como se muestra en la figura 6.3.

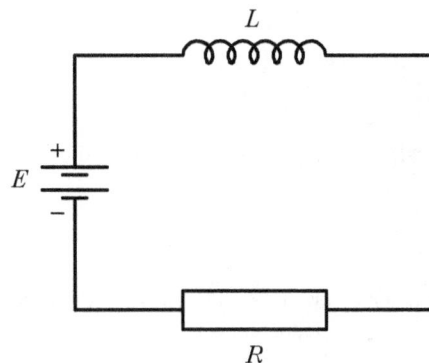

Figura 6.3. *Circuito simple compuesto por una fuente de f.e.m., un resistor y un inductor*

A partir de las leyes de Kirchhoff se puede establecer un modelo sobre el comportamiento del circuito en forma de ecuación diferencial de primer orden.

Ejemplo 132. Se considera el circuito simple representado en la figura 6.3. Si en el instante $t = 0$ circula una intensidad I_0, ¿cuál es la evolución de la intensidad con el tiempo, $I(t)$?

Solución

Analizando cada elemento que forma el circuito, se tiene:

- La fuente de fuerza electromotriz (f.e.m.), E, produce una corriente eléctrica I, que circula por el circuito.

- La resistencia, R se opone al paso de corriente produciendo una caída en la f.e.m. dada por la ley de Ohm, $E_R = RI$.

- Las variaciones de intensidad en un circuito con autoinducción originan variaciones en el campo magnético creado por él, las cuales a su vez originan una f.e.m. inducida que se opone a la variación de la intensidad y que es proporcional a dicha variación: $E_L = -L\dfrac{dI}{dt}$.

Estos elementos actúan de acuerdo con la ley de Kirchhoff, según la cual la suma de las f.e.m entorno a un circuito cerrado es cero:

$$L\frac{dI}{dt} + RI = E \qquad (6.9)$$

Se trata de una ecuación diferencial de primer orden de variables separables,

$$\frac{dI}{E - RI} = \frac{1}{L}dt,$$

de solución general

$$I = \frac{E}{R} - \frac{C}{R}e^{-\frac{R}{L}t}$$

El enunciado del problema proporciona una condición incial que pemitirá determinar el valor de la constante de integración C, y por tanto, determinar la solución particular deseada

$$I(t = 0) = I_0 \quad \Rightarrow \quad I_0 = \frac{E}{R} - \frac{C}{R}$$

Despejando C,

$$C = E - RI_0$$

y sustituyéndola en la solución general, se llega al modelo matemático del circuito

$$I = \frac{E}{R} + \left(I_0 - \frac{E}{R}\right)e^{-\frac{R}{L}t} \qquad (6.10)$$

Observar que si la fuente de energía produce una f.e.m. dependiente del tiempo, $E(t)$, entonces la ecuación diferencial no es de variables separables. Se puede resolver viendo que es lineal de primer orden.

6.3. Ecuaciones diferenciales de segundo orden

Las ecuaciones diferenciales de orden dos son aquellas en las que aparece la derivada segunda de la función incógnita, pero no las derivadas de orden superior a dos. Para la ingeniería, las más importantes son las lineales con coeficientes constantes.

Definición 90. Se dice que una ecuación diferencial es lineal de segundo orden homogénea con coeficientes constantes si

$$y'' + a_1 y' + a_2 y = 0 \tag{6.11}$$

donde y es la función incógnita, a_1 y a_2 son constantes reales.

Utilizando el operador diferencial D y sus propiedades de linealidad, la ecuación diferencial 6.11 puede expresarse de la siguiente forma

$$(D^2 + a_1 D + a_2)y = 0$$

La ecuación $D^2 + a_1 D + a_2 = 0$ recibe el nombre de **ecuación característica** y, según sean sus raíces, pueden presentarse los tres casos siguientes:

1. **Raíces reales y distintas:** $s_1 \neq s_2$. En este caso, se puede demostrar que la solución general es:

$$y = C_1 e^{s_1 x} + C_2 e^{s_2 x}$$

   donde C_1 y C_2 son constantes de integración.

   Ejemplo 133. Integrar la ecuación diferencial:

$$\frac{d^2 y}{dx^2} + 3\frac{dy}{dx} - 10y = 0$$

   Solución
   La ecuación característica es $D^2 + 3D - 10 = 0$, cuyas raíces son $s_1 = 2$, $s_2 = -5$. Por tanto, la solución general será

$$y = C_1 e^{2x} + C_2 e^{-5x}$$

2. **Raíces reales e iguales:** $s_1 = s_2 = s$. En este caso, se demuestra que la solución general es:

$$y = (C_1 x + C_2)e^{sx}$$

   Ejemplo 134. Integrar la ecuación diferencial:

$$\frac{d^2 y}{dx^2} - 10\frac{dy}{dx} + 25y = 0$$

   Solución
   La ecuación característica es $D^2 - 10D + 25 = 0$, cuyas raíces son $s_1 = s_2 = 5$. Por tanto, la solución general será

$$y = (C_1 x + C_2)e^{5x}$$

3. **Raíces complejas:** $s_1 = \alpha + i\beta$, $s_2 = \alpha - i\beta$. En este caso, se demuestra que la solución general es:

$$y = e^{\alpha x}\left[A\cos(\beta x) + B\,\text{sen}(\beta x)\right]$$

   Ejemplo 135. Integrar la ecuación diferencial:

$$\frac{d^2 y}{dx^2} - 6\frac{dy}{dx} + 34y = 0$$

   Solución
   La ecuación característica es $D^2 - 6D + 34 = 0$, cuyas raíces son $s_1 = 3 + 5\,i$, $s_2 = 3 - 5\,i$. Por tanto, la solución general será

$$y = e^{3x}\left[A\cos(5x) + B\,\text{sen}(5x)\right]$$

6.3.1. Ecuaciones diferenciales lineales de segundo orden no homogéneas con coeficientes constantes

Sea una ecuación diferencial lineal de segundo orden no homogénea con coeficientes constantes:

$$y'' + a_1 y' + a_2 y = f(x) \tag{6.12}$$

Sea $y = y_p(x)$ una solución particular de la ecuación diferencial 6.12 y sea $y_h(x)$ la solución de la ecuación diferencial homogénea

$$y_h'' + a_1 y_h' + a_2 y_h = 0 \tag{6.13}$$

Entonces, la solución general de la ecuación 6.12 es

$$y = y_p + y_h$$

Se puede comprobar que $y_p + y_h$ es realmente solución de 6.12. En efecto, siendo y_p una solución particular, se tiene que

$$y_p'' + a_1 y_p' + a_2 y = f(x)$$

Ahora,

$$(y_p + y_h)'' + a_1(y_p + y_h)' + a_2(y_p + y_h) = (y_p'' + a_1 y_p' + a_2) + (y_h'' + a_1 y_h' + a_2) = f(x)$$

Así pues, la solución general de la ecuación diferencial 6.12 puede obtenerse como la suma de la solución de la ecuación homogénea correspondiente, más una solución particular. En el apartado anterior se ha estudiado la resolución de la ecuación homogénea. A continuación se estudiarán un par de métodos para poder hallar una solución particular.

I. Método de los coeficientes indeterminados Consiste en proponer una solución particular $y_p(x)$ con aspecto similar a la función $f(x)$ y que incluya unos **coeficientes** desconocidos, que se determinarán al sustituir esa solución particular elegida en la ecuación diferencial que se desea resolver.

Según sea la función $f(x)$,se distinguirán distintas propuestas para la solución particular, $y_p(x)$.

(a) $f(x) = B_n x^n + B_{n-1} x^{n-1} + \ldots + B_0$. Teniendo en cuenta que las derivadas de una función polinómica siguen siendo funciones polinómicas, se propone una solución particular de la forma:[1]

$$y_p = A_n x^n + A_{n-1} x^{n-1} + \ldots + A_0$$

siendo los $A_i, i = 1, n$ los coeficientes a determinar.

(b) $f(x) = Ke^{\alpha x}$ con K constante. Puesto que las derivadas de funciones exponenciales son también funciones exponenciales, la solución particular propuesta será de la forma:[2]

$$y_p = Ae^{\alpha x}$$

siendo A el coeficiente a determinar.

(c) $f(x) = e^{\alpha x} P(x)$ donde $P(x)$ es un polinomio de grado n. En este caso, se propone como solución particular:[3]

$$y_p = e^{\alpha x}(A_n x^n + A_{n-1} x^{n-1} + \ldots + A_0)$$

siendo los $A_i, i = 1, n$ los coeficientes a determinar.

---

[1] Si el coeficiente de la ecuación diferencial $a_2 = 0$, entonces la solución particular propuesta deberá ser un polinomio de grado $n + 1$.

[2] Si α es raíz de la ecuación característica, entonces el método no funciona, ya que no puede determinarse el valor de A.

[3] Si α es raíz de la ecuación característica, entonces el polinomio de la solución particular hay que tomarlo de grado $n + 1$, y si es raíz doble, de grado $n + 2$.

(d) $f(x) = M \operatorname{sen} mx + N \cos mx$ con M y N constantes. Teniendo en cuenta que la derivada del seno es el coseno y viceversa, la integral particular se toma de la forma

$$y_p = A \operatorname{sen} mx + B \cos mx$$

siendo A y B los coeficientes a determinar.

(e) $f(x) = \sum_{i=1}^{l} g_i(x)$, donde cada $g_i(x)$ es una función de alguno de los tipos anteriores para $f(x)$. Entonces, se elige para y_p una suma de las soluciones particulares correspondientes a cada $g_i(x)$.

Ejemplo 136. Resolver la ecuación diferencial:

$$y'' + 4y = 8x^2$$

Solución

- Solución de la ecuacion diferencial homogénea $y_h'' + 4y_h = 0$. Primero se resuelve la ecuación característica

$$D^2 + 4 = 0 \quad \Rightarrow \quad s_1 = 2i, \quad s_2 = -2i$$

Raíces complejas, por tanto, $y_h = A \cos 2x + B \operatorname{sen} 2x$.

- Solución particular de la ecuación diferencial no homogénea mediante el método de los coeficientes indeterminados. Teniendo en cuenta que $f(x) = x^2$, se buscará una solución particular de la forma:

$$y_p = A_2 x^2 + A_1 x + A_0$$

Entonces, $y_p' = 2A_2 x + A_1$, $y_p'' = 2A_2$. Al llevar a cabo su sustitución en la ecuación diferencial completa, se obtiene

$$2A_2 + 4(A_2 x^2 + A_1 x + A_0) = 8x^2$$

Igualando los coeficientes de x^2, x, x^0, resulta el siguiente sistema de ecuaciones lineales:

$$\begin{cases} 4A_2 = 8 \\ 4A_1 = 0 \\ 2A_2 + 4A_0 = 0 \end{cases}$$

cuya solución es: $A_2 = 2$, $A_1 = 0$, $A_0 = -1$. Por tanto, la solución particular es:

$$y_p = 2x^2 - 1$$

- Solución general de la ecuación diferencial es

$$y = y_h + y_p = A \cos 2x + B \operatorname{sen} 2x + 2x^2 - 1$$

Ejemplo 137. Resolver la ecuación diferencial:

$$y'' + 2y' + 5y = \operatorname{sen} 2x + 16e^x$$

Solución

- Solución de la ecuacion diferencial homogénea $y_h'' + 2y_h' + 5y_h = 0$. En primer lugar se resuelve la ecuación característica
$$D^2 + 2D + 5 = 0 \quad \Rightarrow \quad s_1 = -1 + 2i, \quad s_2 = -1 - 2i$$
Raíces complejas, por tanto, $y_h = e^{-x}(A \cos 2x + B \operatorname{sen} 2x)$.

- Solución particular de la ecuación diferencial no homogénea aplicando el método de los coeficientes indeterminados. En esta ocasión, dado que $f(x) = \text{sen}\, 2x + 16e^x$, se buscará una solución particular de la forma:

$$y_p = M \cos 2x + N \,\text{sen}\, 2x + Ae^x$$

Entonces, $y_p' = -2M \,\text{sen}\, 2x + 2N \cos 2x + Ae^x$, $y_p'' = -4M \cos 2x - 4N \,\text{sen}\, 2x + Ae^x$. Al sustituir y_p, y_p', y_p'' en la ecuación diferencial completa, se obtiene

$$(-4M + 4N + 5M) \cos 2x + (-4N - 4M + 5N) \,\text{sen}\, 2x + 8Ae^x = \text{sen}\, 2x + 16e^x$$

Igualando los coeficientes de $\cos 2x$, $\text{sen}\, 2x$, e^x, resulta el siguiente sistema de ecuaciones lineales:

$$\begin{cases} M + 4N = 0 \\ -4M + N = 1 \\ 8A = 16 \end{cases}$$

cuya solución es: $M = -4/17, N = 1/17, A = 2$. Por tanto, la solución particular es:

$$y_p = -\frac{4}{17} \cos 2x + \frac{1}{17} \,\text{sen}\, 2x + 2e^x$$

- Solución general de la ecuación diferencial completa

$$y = y_h + y_p = e^{-x}(A \cos 2x + B \,\text{sen}\, 2x) - \frac{4}{17} \cos 2x + \frac{1}{17} \,\text{sen}\, 2x + 2e^x$$

Observacion: Notar que el caso c) $f(x) = P(x)e^{\alpha x}$ contiene los casos (a) y (b):

- a) cuando $e^{\alpha x} = 1$, o sea, $\alpha = 0$

- b) cuando $P(x) = K$

Por tanto, los problemas comentados anteriormente en los puntos 1, 2 y 3 a pie de página, se reducen al caso en que α sea raíz de la ecuación característica. En tal caso, deberá tomarse en la solución particular un polinomio de grado $n + 1$, si α es raíz simple, y $n + 2$ en el caso de raíz doble.

Ejemplo 138. Resolver la ecuación diferencial:

$$y'' + y' - 2y = xe^{-2x}$$

Solución

- Solución de la ecuacion diferencial homogénea $y'' + y' - 2y = 0$. En primer lugar hallamos las raíces de la ecuación característica

$$D^2 + D - 2 = 0 \quad \Rightarrow \quad s_1 = 1, s_2 = -2$$

Raíces reales y diferentes, por tanto, $y_h = C_1 e^x + C_2 e^{-2x}$.

- Solución particular de la ecuación diferencial. Ahora se tiene el caso en que $f(x) = P(x)e^{\alpha x}$ con $P(x) = x$ y $\alpha = -2$. Dado que el valor de una de las raíces de la ecuación característica coincide con el valor de $\alpha = -2$, para la solución particular se propone el producto de e^{-2x} con un polinomio con un grado superior a $P(x) = x$, es decir, un polinomio de grado 2:

$$y_p = (Ax^2 + Bx + C)e^{-2x}$$

Hallando los coeficientes de forma similar a la de los ejemplos anteriores, se obtiene:

$$y_p = -\frac{1}{18}(3x^2 + 2x)e^{-2x}$$

- Solución general de la ecuación completa

$$C_1 e^x + C_2 e^{-2x} - \frac{1}{18}(3x^2 + 2x)e^{-2x}$$

Tal y como se ha visto, el método expuesto en este apartado es simple y, como se verá más adelante, tiene importantes aplicaciones en la ingeniería. Sin embargo, sólo puede aplicarse a ecuaciones con coeficientes constantes con funciones $f(x)$ tales que sus derivadas sucesivas siguen un modelo de derivadas cíclico. Para otro tipo de funciones, como por ejemplo $1/x$ o $\operatorname{tg} x$, es necesario otro método para poder hallar la solución particular, como el que se presenta en el siguiente apartado.

II. Método de variación de las constantes Este método consiste en suponer que la solución particular $y_p(x)$ tiene un aspecto parecido al de la solución de la ecuación homogénea, $y_h(x)$, excepto en las constantes de integración, que se supondrá que son funciones de x, de manera que

$$y_p = C_1(x)y_1(x) + C_2(x)y_2(x)$$

donde y_1 e y_2 son las dos soluciones independientes de la ecuación homogénea. Derivando esta solución particular respecto x, se tiene

$$y_p' = C_1 y_1' + C_2 y_2' + C_1' y_1 + C_2' y_2$$

y escogiendo las funciones $C_1(x)$ y $C_2(x)$ de modo que se verifique que $C_1' y_1 + C_2' y_2 = 0$, se tiene que

$$y_p' = C_1 y_1' + C_2 y_2'$$

y derivando de nuevo esta expresión, obtenemos la segunda derivada de y_p

$$y_p'' = C_1 y_1'' + C_2 y_2'' + C_1' y_1' + C_2' y_2'$$

Sustituyendo y_p, y_p', y_p'' en la ecuación diferencial de partida 6.12, se tiene

$$C_1 y_1'' + C_2 y_2'' + C_1' y_1' + C_2' y_2' + a_1(C_1 y_1' + C_2 y_2') + a_2(C_1 y_1 + C_2 y_2) = f(x)$$

agrupando términos,

$$C_1(y_1'' + a_1 y_1' + a_2 y_1) + C_2(y_2'' + a_1 y_2' + a_2 y_2) + C_1' y_1' + C_2' y_2' = f(x)$$

y teniendo en cuenta que las funciones $y_1(x)$ e $y_2(x)$ son soluciones particulares de la ecuación diferencial homogénea, la expresión anterior se simplifica en la forma

$$C_1' y_1' + C_2' y_2' = f(x).$$

Así pues, las dos condiciones para hallar $C_1(x)$ y $C_2(x)$ son:

$$\begin{cases} C_1' y_1 + C_2' y_2 = 0 \\ C_1' y_1' + C_2' y_2' = f(x) \end{cases} \tag{6.14}$$

Habrá que resolver este sistema de ecuaciones y, una vez despejadas C_1' y C_2', integrarlas para hallar $C_1(x)$ y $C_2(x)$.

Ejemplo 139. Resolver la ecuación diferencial:

$$y'' - 2y' + y = \frac{e^x}{2x}$$

Solución

- Solución de la ecuacion diferencial homogénea $y'' - 2y' + y = 0$. En primer lugar hallamos las raíces de la ecuación característica

$$D^2 - 2D + 1 = 0 \quad \Rightarrow \quad s_1 = s_2 = 1$$

Raíces reales e iguales por tanto, $y_h = C_1 e^x + C_2 x e^x$.

- Solución particular de la ecuación diferencial no homogénea mediante el método de variación de las constantes. Aplicando las condiciones del sistema de ecuaciones 6.14, teniendo en cuenta que ahora $y_1(x) = e^x$ e $y_2(x) = x e^x$

$$\begin{cases} C_1' e^x + C_2' x e^x = 0 \\ C_1' e^x + C_2'(x e^x + e^x) = \dfrac{e^x}{2x} \end{cases}$$

Restando la segunda ecuación de la primera, se tiene $C_2' = 1/2x$, y sustituyendo en la primera ecuación resulta $C_1' = -1/2$. Finalmente, integrando se obtienen $C_1(x)$ y $C_2(x)$:

$$C_1 = \int -\frac{1}{2}\,dx = -\frac{x}{2}; \qquad C_2 = \frac{1}{2}\int \frac{1}{x}\,dx = \frac{1}{2}\ln|x|$$

Así pues, la solución particular es

$$y_p = -\frac{1}{2}x e^x + x e^x \ln\sqrt{|x|}$$

- Solución general de la ecuación diferencial. Una vez halladas la solución general de la homogénea y una solución particular de la no homogénea, la solución general de la ecuación diferencial es

$$y = y_h + y_p = K_1 e^x + K_2 x e^x - \frac{1}{2}x e^x + x e^x \ln\sqrt{|x|}$$

donde K_1 y K_2 son constantes de integración.

6.3.2. Problemas de modelado

I. Movimiento armónico amortiguado

En el ejemplo 6.1 se ha supuesto que el movimiento de la masa se llevaba a cabo en el vacío. Sin embargo, puede hacerse más realista considerando que el medio donde se mueve el muelle (aire, agua, etc.) tiene una determinada viscosidad que producirá una fuerza de amortiguamiento, F_a. Suponiendo que esta fuerza de amortiguamiento se opone al movimiento con una magnitud proporcional a la velocidad, es decir,

$$F_a = -c\frac{dy}{dt}$$

la ecuación diferencial toma la forma

$$m\frac{d^2y}{dt^2} = F_r + F_a \quad \Rightarrow \quad \frac{d^2y}{dt^2} + \frac{c}{m}\frac{dy}{dt} + \frac{k}{m}y = 0$$

Llamando $c/m = 2b$ y $k/m = a^2$, la ecuación diferencial anterior puede escribirse

$$\frac{d^2y}{dt^2} + 2b\frac{dy}{dt} + a^2 y = 0$$

Se consideran las condiciones iniciales $y(0) = y_0$, $y'(0) = 0$. De nuevo se trata de una ecuación diferencial lineal de segundo orden con coeficientes constantes homogénea. Por tanto, su solución dependerá de la naturaleza de las raíces de su ecuación característica

$$D^2 + 2bD + a^2 = 0 \quad \Rightarrow \quad s_1 = -b + \sqrt{b^2 - a^2}, \quad s_2 = -b - \sqrt{b^2 - a^2}$$

En esta ocasión habrá que estudiar los tres casos por separado.

- *Raíces reales y distintas:* si $b^2 - a^2 > 0 \Rightarrow b > a$. Puede interpretarse como que la fuerza de amortiguamiento debida a la viscosidad del medio es grande en comparación con la rigidez del muelle. La solución general será $y = C_1 e^{s_1 t} + C_2 e^{s_2 t}$. Aplicando las condiciones iniciales determinando C_1 y C_2, resulta

$$y = \frac{y_0}{s_1 - s_2} \left(s_1 e^{s_2 t} - s_2 e^{s_1 t} \right)$$

Este tipo de movimiento se denomina **movimiento sobreamortiguado** En este movimiento no hay ninguna vibración (ya que no hay términos en seno o coseno) y el muelle tiende a regresar a su posición de equilibrio.

- *Raíces reales e iguales:* si $b^2 - a^2 = 0 \Rightarrow a = b$. En este caso, la solución general es $C_1 e^{-at} + C_2 t e^{-at}$, e imponiendo las condiciones iniciales, una vez hallado el valor de C_1 y C_2, la ecuación del movimiento de la masa es

$$y = y_0 e^{-at}(1 + at)$$

Tampoco ahora el movimiento es vibratorio, denominándose **movimiento críticamente amortiguado**.

- *Raíces complejas:* si $b^2 - a^2 < 0 \Rightarrow a > b$. Las raíces suelen escribirse de la forma: $s_1 = -b + i\alpha$, $s_2 = -b - i\alpha$ donde $\alpha = \sqrt{a^2 - b^2}$. Ahora la solución general será $e^{-bt}(C_1 \cos \alpha t + C_2 \operatorname{sen} \alpha t)$. Aplicando las condiciones iniciales, se determinan los valores de C_1 y C_2 y el movimiento de la masa viene dado por

$$y = \frac{y_0}{\alpha} e^{-bt} \left(\alpha \cos \alpha t + b \operatorname{sen} \alpha t \right)$$

Esta ecuación describe un movimiento oscilatorio cuya amplitud decrece exponencialmente. El movimiento no es estrictamente periódico, pero la masa m pasa por la posición de equilibrio a intervalos regulares. En este caso se habla de **movimiento vibratorio amortiguado**.

Todavía puede estudiarse un nuevo caso, que sería aquel en el que además de las anteriores fuerzas internas del sistema, actúa una fuerza externa, $F_e = f(t)$, sobre el cuerpo. Esta fuerza externa podría ser producida, por ejemplo, por vibraciones del soporte donde está sujeto el muelle. En este caso se habla de **movimiento vibratorio forzado** y la ecuación diferencial que se debe resolver será una ecuación diferencial lineal de segundo orden con coeficientes constantes no homogénea:

$$m\frac{d^2 y}{dt^2} + c\frac{dy}{dt} + ky = f(t), \tag{6.15}$$

que junto con las correspondientes condiciones inciales proporcionará la ecuación del movimiento.

II. Analogía con el estudio de circuitos
Sea el circuito eléctrico de la figura 6.4.

Si se considera una fuerza electromotriz periódica $E = E_0 \cos \omega t$, entonces la ecuación diferencial que describe la carga en función del tiempo es

$$L\frac{d^2 Q}{dt^2} + R\frac{dQ}{dt} + \frac{1}{C}Q = E_0 \cos \omega t \tag{6.16}$$

Comparando esta ecuación con la ecuación 6.15, puede apreciarse una gran similitud teniendo en cuenta las siguientes correspondencias: masa $(m) \leftrightarrow$ inductancia (L), viscosidad $(c) \leftrightarrow$ resistencia (R), constante del muelle $(k) \leftrightarrow$ inversa de la capacitancia $(1/C)$, desplazamiento $(y) \leftrightarrow$ carga (Q).

Esta analogía entre las ecuaciones diferenciales correspondientes a sistemas mecánicos y eléctricos permite establecer también algunas analogías interesantes en el comportamiento de dichos sistemas, *a priori*, diferentes.

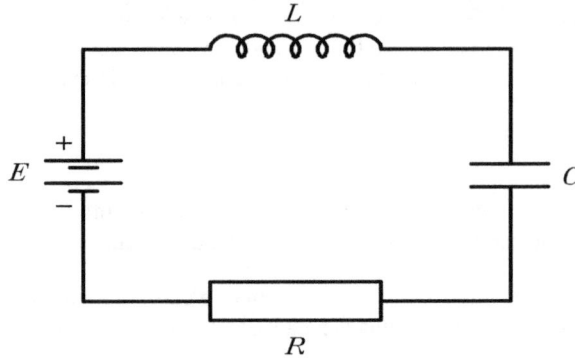

Figura 6.4. *Circuito RLC*

6.4. Sistemas de ecuaciones diferenciales

En algunas ocasiones se da la situación de que dos o más funciones de una misma variable deben satisfacer simultáneamente a otras tantas ecuaciones diferenciales en las que intervienen las derivadas de dichas funciones con respecto a la variable común. En dicho caso, debe resolverse un sistema de ecuaciones diferenciales.

Dado que un exhaustivo estudio de sistemas de ecuaciones diferenciales va más allá de los objetivos planteados en este texto, en el presente apartado únicamente se considerará el caso de un sistema de dos ecuaciones diferenciales de primer orden lineales con coeficientes constantes, es decir,

$$\begin{cases} a_1 \dfrac{dx}{dt} + b_1 \dfrac{dy}{dt} + c_1 x + d_1 y = f_1(t) \\ a_2 \dfrac{dx}{dt} + b_2 \dfrac{dy}{dt} + c_2 x + d_2 y = f_2(t) \end{cases}$$

El procedimiento general para la resolución de este tipo de sistemas consiste en eliminar una de las funciones incógnitas, así como sus derivadas. Al hacer esto, se obtiene una ecuación diferencial lineal de segundo orden con coeficientes constantes cuya resolución ya se ha estudiado en apartados anteriores.

Este procedimiento se simplifica considerablemente haciendo uso del operador diferencial $D = \frac{d}{dt}$ tal y como se ilustra en el siguiente ejemplo.

Ejemplo 140. Resolver el sistema de ecuaciones diferenciales:

$$\begin{cases} \dfrac{dx}{dt} + 2\dfrac{dy}{dt} - 3x + 4y = 2\,\mathrm{sen}\,t \\ 2\dfrac{dx}{dt} + \dfrac{dy}{dt} + 2x - y = \cos t \end{cases} \tag{6.17}$$

Resolución

Utilizando el operador diferencial $D = \frac{d}{dt}$ el sistema puede escribirse de la siguiente forma

$$\begin{cases} (D - 3)x + 2(D + 2)y = 2\,\mathrm{sen}\,t \\ 2(D + 1)x + (D - 1)y = \cos t \end{cases} \tag{6.18}$$

Operando la primera ecuación con $(D-1)$ y la segunda con $2(D+2)$ y restándolas, se consigue eliminar la función incógnita $y(t)$:

$$[(D-1)(D-3)-4(D+1)(D+2)]x = (D-1)2\operatorname{sen}t - 2(D+2)\cos t$$

Simplificando, se obtiene

$$-(3D^2 + 16D + 5)x = D(2\operatorname{sen}t) - 2\operatorname{sen}t - 2D(\cos t) - 4\cos t$$

Hallando las derivadas del lado derecho de la igualdad anterior, se llega a

$$(3D^2 + 16D + 5)x = 2\cos t$$

que no es más que la ecuación diferencial lineal de segundo orden con coeficientes constantes

$$3\frac{d^2x}{dt^2} + 16\frac{dx}{dt} + 5x = 2\cos t \tag{6.19}$$

Como ya se ha visto anteriormente, en primer lugar se resuelve la ecuación diferencial homogénea a partir de las raíces de la ecuación característica

$$3D^2 + 16D + 5 = 0 \quad \Rightarrow \quad s_1 = -5; \quad s_2 = -1/3$$

$$x_h = C_1 e^{-5t} + C_2 e^{-\frac{1}{3}t}$$

A continuación se buscará una solución particular mediante el método de los coeficientes indeterminados. Se propone una solución de la forma

$$x = A\cos t + B\operatorname{sen}t$$

derivándola dos veces

$$x' = -A\operatorname{sen}t + B\cos t$$

$$x'' = -A\cos t - B\operatorname{sen}t$$

sustituyendo en la ecuación 6.19 y simplificando se llega a

$$(2A + 16B)\cos t + (-16A + 2B)\operatorname{sen}t = 2\cos t$$

e igualando coeficientes

$$\begin{cases} 2A + 16B = 2 \\ -16A + 2B = 0 \end{cases}$$

cuya solución es: $A = \frac{1}{65}$, $B = \frac{8}{65}$. Por tanto, la solución particular es:

$$x_p = \frac{1}{65}\cos t + \frac{8}{65}\operatorname{sen}t$$

y la solución general

$$x(t) = C_1 e^{-5t} + C_2 e^{-\frac{1}{3}t} + \frac{1}{65}\cos t + \frac{8}{65}\operatorname{sen}t$$

Todavía falta por hallar la otra función incógnita, $y(t)$. Para ello se puede repetir el proceso anterior, pero eliminando $x(t)$, lo cual se consigue operando la primera ecuación del sistema por $2(D+1)$ y la segunda por $(D-3)$ y restándolas. Así se obtiene la siguiente ecuación diferencial lineal de segundo orden con coeficientes constantes para $y(t)$:

$$3\frac{d^2y}{dt^2} + 16\frac{dy}{dt} + 5y = 7\cos t + 5\operatorname{sen}t \tag{6.20}$$

Puede observarse que la ecuación característica es igual que la hallada para la ecuación diferencial de la función $x(t)$, es decir, $3D^2 + 16D + 5 = 0$, por lo que la solución de la ecuación diferencial homogénea es

$$y_h = C_1 e^{-5t} + C_2 e^{-\frac{1}{3}t}$$

Para hallar una solución particular se utilizará de nuevo el método de los coeficientes indeterminados. También ahora se propone una solución de la forma

$$x = M \cos t + N \sin t$$

derivándola dos veces

$$x' = -M \sin t + N \cos t$$
$$x'' = -M \cos t - N \sin t$$

sustituyendo en la ecuación 6.20 y simplificando se llega al siguiente sistema de ecuaciones lineales

$$(2M + 16N) \cos t + (-16M + 2N) \sin t = 7 \cos t + 5 \sin t,$$

e igualando coeficientes

$$\begin{cases} 2M + 16N = 7 \\ -16M + 2N = 5 \end{cases}$$

cuya solución es: $M = \frac{-33}{130}, N = \frac{61}{130}$. Por tanto, la solución particular es:

$$y_p = \frac{-33}{130} \cos t + \frac{61}{130} \sin t$$

y la solución general

$$y(t) = C_1 e^{-5t} + C_2 e^{-\frac{1}{3}t} - \frac{33}{130} \cos t + \frac{61}{130} \sin t$$

Otra forma de proceder para hallar la función $y(t)$ sería la siguiente. Una vez hallada la función $x(t)$, se sustituye su expresión y el de su derivada en una de las ecuaciones del sistema. Así se obtiene una ecuación diferencial lineal de primer orden para la función $y(t)$, cuya resolución ya se ha estudiado anteriormente.

6.5. Problemas resueltos

PR 6.1. Dada la ecuación diferencial $(1 + e^x)y' = e^x/y$, hallar la solución particular que satisface la condición inicial $y(x = 0) = 1$.

Resolución
Se trata de una ecuación diferencial de variables separables, ya que puede escribirse de la forma

$$\frac{e^x}{1 + e^x} dx = y\, dy$$

Integrando ambos lados se llega a la solución general

$$\frac{y^2}{2} = \ln(1 + e^x) + C$$

Para hallar la solución particular, hay que imponer la condición inicial $y(0) = 1$, de manera que

$$\frac{1}{2} = \ln 2 + C$$

de donde se tiene que $C = \frac{1}{2} - \ln 2$. Por tanto, la solución particular es

$$y = \sqrt{2 \ln\left(1 + e^x\right) + 1 - 2\ln(2)}$$

dado que $y(0) > 0$.

```
>   eq_dif:=(1+exp(x))*diff(y(x),x)=exp(x)/y(x);
```

$$eq\_dif := \left(1 + e^x\right)\frac{d}{dx}y\left(x\right) = \frac{e^x}{y\left(x\right)}$$

```
>   # El comando dsolve permite hallar la solución de muchas edo's
>   dsolve({eq_dif,y(0)=1});
```

$$y\left(x\right) = \sqrt{2\,\ln\left(1 + e^x\right) + 1 - 2\,\ln\left(2\right)}$$

```
>   # Además Maple nos permite saber el tipo de ecuación diferencial
    #   con la que estamos tratando, cosa que es muy útil a la hora
    #   de resolverlas a mano
>   with(DEtools):
>   odeadvisor(eq_dif);
```

$$[\_separable]$$

```
>   eq_dif1:=(1+exp(x))*(diff(y(x), x)) -
    exp(x)/y(x)=0;
```

$$eq\_dif1 := \left(1 + e^x\right)\frac{d}{dx}y\left(x\right) - \frac{e^x}{y\left(x\right)} = 0$$

```
>   # Además podemos forzar a que nos de más información sobre como resuelve
    #   la ecuación diferencial antes de imponer la condición inicial
>   dsolve(eq_dif, [separable] , useInt);
```

$$\int \frac{e^x}{1 + e^x}dx - \int^{y(x)} \_ad\_a + \_C1 = 0$$

```
>   value(%);
```

$$\ln\left(1 + e^x\right) - 1/2\left(y\left(x\right)\right)^2 + \_C1 = 0$$

```
>   # Finalmente tenemos que imponer la condición inicial
    #   para determinar la constante _C1
>   subs(x=0,%);
```

$$\ln\left(1 + e^0\right) - 1/2\left(y\left(0\right)\right)^2 + \_C1 = 0$$

```
>   subs(y(0)=1,%);
```

$$\ln\left(2\right) - 1/2 + \_C1 = 0$$

```
>   solve(%,_C1);
```

$$-\ln\left(2\right) + 1/2$$

```
>   # El comando DEplot permite dibujar el campo de velocidades y la solución
>   DEplot( eq_dif,  y(x), x=0..100, [[ y(0) = 1 ]], y=-1..15, linecolour=red,
        color = blue, stepsize=.1,arrows=MEDIUM );
```

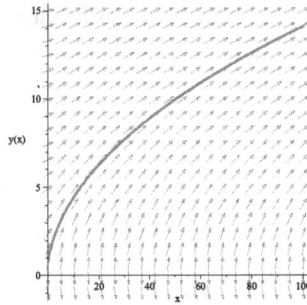

PR 6.2. Resolver la ecuación diferencial

$$\frac{dy}{dx} - y\cot x = 2x\operatorname{sen}x$$

Resolución

Se trata de una ecuación diferencial de primer orden lineal. Siguiendo el procedimiento explicado en la parte téorica, en primer lugar se resuelve la ecuación diferencial lineal homogénea correspondiente, que es de variables separables

$$\frac{dy}{dx} - y\cot x = 0 \quad \Rightarrow \quad \frac{dy}{y} = \frac{\cos x}{\operatorname{sen}x}dx$$

$$\ln|y| = \ln|\operatorname{sen}x| + \ln|C| \quad \Rightarrow \quad y = K\operatorname{sen}x$$

A continuación se supone que la constante K en realidad es una función de x, $K(x)$ de manera que $y' = K'(x)\operatorname{sen}x + K(x)\cos x$ y sustituyendo en la ecuación diferencial inicial, se tiene

$$K'(x)\operatorname{sen}x + K(x)\cos x - K(x)\cos x = 2x\operatorname{sen}x$$

$$K'(x) = 2x \quad \Rightarrow \quad K(x) = x^2 + C$$

Así pues, la solución general de la ecuación inicial propuesta es

$$y = x^2\operatorname{sen}x + C\operatorname{sen}x$$

```
>   eq_dif:=diff(y(x),x)-y(x)*cot(x)=2*x*sin(x);
```

$$eq\_dif := \frac{d}{dx}y(x) - y(x)\cot(x) = 2x\sin(x)$$

```
>   dsolve(eq_dif);
```

$$y(x) = \sin(x)x^2 + \sin(x)\_C1$$

```
>   with(DEtools):
>   odeadvisor(eq_dif);
```

$$[\_linear]$$

```
>   # Dibujamos la solución para y(1)=1
>   DEplot( eq_dif,  y(x), x=0..2*Pi, [[ y(1) = 1 ]],y=-10..5, linecolour=red,
        color = blue, stepsize=.1,arrows=MEDIUM );
```

Warning, plot may be incomplete, the following errors(s) were issued:cannot evaluate the solution further left of .24014756e-9, probably a singularity

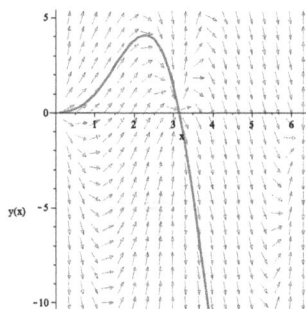

PR 6.3. Integrar la ecuación diferencial

$$\frac{dy}{dx} + 2xy = xy^4$$

Resolución

Es importante observar que esta ecuación diferencial de primer orden no es lineal, ya que tiene la forma

$$\frac{dy}{dx} + P(x)y = Q(x)y^n$$

y recibe el nombre de *ecuación diferencial de **Bernoulli***. Dividiendo esta ecuación por y^n queda

$$\frac{1}{y^n}\frac{dy}{dx} + P(x)\frac{1}{y^{n-1}} = Q(x)$$

Haciendo el cambio de variable

$$z = \frac{1}{y^{n-1}} \quad \Rightarrow \quad \frac{dz}{dy} = (1-n)y^{-n} \quad \Rightarrow \quad \frac{1}{y^n}\frac{dy}{dx} = \frac{1}{1-n}\frac{dz}{dx}$$

y sustituyendo estos valores en la ecuación inicial, se tiene

$$\frac{1}{1-n}\frac{dz}{dx} + P(x)z = Q(x)$$

que es una ecuación diferencial lineal de primer orden, cuya resolución ya se ha estudiado.

Aplicando este procedimiento al ejercicio, dividiendo por y^4 queda

$$\frac{1}{y^4}\frac{dy}{dx} + 2x\frac{1}{y^3} = x$$

Efectuando el cambio de variable

$$z = \frac{1}{y^3} \quad \Rightarrow \quad \frac{1}{y^4}\frac{dy}{dx} = -\frac{1}{3}\frac{dz}{dx}$$

y sustituyendo en la ecuación original, queda la ecuación lineal

$$-\frac{1}{3}\frac{dz}{dx} + 2xz = x$$

que puede resolverse aplicando el método de variación de la constante, obteniendo la solución

$$z = \left(\frac{1}{2}e^{-3x^2} + C\right)e^{3x^2}$$

Deshaciendo el cambio de variable efectuado, se obtiene la solución general

$$\frac{1}{y^3} = \left(\frac{1}{2}e^{-3x^2} + C \right) e^{3x^2}$$

es decir

$$y = \frac{1}{\sqrt[3]{\frac{1}{2} + Ce^{3x^2}}}$$

```
> eq_dif:=diff(y(x),x)+2*x*y(x)=x*y(x)^4;
```

$$eq\_dif := \frac{d}{dx}y(x) + 2xy(x) = x(y(x))^4$$

```
> dsolve(eq_dif);
```

$$y(x) = \frac{\sqrt[3]{2}\sqrt[3]{\left(1 + 2e^{3x^2}\_C1\right)^2}}{1 + 2e^{3x^2}\_C1}, \cdots$$

```
> sol:=rhs(%[1]);
```

$$sol := \frac{\sqrt[3]{2}\sqrt[3]{\left(1 + 2e^{3x^2}\_C1\right)^2}}{1 + 2e^{3x^2}\_C1}$$

```
> simplify(sol^3);
```

$$2\left(1 + 2e^{3x^2}\_C1\right)^{-1}$$

```
> simplify(1/sol^3);
```

$$1/2 + e^{3x^2}\_C1$$

```
> # Vamos a ver qué tipo de ecuación es
> with(DEtools):
> odeadvisor(eq_dif);
```

$$[\_separable]$$

```
> dsolve(eq_dif, [separable] , useInt);
```

$$\int x\,dx - \int^{y(x)} \frac{1}{\_a\left(-2 + \_a^3\right)}d\_a + \_C1 = 0$$

```
> value(%);
```

$$1/2\,x^2 - 1/6\ln\left(-2 + (y(x))^3\right) + 1/2\ln(y(x)) + \_C1 = 0$$

```
> # Si queremos resolverla como una Bernouilli:
> dsolve(eq_dif, [Bernoulli] , useInt);
```

$$y(x) = \sqrt[3]{e^{-6\int x\,dx}\left(-3\int \frac{x}{\left(e^{\int x\,dx}\right)^6}dx + \_C1\right)^2}\left(-3\int \frac{x}{\left(e^{\int x\,dx}\right)^6}dx + \_C1\right)^{-1}, \cdots$$

```
> sol2:=rhs(%[1]);
```

$$sol2 := \sqrt[3]{e^{-6\int x\,dx}\left(-3\int \frac{x}{\left(e^{\int x\,dx}\right)^6}dx + \_C1\right)^2}\left(-3\int \frac{x}{\left(e^{\int x\,dx}\right)^6}dx + \_C1\right)^{-1}$$

```
> value(sol2);
```

$$\sqrt[3]{e^{-3x^2}\left(1/2\left(e^{1/2x^2}\right)^{-6} + \_C1\right)^2}\left(1/2\left(e^{1/2x^2}\right)^{-6} + \_C1\right)^{-1}$$

```
> simplify(expand(1/%^3));
```

$$1/2 + e^{3\,x^2}\_C1$$

```
>   # Dibujamos la solución para y(0)=-1, y(0)=1, y(0)=2^(1/3) y para y(0)=3/2
>   DEplot( eq_dif,  y(x), x=0..8, [[y(0)=-1],[y(0)=1],[y(0)=2^(1/3)],[y(0)=3/2]],
        y=-1..4,linecolour=[red,green,yellow,pink],color = blue,
        stepsize=.01,arrows=MEDIUM );
```

Warning, plot may be incomplete, the following errors(s) were issued:cannot evaluate the solution further right of 3.4042326, probably a singularity

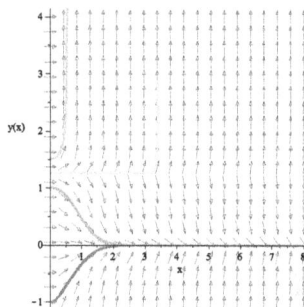

```
>   # Notar que para y(0)=2^(1/3), la solución seria _C1=0 -> y(x) = 2^(1/3)
    # El dibujo que hemos obtenido (curva amarilla) vemos que antes de x=4 la
    #     función deja de ser constante.
    #     Esto es debido a que las curvas solucón se calculan numéricamente
    #     y no utilizando la solución analítica
>   # Representemos las soluciones analíticas
>   # y(0)=-1
```

```
>   -1.500000000
>   sol1:=subs(_C1=-1.5,sol);
```

$$sol1 := \frac{\sqrt[3]{2}\,\sqrt[3]{\left(1 - 3{,}0\,e^{3\,x^2}\right)^2}}{1 - 3{,}0\,e^{3\,x^2}}$$

```
>   # y(0)=1
>   fsolve(subs(x=0,sol)=1,_C1);
```

$$0{,}5000000000$$

```
>   sol2:=subs(_C1=0.5,sol);
```

$$sol2 := \frac{\sqrt[3]{2}\,\sqrt[3]{\left(1 + 1{,}0\,e^{3\,x^2}\right)^2}}{1 + 1{,}0\,e^{3\,x^2}}$$

```
>   # y(0)=2^(1/3)
>   fsolve(subs(x=0,sol)=2^(1/3),_C1);
```

$$0{,}0$$

```
>   sol3:=subs(_C1=-0,sol);
```

$$sol3 := \sqrt[3]{2}$$

```
>   # y(0)=3/2
>   fsolve(subs(x=0,sol)=3/2,_C1);
```

$$-0{,}2037037037$$

```
>   sol4:=subs(_C1=%,sol);
```

$$sol4 := \frac{\sqrt[3]{2}\sqrt[3]{\left(1 - 0{,}4074074074\, e^{3\, x^2}\right)^2}}{1 - 0{,}4074074074\, e^{3\, x^2}}$$

```
>  plot([sol1,sol2,sol3,sol4],x=0..8,y=-1..4,colour=[red,green,yellow,pink],
      thickness=2,discont=true);
```

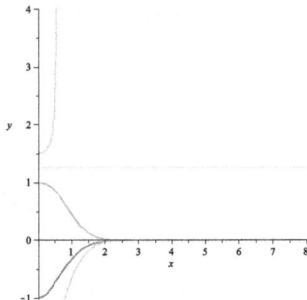

```
>  # En este caso, la solución para y(0)=2^(1/3) está bien definida,
   #    pero para y(0)=3/2 no. La solución se va a infinito para x=0.55
   #    y por lo tanto para x>0.55 no está definida
```

PR 6.4. Resolver la ecuación diferencial

$$y'' + 4y' + 4y = e^{2x}(16x^2 + 16x - 14)$$

Resolución

Como es una ecuación diferencial de segundo orden lineal con coeficientes constantes, en primer lugar hay que resolver la correspondiente ecuación homogénea $y'' + 4y' + 4y = e^{2x}(16x^2 + 16x - 14)$, para ello hay que resolver su ecuación característica

$$D^2 + 4D + 4 = 0 \quad \Rightarrow \quad s_1 = s_2 = -2$$

Dado que las raíces son reales e iguales, la solución de la homogénea es

$$y_h = e^{-2x}(C_1 + C_2 x)$$

A continuación hay que encontrar una solución particular. Para ello, se propone una función del tipo

$$y_p = e^{2x}(Ax^2 + Bx + C)$$

Para determinar los valores de los coeficientes A, B y C, se calculan las dos primeras derivadas

$$y_p' = e^{2x}\left(2Ax^2 + 2(A+B)x + 2C + B\right)$$

$$y_p'' = e^{2x}\left(4Ax^2 + 4(2A+B)x + 2(A+2B+2C)\right)$$

y se sustituyen junto con y_p en la ecuación diferencial, con lo que se obtiene

$$e^{2x}\left(16Ax^2 + (16A + 16B)x + (2A + 8B + 16C)\right) = e^{2x}(16x^2 + 16x - 14)$$

Igualando los coeficientes de los polinomios, se obtiene el siguiente sistema de ecuaciones

$$\begin{cases} 16A = 16 \\ 16A + 16B = 16 \\ 2A + 8B + 2C = -14 \end{cases}$$

La solución del sistema $A = 1, B = 0, C = -1$ permite escribir la solución particular

$$y_p = e^{2x}(x^2 - 1)$$

Finalmente, la solución general de la ecuación diferencial no es más que la suma de la solución de la homogénea más la solución particular

$$y = y_h + y_p = e^{-2x}(C_1 + C_2 x) + e^{2x}(x^2 - 1)$$

```
>  eq_dif:=diff(y(x),x,x)+4*diff(y(x),x)+4*y(x)=exp(2*x)*(16*x^2+16*x-14);
```

$$eq\_dif := \frac{d^2}{dx^2}y(x) + 4\frac{d}{dx}y(x) + 4y(x) = e^{2x}\left(16x^2 + 16x - 14\right)$$

```
>  dsolve(eq_dif);
```

$$y(x) = e^{-2x}\_C2 + e^{-2x}x\_C1 + \left(-1 + x^2\right)e^{2x}$$

```
>  # Vamos a ver que tipo de ecuación es
>  with(DEtools):
>  odeadvisor(eq_dif);
```

$$[[\_2nd\_order, \_linear, \_nonhomogeneous]]$$

```
>  dsolve(eq_dif, [linear], useInt);
```

$$y(x) = \left(-1 + x^2\right)e^{2x} + \_C1\,e^{-2x} + \_C2\,e^{-2x}x$$

```
>  # Como tenemos una ecuación de segundo orden necesitamos dos condiciones
   #     adicionales para determinar la solución
   # Vamos a dibujar las soluciones asociadas a y(0)=-1,y'(0)=-2 y
   #     y(0)=0,  y'(0)=0
>  DEplot(eq_dif,y(x),x=0..1.5,y=-5..10,[[y(0)=-1,D(y)(0)=-2],[y(0)=0,D(y)(0)=0]],
      stepsize=0.01,arrows=medium,color = blue,linecolor=[red,blue]);
```

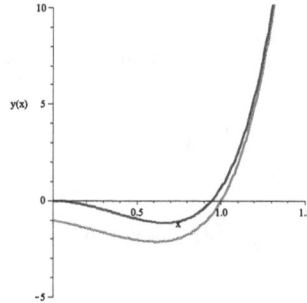

PR 6.5. Resolver la ecuación diferencial

$$y'' - 3y' + 2y = x^2 e^x + 5\cos x$$

Resolución

Es una ecuación diferencial de segundo orden lineal con coeficientes constantes, por tanto su solución general vendrá dada por

$$y = y_h + y_p.$$

En primer lugar hay que hallar las raíces de la ecuación característica

$$D^2 - 3D + 2 = 0 \quad \Rightarrow \quad s_1 = 1, \, s_2 = 2$$

Por tanto, la solución de la ecuación homogénea es

$$y_h = C_1 e^x + C_2 e^{2x} \quad .$$

Para hallar la solución particular se empleará el método de los coeficientes indeterminados. Pero dado que $f(x) = x^2 e^x + 5\cos x$, la solución particular tendrá la forma $y_p = y_{p_1} + y_{p_2}$, donde y_{p_1} es solución particular de $y'' - 3y' + 2y = x^2 e^x$, e y_{p_2} es solución particular de $y'' - 3y' + 2y = 5\cos x$.

Para hallar y_{p_1} se propone una función del tipo

$$y_{p_1} = (Ax^3 + Bx^2 + Cx + D)e^x$$

Hallando sus dos primeras derivadas

$$y'_{p_1} = \left(Ax^3 + (3A+B)x^2 + (2B+C)x + C + D\right)e^x$$

$$y''_{p_1} = \left(Ax^3 + (6A+B)x^2 + (6A+4B+C)x + 2B + 2C + D\right)e^x$$

sustituyendo en $y'' - 3y' + 2y = x^2 e^x$ se tiene

$$\left(-3Ax^2 + (6A-2B)x + 2B - c\right)e^x = x^2 e^x$$

y comparando los coeficientes se llega al sistema

$$\begin{cases} -3A = 1 \\ 6A - 2B = 0 \\ 2B - C = 0 \end{cases}$$

La solución del sistema es $A = -\frac{1}{3}, B = -1, C = -2$ y como para D se puede tomar cualquier valor, $D = 0$. Por tanto,

$$y_{p_1} = (-\frac{1}{3}x^3 - x^2 - 2x)e^x$$

Para hallar y_{p_2} se propone una función de la forma

$$y_{p_2} = M\operatorname{sen} x + N\cos x$$

Hallando sus dos primeras derivadas

$$y'_{p_2} = M\cos x - N\operatorname{sen} x$$

$$y''_{p_2} = -M\operatorname{sen} x - N\cos x$$

sustituyendo en $y'' - 3y' + 2y = 5\cos x$ y comparando los coeficientes, se llega al sistema

$$\begin{cases} M + 3N = 0 \\ N - 3M = 5 \end{cases}$$

Resolviéndolo se obtiene $M = -\frac{3}{2}, N = \frac{1}{2}$. Por tanto,

$$y_{p_2} = -\frac{3}{2}\operatorname{sen} x + \frac{1}{2}\cos x$$

y la solución particular es

$$y_p = y_{p_1} + y_{p_2} = (-\frac{1}{3}x^3 - x^2 - 2x)e^x - \frac{3}{2}\operatorname{sen} x + \frac{1}{2}\cos x$$

Finalmente, solo queda escribir la solución general

$$y = y_h + y_p = C_1 e^x + C_2 e^{2x} + (-\frac{1}{3}x^3 - x^2 - 2x)e^x - \frac{3}{2}\operatorname{sen} x + \frac{1}{2}\cos x$$

```
>   eq_dif:=diff(y(x),x,x)-3*diff(y(x),x)+2*y(x)=x^2*exp(x)+5*cos(x);
```

$$eq\_dif := \frac{d^2}{dx^2}y(x) - 3\frac{d}{dx}y(x) + 2y(x) = x^2 e^x + 5\cos(x)$$

```
>   dsolve(eq_dif);
```

$$y(x) = \left(-1/3\,x^3 - x^2 - 2\,x + 1/2\,e^{-x}\cos(x) - 3/2\,e^{-x}\operatorname{sen}(x) + e^x\_C1 + \_C2\right)e^x$$

```
>   # Vamos a ver que tipo de ecuación es
>   with(DEtools):
>   odeadvisor(eq_dif);
```

$$[[\_2nd\_order, \_linear, \_nonhomogeneous]]$$

```
>   dsolve(eq_dif, [linear], useInt);
```

$$y(x) = e^{2x}\_C2 + e^x\_C1 - e^x\left(-\int \left(x^2 e^x + 5\cos(x)\right)e^{-2x}dx\,e^x + \int \left(x^2 e^x + 5\cos(x)\right)e^{-x}dx\right)$$

PR 6.6. Integrar la ecuación diferencial

$$y'' + y = \frac{1}{\cos x}$$

Resolución

De nuevo se trata de una ecuación diferencial lineal de segundo orden con coeficientes constantes.

Resolviendo la ecuación característica $D^2 + 1 = 0$, $\quad s_1 = i, s_2 = -i$, se tiene que la solución de la homogénea viene dada por

$$y_h = C_1 \cos x + C_2 \operatorname{sen} x$$

Para hallar la solución particular, se empleará el método de variación de las constantes, teniendo en cuenta que ahora $y_1 = \cos x$ e$y_2 = \operatorname{sen} x$. Resolviendo el sistema

$$\begin{cases} C_1' \cos x + C_2' \operatorname{sen} x = 0 \\ C_1' \operatorname{sen} x + C_2' \cos x = \frac{1}{\cos x} \end{cases}$$

se tiene que

$$C_1' = -\frac{\operatorname{sen} x}{\cos x} \quad \Rightarrow \quad C_1 = \ln|\cos x|$$

$$C_2' = 1 \quad \Rightarrow \quad C_2 = x$$

Así pues,

$$y_p = \ln|\cos x|\cos x + x\operatorname{sen} x$$

De manera que la solución al problema viene dada por

$$y = y_h + y_p = C_1 \cos x + C_2 \operatorname{sen} x + \ln|\cos x|\cos x + x\operatorname{sen} x$$

```
>    eq_dif:=diff(y(x),x,x)+y(x)=1/cos(x);
```

$$eq\_dif := \frac{d^2}{dx^2}y\left(x\right) + y\left(x\right) = \left(\cos\left(x\right)\right)^{-1}$$

```
>    dsolve(eq_dif);
```

$$y\left(x\right) = \sin\left(x\right)\_C2 + \cos\left(x\right)\_C1 + x\sin\left(x\right) + \ln\left(\cos\left(x\right)\right)\cos\left(x\right)$$

```
>    # Vamos a ver que tipo de ecuación es
>    with(DEtools):
>    odeadvisor(eq_dif);
```

$$[[\_2nd\_order, \_linear, \_nonhomogeneous]]$$

```
>    dsolve(eq_dif, [linear], useInt);
```

$$y\left(x\right) = \sin\left(x\right)\_C2 + \cos\left(x\right)\_C1 + x\sin\left(x\right) - \int\frac{\sin\left(x\right)}{\cos\left(x\right)}dx\cos\left(x\right)$$

PR 6.7. Resolver el sistema de ecuaciones diferenciales

$$\begin{cases} \dfrac{dx}{dt} - 3x + 2y = 0 \\ \dfrac{dy}{dt} - 2x + y = 0 \end{cases}$$

Resolución

Utilizando el operador diferencial, el sistema puede escribirse de la forma

$$\begin{cases} (D-3)x + 2y = 0 \\ (D+1)y - 2x = 0 \end{cases}$$

Operando la segunda ecuación por (D-3) y sumándole dos veces la primera, se obtiene

$$[(d-3)(D+1)+4]\,y = 0 \quad \Rightarrow \quad (D-1)^2 y = 0$$

es decir,

$$y'' - 2y' + y = 0$$

que no es más que una ecuación diferencial de segundo orden lineal con coeficientes cosntantes y homogénea, de solución

$$y = (C_1 + C_2 t)e^t$$

Sustituyendo esta función en la primera ecuación del sistema, se tiene

$$\frac{dx}{dt} - 3x = -2(C_1 + C_2 t)e^t$$

que es una ecuación diferencial lineal de primer orden cuya solución es

$$x = \frac{1}{2}(2C_1 + C_2 + 2C_2 t)e^t$$

```
>    sys_ode := diff(x(t),t)-3*x(t)+2*y(t)=0,   diff(y(t),t)-2*x(t)+y(t)=0;
```

$$sys\_ode := \frac{d}{dt}x\left(t\right) - 3\,x\left(t\right) + 2\,y\left(t\right) = 0, \frac{d}{dt}y\left(t\right) - 2\,x\left(t\right) + y\left(t\right) = 0$$

```
>  dsolve([sys_ode]);
```

$$\left\{ y\left(t\right) = e^{t}\left(\_C1 + \_C2\,t\right) , x\left(t\right) = 1/2\,e^{t}\left(2\_C1 + 2\_C2\,t + \_C2\right) \right\}$$

```
>  # Dibujamos las soluciones asociadas a [x(0)=1,y(0)=0] y [x(0)=1.5,y(0)=2]
>  with(DEtools):
>  DEplot( [sys_ode], [x(t),y(t)], t=0..10, x=-5..5, y=-5..5,
          [[x(0)=1.5,y(0)=2],[x(0)=1,y(0)=0]],stepsize=0.01,arrows=medium,
          color = blue,linecolor=[red,blue]);
```

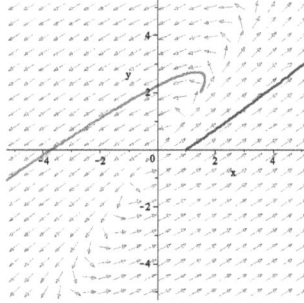

PR 6.8. La velocidad de desintegración de una sustancia radiactiva es proporcional a la cantidad existente de la misma. Si la mitad de cierta cantidad de *Ra* se desintegra en 1600 años, hallar el porcentaje de la cantidad inicial de *Ra* que se habrá desintegrado al pasar 100 años.

Resolución

Sea $Q(t)$ la cantidad de *Ra* que todavía está presente en el tiempo t. Dado que la velocidad de desintegración de dicha sustancia es proporcional a su cantidad existente, se verifica

$$\frac{dQ}{dt} = \alpha Q$$

Así pues, el proceso físico de desintegración radiactiva viene descrito por una ecuación diferencial de primer orden. Integrando dicha ecuación de variables separables, se tiene

$$\frac{dQ}{Q} = \alpha dt \quad \Rightarrow \quad \ln Q = \alpha t + \ln C \quad \Rightarrow \quad Q = Ce^{\alpha t}$$

A continuación hay que imponer la condición inicial que nos dice que para $t = 0$ no se ha desintegrado nada y, por tanto, la cantidad existente es la cantidad total inicial, es decir, $Q(t = 0) = Q_0$. Ello permite determinar el valor de la constante de integración

$$Q_0 = Ce^{\alpha \cdot 0} = C \quad \Rightarrow \quad C = Q_0$$

Además, el enunciado del problema dice que la mitad de la cantidad inicial se desintegra en 1600 años, es decir, que para $t = 1600$ se tiene que $Q = Q_0/2$, por tanto,

$$\frac{Q_0}{2} = Q_0 e^{1600\alpha} \quad \Rightarrow \quad \ln \frac{1}{2} = 1600\alpha \quad \Rightarrow \quad \alpha = -\frac{\ln 2}{1600}$$

La cantidad de *Ra* existente una vez pasados 100 años es

$$Q_1 00 = Q_0 e^{-\frac{\ln 2}{1600} 100}$$

por lo que el porcentaje pedido es

$$100 \cdot \frac{Q_0 - Q_{100}}{Q_0} = 100 \cdot \left(1 - e^{-\frac{\ln 2}{1600}100}\right) = 4,2$$

6.6. Problemas propuestos

PP 6.1. Resolver las siguientes ecuaciones diferenciales:

1. $y' = \dfrac{5xy}{(1-y^2)}$.

    Solución: $x(1-y^2)^{5/2} = C$.

2. $(1+y^2)dx - \sqrt{x}dy = 0$.

    Solución: $y = \tan(2\sqrt{x})$.

3. $(xy^2 - x)dx + (x^2y - y)dy = 0$.

    Solución: $x^2y^2 = x^2 + y^2 + C$

PP 6.2. Integrar:

1. $x(x^3+1)y' + (2x^3-1)y = \dfrac{x^3-2}{x}$.

    Solución: $y = \dfrac{Cx}{x^3+1} + \dfrac{1}{x}$.

2. $y' - \frac{\alpha}{x}y = e^x x^\alpha$.

    Solución: $y = x^\alpha(e^x + C)$.

3. $(1+x^2)y' - xy - \alpha xy^2 = 0$.

    Solución: $\left(C\sqrt{1-x^2} - \alpha\right) = 1$.

PP 6.3. Resolver las siguientes ecuaciones diferenciales aplicando el método de los coeficientes indeterminados:

1. $y'' + y' - 2y = 5\,\mathrm{sen}\,3x$.

    Solución: $y = C_1 e^x + C_2 e^{-2x} - \frac{11}{26}\,\mathrm{sen}\,3x - \frac{3}{26}\cos 3x$.

2. $y'' + 2y' + 2y = 4e^{2x} + 3x^2 + \cos 2x$.

    Solución: $y = C_1 e^{-x}\,\mathrm{sen}\,x + C_2 e^{-x}\cos x + \frac{3}{2}x^2 - 3x + \frac{3}{2} + \frac{1}{5}\,\mathrm{sen}\,2x + \frac{2}{5}e^{2x} - \frac{1}{10}\cos 2x$.

PP 6.4. Resolver las siguientes ecuaciones diferenciales aplicando el método de variación de las constantes:

1. $y'' + y = 1/\,\mathrm{sen}\,x$.

    Solución: $y = \mathrm{sen}\,x \ln|\,\mathrm{sen}\,x| - x\cos x$.

2. $y'' + 2y' + y = e^{-x}\ln x$.

    Solución: $y = (C_1 + C_2 x)e^{-x} + \frac{1}{2}x^2 e^{-x}\ln x - \frac{3}{4}x^2 e^{-x}$.

PP 6.5. Resolver las siguientes ecuaciones diferenciales:

1. $y'' - 5y' = 2x^2 - 1$.

    Solución: $y = C_1 e^{5x} + C_2 - \frac{2x^3}{15} - \frac{2x^2}{25} + \frac{21x}{125}$.

2. $y'' + y' - 6y = (x^2 + 1)e^{-3x}$.

   Solución: $y = C_1 e^{-3x} + C_2 e^{2x} - \frac{1}{375} x(25x^2 + 15x + 81)$.

3. $y'' - 2y' + y = 5e^x$.

   Solución: $y = (C_1 + C_2)e^x + \frac{5}{2}x^2 e^x$.

PP 6.6. Resolver los siguientes sistemas de ecuaciones diferenciales:

1. $\begin{cases} \dfrac{dx}{dt} = y + 1 \\ \dfrac{dy}{dt} = x + 1 \end{cases}$

   Solución: $x = C_1 e^t + C_2 e^{-t} - 1, \quad y = C_1 e^t - C_2 e^{-t} - 1$.

2. $\begin{cases} \dfrac{dx}{dt} + \dfrac{dy}{dt} = e^{-t} - y \\ 2\dfrac{dx}{dt} + \dfrac{dy}{dt} = \operatorname{sen} t - 2y \end{cases}$ Condiciones iniciales $x(0) = -2, \quad y(0) = 1$.

   Solución: $x = -(2t + \operatorname{sen} t + \cos t + e^{-t}), \quad y = \cos t - 2e^{-t} + 2$.

PP 6.7. Hallar la ecuación de la curva que pasa por el punto $(2, 1)$ y que es tal que la tangente en cualquier punto coincide con la dirección de la recta que une el origen de coordenadas con dicho punto.

   Solución: $y = x/2$.

PP 6.8. Determinar el tiempo necesario para que se vacíe un depósito cilíndrico de 150 cm de altura y 50 cm de radio que se encuentra lleno de agua, si en su base inferior tiene un orificio de 0.5 cm de radio.

Indicación: la velocidad del chorro de agua a través de un orificio que se encuentra a una distancia h de una superficie libre viene dada por la expresión $v = 0{,}6\sqrt{2gh}$, donde g es la aceleración de la gravedad.

   Solución: 154 *minutos*.

7 Cálculo operacional

Se presentan en este capítulo, a nivel introductorio, los rudimentos del cálculo operacional. Se introduce el marco general en que se desarrolla la transformada de Laplace: funciones suficientemente suaves y variable de Laplace real. Se explica en qué sentido se define la inversa de esta transformada y se presentan ejemplos de cálculo tanto de la transformada directa como de la inversa. Se demuestra la fórmula de la transformada de la derivada y se presenta la aplicación de este resultado a la resolución de ecuaciones diferenciales lineales a coeficientes constantes. Se introduce la transformada de Fourier y se presenta un ejemplo de cálculo de esta transformada.

7.1. Transformada de Laplace. Transformada inversa. Linealidad

Definición 91. Sea $f : \mathbb{R} \to \mathbb{R}$ una función de la variable real t. Se dice que f es continua por secciones si en cada intervalo finito donde f está definida, f es continua excepto posiblemente en un número finito de puntos. Además, en los puntos de discontinuidad, los límites laterales de la función f existen.

En la figura 7.1 se presenta un ejemplo de una función continua por secciones. En particular, toda función continua es continua por secciones.

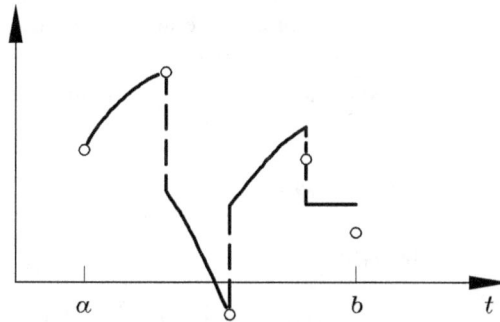

Figura 7.1. *Ejemplo de una función $f(t)$ continua por secciones. Los puntos marcan los valores de la función en los saltos*

Teorema 37. Sea $f(t)$ una función continua por secciones en $\mathbb{R}^+$. Se supone que existen constantes $M \geq 0$ y $\gamma \in \mathbb{R}$ tales que

$$|f(t)| \leq M e^{\gamma t} \tag{7.1}$$

para todo $t \geq 0$.[1] Entonces, la integral impropia

$$F(s) = \lim_{T \to \infty} \int_0^T e^{-st} f(t) dt \tag{7.2}$$

---

[1]Se dice que la función f es de orden exponencial.

existe para todo $s > \bar{\gamma}$ donde

$$\bar{\gamma} = \text{ínf} \left\{ \gamma \in \mathbb{R} \text{ tal que se cumple la desigualdad 7.1} \right\} \tag{7.3}$$

De esta manera, se ha definido una nueva función $F : (\bar{\gamma}, +\infty) \to \mathbb{R}$ que asocia al elemento $s \in (\bar{\gamma}, +\infty)$ la integral impropia de la ecuación 7.2.

Definición 92. La aplicación que a la función f asocia la función F se llama **transformada de Laplace**[2] y se nota $\mathcal{L}$. Es decir, $F = \mathcal{L}(f)$.

Con esta notación, la ecuación 7.2 puede escribirse como

$$\mathcal{L}(f)(s) = \lim_{T \to \infty} \int_0^T e^{-st} f(t) dt = \int_0^\infty e^{-st} f(t) dt \tag{7.4}$$

Para simplificar las notaciones, se usa a menudo $\mathcal{L}(f)$ en lugar de $\mathcal{L}(f)(s)$ en la ecuación 7.4.

Ejemplo 141. Sea $f : \mathbb{R}^+ \to \mathbb{R}$ la función definida como $f(t) = 1$ para $t \geq 0$. Encontrar la transformada de Laplace de f.

Solución. Para poder calcular la transformada de Laplace 7.4, primero hay que verificar que existe. Para ello, se aplica la proposición 37, teniéndose que se verifican dos condiciones:

1. f continua por secciones: al ser $f(t) = 1$ constante, f es continua en $\mathbb{R}^+$ y en particular es continua por secciones.

2. f de orden exponencial: escogiendo $M = 1$ y $\gamma = 0$, está claro que f verifica $|f(t)| \leq M e^{\gamma t} = 1$ para todo $t \geq 0$.

Con eso se deduce de la proposición 37 que la transformada de Laplace existe para todo $s > \bar{\gamma}$ donde $\bar{\gamma}$ está definida por la ecuación 7.3. Para determinar el valor de $\bar{\gamma}$, se nota que la desigualdad $1 = |f(t)| \leq M e^{\gamma t}$ no se cumple para $\gamma < 0$ porque en este caso $\lim_{t \to \infty} M e^{\gamma t} = 0 < 1$. Es decir, $\bar{\gamma} = 0$. La proposición 37 asegura la existencia de la transformada de Laplace $F(s)$ de la función $f(t)$ para todo $s > \bar{\gamma} = 0$.

Para todo $T \geq 0$ tenemos

$$\int_0^T e^{-st} f(t) dt = \int_0^T e^{-st} dt = \left[-\frac{1}{s} e^{-st} \right]_0^T = -\frac{1}{s} e^{-sT} + \frac{1}{s}$$

En consecuencia, de la ecuación 7.4 se obtiene

$$F(s) = \lim_{T \to \infty} \int_0^T e^{-st} f(t) dt = \lim_{T \to \infty} \left(-\frac{1}{s} e^{-sT} \right) + \frac{1}{s} \tag{7.5}$$

Como $s > 0$, $\lim_{T \to \infty} e^{-sT} = 0$ y por tanto,

$$F(s) = \frac{1}{s} \quad \text{para todo} \quad s > 0 \tag{7.6}$$

El cuadro 7.1 recoge las transformadas de Laplace de algunas funciones usuales. En este cuadro, las funciones $f(t)$ están definidas en $\mathbb{R}^+$. En $\mathbb{R}^-$, el valor que toma $f(t)$ no es importante, ya que la transformada de Laplace es una integral de cero al infinito. En la figura 7.2 se presentan varias funciones que tienen la misma transformada de Laplace $F(s) = 1/s$. Para determinar transformadas de Laplace de funciones que no están en dicho cuadro, se usan algunas propiedades de la transformada como la linealidad.

---

[2]En la ecuación 7.2, se considera habitualmente que s es un número complejo. En este curso, el estudio de la transformada de Laplace se limitará a s real.

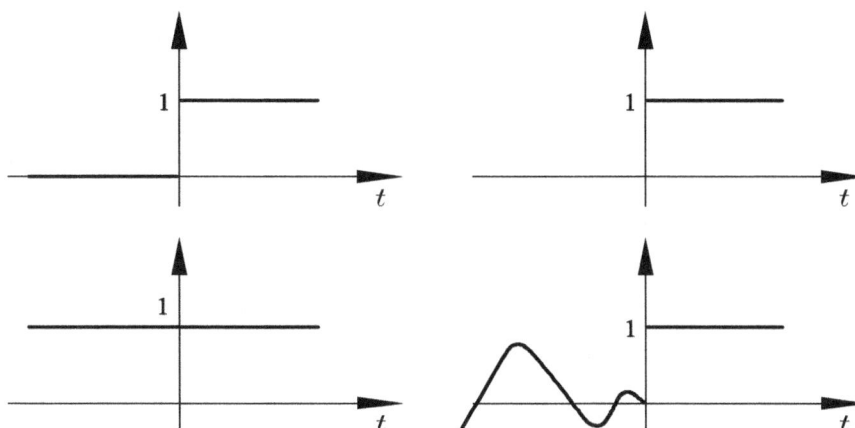

Figura 7.2. *Ejemplo de funciones que tienen la misma transformada de Laplace. En el cuadro superior derecho, la función no está definida en* $\mathbb{R}^-$

Teorema 38. La transformada de Laplace es una operación lineal; es decir, para cualesquiera funciones $f(t)$ y $g(t)$ cuyas transformadas de Laplace existan y para cualesquiera constantes a y b,

$$\mathcal{L}\left[af(t) + bg(t)\right] = a\mathcal{L}\left[f(t)\right] + b\mathcal{L}\left[g(t)\right] \tag{7.7}$$

Ejemplo 142. Sea la función $f(t) = 2e^{5t} - \operatorname{sen}(t)$. Encontrar $\mathcal{L}(f)$.

Solución. Usando la linealidad de la transformada de Laplace se obtiene

$$\mathcal{L}\left(f(t)\right) = 2\mathcal{L}\left(e^{5t}\right) - \mathcal{L}\left(\operatorname{sen}(t)\right) \tag{7.8}$$

De la fila 4 del cuadro 7.1 se obtiene

$$\mathcal{L}\left(e^{5t}\right) = \frac{1}{s-5} \tag{7.9}$$

De la fila 6 del cuadro 7.1 se obtiene

$$\mathcal{L}\left(\operatorname{sen}(t)\right) = \frac{1}{s^2 + 1} \tag{7.10}$$

Con lo cual

$$\mathcal{L}\left(f(t)\right) = \frac{2}{s-5} - \frac{1}{s^2 + 1} \tag{7.11}$$

para $s > 5$.

Ahora, sea F la transformada de Laplace de la función f que está definida en $\mathbb{R}^+$. ¿Puede existir otra función g definida en $\mathbb{R}^+$, diferente de f, tal que $\mathcal{L}(g) = F$? La respuesta es sí. Por ejemplo, si f y g difieren en un sólo punto, se tiene $\mathcal{L}(f) = \mathcal{L}(g)$. Más generalmente, si f y g difieren en un conjunto que no afecta a la integral, entonces tienen la misma transformada de Laplace.[3] De esta manera se puede definir una relación de equivalencia donde dos funciones son equivalentes si tienen la misma transformada de Laplace. Dada una función f, la clase de equivalencia que contiene f es única y se nota $\bar{f}$.

Definición 93. La aplicación que a la función F asocia la clase de equivalencia $\bar{f}$ es la transformada inversa de Laplace y se nota $\mathcal{L}^{-1}$. Es decir, $\bar{f} = \mathcal{L}^{-1}(F)$.

---

[3]La caracterización de este conjunto hace intervenir la teoría de la medida, saliendo del marco de este curso.

Cuadro 7.1. *Algunas funciones $f(t)$ y sus transformadas de Laplace $F(s)$*

	$f(t)$	$F(s)$	Nota
1	1	$\dfrac{1}{s}$	$s > 0$
2	t	$\dfrac{1}{s^2}$	$s > 0$
3	t^n	$\dfrac{n!}{s^{n+1}}$	$n > 0$ entero, $s > 0$
4	e^{at}	$\dfrac{1}{s - a}$	$s > a$
5	$\cos(\omega t)$	$\dfrac{s}{s^2 + \omega^2}$	$s > 0$
6	$\mathrm{sen}(\omega t)$	$\dfrac{\omega}{s^2 + \omega^2}$	$s > 0$
7	$\cosh(at)$	$\dfrac{s}{s^2 - a^2}$	$s > \lvert a \rvert$
8	$\mathrm{senh}(at)$	$\dfrac{a}{s^2 - a^2}$	$s > \lvert a \rvert$
9	$\dfrac{1}{(n-1)!}t^{n-1}e^{-at}$	$\dfrac{1}{(s+a)^n}$	$n > 1$ entero, $s > -a$
10	$\dfrac{\omega_n}{\sqrt{1 - \zeta^2}}e^{-\zeta\omega_n t}\,\mathrm{sen}\left(\omega_n\sqrt{1-\zeta^2}\,t\right)$	$\dfrac{\omega_n^2}{s^2 + 2\zeta\omega_n s + \omega_n^2}$	$\lvert \zeta \rvert < 1, \omega_n > 0, s > -\zeta\omega_n$

En general, dada una función $F(s)$, es suficiente hallar una función $f(t)$ tal que $\mathcal{L}(f) = F$ (con la ayuda del cuadro 7.1, por ejemplo). Una vez se tiene f, se sobreentiende que la transformada inversa de Laplace de F es $\bar{f}$.

Teorema 39. La transformada inversa de Laplace es una operación lineal; es decir, para cualesquiera funciones $f(t)$ y $g(t)$ cuyas transformadas de Laplace $F(s)$ y $G(s)$ existan y para cualesquiera constantes a y b,

$$\mathcal{L}^{-1}\left[aF(s) + bG(s)\right] = a\mathcal{L}^{-1}\left[F(s)\right] + b\mathcal{L}^{-1}\left[G(s)\right] \tag{7.12}$$

Ejemplo 143. Sea $F(s) = \dfrac{s}{(s-1)(s+3)}$. Encontrar $\mathcal{L}^{-1}(F)$.

Solución. Primero se busca $F(s)$ en la segunda columna del cuadro 7.1. Al no encontrarla, hay que expresar $F(s)$ como suma de funciones que sí salgan en el cuadro y aplicar entonces la linealidad de $\mathcal{L}^{-1}$. Cuando $F(s)$ es una fracción racional, se tiene que descomponer en elementos simples para encontrar la transformada inversa de Laplace. En este caso se obtiene

$$\frac{s}{(s-1)(s+3)} = \frac{A}{s-1} + \frac{B}{s+3} = \frac{(A+B)s + 3A - B}{(s-1)(s+3)} \tag{7.13}$$

Las constantes A y B tienen que verificar

$$\begin{aligned} A + B &= 1 \\ 3A - B &= 0 \end{aligned} \tag{7.14}$$

Resolviendo este sistema de dos ecuaciones con dos incógnitas, se obtiene $A = 1/4$ y $B = 3/4$. Así, de la ecuación 7.13 se obtiene

$$\mathcal{L}^{-1}\left(F(s)\right) = \frac{1}{4}\mathcal{L}^{-1}\left(\frac{1}{s-1}\right) + \frac{3}{4}\mathcal{L}^{-1}\left(\frac{1}{s+3}\right) = \frac{1}{4}e^t + \frac{3}{4}e^{-3t} \tag{7.15}$$

En la ecuación 7.15 se han usado la linealidad de la transformada inversa de Laplace y la fila 4 del cuadro 7.1.

7.2. Transformada de la derivada. Resolución de ecuaciones diferenciales

Teorema 40. Sea $f : \mathbb{R}^+ \to \mathbb{R}$ una función continua. Se supone que existen constantes $M \geq 0$ y $\gamma \in \mathbb{R}$ tal que

$$|f(t)| \leq Me^{\gamma t} \tag{7.16}$$

para todo $t \geq 0$. Suponer además que la función $f(t)$ tiene una derivada $f'(t)$ que es continua por secciones en $\mathbb{R}^+$. Entonces, la transformada de Laplace de la derivada $f'(t)$ existe para todo $s > \bar{\gamma}$ donde

$$\bar{\gamma} = \text{ínf}\left\{\gamma \in \mathbb{R} \text{ tal que se cumple la desigualdad 7.16}\right\}$$

y

$$\mathcal{L}(f') = s\mathcal{L}(f) - f(0) \tag{7.17}$$

Demostración. Se considera primero el caso en que $f'(t)$ es continua para todo $t \geq 0$. Entonces, por la definición y al integrar por partes,

$$\mathcal{L}(f') = \lim_{T\to\infty}\int_0^T e^{-st}f'(t)dt = \lim_{T\to\infty}\left[e^{-st}f(t)\right]_0^T + s\lim_{T\to\infty}\int_0^T e^{-st}f(t)dt$$

$$= \left(\lim_{T\to\infty} e^{-sT}f(T)\right) - f(0) + s\mathcal{L}(f) \tag{7.18}$$

Por otro lado,

$$\left|e^{-sT}f(T)\right| \leq M\left|e^{-sT}\cdot e^{\bar{\gamma}T}\right| = Me^{(\bar{\gamma}-s)T} \tag{7.19}$$

Para todo $s > \bar{\gamma}$, $\lim_{T\to\infty} Me^{(\bar{\gamma}-s)T} = 0$, lo que implica $\lim_{T\to\infty} e^{-sT}f(T) = 0$. Se termina así la demostración cuando $f'(t)$ es continua.

Cuando f' sólo es continua por secciones, la demostración es muy similar; en este caso, el rango de integración en la integral original 7.4 debe descomponerse en partes tales que f' sea continua en cada una de ellas.

Nota 18. La condición de continuidad de la función f en el teorema 40 es importante (ver problema resuelto 7.5). La continuidad en $t = 0$ quiere decir que se cumple $f(0^+) = \lim_{t\to 0^+} f(t) = f(0)$.

Ejemplo 144. Usando la transformada de Laplace, resolver la ecuación diferencial $y' - y = 0$ con la condición inicial $y(0) = 1$.

Solución. Aplicando la transformada de Laplace, se obtiene

$$\mathcal{L}(y') - \mathcal{L}(y) = \mathcal{L}(0) \tag{7.20}$$

Usando el teorema 40 junto con el hecho que $\mathcal{L}(0) = 0$, se obtiene

$$s\mathcal{L}(y) - y(0) - \mathcal{L}(y) = 0 \tag{7.21}$$

Esta ecuación se llama la **ecuación subsidiaria**. Como $y(0) = 1$, se deduce de la ecuación 7.21 que

$$\mathcal{L}(y) = \frac{1}{s-1} \tag{7.22}$$

De la fila 4 del cuadro 7.1 se obtiene la solución $y(t) = e^t$ para todo $t \geq 0$.

De manera general, se puede calcular la transformada de Laplace de la derivada de cualquier orden.

Teorema 41. Sea $f : \mathbb{R}^+ \to \mathbb{R}$ una función que tiene derivadas $f'(t)$, $f''(t)$, $\cdots$, $f^{(n-1)}(t)$ todas continuas en $\mathbb{R}^+$. Se supone que existen constantes $M \geq 0$ y $\gamma \in \mathbb{R}$ tales que

$$\left| f^{(i)}(t) \right| \leq M e^{\gamma t} \quad i = 0, 1, \cdots, n-1 \tag{7.23}$$

para todo $t \geq 0$. Además, se supone que la función $f(t)$ tiene una derivada $f^{(n)}(t)$ que es continua por secciones en $\mathbb{R}^+$. Entonces, la transformada de Laplace de la derivada $f^{(n)}(t)$ existe para todo $s > \bar{\gamma}$ donde

$$\bar{\gamma} = \text{ínf} \left\{ \gamma \in \mathbb{R} \text{ tal que se cumple la desigualdad 7.23} \right\}$$

y

$$\mathcal{L}(f^{(n)}) = s^n \mathcal{L}(f) - s^{n-1} f(0) - s^{n-2} f'(0) - \cdots - f^{(n-1)}(0) \tag{7.24}$$

Ejemplo 145. Resolver

$$y'' - y = t, \quad y(0) = 1, \quad y'(0) = 1 \tag{7.25}$$

Solución. Primero se obtiene la ecuación subsidiaria aplicando la transformada de Laplace en la ecuación 7.25

$$s^2 \mathcal{L}(y) - s y(0) - y'(0) - \mathcal{L}(y) = \mathcal{L}(t) \tag{7.26}$$

Usando los valores de las condiciones iniciales, se obtiene

$$(s^2 - 1)\mathcal{L}(y) = s + 1 + \frac{1}{s^2} \tag{7.27}$$

con lo cual

$$\begin{aligned}
\mathcal{L}(y) &= \frac{s+1}{s^2-1} + \frac{1}{s^2(s^2-1)} \\
&= \frac{1}{s-1} + \left(\frac{1}{s^2-1} - \frac{1}{s^2} \right)
\end{aligned} \tag{7.28}$$

Con lo cual

$$\begin{aligned}
y(t) &= \mathcal{L}^{-1}\left(\frac{1}{s-1} \right) + \mathcal{L}^{-1}\left(\frac{1}{s^2-1} \right) - \mathcal{L}^{-1}\left(\frac{1}{s^2} \right) \\
&= e^t + \text{senh}(t) - t
\end{aligned}$$

En la figura 7.3 se resume el enfoque aplicado. La ventaja principal de este método en comparación con el del capítulo 6 es que no hace falta saber la forma de la solución particular en el caso de ecuaciones diferenciales no homogéneas.

En el ejemplo anterior, se ha podido determinar la transformada inversa a partir del cuadro 7.1 gracias a la relación

$$\frac{1}{s^2(s^2-1)} = \frac{1}{s^2-1} - \frac{1}{s^2} \tag{7.29}$$

Se presenta a continuación una manera sistemática para obtener simplificaciones de este tipo. Se necesita descomponer la fracción racional obtenida en elementos simples, y por eso hay que determinar las raíces del denominador de $1/s^2(s^2 - 1)$. Son 0 (raíz doble), -1 y 1. Por tanto

$$\begin{aligned}
\frac{1}{s^2(s^2-1)} &= \frac{A}{s} + \frac{B}{s^2} + \frac{C}{s-1} + \frac{D}{s+1} \tag{7.30} \\
&= \frac{(A+C+D)s^3 + (B+C-D)s^2 - As - B}{s^2(s^2-1)} \tag{7.31}
\end{aligned}$$

Espacio t		Espacio s

Problema dado
$$y"-y=t$$
$$y(0)=1$$
$$y'(0)=1$$

$\mathcal{L}$ →

Ecuación subsidiaria
$$(s^2-1)\mathcal{L}(y)=s+1+1/s^2$$

↓

Solución del problema dado
$$y(t)=e^t+\text{senh }(t)-t$$

$\mathcal{L}^{-1}$ ←

Solución de la ecuación subsidiaria
$$\mathcal{L}(y)=\frac{1}{s-1}+\frac{1}{s^2-1}-\frac{1}{s^2}$$

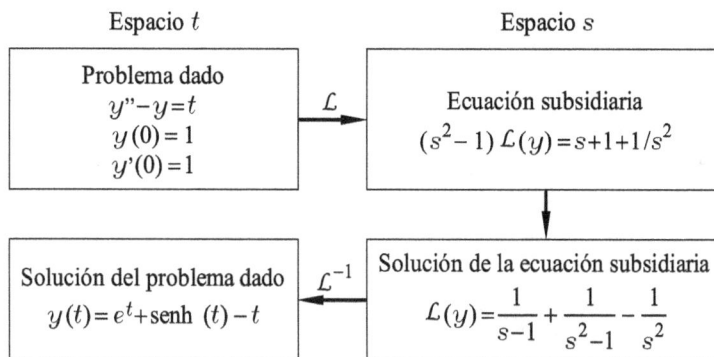

Figura 7.3. *Método de la transformada de Laplace*

donde A, B, C, y D son constantes a determinar. Comparando el numerador de la fracción obtenida en la ecuación 7.31 y el numerador de la fracción que se quiere descomponer, se deduce

$$A+C+D = 0 \tag{7.32}$$
$$B+C-D = 0 \tag{7.33}$$
$$-A = 0 \tag{7.34}$$
$$-B = 1 \tag{7.35}$$

De las ecuaciones 7.34 y 7.35 se obtienen los valores $A=0$ y $B=-1$. Sumando las ecuaciones 7.32 y 7.33 se obtiene

$$-1+2C=0 \tag{7.36}$$

Es decir $C=1/2$. Sabiendo los valores de A y C, el valor de D se obtiene a partir de la ecuación 7.32, $D=-1/2$. Se puede ahora comprobar que la relación 7.29 se obtiene a partir de la descomposición 7.30.

Notar que para poder aplicar la transformada de Laplace en una ecuación diferencial, hay que asegurar que su solución verifica las condiciones del teorema 41. De ahí el interés del resultado siguiente.

Teorema 42. Sea la ecuación diferencial

$$y^{(n)}(t)+a_{n-1}y^{(n-1)}(t)+\cdots+a_1y'(t)+a_0y(t)=f(t) \tag{7.37}$$

donde a_0, a_1, $\cdots$, a_{n-1} son constantes reales y $f(t)$ es una función continua en $\mathbb{R}^+$ que verifica una desigualdad de la forma 7.16. Entonces las soluciones de la ecuación diferencial verifican las condiciones del teorema 41.

7.3. Transformada de Laplace de la integral

Teorema 43. Sea $f(t)$ una función continua por secciones y satisface una desigualdad de la forma 7.16, entonces

$$\mathcal{L}\left(\int_0^t f(\tau)d\tau\right)=\frac{1}{s}\mathcal{L}\left(f(t)\right) \quad s>0, s>\bar{\gamma} \tag{7.38}$$

Ejemplo 146. Sea $\mathcal{L}(f)=1/s(s^2+\omega^2)$. Encontrar $f(t)$.

Solución. Del cuadro 7.1 se tiene

$$\mathcal{L}^{-1}\left(\frac{1}{s^2+\omega^2}\right)=\frac{1}{\omega}\text{sen}(\omega t) \tag{7.39}$$

A partir de esta expresión y de la igualdad 7.38, se obtiene

$$\mathcal{L}^{-1}\left[\frac{1}{s}\left(\frac{1}{s^2+\omega^2}\right)\right] = \frac{1}{\omega}\int_0^t \text{sen}(\omega\tau)d\tau = \frac{1}{\omega^2}(1-\cos(\omega t)) \tag{7.40}$$

7.4. Traslación en s, función escalón unitario, traslación en t

7.4.1. Traslación en s

Sea $f(t)$ una función continua por secciones que verifica la desigualdad 7.16. Se denota la transformada $\mathcal{L}[f(t)] = F(s)$. Entonces, $e^{at}f(t)$ tiene la transformada de Laplace $F(s-a)$ (ver Fig. 7.4) donde $s-a > \bar{\gamma}$, es decir

$$\mathcal{L}\left[e^{at}f(t)\right] = F(s-a) \tag{7.41}$$

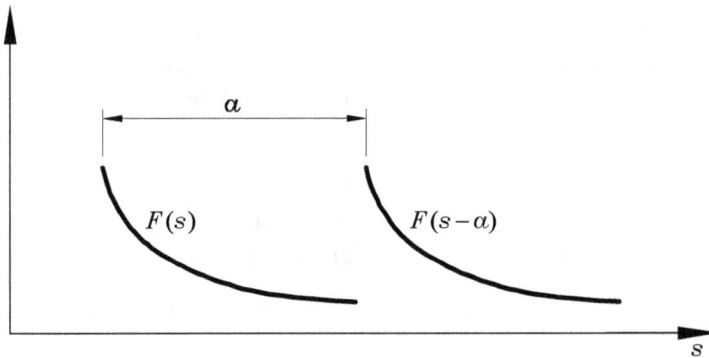

Figura 7.4. *Traslación en s*

7.4.2. Función escalón unitario

La función escalón unitario (o función de Heaviside) $u : \mathbb{R} \to \mathbb{R}$ está definida como sigue (ver Fig. 7.5)

$$u(t) = \left\{ \begin{array}{ll} 0 & \text{si } t < 0 \\ 1 & \text{si } t > 0 \end{array} \right.$$

No hace falta definir esta función en cero. De la primera fila del cuadro 7.1, se obtiene

$$\mathcal{L}[u(t)] = \frac{1}{s}$$

7.4.3. Traslación en t

Sea $f(t)$ una función continua por secciones que verifica la desigualdad 7.16. Se denota la transformada $\mathcal{L}[f(t)] = F(s)$. Entonces

$$\mathcal{L}[f(t-a)u(t-a)] = e^{-as}F(s) \tag{7.42}$$

En particular, si $f(t) = 1$ para todo $t \in \mathbb{R}$, entonces $f(t-a)u(t-a) = u(t-a)$ para todo $t \in \mathbb{R}$. Con lo cual, usando la relación 7.42 se obtiene

$$\mathcal{L}[u(t-a)] = \frac{e^{-as}}{s}$$

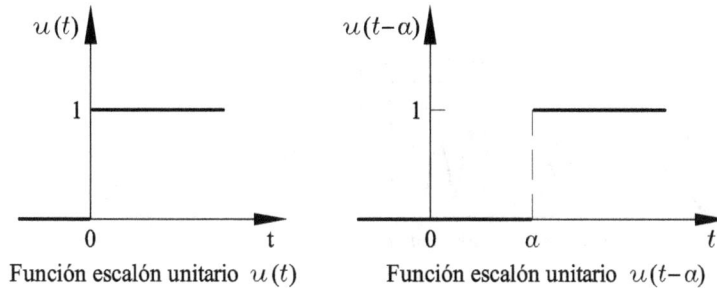

Función escalón unitario $u(t)$ Función escalón unitario $u(t-a)$

Figura 7.5. *Función escalón unitario*

Ejemplo 147. Calcular la transformada de Laplace de la función definida a trozos

$$f(t) = \begin{cases} e^t & t < 2 \\ t & t > 2 \end{cases}$$

Resolución

Paso 1. Expresar $f(t)$ en términos de la función de Heaviside:

$$f(t) = e^t(1 - u(t-2)) + tu(t-2)$$
$$f(t) = e^t - e^t u(t-2) + tu(t-2)$$

Paso 2. Aplicar la fórmula, teniendo en cuenta que la función que multiplica Heaviside tiene que estar trasladada en $a = 2$.

$$\mathcal{L}(f) = \mathcal{L}(e^t) - \mathcal{L}(e^t u(t-2)) + \mathcal{L}(tu(t-2))$$
$$= \frac{1}{s-1} - \mathcal{L}(e^t u(t-2)) + \mathcal{L}(tu(t-2))$$

Como $e^t = e^{t-2+2} = e^2\, e^{t-2}$, se tiene que

$$\mathcal{L}\left(e^t u(t-2)\right) = e^2\, \mathcal{L}\left(e^{t-2}\, u(t-2)\right)$$
$$= e^2 \frac{e^{-2s}}{s-1}$$

Como $t = t - 2 + 2$, se tiene que

$$\mathcal{L}\left(tu(t-a)\right) = \mathcal{L}\left((t-2)\, u(t-2)\right) + 2\mathcal{L}\left(u(t-2)\right)$$
$$= \frac{e^{-2s}}{s^2} + 2\frac{e^{-2s}}{s}$$

Por lo tanto,

$$\mathcal{L}(f) = \frac{1}{s-1} - e^2 \frac{e^{-2s}}{s-1} + \frac{e^{-2s}}{s^2} + 2\frac{e^{-2s}}{s}$$

La figura 7.6 ilustra un ejemplo donde sale la traslación en el tiempo. Debido a la distancia entre el resistor R y el punto P donde se mide la temperatura T, el flujo de aire necesita un tiempo τ para llegar de R a P (τ es un tiempo de retardo). Esto implica que la temperatura $T(t)$ en el instante t no depende de la corriente eléctrica $I(t)$ en el resistor, sino de $I(t - \tau)$. Es decir, $T(t) = f\left(I(t - \tau)\right)$. Habitualmente, la traslación en el tiempo está relacionada con retardos que ocurren en problemas de transporte de materia (por ejemplo, en cintas transportadoras) o de información (por ejemplo, en la red).

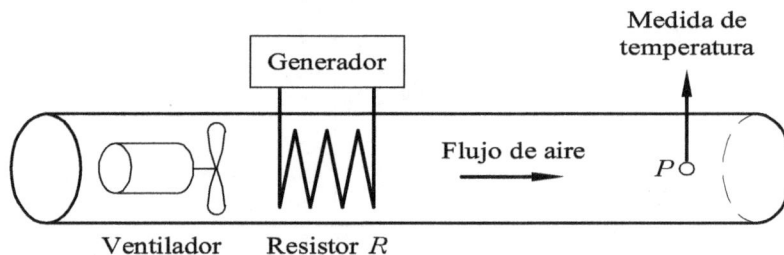

Figura 7.6. *Ilustración de un retardo*

7.5. Convolución

Sean $f : \mathbb{R}^+ \to \mathbb{R}$ y $g : \mathbb{R}^+ \to \mathbb{R}$ dos funciones integrables. Se denomina **convolución** de f y g, y se nota $f * g$ la función $h : \mathbb{R}^+ \to \mathbb{R}$ definida como

$$h(t) = (f * g)(t) = \int_0^t f(\tau)g(t - \tau)d\tau \tag{7.43}$$

Se supone además que f y g son continuas por secciones y verifican la desigualdad 7.16. Sean $\mathcal{L}\left[f(t)\right] = F(s)$, $\mathcal{L}\left[g(t)\right] = G(s)$, y $\mathcal{L}\left[h(t)\right] = H(s)$, entonces se puede demostrar que

$$H(s) = F(s)G(s) \tag{7.44}$$

Como aplicación de este resultado, sea la ecuación diferencial

$$y'(t) + ay(t) = f(t), \quad y(0) = 0 \tag{7.45}$$

donde $a \in \mathbb{R}$ y $f(t)$ es una función continua por secciones que verifica la desigualdad 7.16. Para calcular la solución de esta ecuación diferencial se aplica la transformada de Laplace

$$\mathcal{L}(y') + a\mathcal{L}(y) = (s + a)\mathcal{L}(y) = \mathcal{L}(f) \tag{7.46}$$

lo que conduce a

$$Y(s) = F(s)G(s) \tag{7.47}$$

donde $Y(s) = \mathcal{L}(y)$, $F(s) = \mathcal{L}(f)$, $G(s) = 1/(s + a)$. La solución de la ecuación diferencial 7.45 viene dada por las relaciones 7.43 y 7.44 como

$$y(t) = \int_0^t f(\tau)g(t - \tau)d\tau \tag{7.48}$$

donde

$$g(t) = \mathcal{L}^{-1}\left(\frac{1}{s + a}\right) = e^{-at} \tag{7.49}$$

Es decir

$$y(t) = \int_0^t f(\tau)e^{-a(t-\tau)}d\tau \tag{7.50}$$

La utilidad de la transformada de Laplace en este caso es que permite tener una expresión explícita de la solución $y(t)$: dada la función $f(t)$, se puede calcular la solución $y(t)$ de 7.45 usando la relación 7.50. Esta metodología puede aplicarse también para ecuaciones diferenciales de orden superior.

7.6. Sistemas de ecuaciones diferenciales

La transformada de Laplace puede también usarse para resolver sistemas de ecuaciones diferenciales. El método se explica en términos de un ejemplo.

Ejemplo 148. Resolver el sistema de dos ecuaciones diferenciales

$$y_1' = -2y_1 + y_2 \tag{7.51}$$
$$y_2' = y_1 - 2y_2 \tag{7.52}$$

con las condiciones iniciales $y_1(0) = y_2(0) = 1$.

Solución. Aplicando la transformada de Laplace en las dos ecuaciones diferenciales se obtiene

$$s\mathcal{L}(y_1) - y_1(0) = -2\mathcal{L}(y_1) + \mathcal{L}(y_2) \tag{7.53}$$
$$s\mathcal{L}(y_2) - y_2(0) = \mathcal{L}(y_1) - 2\mathcal{L}(y_2) \tag{7.54}$$

Las ecuaciones 7.53 y 7.54 son un sistema lineal de dos ecuaciones con dos incógnitas $\mathcal{L}(y_1)$ y $\mathcal{L}(y_2)$. La resolución de este sistema usando los valores de las condiciones iniciales da

$$\mathcal{L}(y_1) = \frac{s+3}{s^2-5} \tag{7.55}$$

$$\mathcal{L}(y_2) = \frac{s-1}{s^2-5} \tag{7.56}$$

Aplicando la transformada inversa de Laplace, se obtienen las funciones $y_1(t)$ e $y_2(t)$ usando el cuadro 7.1.

$$y_1(t) = \mathcal{L}^{-1}\left(\frac{s}{s^2-5}\right) + 3\mathcal{L}^{-1}\left(\frac{1}{s^2-5}\right) = \cosh(\sqrt{5}t) + \frac{3}{\sqrt{5}}\operatorname{senh}(\sqrt{5}t)$$

$$y_2(t) = \mathcal{L}^{-1}\left(\frac{s}{s^2-5}\right) - \mathcal{L}^{-1}\left(\frac{1}{s^2-5}\right) = \cosh(\sqrt{5}t) - \frac{1}{\sqrt{5}}\operatorname{senh}(\sqrt{5}t)$$

7.7. Transformada de Fourier

Mientras la transformada de Laplace se usa para la descripción de sistemas físicos y la resolución de ecuaciones diferenciales, la transformada de Fourier es útil para la descripción del contenido frecuencial de señales.

Definición 94. Una función $f : \mathbb{R} \to \mathbb{R}$ es absolutamente integrable si f es integrable y si el límite

$$\lim_{T\to\infty} \int_{-T}^{T} |f(t)| dt = \int_{-\infty}^{\infty} |f(t)| dt$$

es finito.

Teorema 44. Sea $f : \mathbb{R} \to \mathbb{R}$ una función continua por secciones y absolutamente integrable. Entonces la integral impropia

$$\hat{f}(\omega) = \lim_{T\to\infty} \frac{1}{\sqrt{2\pi}} \int_{-T}^{T} f(t)e^{-i\omega t} dt = \frac{1}{\sqrt{2\pi}} \int_{-\infty}^{\infty} f(t)e^{-i\omega t} dt \tag{7.57}$$

existe y es finita.

De esta manera se ha definido una nueva función $\hat{f} : \mathbb{R} \to \mathbb{C}$ que a cada número real ω asocia el número complejo $\hat{f}(\omega)$.

Definición 95. La aplicación que a la función f asocia la función $\hat{f}$ se llama **transformada de Fourier** y se nota $\mathcal{F}$. Es decir, $\hat{f} = \mathcal{F}(f)$.

De la ecuación 7.57, usando la fórmula de Euler[4], se obtiene

$$\mathcal{F}(f)(\omega) = \hat{f}(\omega) = \frac{1}{\sqrt{2\pi}} \left(\int_{-\infty}^{\infty} f(t) \cos(\omega t)\, dt - i \int_{-\infty}^{\infty} f(t) \operatorname{sen}(\omega t)\, dt \right) \tag{7.58}$$

Para simplificar la notación, se usa a menudo $\mathcal{F}(f)$ en lugar de $\mathcal{F}(f)(\omega)$ en la ecuación 7.58.

Ejemplo 149. Sea la función $f(t)$ definida como sigue

$$f(t) = \begin{cases} 1 & si \quad 0 < t < 1 \\ 0 & \text{en caso contrario} \end{cases}$$

Determinar la transformada de Fourier de f.

Solución. Sea $\hat{f} = \mathcal{F}(f)$. Se supone primero que $\omega \neq 0$. En este caso, la parte real de $\hat{f}(\omega)$ se obtiene de la ecuación 7.58 como

$$\operatorname{Re}\left(\hat{f}(\omega)\right) = \frac{1}{\sqrt{2\pi}} \int_0^1 \cos(\omega t)\, dt = \frac{1}{\sqrt{2\pi}} \left[\frac{1}{\omega} \operatorname{sen}(\omega t) \right]_0^1 = \frac{\operatorname{sen}(\omega)}{\omega\sqrt{2\pi}} \tag{7.59}$$

La parte imaginaria de $\hat{f}(\omega)$ se obtiene de la ecuación 7.58 como

$$\operatorname{Im}\left(\hat{f}(\omega)\right) = -\frac{1}{\sqrt{2\pi}} \int_0^1 \operatorname{sen}(\omega t)\, dt = \frac{1}{\sqrt{2\pi}} \left[\frac{1}{\omega} \cos(\omega t) \right]_0^1 = \frac{\cos(\omega) - 1}{\omega\sqrt{2\pi}} \tag{7.60}$$

de tal manera que

$$\hat{f}(\omega) = \frac{\operatorname{sen}(\omega)}{\omega\sqrt{2\pi}} + \frac{\cos(\omega) - 1}{\omega\sqrt{2\pi}}\, i \tag{7.61}$$

Si $\omega = 0$, $\cos(\omega t) = 1$ y $\operatorname{sen}(\omega t) = 0$. En este caso, $\hat{f}(\omega)$ se obtiene de la ecuación 7.58 como

$$\hat{f}(0) = \frac{1}{\sqrt{2\pi}} \int_0^1 dt = \frac{1}{\sqrt{2\pi}} \tag{7.62}$$

7.8. Problemas resueltos

PR 7.1. Determinar la transformada de Laplace de la función $f(t) = (t+1)^t$.

Resolución

La función f es continua en $\mathbb{R}^+$. Queda comprobar si hay dos constantes $M \geq 0$ y $\gamma \in \mathbb{R}$ tal que se verifica la desigualdad 7.16. Si esto ocurre, entonces para toda $t \geq 0$ se obtiene

$$f(t) = e^{t\ln(t+1)} \leq M e^{\gamma t} \tag{7.63}$$

lo que implica

$$e^{t[\ln(t+1)-\gamma]} \leq M \tag{7.64}$$

Como $\lim\limits_{t\to\infty} \ln(t+1) = \infty$ se deduce que $\lim\limits_{t\to\infty} e^{t[\ln(t+1)-\gamma]} = \infty$ con lo cual la desigualdad 7.64 no puede ocurrir para valores grandes de t. Esto implica que la función f no tiene transformada de Laplace.

---

[4]$e^{ia} = \cos(a) + i\operatorname{sen}(a)$

```
>   # El comando laplace de Maple nos permite calcular transformadas de Laplace
>   with(inttrans):
>   f:=t->(t+1)^t:
>   laplace(f(t),t,s);
```

$$laplace\left((t+1)^t, t, s\right)$$

```
>   # En este caso Maple no es capaz de devolver la solución
>   # Vamos a comprobar si se verifica la igualdad siguiente
>   abs(f(t))<=M*exp(gamma*t);
```

$$\left|(t+1)^t\right| \le Me^{\gamma t}$$

```
>   # Como f(t)>0 para t>0, tenemos que ver que:
>   f(t)<=M*exp(gamma*t);
```

$$(t+1)^t \le Me^{\gamma t}$$

```
>   # Dividimos los dos términos por exp(gamma*t)
>   lhs(%)/exp(gamma*t)<=rhs(%)/exp(gamma*t);
```

$$\frac{(t+1)^t}{e^{\gamma t}} \le M$$

```
>   # Simplificamos
>   simplify(%);
```

$$(t+1)^t e^{-\gamma t} \le M$$

```
>   limit(lhs(%),t=infinity);
```

$$\infty$$

```
>   # Como el límite de (t+1)^t*exp(-gamma*t) en infinito es infinito,
>   #    esta expresión no es acotada para todo t, no puede ser menor que M
>   # Por lo tanto no existe la transformada de Laplace de f(t)
```

PR 7.2. Usando la transformada de Laplace, resolver la ecuación diferencial

$$y'' = ay' \tag{7.65}$$

donde $a \in \mathbb{R}$.

Resolución
Aplicando la transformada de Laplace se obtiene

$$s^2\mathcal{L}(y) - y(0)s - y'(0) = a\left(s\mathcal{L}(y) - y(0)\right) \tag{7.66}$$

es decir

$$\mathcal{L}(y) = \frac{y(0)s + y'(0) - ay(0)}{s(s-a)} = \frac{y(0)}{s-a} + \frac{y'(0) - ay(0)}{s(s-a)} \tag{7.67}$$

Como la forma de la transformada inversa no es la misma si las raíces del denominador son iguales o distintas, se tienen que discutir dos casos: $a = 0$ y $a \ne 0$.
Caso $a = 0$
En este caso, se obtiene de la ecuación 7.67

$$\mathcal{L}(y) = \frac{y(0)}{s} + \frac{y'(0)}{s^2} \tag{7.68}$$

Aplicando la transformada inversa de Laplace en la ecuación 7.69, se deduce

$$y(t) = y(0)\mathcal{L}^{-1}\left(\frac{1}{s}\right) + y'(0)\mathcal{L}^{-1}\left(\frac{1}{s^2}\right) = y(0) + y'(0)\, t \tag{7.69}$$

Caso $a \neq 0$

Haciendo una descomposición en elementos simples, se obtiene

$$\frac{1}{s(s-a)} = \frac{A}{s} + \frac{B}{s-a} = \frac{(A+B)s - aA}{s(s-a)} \tag{7.70}$$

con lo cual se deduce

$$
\begin{aligned}
A + B &= 1 \\
-aA &= 1
\end{aligned}
$$

De este sistema de dos ecuaciones a dos incógnitas se obtienen los valores de $A = -1/a$ y $B = 1/a$. Aplicando la transformada inversa de Laplace en la ecuación 7.67 resulta

$$
\begin{aligned}
y(t) &= y(0)\mathcal{L}^{-1}\left(\frac{1}{s-a}\right) + [y'(0) - ay(0)]\left[-\frac{1}{a}\mathcal{L}^{-1}\left(\frac{1}{s}\right) + \frac{1}{a}\mathcal{L}^{-1}\left(\frac{1}{s-a}\right)\right] \\
&= \frac{y'(0)}{a}\mathcal{L}^{-1}\left(\frac{1}{s-a}\right) + \left(y(0) - \frac{y'(0)}{a}\right)\mathcal{L}^{-1}\left(\frac{1}{s}\right) \\
&= \frac{y'(0)}{a}\, e^{at} + y(0) - \frac{y'(0)}{a} \tag{7.71}
\end{aligned}
$$

```
>   # Para resolver ecuaciones diferenciales mediante la transformada de Laplace
    #     con Maple se hace mediante los siguientes pasos:
    #     1.- se define la ecuación diferencial
    #     2.- se aplica la transformada de Laplace a la ecuación
    #     3.- se sustituyen las condiciones iniciales (si son conocidas)
    #     4.- se agrupan los términos que contienen la transformada de Laplace
    #     5.- se aísla la transformada de Laplace
    #     6.- se determina la transformada inversa
>   with(inttrans):
>   eq_dif:=diff(y(t),t,t)-a*diff(y(t),t)=0;
```

$$eq\_dif := \frac{d^2}{dt^2}y(t) - a\frac{d}{dt}y(t) = 0$$

```
>   laplace(eq_dif,t,s);
```

$$s^2 laplace\left(y(t),t,s\right) - \mathbf{D}(y)(0) - sy(0) - as laplace\left(y(t),t,s\right) + ay(0) = 0$$

```
>   collect(%,laplace(y(t),t,s));
```

$$\left(-as + s^2\right) laplace\left(y(t),t,s\right) + ay(0) - \mathbf{D}(y)(0) - sy(0) = 0$$

```
>   Ly:=solve(%,laplace(y(t),t,s));
```

$$Ly := \frac{ay(0) - \mathbf{D}(y)(0) - sy(0)}{s(-s+a)}$$

```
>   solve(s*(-s+a),s);
```

$$0,\, a$$

```
>   # Si a=0 el denominador tiene como raiz doble s=0.
    # Si no el denominador tiene dos raices distintas, s=0 y s=a.
```

```
> # Caso a=0
> Lya0:=subs(a=0,Ly);
```

$$Lya0 := -\frac{-\mathrm{D}(y)(0) - sy(0)}{s^2}$$

```
> invlaplace(%,s,t);
```

$$D(y)(0)\,t + y(0)$$

```
> # Caso a=/=0
> invlaplace(Ly,s,t);
```

$$y(0) + \frac{\mathrm{D}(y)(0)(-1 + e^{at})}{a}$$

PR 7.3. Encontrar la transformada de Laplace de la función (ver Fig. 7.7).

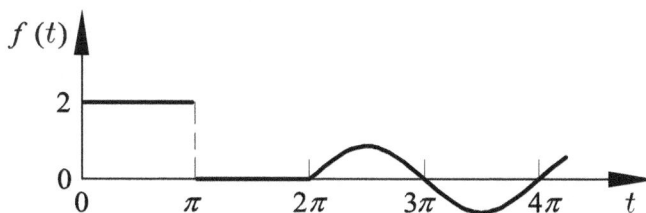

Figura 7.7. *Función $f(t)$*

$$f(t) = \begin{cases} 2 & \text{si } t < 0 < \pi \\ 0 & \text{si } \pi < t < 2\pi \\ \text{sen}(t) & \text{si } t > 2\pi \end{cases}$$

Resolución

Se escribe $f(t)$ en términos de funciones escalón. Para $0 < t < \pi$ se toma $2u(t)$. Para $t > \pi$ se quiere el valor cero, por lo que debe restarse la función escalón $2u(t - \pi)$ con escalón en π. Se tiene entonces $2u(t) - 2u(t - \pi) = 0$ cuando $t > \pi$. Esta expresión está bien hasta llegar a 2π donde se quiere que entre $\text{sen}(t)$; así que se suma $u(t - 2\pi)\,\text{sen}(t)$. En conjunto

$$f(t) = 2u(t) - 2u(t - \pi) + u(t - 2\pi)\,\text{sen}(t) \tag{7.72}$$

En esta ecuación, el último término es igual a $u(t - 2\pi)\,\text{sen}(t - 2\pi)$ debido a la periodicidad de la función seno, por lo que las ecuaciones 7.72, 7.42 y el cuadro 7.1 dan

$$\mathcal{L}(f) = \frac{2}{s} - \frac{2e^{-\pi s}}{s} + \frac{e^{-2\pi s}}{s^2 + 1}$$

```
> f:=t->piecewise(0<t and t<Pi,2,Pi<t and t<2*Pi,0,sin(t)):
  'f(t)'=f(t);
```

$$f(t) = \begin{cases} 2 & 0 < t \,and\, t < \pi \\ 0 & \pi < t \,and\, t < 2\pi \\ \sin(t) & otherwise \end{cases}$$

```
> with(inttrans):
> Lf:=laplace(f(t),t,s);
```

$$Lf := \frac{e^{-2\pi s}}{s^2+1} + 2\frac{1-e^{-\pi s}}{s}$$

```
>  # Dibujamos f(t)
>  plot(f(t),t=0..6*Pi,discont=true,thickness=3);
```

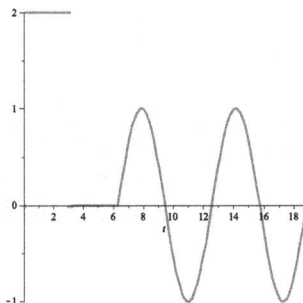

```
>  # Dibujamos su transformada
>  plot(Lf,s=0..6*Pi,discont=true,thickness=3);
```

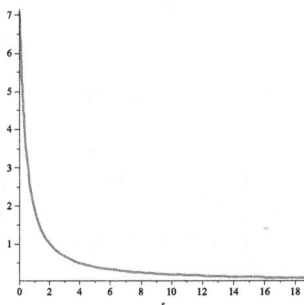

PR 7.4. Determinar la transformada inversa de Laplace de la función

$$F(s) = \frac{s-a}{(s-b)(s-c)} \tag{7.73}$$

donde a, b, c son constantes reales.

Resolución

Como la forma de la transformada inversa no es la misma si las raíces del denominador son iguales o distintas, se tienen que discutir dos casos: $b=c$ y $b \neq c$.

Caso $b=c$

En este caso, descomponiendo $F(s)$ en elementos simples, se obtiene

$$\frac{s-a}{(s-b)^2} = \frac{A}{s-b} + \frac{B}{(s-b)^2} = \frac{A(s-b)+B}{(s-b)^2} = \frac{As+B-bA}{(s-b)^2} \tag{7.74}$$

De esta ecuación se obtiene el sistema de dos ecuaciones con dos incógnitas A y B

$$\begin{aligned} A &= 1 \\ B - bA &= -a \end{aligned}$$

lo que da $B = b - a$. Aplicando la transformada inversa de Laplace en la ecuación 7.74, se deduce

$$\mathcal{L}^{-1}\left(\frac{s-a}{(s-b)^2}\right) = \mathcal{L}^{-1}\left(\frac{1}{s-b}\right) + (b-a)\mathcal{L}^{-1}\left(\frac{1}{(s-b)^2}\right)$$
$$= e^{bt} + (b-a)\,t\,e^{bt}$$

Caso $b \neq c$

En este caso, descomponiendo $F(s)$ en elementos simples se obtiene

$$\frac{s-a}{(s-b)(s-c)} = \frac{A}{s-b} + \frac{B}{s-c} = \frac{(A+B)s - Ac - Bb}{(s-b)(s-c)} \qquad (7.75)$$

De esta ecuación se obtiene el sistema de dos ecuaciones con dos incógnitas A y B

$$A + B = 1$$
$$-Ac - Bb = -a$$

lo que da

$$A = \frac{b-a}{b-c}$$
$$B = \frac{a-c}{b-c}$$

Aplicando la transformada inversa de Laplace en la ecuación 7.75, se deduce

$$\mathcal{L}^{-1}\left(\frac{s-a}{(s-b)(s-c)}\right) = A\mathcal{L}^{-1}\left(\frac{1}{s-b}\right) + B\mathcal{L}^{-1}\left(\frac{1}{s-c}\right)$$
$$= \frac{b-a}{b-c}e^{bt} + \frac{a-c}{b-c}e^{ct}$$

```
>   F:=s->(s-a)/((s-b)*(s-c)):
    'F(s)'=F(s);
```

$$F(s) = \frac{s-a}{(s-b)(s-c)}$$

```
>   with(inttrans):
>   # Caso b=c
>   invlaplace(subs(c=b,F(s)),s,t);
```

$$((b-a)\,t + 1)\,e^{bt}$$

```
>   # Caso b=/=c
>   invlaplace(F(s),s,t);
```

$$\frac{e^{bt}(b-a) + e^{ct}(-c+a)}{b-c}$$

PR 7.5. Se considera el circuito eléctrico de la figura 7.8. En el instante $t = 0$ se cierra el interruptor K. Los datos del problema son:

- los valores R del resistor y C del condensador
- el valor V_0 del voltaje del condensador antes del cierre del interruptor
- el valor E de la fuerza electromotriz del generador. En este ejemplo, $E = 0$.

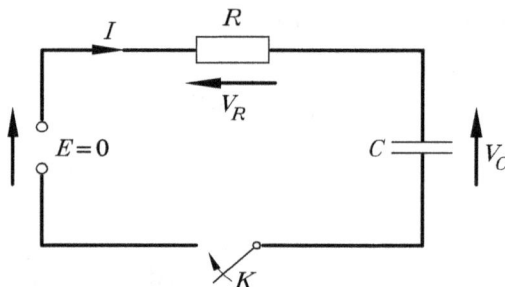

Figura 7.8. *Circuito eléctrico*

Se quiere determinar la corriente eléctrica $I(t)$ para toda $t \geq 0$.

Resolución

Sean $V_C(t)$ y $V_R(t)$ los voltajes a nivel del condensador y del resistor. Para $t < 0$ (antes del cierre del interruptor) se sabe que $V_C(t) = V_0$, con lo cual

$$\lim_{t \to 0^-} V_C(t) = V_C(0^-) = V_0 \tag{7.76}$$

Usando las leyes de Kirchhoff, se obtiene

$$E - V_C - V_R = 0 \tag{7.77}$$

Es decir

$$V_C + V_R = 0 \tag{7.78}$$

Por otra parte, la relación entre corriente eléctrica y voltaje a nivel del condensador es

$$V_C'(t) = \frac{I(t)}{C} \tag{7.79}$$

y la ley de Ohm se escribe

$$V_R(t) = R\,I(t) \tag{7.80}$$

En este ejemplo se toma como variable de resolución el voltaje V_C. De la ecuación 7.79 se obtiene

$$I = CV_C' \tag{7.81}$$

y de la ecuación 7.80 se obtiene

$$V_R = R\,C\,V_C' \tag{7.82}$$

Usando ahora la ecuación 7.78, se deduce

$$R\,C\,V_C' + V_C = 0 \tag{7.83}$$

Una de las propiedades físicas de un condensador es que el voltaje V_C es siempre continuo. Esta condición se traduce por la igualdad

$$V_C(0^-) = V_C(0^+) = V_C(0) = V_0 \tag{7.84}$$

Aplicando ahora la transformada de Laplace en la ecuación 7.83, se obtiene la ecuación subsidiaria

$$RC\mathcal{L}\left(V_C'\right) + \mathcal{L}(V_C) = RC\left(s\mathcal{L}(V_C) - V_C(0)\right) + \mathcal{L}(V_C) = 0 \tag{7.85}$$

Con lo cual

$$\mathcal{L}(V_C) = \frac{V_0}{s + \frac{1}{RC}} \tag{7.86}$$

De la fila 4 del cuadro 7.1, se obtiene el voltaje

$$V_C(t) = V_0 e^{-\frac{t}{RC}} \tag{7.87}$$

para toda $t \geq 0$. La ecuación de la corriente eléctrica se obtiene ahora a partir de la ecuación 7.81

$$I(t) = -\frac{V_0}{R} e^{-\frac{t}{RC}} \tag{7.88}$$

para toda $t > 0$. En $t = 0$, la derivada $V_C'(0^+) = -V_0/R$, mientras $V_C'(0^-) = 0$. Por tanto, $I(0) = V_C'(0)$ no está definida cuando $V_0 \neq 0$.

En este ejemplo, se puede ver en la figura 7.9 que el voltaje $V_C(t)$ es continuo, y que la corriente $I(t)$ es discontinua en $t = 0$. La función $I(t)$ puede extenderse por continuidad por la derecha poniendo por definición

$$I(0) = I(0^+) \tag{7.89}$$

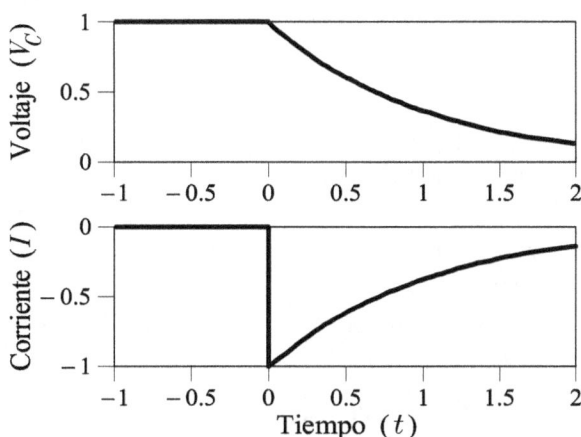

Figura 7.9. *Evolución de $V_C(t)$ y $I(t)$ para $R = 1M\Omega$, $C = 1\mu F$ y $V_0 = 1V$*

Con esta notación, el ejemplo podría haberse estudiado usando como variable de resolución $I(t)$ en lugar de $V_C(t)$. En este caso, derivando la ecuación 7.78 se obtiene

$$V_R' + V_C' = 0 \tag{7.90}$$

Usando las ecuaciones 7.79 y 7.80, se obtiene

$$RI' + \frac{I}{C} = 0 \tag{7.91}$$

Aplicando la transformada de Laplace a la ecuación 7.91, se obtiene

$$R\mathcal{L}(I') + \frac{1}{C}\mathcal{L}(I) = R(s\mathcal{L}(I) - I(0)) + \frac{1}{C}\mathcal{L}(I) = 0 \tag{7.92}$$

Con lo cual

$$\mathcal{L}(I) = \frac{I(0)}{s + \frac{1}{RC}} \tag{7.93}$$

No obstante, la ecuación 7.93 no permite determinar la corriente $I(t)$, ya que $I(0)$ es una incógnita: en efecto, se sabe que para $t < 0$, el circuito estaba abierto y por tanto $I(0^-) = 0$. Pero $I(0) = I(0^+) \neq I(0^-)$, debido a que la corriente en un condensador puede ser discontinua.

Como conclusión, cuando se trata de resolver una ecuación diferencial en el contexto de circuitos eléctricos usando la transformada de Laplace, la elección de la variable de resolución $f(t)$ no es neutra. En efecto, habitualmente las condiciones iniciales de un circuito eléctrico se dan antes del cierre del interruptor y corresponden a $f(0^-)$. Cuando se aplica la transformada de Laplace a la ecuación diferencial del circuito eléctrico, el término $f(0)$ de la ecuación 7.17 corresponde siempre a $f(0^+)$, ya que se supone que $f(t)$ es continua para $t \geq 0$ (se usa la extensión por continuidad si hace falta). Si la variable $f(t)$ puede tener discontinuidades (como la corriente eléctrica de un condensador), la transformada de Laplace obtenida no depende de $f(0^-)$, que es el dato del problema, sino de $f(0) = f(0^+) \neq f(0^-)$, que es una incógnita. Por tanto, cuando se trata de circuitos eléctricos, hay que escoger, como variables de resolución, los voltajes a nivel de los condensadores y las corrientes eléctricas a nivel de los inductores (bobinas). Estas variables son siempre continuas.

```
> with(inttrans):
> eq_dif:=R*C*diff(VC(t),t)+VC(t)=0;
```

$$eq\_dif := RC\frac{d}{dt}VC(t) + VC(t) = 0$$

```
> laplace(eq_dif,t,s);
```

$$RCs\,laplace\,(VC(t),t,s) - RCVC(0) + laplace\,(VC(t),t,s) = 0$$

```
> # Usamos las condiciones iniciales VC(0)=V0
> eval(%,VC(0)=V0);
```

$$RCs\,laplace\,(VC(t),t,s) - RCV0 + laplace\,(VC(t),t,s) = 0$$

```
> collect(%,laplace(VC(t),t,s));
```

$$(RCs + 1)\,laplace\,(VC(t),t,s) - RCV0 = 0$$

```
> LVC:=solve(%,laplace(VC(t),t,s));
```

$$LVC := \frac{RCV0}{RCs + 1}$$

```
> VCsol:=invlaplace(%,s,t);
```

$$VCsol := V0\,e^{-\frac{t}{RC}}$$

PR 7.6. Se considera la relación 7.45 donde $a \neq 0$ y $|f(t)| \leq M$ para toda $t \geq 0$. Comprobar que para toda $t \geq 0$

$$|y(t)| \leq \frac{M}{a}\left(1 - e^{-at}\right)$$

Resolución
$y(t)$ es dada por la ecuación 7.50, con lo cual

$$|y(t)| \leq M\int_0^t e^{-a(t-\tau)}d\tau = Me^{-at}\int_0^t e^{a\tau}d\tau = Me^{-at}\left[\frac{1}{a}e^{a\tau}\right]_0^t = \frac{M}{a}\left(1 - e^{-at}\right)$$

```
> # consideramos la ecuacion diferencial y'+ay=f con y(0)=0
> eq_dif:=diff(y(t),t)+a*y(t)=f(t);
```

$$eq\_dif := \frac{d}{dt}y(t) + ay(t) = f(t)$$

```
> with(inttrans):
```

```
>  laplace(eq_dif,t,s);
```
$$slaplace\left(y\left(t\right),t,s\right)-y\left(0\right)+alaplace\left(y\left(t\right),t,s\right)=laplace\left(f\left(t\right),t,s\right)$$
```
>  eval(%,y(0)=0);
```
$$slaplace\left(y\left(t\right),t,s\right)+alaplace\left(y\left(t\right),t,s\right)=laplace\left(f\left(t\right),t,s\right)$$
```
>  collect(%,laplace(y(t),t,s));
```
$$\left(s+a\right)laplace\left(y\left(t\right),t,s\right)=laplace\left(f\left(t\right),t,s\right)$$
```
>  solve(%,laplace(y(t),t,s));
```
$$\frac{laplace\left(f\left(t\right),t,s\right)}{s+a}$$
```
>  invlaplace(%,s,t);
```
$$\int_0^t f\left(\_U1\right)e^{-a(t-\_U1)}d\_U1$$
```
>  # La solución es
>  y:=t->int(f(tau)*exp(-a*(t-tau)),tau=0..t):
   'y(t)'=y(t);
```
$$y(t)=\int_0^t f\left(\tau\right)e^{-a(t-\tau)}d\tau$$
```
>  # como |f(t)|<=M tenemos que
>  abs('y(t)') <= M*Int(exp(-a*(t-tau)), tau = 0 .. t);
```
$$|\text{'y(t)'}|\le M\int_0^t e^{-a(t-\tau)}d\tau$$
```
>  # por lo tanto
>  abs('y(t)') <= M*int(exp(-a*(t-tau)), tau = 0 .. t);
```
$$|y(t)|\le-\frac{M\left(e^{-at}-1\right)}{a}$$

PR 7.7. Determinar la transformada de Fourier de la función $f(t)=\text{sen}(t)$.

Resolución

Primero hay que comprobar si la función es absolutamente integrable, es decir si

$$\lim_{T\to\infty}\int_{-T}^{T}|f(t)|dt$$

es finito. Dado $T>0$, sea n la parte entera de T/π; entonces $T\ge n\pi$, lo que da

$$\int_{-T}^{T}|\operatorname{sen}(t)|dt\ge\int_{-n\pi}^{n\pi}|\operatorname{sen}(t)|dt \tag{7.94}$$

Por otra parte, $|\operatorname{sen}(t+\pi)|=|\operatorname{sen}(t)|$, con lo cual la función $|\operatorname{sen}(t)|$ es periódica de periodo π. Haciendo un cambio de variable $u=t-k\pi$ y usando la periodicidad de $|\operatorname{sen}(t)|$, se obtiene

$$\int_{k\pi}^{(k+1)\pi}|\operatorname{sen}(t)|dt=\int_0^{\pi}|\operatorname{sen}(u)|du$$

Usando ahora la ecuación 7.94, se obtiene

$$\int_{-n\pi}^{n\pi}|\operatorname{sen}(t)|dt=\Sigma_{k=-n}^{k=n-1}\int_{k\pi}^{(k+1)\pi}|\operatorname{sen}(t)|dt$$
$$=2n\int_0^{\pi}|\operatorname{sen}(u)|du \tag{7.95}$$

Dado que sen$(u) \geq 0$ para $u \in [0, \pi]$, se deduce

$$\int_0^\pi |\text{sen}(u)| du = \int_0^\pi \text{sen}(u) du = [-\cos(u)]_0^\pi = 2 \qquad (7.96)$$

Por tanto, la ecuación 7.94 da

$$\int_{-T}^T |\text{sen}(t)| dt \geq 4n \qquad (7.97)$$

Cuando $T \to \infty$, $n \to \infty$, con lo cual

$$\lim_{T \to \infty} \int_{-T}^T f(t) dt = \infty$$

Esto implica que la función f no tiene transformada de Fourier.

```
>   f:=t->sin(t):
>   with(inttrans):
>   Ff:=fourier(f(t),t,s);
```
$$Ff := i\pi \left(-Dirac(s-1) + Dirac(s+1)\right)$$
```
>   convert(Ff,piecewise);
```
$$\begin{cases} i\,undefined\,\pi & s = -1 \\ i\,undefined\,\pi & s = 1 \\ 0 & otherwise \end{cases}$$
```
>   Ff:=piecewise(s=1, infinity, s=-1, infinity, 0);
```
$$Ff := \begin{cases} \infty & s = 1 \\ \infty & s = -1 \\ 0 & otherwise \end{cases}$$
```
>   # Vemos que en este caso la transformada de Fourier no es una función finita
    #    por lo tanto la función f(t) no es absolutamente integrable
>   # Vamos a comprobarlo
    # Vamos a ver si el siguiente límite es finito
>   Limit(Int(abs(f(t)),t=-T..T),T=infinity)=limit(int(abs(f(t)),t=-T..T),T=infinity);
       Warning, unable to determine if Pi*_Z4 is between -T and T;
       try to use assumptions or set _EnvAllSolutions to true
```
$$\lim_{T \to \infty} \left(\int_{-T}^T |\sin(t)|\, dt \right) = \lim_{T \to \infty} \left(\int_{-T}^T |\sin(t)|\, dt \right)$$
```
>   # Consideraremos T = n*Pi, donde n es un entero positivo
>   assume(n,posint);
>   Limit(Int(abs(f(t)),t=-n*Pi..n*Pi),n=infinity)=
       limit(int(abs(f(t)),t=-n*Pi..n*Pi),n=infinity);
```
$$\lim_{n \to \infty} \left(\int_{-n\pi}^{n\pi} |\sin(t)|\, dt \right) = \infty$$
```
>   # Por lo tanto f(t) no es una función absolutamente integrable
```

7.9. Problemas propuestos

PP 7.1. Transformada de Laplace de la función $f(t)$ definida para $t \geq 0$.

1. $f(t) = a$

   Solución: $F(s) = \dfrac{a}{s}$

2. $f(t) = t^3$ para $t \geq 0$.

   Solución: $F(s) = \dfrac{6}{s^4}$

3. $f(t) = e^{\sqrt{2}+\sqrt{5}t}$ para $t \geq 0$.

   Solución: $F(s) = \dfrac{e^{\sqrt{2}}}{s - \sqrt{5}}$

PP 7.2. Transformada inversa de Laplace de $F(s)$

1. $F(s) = \dfrac{1+s}{s^2+4}$.

   Solución: $f(t) = \dfrac{1}{2}\operatorname{sen}(2t) + \cos(2t)$

2. $F(s) = -\dfrac{3}{s-3} + \dfrac{2s}{s^2-1}$

   Solución: $f(t) = -3e^{3t} + e^{t} + e^{-t}$

3. $F(s) = \dfrac{F_1(s)}{s+a}$

   Solución: $f(t) = \displaystyle\int_0^t f_1(\tau)e^{-a(t-\tau)}d\tau$ *donde* $f_1 = \mathcal{L}^{-1}(F_1)$

PP 7.3. Resolver la ecuación diferencial $y'' + 3y' + 2y = r(t)$, donde $r(t)$ es la función de la figura 7.10.

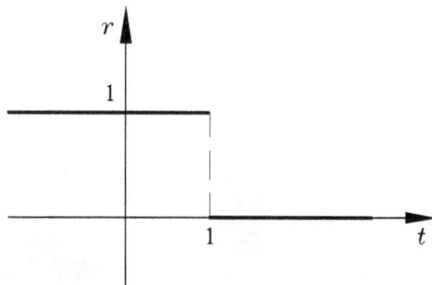

Figura 7.10. *Función $r(t)$*

Solución: $y(t) = f(t) - f(t-1)u(t-1)$, *donde* $u(t)$ *es la función de Heaviside y*
$f(t) = \dfrac{1}{2} - e^{-t} + \dfrac{1}{2}e^{-2t}$

PP 7.4. Resolver la ecuación diferencial $y' + y = a$, donde $a \in \mathbb{R}$ usando la transformada de Laplace.
   Solución: $y(t) = a\left(1 - e^{-t}\right)$

PP 7.5. Sea el sistema mecánico de la figura 7.11, donde $k > 0$ es el módulo de cada uno de los tres resortes, y_1 e y_2 son los desplazamientos de las masas desde sus respectivas posiciones de equilibrio estático; se desprecian las masas de los resortes y el amortiguamiento.

1. Comprobar que el sistema está descrito por las ecuaciones

$$y_1'' = -ky_1 + k(y_2 - y_1)$$
$$y_2'' = -k(y_2 - y_1) - ky_2$$

2. Determinar $y_1(t)$ e $y_2(t)$ para las condiciones iniciales $y_1(0) = y_2(0) = 1$, $y_1'(0) = \sqrt{3k}$, $y_2'(0) = -\sqrt{3k}$

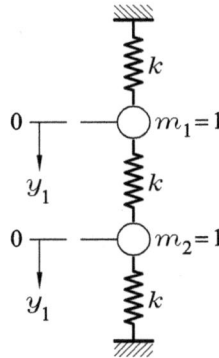

Figura 7.11. *Sistema mecánico*

Solución: $y_1(t) = \cos(\sqrt{k}\,t) + \mathrm{sen}(\sqrt{3k}\,t)$, $y_2(t) = \cos(\sqrt{k}\,t) - \mathrm{sen}(\sqrt{3k}\,t)$

PP 7.6. Transformada de Fourier de f siendo $a > 0$.

$$f(t) = \begin{cases} e^{-at} & t \geq 0 \\ 0 & t < 0 \end{cases}$$

Solución: $\hat{f}(\omega) = \dfrac{1}{\sqrt{2\pi}(a + i\omega)}$

Bibliografía

APÓSTOL, T. M. *Análisis matemático*. Barcelona: Reverté, 1960.

DEMIDOVICH, B. *Problemas y ejercicios de análisis matemático*. Paraninfo, 1976.

KREYSZIC, E. *Matemáticas avanzadas para ingenieros*. Vols. 1 y 2. 3.ª ed. México: Limusa Wiley, 2000.

LARSON, R.; HOSTETLER, R. P.; EDWARDS, B. H. *Cálculo*. Vol. 2. 5.ª ed. Madrid: McGraw-Hill, 1995.

MARSDEN, J. E.; TROMBA, A. J. *Cálculo vectorial*. 4.ª ed. México: Addison Wesley Longman, 1998.

SALAS, S. L.; HILLE, E. *Cálculo de una y varias variables*. Barcelona: Reverté, 1994.

www.ingramcontent.com/pod-product-compliance
Lightning Source LLC
Chambersburg PA
CBHW080522220326
41599CB00032B/6174